吴自银　阳凡林　罗孝文　李守军　王胜平
丁维凤　曹振轶　许雪峰　赵荻能　朱心科
应剑云　霍冠英　金绍华　尚继宏　章伟艳
高金耀　李怀明　杨克红　李小虎　梁裕扬
马维林　周洁琼　熊明宽

部分作者合影（从左至右）：韩鹏（责任编辑），王胜平，张田升，丁维凤，梁裕扬，高金耀，赵荻能，吴自银，阳凡林，杨克红，章伟艳，马维林，朱心科，罗孝文

中文引用：吴自银，阳凡林，罗孝文，等. 2017. 高分辨率海底地形地貌——探测处理理论与技术. 北京：科学出版社.

英文引用：Wu Z, Yang F, Luo X, et al. 2017. High-resolution submarine geomorphology—theory and technology for surveying and post-processing. Beijing: Science Press.

高分辨率海底地形地貌
——探测处理理论与技术

吴自银等 著

科学出版社
北京

内 容 简 介

高分辨率海底地形地貌学是海洋地质与海洋测绘的一个前沿分支，为了解地球外部形状、海底构造运动、海底演化提供了直接依据。近20年来，以高精度多波束测深、侧扫声呐和浅地层剖面等为主要技术手段的高分辨率海底地形地貌探测得到快速发展，是国际海洋地学研究的前沿和方向之一，促进了传统海底地貌学向高分辨率和定量化方向的发展，在大陆架划界、海底资源调查、海洋工程建设和海洋军事应用等方面得到了广泛应用。

本套书按照学科的特点，对海底地形地貌探测技术、处理技术、成图技术和科学应用研究等内容进行了详细论述。为便于广大读者了解如何获取并基于地形地貌数据进行科学应用研究，突出了理论研究、技术开发和科学应用三者相结合的特点。全套包括两册，本书为探测处理理论与技术分册，系统论述了海底地形地貌探测与数据处理等方面的内容。本书可供相关方面的专业技术人员参考，也可作为高等院校相关专业本科生及研究生的教材。

图书在版编目（CIP）数据

高分辨率海底地形地貌：探测处理理论与技术/吴自银等著. —北京：科学出版社，2017.12

ISBN 978-7-03-052902-2

Ⅰ.①高… Ⅱ.①吴… Ⅲ.①海底地貌–高分辨率–探测技术 Ⅳ.①P714

中国版本图书馆CIP数据核字（2017）第117060号

责任编辑：张井飞 韩 鹏 白 丹/责任校对：张小霞
责任印制：赵 博/封面设计：耕者设计工作室

科学出版社 出版
北京东黄城根北街16号
邮政编码：100717
http://www.sciencep.com

北京中科印刷有限公司印刷
科学出版社发行 各地新华书店经销

*

2017年12月第 一 版　开本：787×1092　1/16
2024年 4 月第四次印刷　印张：20 3/4
字数：500 000
定价：188.00元
（如有印装质量问题，我社负责调换）

海洋覆盖着整个地球表面积的71%，蕴藏着丰富的资源可供人类使用。早期由于科学条件的限制，人们无法对其进行大规模的开发利用。随着社会经济的发展、人口的膨胀和陆地资源逐渐匮乏，人类加快了海洋资源勘探、开发和利用的步伐。21世纪，开发和利用海洋这一使命变得越来越迫切。

探测和认知海洋是开发利用海洋的基础，海底地形地貌是认知海洋的最基本参量。受海洋巨厚水层的影响，光和电磁波等陆地常规探测技术在海洋探测中受到了限制，声学探测是认知海洋的主要技术手段。多波束测深系统、侧扫声呐系统和浅地层剖面仪等基于声学原理的高新技术装备是探测海底地形地貌的常用仪器设备。多波束测深系统和侧扫声呐系统是海洋地形地貌测量最常用的工具，前者侧重于声呐测深，后者侧重于声呐成像，而浅地层剖面仪主要通过低频声信号往返穿透海底数十米，甚至上百米的地层，了解沉积物和浅地层的分布情况。对这些新型仪器设备的基本工作原理与方法进行全面的总结和论述，能为海洋探测从业者提供实际帮助。

多波束测深系统、侧扫声呐系统和浅地层剖面仪等海底地形地貌探测技术装备均是多传感器的高度集成，随着组合导航、声学、电子和计算机等技术的发展而飞速发展，采集的数据体现了高精度、高密度、高分辨率和多误差源的特点，数据处理技术也伴随着硬件技术在不断发展。无论是多波束测深系统、侧扫声呐系统，还是浅地层剖面仪，由于受仪器自噪声、海况因素、声呐参数设置和声速剖面等因素的影响，测量资料不可避免地存在误差，对这些设备采集的资料进行精细处理也是必不可少的一环，是进行研究和应用的基础，相关的技术方法总结有助于我国海洋信息技术的发展。

海底地形地貌是海底科学的基本内容，在揭示海底的基本特征、变化规律与动力过程中发挥着重要的基础学科作用。海底地形地貌还是进行海底资源探测与研究的基本资料，中国于20世纪80年代开展了国际海底多金属结核资源调查,并成功申请了 7.5 万 km² 的矿区,于 20 世纪 90 年代又在国际海底进行了富钴结壳和金属热液硫化物的调查与矿区申请,近 10 年来又在中国南海发现了天然气水合物资源。研究表明,这些海底资源的形成与赋存与海底地形有着密切的关系。海底地形地貌研究还为海洋权益维护提供了科技支撑,按照《联合国海洋法公约》进行大陆架划界是当前全球沿海国高度关注的问题,包括大陆坡脚点等系列划界界限点,无不与海底地形地貌密切相关。

建设海洋强国是当代中国海洋人的伟大使命,"关心海洋、认知海洋、经略海洋",使蓝色海洋变成透明海洋和智慧海洋。海洋探测技术为建设海洋强国提供了重要保障,包括多波束测深系统、浅地层剖面和侧扫声呐系统在内的海洋探测设备,正在近海海洋工程探测、陆架管线路由勘查、海洋考古、海洋资源调查、海洋维权和海洋国防等方面发挥着重要作用。在"建设海洋强国""中国梦""海上丝绸之路"等国家战略目标的指引下,中国的海洋探测已从近海走向"深蓝",中国科学考察船活跃在全球三大洋和南北极,科学、规范地开展海洋调查研究工作显得更为重要。

吴自银研究员长期从事海底地形地貌探测与研究工作,我见证了他从一个青年学子向中年科技工作者成长的历程,他领导的海底地形地貌团队取得了诸多科研成果,这些成果已经服务于国家军事、外交、科研和划界等多方面。《高分辨率海底地形地貌》从学科发展和从业需求的角度,对海底地形地貌信息的获取、处理、分析和应用等进行了系统的论述,可作为海底探测行业的技术参考书,期待其在我国海底探测技术的发展中发挥更大作用。

中国工程院院士
21/2 2017

前言

　　海底是水圈、生物圈和岩石圈的重要地质界面，其不仅记录了水圈、生物圈和岩石圈相互作用的详细信息，还记录了海陆相互作用的过程和海陆变迁的历史，气候演化旋回和沉积过程，板块裂离产生、运动和俯冲消亡的历史，因此，海底为研究古气候、古环境、地貌和板块构造等提供了重要的素材。同时，海底还蕴藏着丰富的烃类资源（石油、天然气和天然气水合物等）、热液硫化物、富钴结壳、多金属结核和深海生物基因等资源，是世界海洋科学研究的重要对象。

　　海底地形是了解地球外部形状、海底构造运动、海底演化的直接依据，也是海洋经济开发、海洋科学研究和海洋军事应用等方面的重要基础数据。海底地貌是自然作用过程孕育的记录，是一部海岸与海底发展历史过程的"天书"。调查研究海洋地貌类型、物质结构与组合特征的过程，就是判读"天书"，解译海洋地貌的成因、变化状态与发展趋势的过程。中国传统管辖海域面积超过 300 万 km^2，包括"四海一洋"：渤海、黄海、东海、南海和台湾以东的太平洋海域。中国海海底地貌类型多样、成因复杂，是一部名副其实的"天书"。研究中国海海底地形地貌特征、沉积结构及发育演变趋势，具有极其重要的科学意义。

　　近 20 多年来，人类作用已经成为地球系统中的第三驱动力并广受关注，对于人类活动背景下的河口与海岸地形地貌演变规律的研究，既有重要的科学意义，更有重要的工程实际应用意义。大陆架上的自然资源主权属沿海国所有，但在相邻和相对沿海国间，存在具体划界问题。近十余年来，大陆架划界因关系到国家海洋主权权益、资源利益和国家安全，已成为全球沿海国海洋权益争夺的新焦点，海底地形地貌是确定大陆架划界界限必不可少的证据；中国"四海一洋"海疆广阔，但与周边邻国存在诸多划界争议，亟须深化海域划界研究。因此，开展海底地形地貌学的划界应用研究对于维护中国海洋权益更具有重要价值。

　　20 世纪 20 年代，回声测深技术的出现促进了海底地形地貌学研究的第一次飞跃。基于大量测深数据编绘的大西洋、太平洋和印度洋图集，揭示了绵延数万千米的大洋中脊和转换断层等巨大地貌单元，为板块构造学说的诞生与发展奠定了重要基础。当前，以多波束测深系统为代表的先进的海底探测技术正在促进海底地形地貌学研究的第二次飞跃。多波束测深系统具有全覆盖、高分辨率和高精度的优点，将海底地形地貌的空间分辨率从单波束测深时代的 10~1km 级提升至现在的 10~1m 级。多波束测深系统能分析过去单波束资料难以揭示的海底地形地貌精细特征，将促进海底地形地貌学从定性研究向高分辨率与数字化研究发展。

多波束测深系统、浅地层剖面仪和侧扫声呐系统等地形地貌探测设备已经在当代海洋工程、海洋开发、海洋研究、海底资源环境调查中发挥着极其重要的作用。从航道维护与疏竣到海洋工程的勘测和施工，从边缘海大陆架的勘测到大洋多金属结核及富钴结壳资源的调查，均是这些设备的用武之地。因此，我们有必要对这些技术的国内外研究现状进行总结、分析和对比，了解目前国内在这些领域的研究水平及其与国际研究间的差距，发现存在的问题，为后续的海底探测和研究探明方向。

通过新中国成立以来数十年的发展，尤其是近 20 年来，在国家重大科技项目的支撑下，中国的海洋探测设备研制取得了长足的进步。例如，在多波束测深系统研制方面，哈尔滨工程大学、中国科学院声学研究所、浙江大学等分别研制了不同型号的浅水多波束系统，中国科学院声学研究所牵头研制了全海深多波束测深系统，其中有些产品已经商业化。在运载平台方面，中国已经研制了 ROV、AUV、无人艇和无人机等多种产品，有些产品可与国际产品媲美，"蛟龙号"更是其中的佼佼者。此外，海底原位观测仪器、海底观测网、深海工作站研究等方面也取得了优异成果。这些自主研制的海洋技术装备已改善了中国海洋环境的监测能力，提高了中国综合开发、利用海洋资源和海洋灾害防治的能力，还为海域划界和海洋权益维护提供了有力支撑。但需要指出，目前的海底探测技术还远未形成体系，在中国海洋调查中还在大量使用国外设备，国产设备更少有走出国门销往国外的，因此，中国急需发展生产海洋探测技术装备的民族产业。

海洋探测技术正从单一性能仪器向综合性能仪器发展，如中国已经开始研制集多波束、浅地层剖面和侧扫声呐功能于一体的新型装备。随着传感器技术向"小、精、尖"方向发展，可预见有更多"瑞士军刀"式的多功能海洋仪器设备涌现，既能节省设备购置成本，又能降低调查成本。海洋探测正由传统船载走航式向"自主航行"式及海底原位长期观测方向发展，无人船、无人机、

AUV、Glider 等自主航行器已经开始出现在现代海洋调查中，把传统的船载设备无缝移植到这些自主航行器中，在近岸岛礁、复杂浅滩、陆坡峡谷和深海极端环境中进行精密探测，建立"空、天、陆、海"一体的海洋立体探测与观测技术体系，对海洋进行长期实时在线观测必将是全球未来发展的大趋势。

无论是多波束测深系统、侧扫声呐系统，还是浅地层剖面仪，由于受仪器自噪声、海况因素、声呐参数设置和声速剖面等因素的影响，测量资料不可避免地存在假信号，因此，对这些设备采集的资料进行精细处理是必不可少的一环，也是进行深层次开发、应用的基础，一套好的勘测设备还应该有与之匹配的后处理软件。多波束测深系统使用最为广泛，一般的商用多波束系统都附带一套相应的后处理成图软件，用于处理自身系统勘测的多波束数据。在笔者导师金翔龙院士的领导下，中国启动了首期海洋 863 重点项目"海底地形地貌与地质构造探测技术"（820-01-01），开启了中国自主海底地形地貌处理技术的研究。

在海底地形地貌探测与研究方面，中国也取得了诸多成果。中国先后在中国海域执行了多个重大国家海洋专项，如国家海洋勘测专项（2000～2003年）、西北太平洋专项（2004～2006年）、外大陆架专项（2006～2008年）、中国近海海洋环境调查专项（2008～2010年）、海洋地质保障工程（2010年至今）、全球海气相互作用专项（2012年至今）等，通过这些专项任务，中国完成了中国海大部分海域的全覆盖探测，地形地貌测线超过200万千米。在此基础上，先后编制了系列图件，获得了一批高质量的研究成果，如《南海海洋图集——地质地球物理》（2007年）、《东海区域地质》（2008年）、《中国近海海洋图集——海底地形地貌》（2013年）、《中国近海海洋——海底地形地貌》（2013年）、《中国近海自然环境与资源基本状况》（2015年）。

系统总结近 20 年来中国在海底地形地貌学科中所取得的成果，揭示存在的问题，进一步促进中国海洋科学的发展，也是本书编写的目的之一。首先，要提升理论研究水平，理论研究是进行海洋仪器研制和软件开发的基础，没有高水平的理论研究作为后盾很难研制出高精度的海洋仪器，也不能开发出满足海洋调查研究需求的数据处理软件。目前，中国在多波束和侧扫数据处理方面已经进行了一些理论探索，但在海底声探测技术原创性探索方面仍有较广阔的发展空间。其次，要加强数据利用，通过数十年的海洋调查，中国已经积累了一批高质量的海底声探测数据资料，包括单波束测深、多波束测深、侧扫声呐图像和浅地层剖面等，这些数据资料涉及的海区包括近海海岸带、大陆架专属经济区、边缘海盆地和国际海底区域等。在调查资料的基础上进行深层次的理论研究，发现并解决存在的海底科学问题，从而为海洋资源的开发利用和海洋权益维护提供及时服务。

全书由吴自银提出详细的撰写提纲，撰写组几经讨论与修改，按照本学科的基本工作思路与流程，将本书分为两册：探测处理理论与技术、可视计算与科学应用。本书为探测处理理论与技术分册，共计 11 章。第 1 章由阳凡林、王胜平、朱心科和吴自银撰写，第 2 章由李守军、阳凡林、赵荻能和吴自银撰写，第 3 章由阳凡林撰写，第 4 章由丁维凤和李守军撰写，第 5 章由罗孝文、阳凡林和吴自银撰写，第 6 章由应剑云、曹振轶、许雪峰和罗孝文撰写，第 7 章由王胜平和罗孝文撰写，第 8 章由吴自银、阳凡林、赵荻能和李守军撰写，第 9 章由丁维凤撰写，第 10 章由罗孝文和王胜平撰写，第 11 章由曹振轶、许雪峰、应剑云、吴自银和熊明宽撰写。张田升和刘洋负责全书的格式梳理和排版。前言和后记由吴自银撰写，全书由吴自银和阳凡林统稿。

本书是多个国家科研项目研究成果的升华与总结，相关研究先后受到国家自然科学基金项目（41476049、41376108、41576099）、全球变化与海气相互作用专项、国家基础性工作专项（2013FY112900）、国家 863 计划项目（2002AA616010、2007AA090901）、科技支撑计划项目（2014BAB14B01）和国家海洋公益专项（201105001）等系列科研项目的资助。

本书体现了系统性和全面性的特点，按照海底地形地貌学科的特点，囊括了海底地形地貌探测、处理、成图和应用研究等方面；还体现了创新性和前瞻性的特点，尤其是在处理技术和成图技术方面，其是著作团队多年研究成果的总结，其中一些技术还申请了国内和国际发明专利；为便于广大读者了解如何基于地形地貌数据进行科学研究，还特别突出了实用性和应用性，这在同类著作中是少见的。

作者导师金翔龙院士在百忙中审阅了本书，并为本书作序，李家彪院士审阅了本书，并提出了指导意见，王小波研究员审阅了本书并提出了结构性的建议，郑玉龙研究员大力支持本书的研究工作，在此一并致谢！

本书可供一线科研人员使用，也可作为本学科基础教育及研究生学习的教材。因作者水平有限，本书难免存在疏漏之处，或者文献引用不当之处，为了更好地推动本学科的发展，敬请各位同行专家批评指正！

著者：吴自银
2017 年 9 月 29 日

序言
前言

第一篇 海底地形地貌探测技术

第1章 海底地形地貌探测技术概述 3
1.1 船载地形地貌探测技术 3
1.1.1 船载探测技术 3
1.1.2 船载定位技术 12
1.1.3 无人船载测量平台 13
1.2 星载与机载地形地貌探测技术 15
1.2.1 星载海洋监测技术 15
1.2.2 机载海洋探测技术 17
1.3 水下机器人与海底观测网探测技术 20
1.3.1 水下机器人技术 20
1.3.2 海底观测网技术 24
参考文献 35

第2章 多波束测深技术 36
2.1 多波束测深系统的基本原理 36
2.1.1 波束的指向性 37
2.1.2 电子多波束工作原理 38
2.1.3 相干多波束工作原理 41
2.2 代表性的多波束测深系统 42
2.2.1 浅水多波束测深系统 SeaBat 7125 42
2.2.2 浅水多波束测深系统 R2SONIC 2024 44
2.2.3 浅水多波束测深系统 SeaSurvey MS400 46
2.2.4 中浅水多波束测深系统 FANSWEEP 20 47
2.2.5 深水多波束测深系统 EM120 49
2.2.6 深水多波束测深系统 SeaBeam 3012 52
2.3 多波束测深基本工作方法与流程 55

  2.3.1 多波束测深基本流程 55
  2.3.2 多波束测深系统的安装 58
  2.3.3 多波束勘测前参数校准 61
  2.3.4 多波束勘测测线布设要求 67
  2.3.5 多波束勘测声速采集 67
参考文献 69

第 3 章 机载激光测深技术 71
3.1 机载 LiDAR 测深系统的工作机理 71
  3.1.1 系统组成 72
  3.1.2 系统工作原理 73
  3.1.3 系统校准 77
3.2 机载 LiDAR 测深系统的主要技术参数 78
  3.2.1 最大穿透深度 78
  3.2.2 最浅探测深度 78
  3.2.3 测点密度 79
  3.2.4 测深精度 79
3.3 机载 LiDAR 测深点云的波浪改正技术 80
  3.3.1 无修正法 81
  3.3.2 滤波法 82
  3.3.3 惯导辅助修正法 82
参考文献 83

第 4 章 侧扫与浅地层探测技术 85
4.1 侧扫声呐探测技术 85
  4.1.1 侧扫声呐工作原理与构成 85
  4.1.2 典型的侧扫声呐设备 88
  4.1.3 基本工作流程与方法 93
4.2 浅地层探测技术 95
  4.2.1 海底浅地层探测技术的发展 95
  4.2.2 浅地层剖面探测技术的基本原理 97
  4.2.3 浅地层剖面仪设备组成 101
  4.2.4 浅地层剖面探测基本工作方法 105
参考文献 107

第 5 章 导航定位技术 109
5.1 全球导航卫星系统发展概况 109
  5.1.1 GPS 系统 109
  5.1.2 北斗系统 110

	5.1.3 Galileo 系统	112
	5.1.4 GLONASS 系统	112
5.2	海洋导航定位技术	113
	5.2.1 水面舰船导航定位技术	113
	5.2.2 水下导航定位技术	118
	5.2.3 基于电子海图的导航技术	121
参考文献		122

第6章 潮位测量技术 ... 124

6.1	常规潮位测量技术方法	124
	6.1.1 常见的潮位测量仪器和方法	124
	6.1.2 短期潮位站的布设	128
	6.1.3 海平面与垂直基准面	129
6.2	遥感遥测潮位测量技术	134
	6.2.1 GNSS 观测技术	134
	6.2.2 CCD 传感器观测	135
	6.2.3 遥感式潮位观测	136
6.3	验潮模式水下地形测量操作实例	136
	6.3.1 短期潮位站数据采集	136
	6.3.2 数据处理	137
参考文献		139

第二篇 海底地形地貌后处理技术与方法

第7章 海洋垂直基准面的建立技术 ... 143

7.1	常用的海洋垂直基准面	143
	7.1.1 平均海平面	143
	7.1.2 海图深度基准面	146
	7.1.3 最低天文潮面	149
	7.1.4 平均大潮高潮面	150
	7.1.5 高程基准	151
	7.1.6 大地水准面	152
	7.1.7 参考椭球面	153
7.2	海洋无缝垂直基准面的建立	154
	7.2.1 无缝垂直基准面的定义与要求	154
	7.2.2 建立海洋无缝垂直基准体系的重要性与必要性	155
	7.2.3 无缝垂直基准面的建立存在的问题	156

		7.2.4 海洋无缝垂直基准面的选择	157
		7.2.5 无缝垂直基准面的建立	159
	7.3	海洋大地水准面精化方法	166
		7.3.1 区域（似）大地水准面的精化	166
		7.3.2 无缝深度基准面与似大地水准面间的转换	166
		7.3.3 无缝深度基准面与参考椭球基准面间的转换	169
		7.3.4 海洋垂直基准面间转换的精度评定	169
	参考文献		171
第8章	多波束探测数据处理技术与方法		173
	8.1	多波束测深系统的常用数据格式	173
		8.1.1 L3 公司的三种数据格式	173
		8.1.2 Simard 公司 EM 系列数据格式	177
	8.2	多波束测深数据处理的基本技术流程	178
		8.2.1 多波束测深误差分析	179
		8.2.2 综合处理方法和流程	181
	8.3	基于 CUBE 算法的多波束异常数据滤波方法	186
		8.3.1 概述	186
		8.3.2 CUBE 算法的基本原理	188
		8.3.3 处理流程与实验分析	197
		8.3.4 结果与讨论	199
	8.4	基于 MOV 的声速剖面快速精简方法	204
		8.4.1 方法与模块	205
		8.4.2 关键技术问题研究	208
		8.4.3 数据处理时效对比分析	214
	8.5	基于等效声速的多波束测深折射误差改正方法	214
		8.5.1 声速对多波束系统的影响	215
		8.5.2 三层常梯度等效声速剖面模型	218
		8.5.3 多波束实测数据折射误差处理	221
	8.6	多波束反向散射与水柱数据处理方法	224
		8.6.1 多波束声呐散射成像原理	224
		8.6.2 声波回波强度与底质类型的关系	226
		8.6.3 多波束水柱数据处理及应用	227
	参考文献		235
第9章	侧扫与浅地层探测数据处理技术与方法		242
	9.1	侧扫声呐数据处理技术与方法	242
		9.1.1 侧扫声呐图像处理	244

		9.1.2 斜距改正	247
		9.1.3 海底目标物提取与底质识别	248
	9.2	浅地层探测数据处理技术与方法	251
		9.2.1 浅地层剖面采集软件与数据格式	252
		9.2.2 浅地层剖面探测数据后处理的主要方法	253
	参考文献		262

第10章 GNSS 数据处理技术方法及应用 263

10.1	GNSS 的 RINEX 格式解析	263
	10.1.1 GPS 观测数据 RINEX 文件及格式说明	264
	10.1.2 GPS 导航数据 RINEX 文件及格式说明	267
10.2	GNSS 主要误差的模型改正	269
	10.2.1 天线相位偏心的改正	270
	10.2.2 相位的 wind-up 改正	271
	10.2.3 测站位移影响与改正	272
10.3	GNSS 精密单点定位数据处理方法	274
	10.3.1 PPP 模型	275
	10.3.2 双频码和相位模型	275
	10.3.3 UofC 模型	276
	10.3.4 无模糊度模型	276
	10.3.5 相位平滑伪距模型	276
10.4	动态差分 GNSS 定位数据处理方法	277
	10.4.1 差分 GPS 定位技术方法	277
	10.4.2 网络 RTK	281
10.5	GNSS 在海洋学中的拓展应用研究	281
	10.5.1 GNSS 海洋学研究及应用	282
	10.5.2 GNSS 海洋学研究及应用的进一步开展	285

参考文献 286

第11章 潮位数据处理技术与方法 289

11.1	潮位数据的常规分析	289
11.2	潮位数据调和分析	292
11.3	潮位数据预报	293
	11.3.1 天文潮预报	293
	11.3.2 气象潮预报	294
	11.3.3 潮汐表计算	294
	11.3.4 潮时计算	294
11.4	潮位数值模型计算	295

11.5　潮汐基准面的关系 296
　　　　11.5.1　1956 黄海高程系 296
　　　　11.5.2　1985 国家高程基准 297
　　　　11.5.3　浙江吴淞基面 297
　　　　11.5.4　多年平均海平面 297
　　　　11.5.5　理论深度基准面 297
　　　　11.5.6　实例分析 298
　　11.6　水深测量的潮位改正 298
　　11.7　近海潮位改正实例 299
　　　　11.7.1　GPS RTK 验潮方法 300
　　　　11.7.2　数据采集 301
　　　　11.7.3　误差来源分析 302
　　　　11.7.4　RTK 潮位的姿态校正 305
　　　　11.7.5　实例应用效果对比 306
　参考文献 307

后记与展望——中国海洋科学调查与研究正由近海走向全球 309
名词及索引 312

第一篇

海底地形地貌探测技术

随着声探测技术、卫星定位技术、遥感技术、电子技术、计算机等技术的发展，海底地形地貌探测技术发生了巨大转变，进入以数字式测量为主体，以自动化及智能化技术为支撑，以4S（GNSS+RS+GIS+Acoustics）技术为典型代表的现代海底地形地貌探测的全新阶段。以船只、水下机器人、飞机、卫星和水下观测网为平台的立体测量框架将是未来海底地形地貌探测的主体构架，满足浅中深等不同海域及岛礁区的海底地形探测与监测需要。

本篇主要介绍海底地形地貌探测技术的发展概况，重点阐述了多波束测深系统、侧扫声呐系统及浅地层剖面探测仪等当前最主要的探测手段。随着机载LiDAR测深技术、水下航行器和海底观测网技术的快速发展，它们的优势逐渐显现，本篇也进行了简要叙述。本篇力求对当前主要的海底地形地貌探测技术从工作原理、作业方法上进行系统的阐述。

第 1 章 海底地形地貌探测技术概述

海底地形地貌探测技术按照测量载体可分为船载测量（常规船舶与无人船）、机载与星载测量、水下自主航行测量，以及海底原位观测等多种方式。本章通过对海底地形地貌探测仪器与技术进行比较，且进行系统的概述，使读者对国内外的相关技术有全面的了解。本篇后续章节对几种广泛使用的探测技术进行了较为详尽的阐述，包括多波束测深系统、机载激光测深系统、侧扫与浅剖探测系统等，使从业者能依据相关技术开展生产与研究工作。

1.1 船载地形地貌探测技术

船载探测是海底地形地貌探测最直接的方式，水深测量是船载地形地貌探测最核心的工作，水深测量从早期的测深杆、锤、绳等原始方式，发展到目前的声光电等多种探测手段。由于光波、电磁波在水中衰减很快，而声波在水中能远距离地传播，因此，船载声学探测仍是海底地形地貌探测的主要方式之一。全球导航卫星系统（global navigation satellite system, GNSS）定位导航是水上准确、高效的定位导航方式，利用"GNSS+探测仪"进行水深测量使用广泛，其基本原理是：测量载体在 GNSS 导航仪的辅助下，获取测区内测点的瞬时平面坐标，同时利用探测设备获得相应位置处的水深值、反射强度或者海底影像。

1.1.1 船载探测技术

早期测深是靠测深杆和测深锤完成的，效率低下。1913 年，美国科学家 R.A. Fessenden 发明了回声测深仪，其探测距离可达 3.7km；1918 年，法国物理学家 P. Langevin 利用压电效应原理发明了夹心式发射换能器，它由晶体和钢组成，实现了对水下远距离目标的探测，第一次收到了潜艇的回波，开创了近代水声学。此外，P.Langevin 还发明了声呐。进入 20 世纪 60 年代，多波束测深系统兴起，并随着计算机技术的飞速发展，逐渐出现了高精度、高效率、自动化、数字化的现代多波束测深系统，测深模式实现了从点到线、从线到面的飞跃（李家彪，1999）。

与地形地貌相关的海底探测仪器主要有单波束测深仪、多波束测深系统、相干测深侧扫声呐、三维激光扫描系统、双频识别声呐、合成孔径声呐、三维全景声呐等。

1. 原始的测深方法

人类最早是用竹竿测量水深的，后来发展为用一端带有重物的绳索测量水深。15

世纪中叶，尼古拉·库萨发明了一种简单的水压式测深仪，根据水压的大小反算海水的深度。继布鲁可型测深器（1851年前后）之后，先后出现了锡格斯比型测深器和有名的开尔文测深器。锡格斯比型测深器适用于深海测深；开尔文测深器是英国开尔文勋爵于1874年发明的使用钢琴弦作为测深绳的一种测深器。1891年，英国电信公司推出了卢卡斯型测深器。这种绳索式测深器的缺陷是工作效率低，受海浪和海流的影响大，特别是在深海区，其弊端显得尤为突出；其另外一个缺点是仅能在一点或一条测线上进行，不能进行大面积测量。

2. 单波束回声测深仪

为了进一步开展海洋考察工作，20世纪20年代科学家发明了单波束回声测深仪。它的出现是海洋测深技术的一次飞跃，其优点是速度快、记录连续。有了它才有了今天真正意义上的海图，对人类认识海底世界具有划时代的意义。

单波束测深属于"线"状测量。当测量船在水上航行时，船上的测深仪可测得一条连续的剖面线（即地形断面）。根据频段个数，单波束回声测深仪分为单频测深仪和双频测深仪。单频测深仪仅发射一个频段的信号，仪器轻便；而双频测深仪可发射高频、低频信号，利用其特点可测量出水面至水底表面与硬地层面的距离差，从而获得水底淤泥层的厚度。

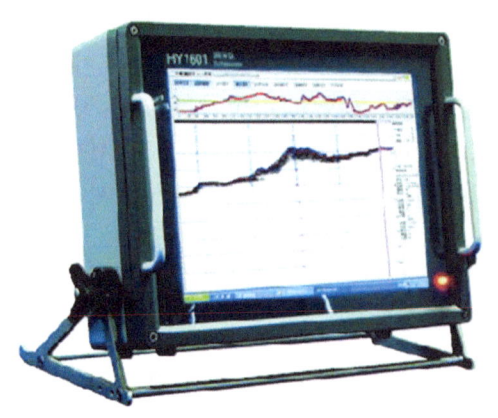

图1-1　HY1601单波束回声测深仪

传统的单波束回声测深仪有两个缺点：其一，其仅采样测线上的点，对海底信息的反映比较粗糙；其二，波束宽度较大，在复杂地形测量时深度误差较大。尽管多台单波束回声测深仪相对于单台的测量效率和测点密度有了提高，但设备笨重、横向扫幅小，对海上自然条件要求高。但单波束回声测深仪因为具备价格便宜、工作方便等优势，当前依然在河道与浅海测量中被广泛应用，图1-1是目前国内广泛使用的HY1601单波束回声测深仪。

3. 多波束测深系统

20世纪70年代出现了多波束测深系统，这是一场革命性的变革，其深刻地改变了海洋调查方式及最终的成果质量。多波束测深属于"面"状测量。它能一次给出与航迹线相垂直的平面内成百上千个测深点的水深值，所以它能准确、高效地测量出沿航迹线一定宽度（3~12倍水深）内，水下目标的大小、形状和高低变化（赵建虎，2007）。与单波束回声测深仪相比，其系统组成和水深数据处理过程更为复杂。除多波束测深仪本身外，还需要外部辅助设备，包括姿态仪、电罗经、表层声速仪、声速剖面仪和GNSS定位仪等，来提供瞬时的位置、姿态、航向、声速等信息。

多波束测深系统的研制工作起源于 20 世纪 60 年代美国海军研究署资助的军事研究项目（李家彪，1999）。1962 年，美国国家海洋与大气管理局（NOAA）在 Surveyor 号上进行了新问世的窄波束回声测深仪（NBES）海上实验。1976 年，计算机处理及控制硬件应用于多波束系统，从而产生了第一台多波束扫描测深系统，简称 SeaBeam。该系统有 16 个波束，横向测量幅度约为水深的 0.8 倍，当水深在 200m 左右的大陆架边缘时，海底的实际扫海扇面宽度约为 150m；当水深为 5000m 左右时，海底实际覆盖宽度约为 4000m。

20 世纪 80～90 年代，先后出现了各种各样的浅、中、深水多波束系统，图 1-2 是德国产的双频多波束测深系统 Elac BottomChart 1180/1050D，属于中浅水多波束系统。尽管只经过了短短 30 年的发展，但多波束测深技术研究和应用水平已达到了较高的水平，特别是近 10 年来，随着电子、计算机、新材料和新工艺的广泛使用，多波束测深技术已取得了突破性的进展，主要表现在精度、分辨率更高，集成化与模块化技术更好，设备体积越来越小。关于多波束测深技术的详细介绍见第 2 章。

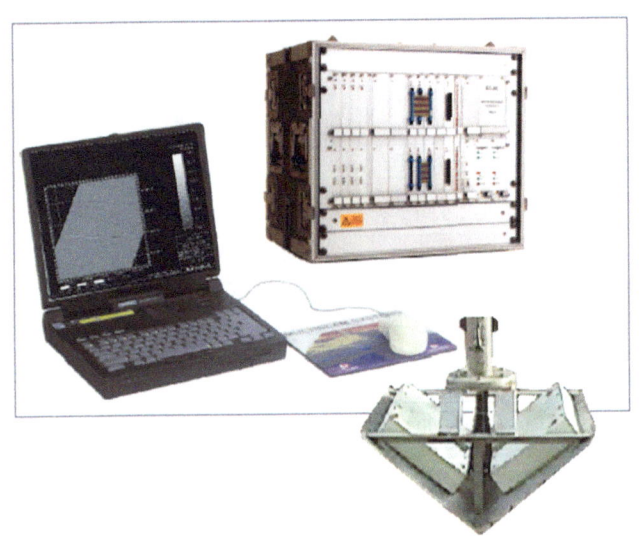

图 1-2　双频多波束测深仪 Elac BottomChart 1180/1050D

4. 侧扫声呐

侧扫声呐也称为旁侧声呐、旁扫声呐，它的出现可追溯到第二次世界大战后期，但直到 20 世纪 50 年代末才用于民用，60 年代初出现了商用设备，60 年代末侧扫声呐的概念开始为全世界所接受。

侧扫声呐系统是基于回声探测原理进行水下目标探测的，其通过系统的换能器基阵，以一定的倾斜角度、发射频率，向海底发射具有指向性的宽垂直波束角和窄水平波束角的脉冲超声波，声波传播至海底或海底目标后发生反射和散射，又经过换能器的接收基阵接收，再经过水上仪器的处理，通过显示装置显示和记录器储存数据。

侧扫声呐的工作频率基本上决定了最大作用距离,在相同的工作频率情况下,最大作用距离越远,其一次扫测覆盖的范围就越大,扫测的效率就越高。脉冲宽度直接影响距离分辨率,一般来说,宽度越小,其距离分辨率就越高。水平波束开角直接影响水平分辨率,垂直波束开角影响侧扫声呐的覆盖宽度,开角越大,覆盖范围就越大,声呐正下方的盲区就越小,表1-1为常用的几种侧扫声呐及其参数。

表1-1 几种常用的侧扫声呐及性能

型号		频率/kHz	水平波束角/(°)	最长缆长/m	单侧量程/m	拖鱼尺寸:直径×长/cm	拖鱼质量/kg	工作水深/m
SonarBeam S-150D		100	1.2	/	1000	11.2×1360	32	<300
		400	0.3		300			
Klein3900		445	0.21	/	150	8.9×122	29	25~1 000
		900			50			
Klein3000		100	0.70	/	600	8.9×122	29	25~1 000
		500	0.21		150			
EdgeTech4100P		100	1.2	1 500	500	11.4×140	12	1 000
		500	0.5		200			
EdgeTech4200-MP	HDM模式	100	0.64	6 000	500	/	/	2 000
		400	0.30		150			
	HSM模式	100	1.26		500			
		400	0.40		150			
SeaprobeDS型		100/400	0.80	6 000	50~400	26×29×140	24	标配2 500
CS-1型		100	1.00	500	500	/	/	300
		500	0.4		100			
Benthos C3D型		200	5个并发的角度	10 000	25~300	/	/	2 000
Jwfishers		100	1.50	/	450	10.2×140	27	152.4
		600			60			

5. 相干型测深侧扫声呐

1960年,英国海洋科学研究所研制出第一台侧扫声呐,并用于海底地质调查。20世纪60年代中期,侧扫声呐技术得到改进,提高了分辨率和图像质量等探测性能,开始使用拖曳体装载换能器阵;70年代研制出适用于不同用途的侧扫声呐。

英国Submetrix公司于20世纪90年代推出一种对海底地貌高密度、高精度测量的ISI100型相干声呐系统,它是一种利用多基元换能器接收回波的振幅、时间和相位差来对海底各点进行准确定位,并快速采集和处理大量数据的系统。相干声呐集水深探测技术和成像技术于一体,不仅可以测量水深,还可以同时给出海底三维立体图、等深图、侧扫声呐图(刘雁春等,2001)。该类设备具有以下特点:

1)采集的数据密度大,此相干声呐每个发射脉冲每侧可采集2000~6000个回声波带(即回波角)的水深,相当于海底每7.55mm一个水深点。

2)覆盖宽度大,有效水深覆盖带可达10~15倍水深。

3)具有条带测深和侧扫声呐二合一的特点,能采集更多的海底地形地貌信息,与传统的侧扫声呐相比,其能提供每个像元的精确坐标,利于后期资料深度挖掘利用。

相干声呐适用于港口航道水深扫测,是替代测深仪、侧扫声呐的新型设备,目前主要型号包括Klein 3500, GeoSwath Plus等(图1-3,表1-2)。但当工作水深大于200m时,相干声呐的探测效果不如传统多波束,尤其是在比较浑浊的河口与航道区,探测的效果一般。

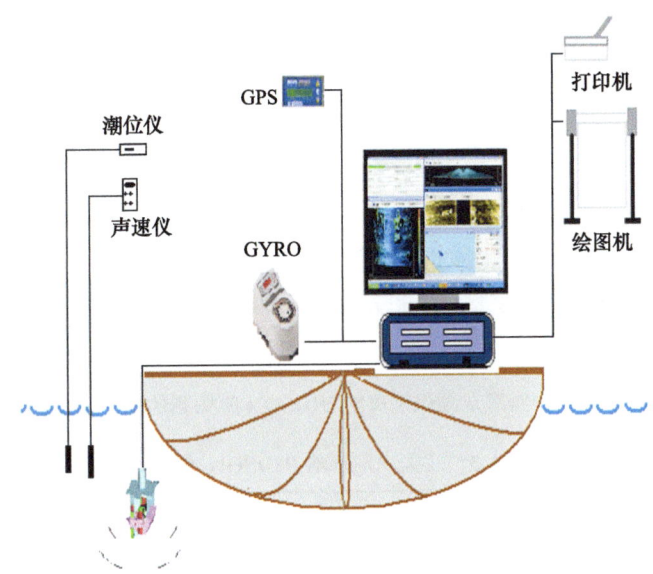

图1-3 GeoSwath Plus 测深侧扫声呐系统

表1-2 几种常用的相干型测深侧扫声呐及性能

名称	在空气中的重量/kg	工作频率/kHz	波长/μs	水平开角/(°)	垂直开角/(°)	适用的水深范围/m
Klein 3500	29	100/500	25~400	0.7	40	<2000
GeoSwath Plus	24	125	128~896	0.85	120	<200
ATLAS FANSWEEP20	30	200	60~350	1.3°	161°	250~600

6. 高分辨率双频识别声呐

高分辨率双频识别声呐运用声频"镜头"能在黑暗的混水中生成高质量图像。在这种环境下，光学摄像系统完全无法使用。在水下，高分辨率双频识别声呐主动发射两种频率的声波，声波遇到物体时反射回来被系统接收，经声学成像系统的信号处理，在显示屏上显示物体的影像。声学成像系统由 3 个声透镜和阵列式换能器组成。声透镜是会聚或发散声波的声学元件，类似于光透镜，但其与光透镜不同的是，会聚声波的声透镜是凹透镜而不是凸透镜，这是因为声速在声透镜中比在水中大。声透镜折射率大、聚焦短，最大限度地减小了像差和传播损失。阵列式换能器具有空间分辨能力，其可以根据回波信号的强度和时延进行图像重组。高分辨率双频识别声呐主要有 ARIS 和美国华盛顿大学研制的 DIDSON 等型号。图 1-4 是 DIDSON 探测的水下铺排，表 1-3 是高分辨率双频识别声呐 DIDSON 两种型号的基本性能对比。

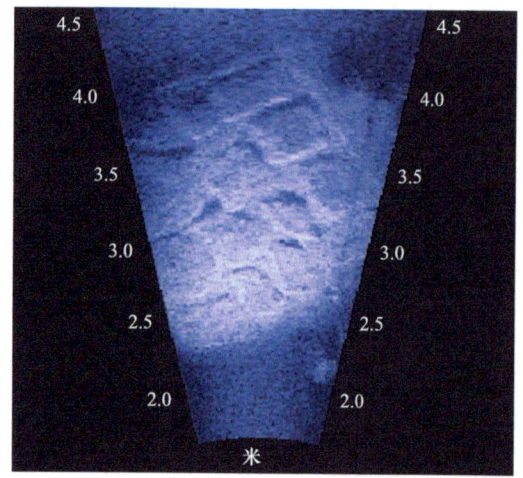
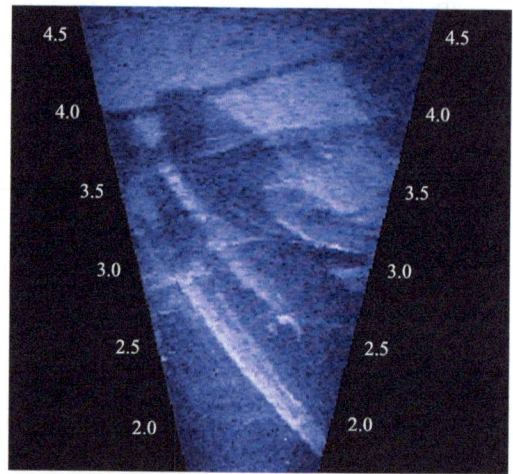

图 1-4 高分辨率双频识别声呐 DIDSON 所探测的水下铺排图

表 1-3 双频识别声呐 DIDSON 性能

项目	标准型双频识别声呐		远距型双频识别声呐	
	低频	高频	低频	高频
工作频率	1.1MHz	1.8MHz	0.7MHz	1.2MHz
波束宽度（双向）	水平 0.4°，垂直 14°	水平 0.3°，垂直 14°	水平 0.8°，垂直 14°	水平 0.5°，垂直 14°
波束	48	96	48	48
距离设定				
开始距离	0.75～23.25m，0.75m 间隔	0.38～11.63m，0.38m 间隔	0.75～23.25m，0.75m 间隔	0.38～11.63m，0.38m 间隔
探测距离	4.5m，9m，18m，36m	1.13m，2.25m，4.5m，9m	9m，18m，36m，72m	2.25m，4.5m，9m，18m
距离上取样间隔	8mm，17mm，35mm，70mm	2.2mm，4.4mm，9mm，18mm	17mm，35mm，70mm，140mm	4.4mm，9mm，18mm，36mm

续表

项目	标准型双频识别声呐		远距型双频识别声呐	
	低频	高频	低频	高频
脉冲宽度	16μs, 32μs, 64μs, 128μs	4μs, 8μs, 16μs, 32μs	23μs, 46μs, 92μs, 184μs	7μs, 13μs, 27μs, 54μs
帧速	4～21 帧 /s		2～10 帧 /s	
水平视角	29°		29°	
电力消耗	30W（AC115V 或 DC14-18V）			
控制	Ethernet			
输出形式	Ethernet 和 NTSC			
尺寸	长 30.7cm；高 20.6cm；宽 17.1cm			
在空气中的质量 / 在水中的质量	7kg/-0.6kg			

7. 水下三维扫描声呐

三维扫描声呐类似于三维激光扫描仪，声呐头发射固定频率的声波，波束在水中传播，到达物体表面后反射，声呐头接收声音信号，将其转化为电信号，再传输至声呐控制单元，声呐控制单元利用声呐的操作软件把声呐头扫描到的信息以图像的形式显示出来。声呐探头通过发射声脉冲，每发射一次即可形成一个扫描扇区，可得到多个测点的空间数据，云台通过在竖直方向和水平方向转动，可实现水平方向 360°、竖直方向 130° 的大范围扫描。扫描最大深度为 300m，在 30m 范围内扫描尺寸误差小于 4cm，角度误差为 1°。目前，主要的三维扫描声呐有 BV5000-1350 和 BV5000-2250（图 1-5 和表 1-4）。

图 1-5 三维扫描声呐 BV5000-1350 所探测的深海钻井平台及法兰盘图

表 1-4 三维扫描声呐 BV5000 性能

	型号	BV5000-1350	BV5000-2250
声呐	最大范围 /m	30	10
	最佳范围 /m	1～20	0.5～7
	波束宽度 /(°)	1×1	1×1
	波束间距 /(°)	0.18	0.18
	工作频率 /MHz	1.35	2.25

续表

	型号	BV5000-1350		BV5000-2250	
接口	供电电压	120～240VAC	24VDC	120～240VAC	24VDC
	功耗/W	最大功耗 45			
	数据接口	Ethernet/USB	Ethernet/RS485	Ethernet/USB	Ethernet/RS485
机械特性	在空气中的质量/kg	22.2	12	20.7	10.5
	在水中的质量/kg	9.6	4.5	8.4	3.3
	最大深度/m	300	3000	300	3000

8. 合成孔径声呐（SAS）

合成孔径声呐（synthetic aperture sonar, SAS）是利用接收基阵在拖曳过程中对海洋中目标反射信号的时间进行采样，经延时补偿构成目标的空间图像。合成孔径声呐成像的关键技术有拖曳基阵的姿态控制、实时时延修正、逆散射图像重建技术、海洋介质时空变化引起的声信号起伏的处理技术。它以小孔径基阵获得大孔径基阵才具有的分辨率，这是声探测和声成像技术的重大突破，它与其他声学探测设备相比具有"恒等分辨率"的典型优点，不会随着距离增加而降低分辨率。代表产品有美国的 DARPA、CEROS 合成孔径声呐，欧盟的合成孔径测绘与成像（SAMI）声呐，法国的 IMBAT3000 合成孔径声呐。在 863 项目的支持下，中国科学院声学研究所于 2000 年成功研制我国首套具有自主知识产权的合成孔径声呐。目前，合成孔径声呐可以达到 10～30cm 的水下图像分辨率（图 1-6 和表 1-5）。

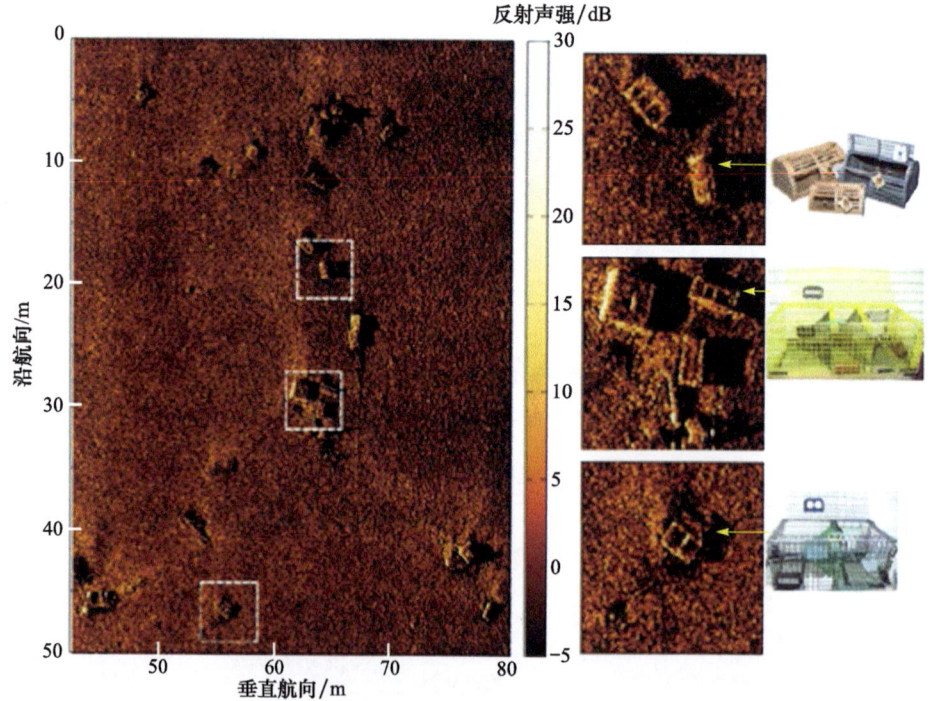

图 1-6　合成孔径声呐探测的海底小型人工目标物

表 1-5　几种常见的合成孔径声呐及其性能

参数	UCSB	SAMI	KIWI	DARPA	CEROS	SharkSAS-MF
中心频率 /kHz	600	8	30	50	12.5	15～25
带宽 /kHz	4	6	20	10	8	10
航向分辨力 /cm	5	100	15	10	4	10
距离分辨率 /cm	19	13	5	7.5	10	8
发射束宽 /(°)	1.5	5	10	8	84	水平 7，垂直 47
典型工作距离 /m	70	100～2500	50	50～1000	75	最大 300

9. 移动三维激光扫描系统

将三维激光扫描设备 (LS)、卫星定位模块 (GNSS)、惯性导航装置 (IMU)、里程计、360° 全景相机、总成控制模块和高性能板卡计算机高度集成，并封装在刚性平台之中，组合形成移动三维激光扫描系统。利用移动三维激光扫描系统可实现远距离非接触式测量，比如滩涂测量（图 1-7）。船载移动三维激光扫描滩涂测量角度平面位置精度 10～15cm，高程精度 15～20cm。针对船载移动测量的激光扫描型号主要有 MDL250，RIEGL VZ400，Leica HDS8800，FARO Focus3D 和中海达 iScan 等（表 1-6）。

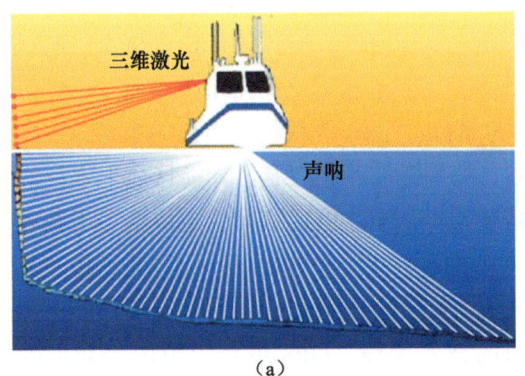
(a)

(b)

图 1-7　船载三维激光（a）与扫描成果图（b）

表 1-6　几种常用的移动三维激光扫描系统及其性能

型号	MDL 250	RIEGL VZ400	Leica HDS8800	FARO Focus3D	中海达 iScan
测量距离 /m	500	600	2 000	153.49	500
扫描精度	±5cm	5mm(100m)	10mm(200m)	2mm(25m)	±10cm
激光发散度 / mrad	/	0.3	0.25	0.19	/
扫描视域	360°	100°×360°（垂直×水平）	80°×360°（垂直×水平）	305°×360°（垂直×水平）	360°
采集速率 /（点 /s）	500 000	300 000	8 800	976 000	/

续表

型号	MDL 250	RIEGL VZ400	Leica HDS8800	FARO Focus3D	中海达 iScan
温度范围	工作温度： −20~60℃	工作温度： 0~40℃	工作温度： 0~50℃		
	储存温度： −20~70℃	储存温度： −10~50℃	储存温度： −20~50℃	工作温度： 5~40℃	/
保护等级	IP65	IP64	IP65	IP65	/

1.1.2 船载定位技术

海底地形地貌测量在对海底进行探测的同时，还需准确地提供海底测点的平面位置，通常由船位换算得到，因此，测船定位也是海底地形地貌探测中一项重要的工作。

早期载体的定位手段主要有光学定位和陆基无线电定位，存在精度差、操作烦琐等问题，难以满足现代工程的实际需求，大部分方法几乎停用。20 世纪末以来，随着 GNSS 技术的突飞猛进，海洋定位技术取得了突破性的进展。目前，广泛使用的 GNSS 高精度定位技术有差分定位、精密单点定位（precise point positioning, PPP）。

海上光学定位与陆上定位的原理和方法相同，以交会法为主，即通常所用的前方交会法、后方交会法等，在 20 世纪 60~70 年代应用广泛。

无线电定位包括陆基无线电和空基无线电两种。陆基无线电于 20 世纪初发展起来，系统的主要部分为地面导航台，该方法具有作用距离远和全天候连续定位等特点，作用距离可由几十千米到上千千米，其工作原理主要是测量距离定位和测量距离差定位，通过在陆上设立若干个无线电发（反）射台（称为岸台），测量无线电波传播的距离或距离差来确定运动的船台相对于岸台的位置。例如，海用微波测距仪是沿岸海区海上定位的主要仪器之一，作用距离为几十千米，测距精度为 1~2m；更远距离的定位则采用各种不同原理的无线电定位系统，其精度也有所不同，如罗兰 C、奥米加等（梁开龙，1995）。

卫星导航定位技术是空基无线电定位最具代表性的技术之一，兴起于 20 世纪 70 年代，是目前海上定位使用最广泛、最有效的技术手段。GPS 单点定位由于受到的影响因素众多，如卫星星历误差、电离层折射误差和多路径效应等，其定位精度为 5~20m，不能满足高精度定位导航的需求，因此 GPS 差分技术应运而生，并在实际工程中广泛应用。中国沿海早期 GPS 差分形式有信标差分和 GPS RTK 技术。信标差分是指中国的沿海无线电指向标–差分全球定位系统（radio beacon-differential global position system, RBN-DGPS），是中国海事局于 1995~2000 年组织建立的覆盖我国沿海海域，并由 20 个航海无线电指向标构成的助航系统，其工作原理本质上是利用无线电信标播发伪距差分（RTD）改正信息，从而实现实时动态差分定位，其定位精度为 1m 左右。GPS RTK 技术称为载波相位实时动态差分定位技术，定位精度在厘米级，但这种技术的作用距离有限，一般为 15km 左右，所以常用于近岸水下地形测量作业中。

卫星导航技术发展的广度和深度均在增加，目前除 GPS 以外，还有中国的北斗、俄罗斯的 GLONASS、欧盟的伽利略等卫星导航系统，由一支独大的 GPS 发展成为群星璀璨的 GNSS，差分技术也由单基站差分发展到网络 RTK 技术，单点定位技术也出现了精密单点定位技术。网络 RTK 技术是利用多个基准站构成一个基准站网，然后借助于广域差分 GNSS 和具有多个基准站的局域差分 GNSS 中的基本原理和方法来消除或减弱各种 GNSS 测量误差对流动站的影响，从而达到增加流动站与基准站间的距离和提高定位精度的目的。与常规 RTK 技术相比，该技术具有覆盖面广、定位精度高、可靠性强、可实时提供厘米级定位等优点；而精密单点定位技术则利用精密卫星轨道和卫星钟差数据，对单台 GNSS 接收机所采集的相位观测值进行定位解算，其实时定位精度可达到分米甚至厘米级（李征航和黄劲松，2005）。由于精密单点定位技术不受基准站距离的限制，其在海洋测绘中有巨大的应用潜力。

GNSS 定位技术详见第 5 章。

1.1.3　无人船载测量平台

除传统的测量船外，当前，基于无人船的自主测量平台技术也是一种重要的海底地形地貌探测手段，尤其是在浅水区、岛礁区、危化品区等常规测量船难以进入的区域，需要借助于无人船进行测量，无人船平台可以搭载浅水多波束、侧扫声呐、单波束、ADCP 等常规的测量仪器，可以通过母船与无人船联合作业的模式进行协同作业，大幅提升在浅水区的作业效率（图 1-8）。近几年来，国内外在自动化采集领域有了长足的发展，相继出现了以高精度全球卫星定位技术、超声波自动避障技术、实时远程数据链路技术、复合材料技术等融合制造的智能无人船，并搭载有不同种类的有效探测载荷实现数据自动化获取。

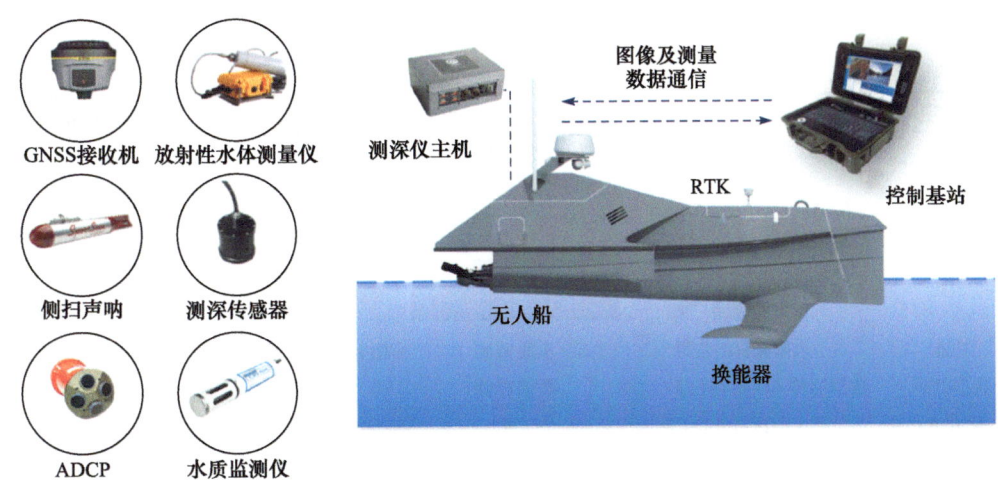

图 1-8　测量无人船系统拓扑图（由珠海云洲智能科技有限公司提供）

无人船平台具有无人遥控、GPS 自动导航、自主航行、自动避障等功能，可在视距外作业。工作时，只需把作业水域的地图在基站上下载好，在地图上，或者通过坐标输入规划好测线，然后将任务发送给无人船，无人船即可开始工作。测量过程中，可通过远程桌面等方式调整多波束测深系统等仪器参数。测量数据及无人船摄像头的拍摄画面均可通过系统自带的宽带专网实时回传，15km 内可传输带宽达 2MB/s。图 1-9 展示了无人船在测线上测量的过程，其中红色细实线为计划测线，黑色部分为无人船行走轨迹。一般在 4 级海况下，在表面流 1m/s 的条件下，无人船航行精度可控制在 ±0.5m 以内。

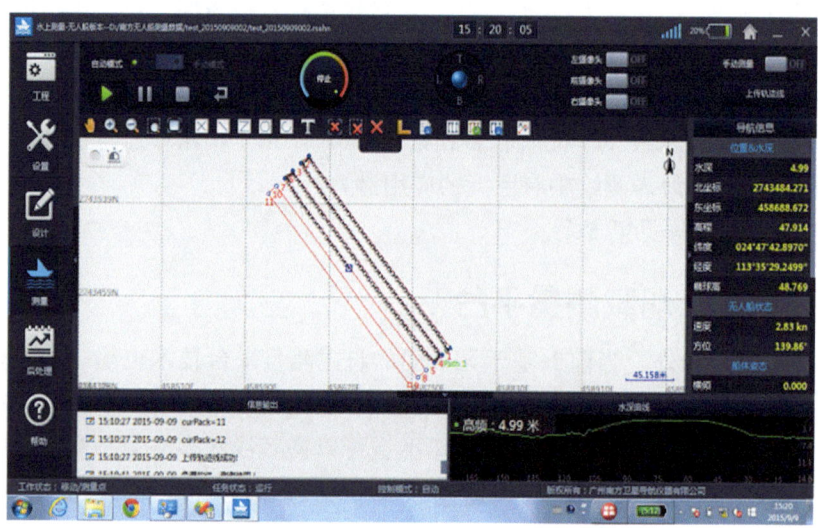

图 1-9　无人船工作过程监控界面（由珠海云洲智能科技有限公司提供）

国内主要有珠海云洲智能科技有限公司、武汉楚航测控科技有限公司和武汉劳雷绿湾船舶科技有限公司在研制无人遥控测量船。国际上，美国、英国、德国等国家也有少量应用的水底地貌测绘无人船（USVs）。几款代表性的无人船及其性能对比见表 1-7。

表 1-7　国内外主要无人驾驶自动测量船及其性能

对比项	云洲无人船	水质监测机器鱼	C-CAT4 无人船	Searabotics
产地	中国	西班牙	英国	美国
设备图片				
功能	水质采样/监测	水质监测	根据需求定制改装	根据需求定制改装
数据处理	数据回传/存储/处理/绘图	数据存储	数据存储	数据存储
尺寸/m	1～1.5	1.5	4.3	2.5
质量/kg	20～50	100	650～1000	1000 以上
续航时间/h	6～12	2	定制	定制
自主导航	有	有	有	有
通信距离/km	10	1	10	/
超声波避障	有	无	无	无
实时视频	有	无	有	有

1.2 星载与机载地形地貌探测技术

1.2.1 星载海洋监测技术

1. 卫星测高技术

卫星测高技术是利用卫星搭载的微波雷达测高仪测定雷达脉冲往返于海表面所经历的时间来确定卫星至海面星下点的距离，根据已知的卫星轨道高度和各种误差改正来确定某种稳态意义上，或一定时间尺度内，平均意义上的海平面相对于一个参考椭球的大地高（姜卫平等，2002）。其基本观测量包括信号往返时间、回波信号波形及回波信号自动增益控制值，图1-10为卫星测高原理图，海面高度可以简单表示为

$$h = r_s - r_p - h_{alt} = h_{mss} + h_s \tag{1-1}$$

式中，h 为瞬时海面的椭球高；r_s 为卫星在参考椭球面上法向投影点的地心矩；r_p 为卫星星下点（卫星在平均地球椭球面的投影点）P 的地心距；h_{alt} 为微波雷达高度计的直接测量值；h_{mss} 为平均海平面高，由大地水准面高和稳态海面地形组成；h_s 为动力海面地形。

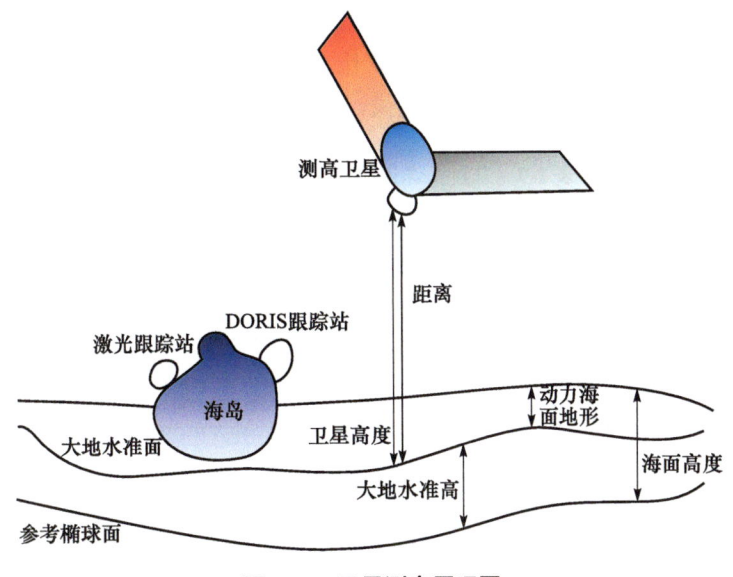

图1-10 卫星测高原理图

卫星测高技术在海洋区域可提供高精度和高分辨率的大地水准面数据。国际上由卫星测高技术反演海底地形的常用方法主要有解析和统计两大类算法。如果将海底地形的变化采用频域表示，则卫星测高技术反演海底地形的数据只能反映海底地形中的低、中频部分，对海底起伏的剧烈变化无能为力。卫星测高技术在海洋或岛屿附近受地形地物的影响较大，观测精度明显下降，因此，利用卫星测高技术反演海洋深度，一般只有在深水海区才有望获得比较满意的计算结果。目前该技术一般难以满足大比例尺的测图需要。几种测高卫星的具体参数见表1-8。

表 1-8 卫星测高相关参数

卫星	Skylab	GEOS3	SeaSat	Geosat	E-1/RA	T/P	E-2/RA	GFO	E/RA-2	J-1/P-2
发射年份	1973	1974	1978	1985	1991	1992	1995	1998	2002	2001
轨道高度 /km	435	840	800	800	800	1300	800	800	800	1300
功率 RF/W	2000	2000	2000	20	50	20/5	50	75.5	50	70
光束宽度 /deg	1.5	2.6	1.6	2.1	1.3	1.1	1.3	/	1.3	/
脚印 /km	8	3.6	1.7	1.7	1.7	2.2	1.7	2	1.7	/
脉冲宽度 /ns	100	12.5	3	3	3	3	3	/	3	3
测高精度 /cm	85～100	25～50	20～30	10～20	10	6	10	2.5～3.5	2.5（海面）	4.2
周期 /d	/	/	17	17	35	10	35	17	35	10

2. 海洋遥感探测技术

星载遥感探测技术是海洋遥感探测技术体系中的重要组成部分。它伴随着卫星技术、电子技术、光电技术、微波技术等高新技术的发展而发展。1972 年以来，相继发射了许多携有空间探测器的卫星，其中以 Landsat-8、IKONOS、MOS-1、Pleiades 和 SPOT-6 最引人注目（表 1-9），可用来全天时、全天候、定量地提供全球海洋信息。发回地面的数据有海面风速、风向、波高、波长、波谱、海面温度、大气含水量、海冰、海面地形、海洋水准面和高分辨率雷达图像。

表 1-9 几种海洋遥感监测卫星及其参数

卫星名称	SPOT-6	IKONOS	Landsat-8	Pleiades
轨道高度 /km	695	681	705	694
影像幅宽 /km	60（正向）80（侧向）	11.3	/	20
重访周期 /d	/	3	16	双星1.3
影像成图比例	1：10 000	/	1：50 000～1：100 000	/
空间分辨率 /m	全色影像：1.5 多光谱影像：6	全色影像：0.82 多光谱影像：3.2	全色：15 多光谱：30 热红外：60	全色：0.7 多光谱：2.8 全色：0.5 多光谱：2
定位精度 /m	/	15（无控制点）	/	8.5（无控制点）
多光谱波谱范围 /nm	蓝：450～520 绿：530～590 红：620～690 近红外：760～890	蓝：445～516 绿：506～595 红：632～698 近红外：757～853	蓝：450～520 绿：520～600 红：630～680 热红外：1 040～12 500	蓝：430～550 绿：500～620 红：590～710 近红外：740～940

目前，用于海洋观测的卫星传感器均根据电磁辐射原理获取海洋信息。遥感技术采用的电磁波涉及可见光、红外和微波等波段。传感器按工作方式分为主动式传感器和被动式传感器。主动式传感器如微波高度计、微波散射计、合成孔径雷达（SAR）

等；被动式传感器如可见红外传感器、微波辐射计等。图 1-11 为星载 SAR 遥感成像示意图，目前用于海洋研究的传感器和其主要测量的参数见表 1-10。

星载遥感探测技术给传统探测技术以极大的冲击，它给人类带来了更加宽广的视野，为开展多种海洋研究提供了宏观背景和依据。现行各种传感器性能及分辨力的提高，意味着星载遥感探测技术在评价海图完整性和准确性、海图更新与修测、发布一般通告、证实可疑危险物并确定其位置，以及鉴定水深资料的现势可靠性、辅助确定优先测量的区域、开展海洋大地水准面、海面地形、海洋洋流等众多方面具有广阔的应用前景。

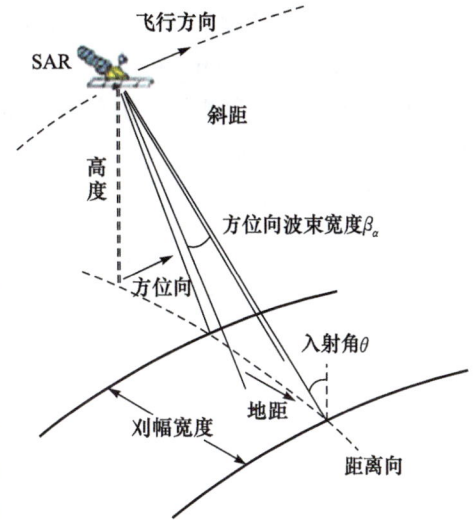

图 1-11　星载 SAR 遥感成像示意图

表 1-10　卫星传感器及其可以测量的海洋参数

传感器名称	测量的海洋参数
SAR	波浪方向谱、中尺度涡旋、海洋内波、浅海地形概貌、海面污染及海表特性信息等
红外传感器	海表面温度
水色传感器	海洋表层叶绿素浓度、悬移质浓度、海洋初级生产力、漫射衰减系数及其他海洋光学参数
微波高度计	平均海平面高度、大地水准面、有效波高、海面风速、表层流、重力异常等
微波散射计	海面风场
微波辐射计	海面温度、海面风速，以及海冰水气含量、降水等

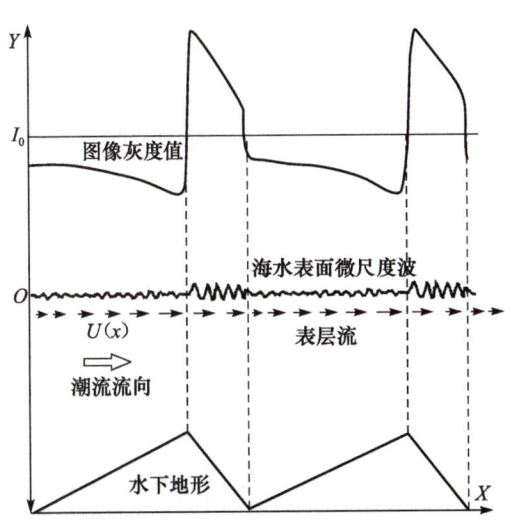

图 1-12　SAR 浅海水下地形成像机理（由张华国研究员提供）

利用微波遥感技术可以进行水下地形探测与反演。水下地形 SAR 遥感成像过程由三部分组成（图 1-12）：①水下地形和潮流相互作用引起海水表面流速调制，形成表面辐聚辐散；②海水表面流场调制引起风致海浪短波谱的变化，进而引起海表面粗糙度的变化；③海水表面粗糙度的变化在雷达图像上表现为强度调制。水下地形 SAR 成像模型主要由纳维 - 斯托克斯方程、波作用量谱平衡方程、雷达后向散射模式 3 个传递方程组成。

1.2.2　机载海洋探测技术

1. 机载 LiDAR 测深技术

机载 LiDAR 测深技术的基本原理是，

在飞机上发射两种激光束，分别测量飞机到海面和海底的高度，由此得到水的深度。其一般可测深 30~50m，精度为 ±0.1~0.2m。其适用于大面积浅水（特别是海底能见度较好的水域）水深测量。机载激光传感器受其质量体积等限制要求需搭载有人驾驶固定翼飞机，测量成本较高。目前的主流型号主要包括加拿大的 Larse500 和澳大利亚的 LADS 等（表 1-11）。关于机载 LiDAR 测深技术的详细介绍见第 3 章。

表 1-11　几种机载 LiDAR 仪器及其参数

型号	激光器/μm	脉冲重复频率/Hz	扫描范围	飞机高度/m	飞行速度/(m/s)	最大测深度/m	测深精度/m
Larse500	/	/	268m	500	70	40	0.3
LADS	1.06~0.53	168	250m	500	70	50	/
LADS MK Ⅱ	/	900	240m	500	90	70	0.3
Hawk Eye	1.06~0.53	200	0°~55°	300	15~60	70	0.3
FLASH	1.06~0.53	200	/	/	/	34	/

2. 无人机航空摄影测量技术

鉴于星载卫星测高及遥感手段精度较差，而机载 LiDAR 测深系统价格昂贵，该技术还受飞机机种限制、对飞行高度要求苛刻、对潮位时机把握严格、机动灵活性差等方面的限制，采用超低空无人机进行滩涂及岛礁地形测量成为上述手段的有效补充。

无人机航空摄影测量技术是指利用轻型无人机搭载高分辨率数字彩色航摄相机获取测区影像数据和测量状态等参数，通过数据传输储存技术将以上参数传送到地面控制系统中，在数字摄影测量工作站上进行图像处理分析。获得无人机的 GPS/POS 数据及相机参数后，就可以通过几何关系提取立体像对中地物点的高程信息，速度比传统方法大大提高。采用基于最小二乘理论的滩涂测绘系统检校技术，借助于高精度空三加密，采集精度相对较高的高程信息，利用二次内定向方法进行平差，得到满足海洋滩涂变化态势监测分析使用的 DEM。该手段可以获取滩涂及岛礁 1∶2000 的地形图，但水深反演能力较差。目前，在条件较为良好的情况下，无人机滩涂及岛礁测量精度可以满足 1∶1000 测图精度需要。

无人机具有空域申请手续简单、机动性强、维护操作简便、可在云层下实施航拍、风险小及低空高分辨率等优点，是获取小范围大比例尺数据的有效手段，目前被广泛应用于海况应急监测、不可达海域地图数据获取、大比例尺测图与地图数据获取、海域地图局部更新，以及小范围三维模型建立等诸多领域。图 1-13 为无人

图 1-13　无人机油污泄漏探测

机油污泄漏探测。

图 1-14 为无人机航空摄影测量大比例尺成图过程的主要步骤。目前，国内外一些相关测绘无人机参数见表 1-12。

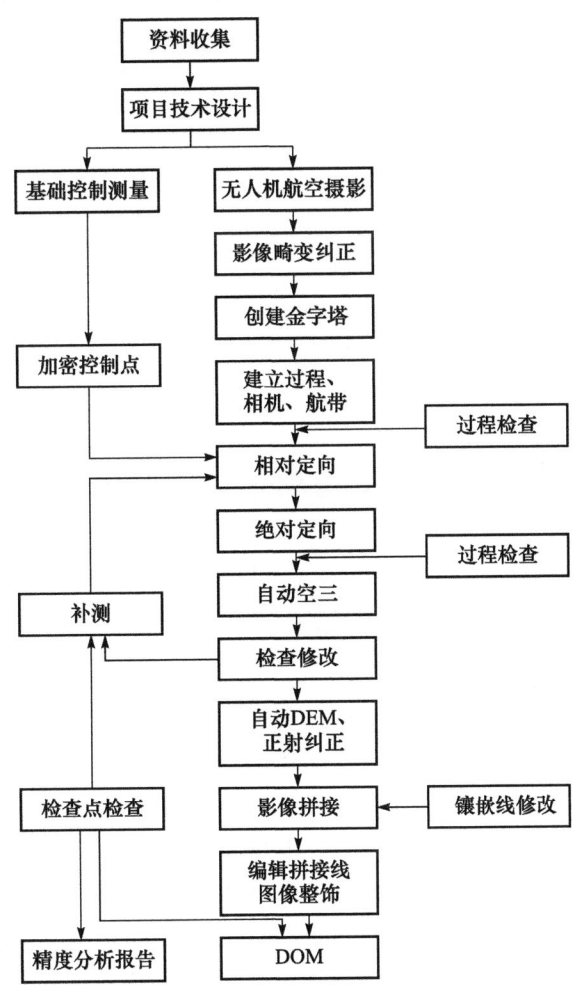

图 1-14　无人机航测数据处理工作流程

表 1-12　测绘相关型号无人机基本参数

机型	研发机构	机长/m	空重/kg	最大载荷/kg	燃油储存/L	最大空速/(km/h)	飞行高度/m	续航时间	起飞方式
Trimble UX5	Trimble	0.65	2.5	/	/	80	5000	50min	弹射
senseFly(ebee)	瑞士 senseFly		0.63	/	/	57		45min	手抛
快眼-Ⅲ	中国科学院遥感与数字地球研究所	2.3	6	8	9	150	6500	3～4h	滑跑、弹射

续表

机型	研发机构	机长/m	空重/kg	最大载荷/kg	燃油储存/L	最大空速/(km/h)	飞行高度/m	续航时间	起飞方式
劲鹰3型	昆明劲鹰无人机公司	2.7	20	5～10	5～8	220	5000	1～2h	滑跑、弹射
大地鹰DⅡ型	西安大地测绘公司	1.97	13			120		4h	滑跑
DB-2（大白）	领航无人机有限公司	1.9		2.5	3	110	5000	2h	滑跑
KC2000		1.08	9	2～3	3	110	5000	3～4h	弹射
KC09（电动/油动）	武汉智能鸟无人机有限公司	2.62	25	8		110	油动3000，电动5000	5～6h/1h	滑跑、弹射
Avian-P（电动）	台湾碳基科技股份有限公司	1.03	4.3	null	电动	81	4500	1.5～2h	弹射

1.3 水下机器人与海底观测网探测技术

除水面测量船和无人船外，水下机器人也是一种重要的海底地形地貌测量运载器，在海底精密探测方面有常规测量无法替代的优势，在大洋中脊和海底峡谷的测量中已得到较为广泛的应用。近年来，基于海底观测网进行海底原位在线长期监测正处于快速发展中，可实现海底地形地貌、海底灾害、海洋生态等的在线观测 (金翔龙等，2014)。

1.3.1 水下机器人技术

水下机器人是一种可以在水下运行，并能够独立完成特定功能的机械设备，通常可以分为水下自治潜器（autonomous underwater vehicle, AUV）、载人潜器（human occupied vehicle, HOV）、遥控潜器（remotely operated vehicle, ROV）和水下滑翔机（glider）等。这些水下机器人是一种移动平台，可以搭载多波束测深等探测设备进行海底地形地貌调查。

1. 水下自治潜器

利用水下自治潜器，不携带脐带电缆，可自主执行使命任务，具有作业范围大、功能多样等特点，适用于大范围海洋环境精细测量、海底微地貌调查。

麻省理工大学 Odyssey Ⅱ 是一种主要用于海冰检测和标图的机器人。美国新罕布什尔自主水下系统研究所与俄罗斯远东科学院水下技术研究所联合开发的太阳能自主水下 AUV 正在尝试克服 AUV 的远程续航缺陷。美国的 C.S.Droper 实验室则在仿生 AUV 方面有巨大的突破，代表产品是仿黄鳍金枪鱼机器人 VCUUV。加拿大在 1994 年冰层电缆铺设方面率先采用 AUV 技术研制出 Theseus AUV，该机器人配备了一块

70kW·h 铝氧燃料电池，续航能力达到 36h。后来该机器人的能源装置不断升级，到 1997 年完成第二代电池试验，续航能力较第一代显著提高。日本东京生产技术研究所主要致力于水下电缆检测领域，研发出了包括 Twin-Burger Ⅰ型和Ⅱ型、PTEROA150 型和 250 型等多系列电缆铺设和检测维护 AUV。

在自治潜器技术方面，我国先后研制成功下潜深度 1000m 的 "探索者"号和下潜深度 6000m 的 CR-01 AUV、CR-02 AUV（图 1-15）。CR-01 AUV 分别于 1995 年、1997 年两次参加中国大洋矿产资源研究开发协会（简称中国大洋协会）组织的太平洋科学考察（即对太平洋我国保留区进行多金属结核的调查），并圆满完成了考察任务，为最终在联合

图 1-15 我国自主研制的 CR-02AUV

国确定我国的保留区提供了大量的科学数据，使我国成为世界上少数拥有 6000m 级别的自治潜水器的国家之一。我国还具有研制长航程自治潜器的能力，续航能力达数百千米。"十二五"期间开展了 4500m AUV 的研制，以及其他小型、智能化 AUV 的研究。

2. 载人潜器

载人潜器（HOV）为海洋科学家提供了一种可以深入海底、直接观察海洋现象，并开展科学试验的平台，它能够把人带到海洋深处进行观察和作业，实现人类探知海洋的梦想。根据使用任务的不同，载人潜水器可以分为观察型、作业型、人员出舱型等多种类型。

美国的 "阿尔文"号（Alvin）潜水器是当今世界上下潜次数最多的载人潜器，被认为是使用效率最高、最成功的载人潜器，为深海研究工作作出了巨大贡献。1966 年 "阿尔文"号成功打捞了一枚美国在西班牙地中海沿岸坠落的氢弹，引起一时轰动。1991 年 Alvin 创下了下潜深度 4550m 的最好纪录。

图 1-16 "蛟龙"号 HOV

在载人潜器技术方面，"蛟龙"号实现了我国载人潜器零的突破，2012 年 7 月圆满完成了 7000m 级海试，2013 年其成功开展了试验性应用，用于海底资源勘查和深海科学研究（图 1-16）。

3. 水下遥控潜水器

遥控水下机器人（remote operated vehicle, ROV）以母船为支撑，载体上可以安装多种设备和传感器，进行长时间、连续的海底调查及取样作业，是现代海洋区域地质

调查中一种先进的调查设备。ROV 是最早得到开发和应用的潜器,1966 年美国海军的 CURV-1 号 ROV 在载人潜器 Alvin 号的协同作业下,成功打捞起坠落在地中海中的氢弹,引起世界轰动,继而开发了 CURV-2、CURV-3 型 ROV,如图 1-17 所示。

ROV 的商业化产品于 1975 年问世,Hydro Production 公司在 1975~1980 年研发,分别推出了 RCV-125 和 RCV-150,主要任务是进行水下管道的连接和辅助水下钻井工作。

但是随后很长一段时间,ROV 更主要服务于军事,用来完成探测和销毁水雷,比较先进的有美国的探测水雷系统 RMS(V)、日本的 KAIKO "海沟号"、法国的 PAP104、意大利的 PLUTO-plus、德国的企鹅 -B3、瑞典的海鹰、加拿大的开路先锋等。其中,日本的 KAIKO "海沟号"可以到达海洋的最深点——10 911.4m 的马里亚纳海沟(表 1-13)。

CURV-1型ROV

CURV-2型ROV

CURV-3型ROV

图 1-17 CURV 系列型号的 ROV

KAIKO 的两个潜水器系统发射器通过 12 000m 的主光纤与母船相连,通过 250m 的二级电缆与潜水器相连接,该潜水器可以在半径 200m 的范围内自由运动。当潜水器工作时,KAIKO 拥有 3 个任务模式:第一个是通过拖拽系统调查 6500m 的海床,第二个是将海床的研究扩展到整个海洋,第三个是为 SHINKAI6500 提供救援工作。

我国经过近 30 年的发展已经可以自主研发和生产包括浮游式、爬行式和拖拽式的各种型号的 ROV(金翔龙等,2014)。在海洋电缆埋设方面,2002 年中国科学院沈阳自动化研究所研制的第一台自走式电缆埋设机器人"CISTAR"可以实现光缆的铺设和检测维修工作。2014 年由广州海洋地质调查局牵头,联合上海交通大学、浙江大学等国内科研院所研发的"海马号"ROV 成功海试,最大下潜深度为 4502m。"海马号"ROV 长 4m、宽 2.1m、高 2.6m,重达 5t,装备有水下摄像照相系统、声呐、多功能机械手、海底岩心钻等观测与取样工具,并有可更换的、不同功能的水下作业底盘,还具有辅助海底观测网布放维护的功能,是我国当前仅有的具备 4500m 作业能力的 ROV。当前,我国研制的作业深度达 6000m 的"海龙Ⅲ号"ROV 即将开展海试。

表 1-13 几种 ROV 及相关参数

机构	名称	最大深度 /m	外形尺寸 /m	重量 / 有效荷载 /kg	航速	推进器配置
美国(Ametex Straza)	Super Scorpio	1 000	2.48×1.48×1.42	1 600/50	前进 2.5 节	225kg×2(前进、回旋) 225kg×2(横向) 225kg×1(垂直)

续表

机构	名称	最大深度/m	外形尺寸/m	重量/有效荷载/kg	航速	推进器配置
英国（Perry Slingsby）	TRITON XLX	4 000	3.23×1.8×2.15	5 600/550	前进3节	390kg×4（水平矢量布置） 225kg×4（垂直） 225kg×2（前进、回旋）
加拿大（ISE）	HYSUB5000	5 000	2.54×1.48×2.15	2 000/254	前进2.5节	225kg×2（横向） 225kg×1（垂直）
伍兹霍尔海洋研究所	Jason-Ⅰ	6 000	2.1×1×1	1 000	前进1节	/
伍兹霍尔海洋研究所	Jason-Ⅱ	6 500	3.4×2.4×2.2	4 082/50	前进1.5节 垂直1节 横向0.5节	113kg×2（前进、回旋） 113kg×2（横向） 113kg×2（垂直）
日本海洋研究开发机构（JAMSTEC）	海沟号	11 000	3.1×2×2.3	5 600/150	前进2节 垂直1节 横向1节	/
日本海洋科学技术中心（JAMSTEC）	"海豚"3K	3 300	2.85×1.94×1.96	3 700/150	前进3节	180kg（前进方向） 25kg（垂直）
法国海洋开发研究院	Victor6000	6 000	3.1×1.8×2.1	4 000/600	前进1.5节	200kg（所有方向）
伍兹霍尔海洋研究所	海神号HROV	11 000	4.25×2.4×2	2 800/25	前进3节	ROV模式：2台前进、2台垂直、一台横向 AUV模式：2台前进、1台垂直
美国约翰·霍普金斯大学	JHUROV	/	1.5×1×0.6	140	/	15kg×2（前进、回旋） 15kg×2（横向） 15kg×2（垂直）
沈阳自动化研究所	海人一号	200	2.5×1.59×1.95	2 198	前进2节	总功率20kW
中国船舶科学研究中心	SA4	600	1.49×1.45×2.18	1 840	前进3节 垂直1节 横向1.8节	150kg×2（前进、回旋） 150kg×2（横向） 150kg×1（垂直）
广州海洋地质调查局	4 500mROV	4 500	3.2×2.5	3 000	前进3节	300kg×4（水平矢量布置） 150kg×4（垂直）

4. 水下滑翔机

水下滑翔机是一种将浮标、潜标与自主水下机器人技术相结合的一种无外挂推进系统，是依靠自身浮力驱动的新型水下机器人。水下滑翔机内部有两个油囊，一个位于耐压舱内部，另一个位于耐压舱外的导流罩内，二者通过油泵相连，油在内外皮囊中的流动只改变滑翔机的浮力而不改变整体质量。当水下滑翔机的重心前移，载体头部下沉时，油泵将外部油囊中的油抽进内部油囊，此时滑翔机的浮力小于重力，开始在垂直方向下沉。水下滑翔机在下沉过程中受到的水动力主要包括阻碍载体运动的阻力及作用在载体和水平翼上的升力，升力方向与载体滑翔运动方向大致垂直。水下滑翔机最终在重力、浮力、阻力和升力及它们产生的力矩的共同作用下达到动平衡，实现下潜运动，如图1-18（a）所示。当重心沿轴向向后偏移，载体头部上仰时，油泵把内部油囊的油抽到外部油囊，这时浮力大于重力，从而实现滑翔机的上浮滑翔运动。通过改变滑翔机内部质量块在横向位置或者尾部垂直舵角，可使载体受到一个偏航力矩，实现回转运动，从而控制滑翔的航向［图1-18（a）］。

水下滑翔机作为将浮标、潜标和潜水器技术相结合的新概念无人潜水器，具备数千千米的航程和数月的续航时间，被公认为是最有前景的新型海洋环境测量平台。关于水下滑翔机，国外早在20世纪90年代初就展开了这方面的研究工作，尤其是美国，至今它已经研制出了四种型号的水下滑翔机。当前，中国水下滑翔机技术取得了突破性进展。"十一五"期间，中国相关单位开展了总体设计技术、低功耗控制技术、通信技术、航行控制技术、参数采样技术等关键技术研究，目前已完成了试验样机研制，并进行了初步海上试验。图1-18（b）是中国自主研制的水下滑翔机。

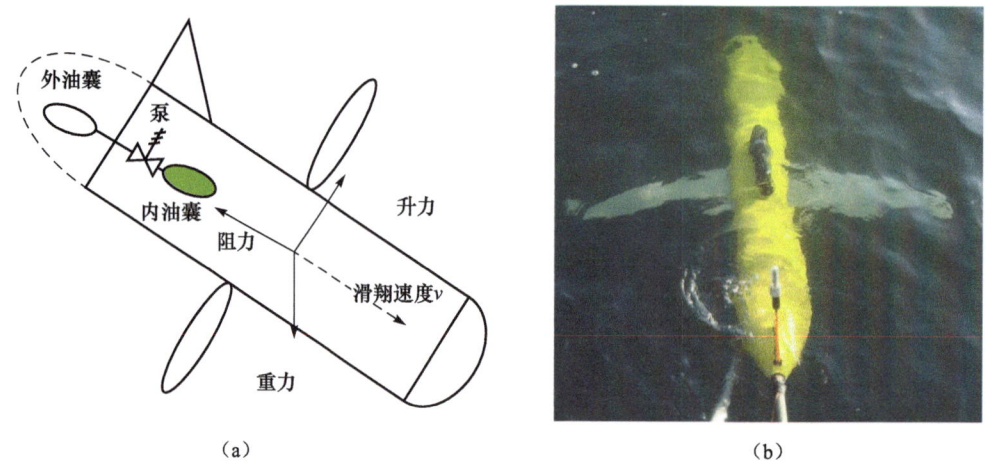

图 1-18　水下滑翔机

（a）水下滑翔机基本原理图；(b) 国产水下滑翔机

1.3.2　海底观测网技术

在海底设置一些监测传感器，通过海底光缆和接驳盒把这些传感器连接起来，即可形成一个海底观测的网络。与传统的船载探测模式相比，海底观测网可实现实时在线长期探测及监测海底地形地貌和其他海洋环境的变化，在民用和军用方面均具有广阔的应用前景。该技术在中国正在大力发展之中，将是未来海底探测与监测的一种重要手段。本节仅简要介绍目前国内外的几种代表性的海底观测网络。

1. 水下专业观测网系统

（1）水下水声监测网系统

水下观测的需求最早来源于海洋军事活动，第一次世界大战和第二次世界大战中潜艇的应用催生了水下水声观测技术的诞生和发展，并取得了多项技术成果。第二次世界大战后，随着水声技术和电子信息技术的迅速发展，形成了低频、大功率、大基阵和综合信号处理为特征的新一代水下声呐，其使得各类水下水声监视系统的建设成为可能。

20世纪50年代，美国海军开始建设有缆的水下观测系统，即布放于大西洋底的水声监视系统（SOSUS）；到60年代中期又在太平洋沿岸建立了SOSUS，该系统主要是将布放于海底的水声器通过电缆连接组成阵列，并通过电缆将信号传输至岸上处理站，实现对潜艇的监听；到80年代后期，美军在三大洋和海上交通要冲部署了36个水听器基阵，总监控面积达到北半球海域的四分之三。

21世纪，美国海军研究院启动了"持久性近岸水下监测网络"（persistent littoral undersea surveillance network, PLUSNet）项目（图1-19），由固定在海底的灵敏水听器、电磁传感器和移动的传感器平台（如水下滑翔机和AUV等）组成，固定观测设备与移动观测平台之间能够双向通信，组成半自主控制的海底观测系统。该系统旨在利用移动平台自适应的处理和加强，对浅水区，尤其是西太平洋地区的低噪声柴电潜艇进行

图1-19　持久性近岸水下监测网络

侦察、分类、定位和跟踪。2006年，PLUSNet在蒙特利湾进行了大规模试验，包括13艘研究舰艇、36艘以上无人潜航器、新型Liberdade水下无人潜航器及各种固定、漂浮观测系统，利用半自主控制的海底固定和水中机动相结合的网络设施，通过携带不同传感器的潜航器，监测温度、盐度、水流、化学要素等海洋环境，实现对水下目标的探测、跟踪、分类和定位。

（2）地震海啸监测网系统

作为一个地震多发国家，日本在海底地震观测方面一直走在世界前列。日本拥有5个海底长期观测站和一个密集型海底地震海啸监测网络系统（dense oceanfloor network system for earthquakes and tsunamis, DONET）。20世纪末，日本在近岸分别建立了3个有缆海底长期观测站，主要以地震观测为科学目标，装有地震仪、CTD、ADCP、水听器、摄像机等设备，工作水深为1000~3000m，不仅获得了有效的地震事件数据，而且还提升了区域多学科海洋研究和深海技术的发展。此外，日本还在太平洋建立了两个远洋有缆海底长期观测站：地球物理与海洋科学越洋缆线（Geo-TOC）和海底电缆系统多功能生态监测网（VENUS），仍然以地震观测为主要目标，工作水深为3000m，这一次不同的是，因为距离遥远，利用了"退役"的海底电信缆线，装有地震

仪、海啸计、水听器、磁力仪、摄像机等设备，获取海底地震监测数据。

DONET 于 2006 年开始建设，2011 年 7 月完成安装，主干线缆长度达 300km，科学节点数为 5 个，如图 1-20 所示。日本在日本南海海槽周边海底安装了 20 个观测站，每个观测站可准确地探测地震和海啸活动，并实时将数据传送给日本海洋科学技术中心的地球科学横滨研究所。在该系统中，可靠性分为 3 个等级：高可靠性的海缆骨干网、可更换的科学节点、可扩展的测量仪器。系统采用 3kV 直流供电，最大功率为 3kW，具有 5 个节点，每 40～50km 光缆安放一个光放大器（中继器），可安放最多 40 台科学仪器。每个科学节点上将组合安装掩埋式宽带地震仪、强震加速计、地震检波器、石英压力计、差动式压力计、水听器，以监测海底滑坡、小规模地震和强震。

从 2011 年 8 月开始，DONET 已向日本气象厅和日本国家地球科学和防灾研究所提供地震数据用于地震预警。在 DONET 建设的同时，DONET2（第二阶段）也于 2010 年开始投入建设。监控区域扩展到了 DONET 的西侧，将在日本纪伊半岛、近海设立 29 个观测站。

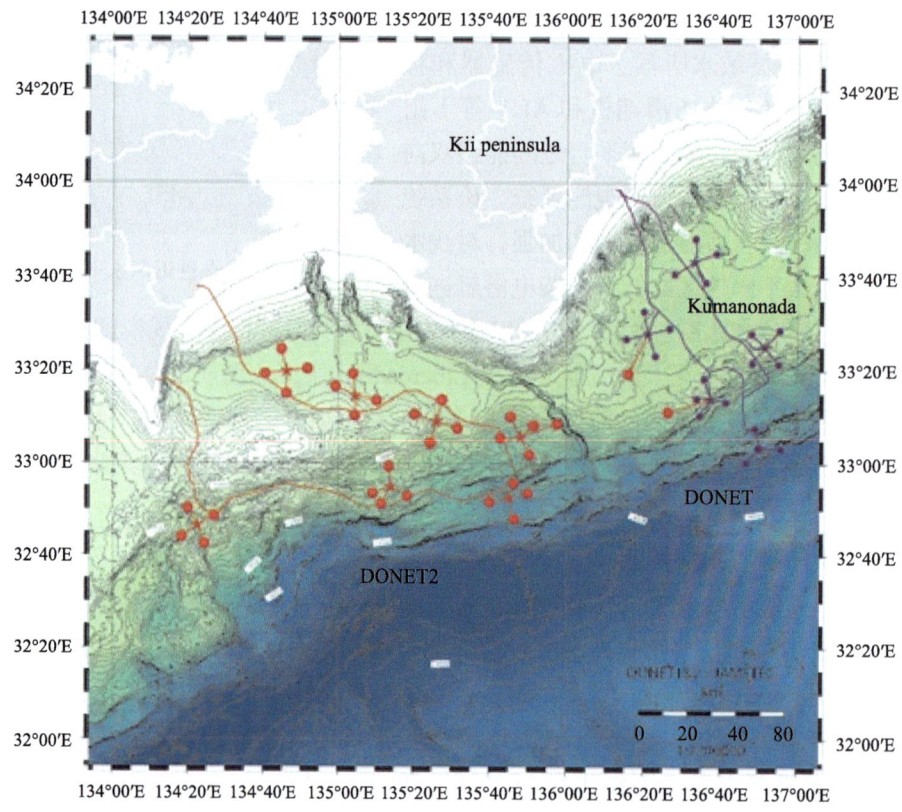

图 1-20　DONET 位置图

此外，美国、欧洲的塞浦路斯和亚洲的阿曼也有相应的地震海啸水下监测网。位于美国夏威夷和加利福尼亚正中位置的夏威夷 2 号海底观测站（H2O）于 1999 年建成运行，是世界上第一个有缆海底地震观测站，水深为 5000m，装有地震仪，水听器，温、压、流传感器和溶解氧等化学传感器，获得的数据可实时传送到国际地震数据处理中心。

（3）海洋生态监测网系统

在海洋生态监测方面，美国的新泽西陆架观测系统（the new jersey shelf observing system, NJSOS）是典型代表。NJSOS 起源于 20 世纪 90 年代早中期的"15m 深长期观测站"（long-term ecosystem observatory at 15 meters, LEO-15），LEO-15 离岸 16km，是最早的海洋生态有缆观测站，共有两个节点，其中一个节点作为 AUV 的基站，如图 1-21 所示。LEO-15 当时只有 3km×3km；20 世纪 90 年代后期扩展为"近岸预测技术试验"（the coastal predictive skill experiments, CPSE），观测区域达 30km×30km；最终扩展成陆架规模的 300km×300km，拥有多种观测平台，包括卫星、岸基雷达、船载拖体、水下滑翔机等。LEO-15 多年来连续记录了海水与沉积物的沿岸和跨陆架运动，记忆多种生物地球化学过程；CPSE 则揭示海岸上升流区在三维空间里的演变，了解其与沿岸地形的相互作用，以及对浮游生物分布和对溶解氧的影响。NJSOS 计划将 CPSE 验证的观测方法推向陆架，实现常年观测，拟定了十大科学目标，在基础研究的同时包括应用目标，如重金属等污染物流向、鱼类幼体和沉积物的去向、赤潮和海底低氧的预测机制等。这一战略是第一次正确地解决一小片海洋，然后在空间上成功拓展。

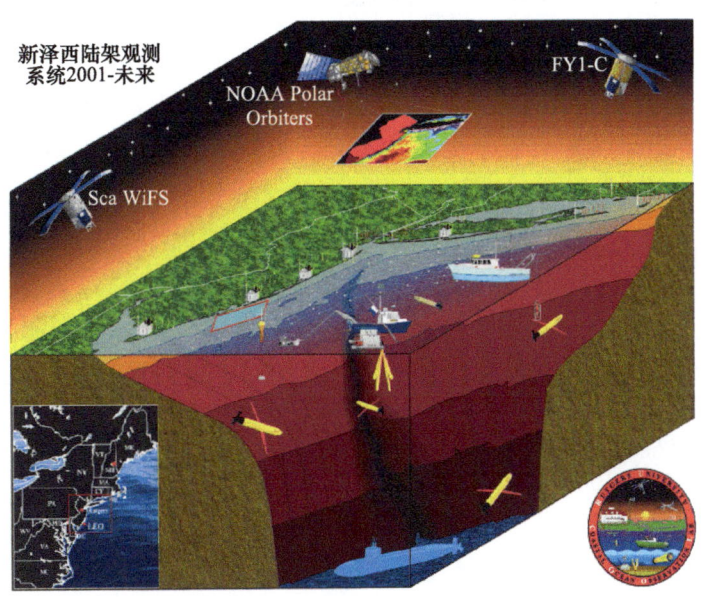

图 1-21　美国 LEO-5 示意图

此外，美国在夏威夷瓦胡岛建立了海缆观测网（ALOHA cabled observatory, ACO）。ALOHA 是世界上最早的无线电计算机通信网，基于 ALOHA 建立的 ACO 于 2011 年 6 月起开始运行。ACO 在瓦胡岛北部 100km 处 4728m 水深处，为一个海底观测节点及观测仪器提供 1kW 功率、100MB/s 的网络通信和精准定时。在观测区域内的贫营养的环境中，ACO 的摄影传感器可监测非常重要的生物活动（图 1-22）。2014 年 10 月，

ACO新部署了配有导电率、温度、深度和溶解氧测定仪、荧光测定仪、压力、声学多普勒流速剖面仪及声频调制解调器的传感器组件，以及一架配有灯光和水听器的摄像机。未来几年，ACO将部署可达到海水表层的剖面系泊系、海面海底摄像机、碳通量传感器、分散式基本传感器节点等更多的仪器。

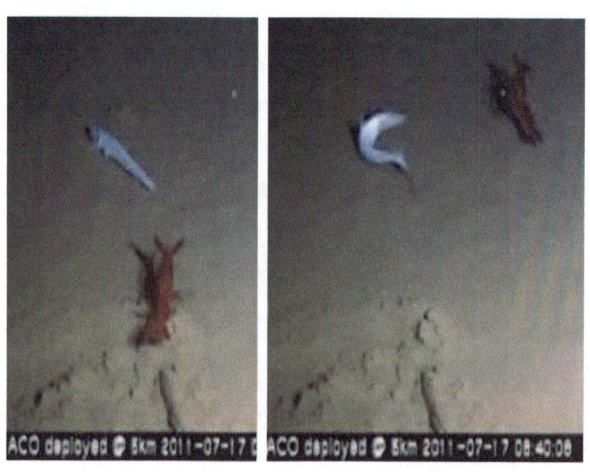

图1-22　一条深海蜥鱼攻击一只aristeid虾

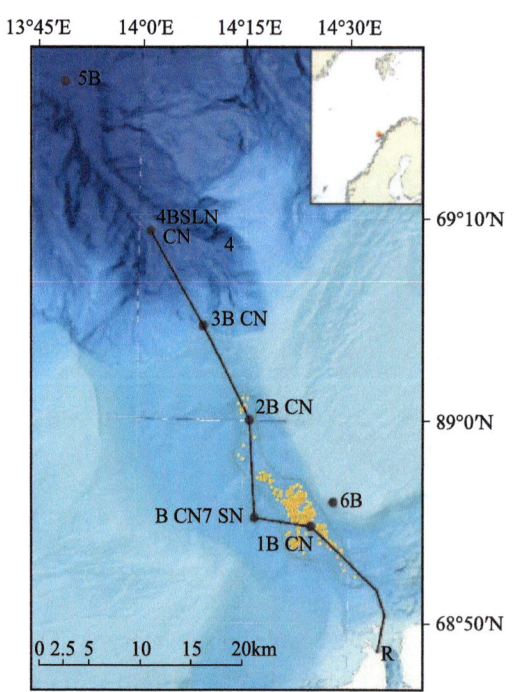

图1-23　罗弗敦－韦斯特海洋观测站及规划站位

挪威的罗弗敦－韦斯特海洋水下观测站（LoVe）位于挪威北部海岸水下255m处，目前用于监测该区域的深海珊瑚。第一个观测节点距离挪威海岸约20km处，未来共将建设5个观测节点，计划筹建的观测横断面会经过大陆架直达深海，如图1-23所示。LoVe观测系统包括一系列传感器，包括摄像机、温盐深仪、声学流速仪和叶绿素与浑浊度感应器，还配有包括两个传感器和一个水听器的回声探测器，未来该系统将安装更多的传感器。

2. 水下移动观测网系统

从1997年开始，由美国海洋研究局资助的自主海洋采样网络（autonomous ocean sampling network，AOSN），利用多种不同类型的观测平台搭载不同的传感器，能够在同一时刻测量不同区域和不同深度的海洋参数，如图1-24所示。2003年8月，项目组在加利福尼亚Monterey海湾进行了AOSN-Ⅱ实验，观测平台除了传统的观测船、锚系浮标、坐底观测平台以外，还包括12个Slocum

水下滑翔机、5个Spray水下滑翔机、Dorado AUV、Remus AUV和Aries UUV等，分别搭载CTD、叶绿素、荧光计等传感器对Monterey海湾海水上升涌进行了40天的调查试验。试验中，水下滑翔机组成的移动观测网能根据海洋环境的实时变化对海水等温线进行动态跟踪（朱心科，2011）。

图1-24　自主海洋采样网络

在AOSN的基础上，美国海军又开展了自适应采样与预报（adaptive sampling and prediction, ASAP）研究，该项目的一个重要目标就是，研究如何利用多个水下滑翔机进行高效的海洋参数采样，如图1-25所示。2006年8月项目组在Monterey海湾实验中应用4个Spray水下滑翔机和6个Slocum水下滑翔机，对Monterey海湾西北部寒流周期上升涌进行了调查。在调查过程中，一方面，水下滑翔机将获得的观测数据实时发送至监控中心，经过数据同化后作为海洋预报模型进行下一时刻的预报初值和边界条件；另一方面，预报的结果被用来指导水下滑翔机下一时刻的

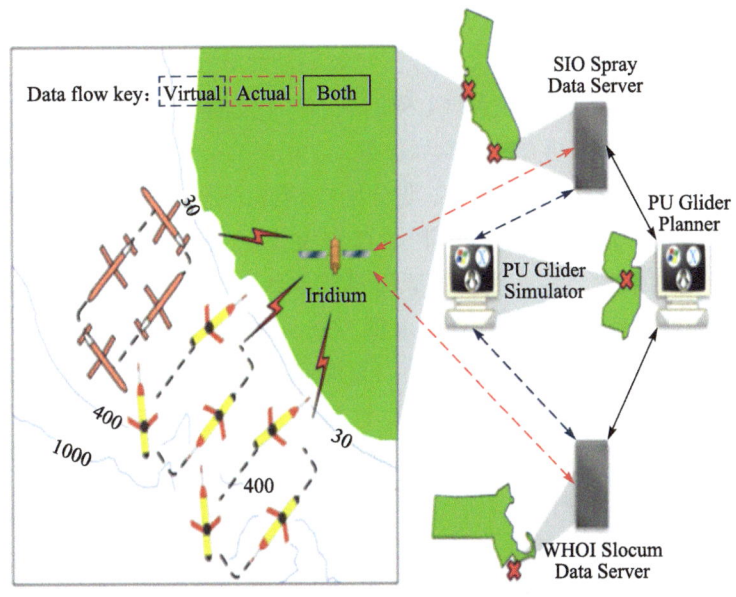

图1-25　自适应采样与预报系统

采样，形成自适应观测与预报系统。水下滑翔机获取的数据具有更好的观测质量，提高了研究人员对海洋现象的认识和理解，其还提高了对海洋现象的预报能力，充分显示了应用多水下滑翔机作为分布式的、移动的、可重构的海洋参数自主采样网络在海洋环境参数采样中具有的优势（朱心科，2011）。

3. 区域性多目标水下观测网

（1）东北太平洋时间序列海底网

东北太平洋时间序列海底网（north-east pacific time-series undersea network experiments, NEPTUNE）是全球第一个区域性光缆连接的洋底观测试验系统。NEPTUNE 是美国于 1998 年启动的海底网络计划，目标是用联网观测系统覆盖整个胡安·德·夫卡板块，成为地球科学史上划时代的创举。整个观测网络由美国和加拿大共同构建，计划共用 2000km 光纤电缆，覆盖面积达 20 万 km^2，包括 6 个节点（目前已使用的为 5 个），分别为 Folger Passage, Barkley Canyon, ODP1027, ODP889, Middle Valley 及 Endeavour，将上千个海底观测设备组网，对水层、海底和地壳进行长期连续实时观测。由于美国经济不景气，NEPTUNE 美国部分遭到搁浅，直到 2009 年才启动，加拿大部分于 2009 年年底正式建成，并投入运行（金翔龙等，2016）。

NEPTUNE 加拿大部分，最大深度约 3000m，系统设计寿命期为 25 年。其位于温哥华岛西海岸，于 2009 年年底开始业务运行，也是世界上第一个区域性的海底观测电缆网络，拥有 5 个海底节点、800km 海缆的环形架构，装有地震仪、海流计、摄像机、天然气传感器、海底压力记录仪、温盐深仪、声学成像系统等各类海洋仪器，多种物理、化学、生物、地质观测仪器（包括水文地理、甲烷水合物的形成和地震活动探测仪），摄像机及观测型 AUV，通信/电力光缆网络和全深度锚泊系统的组合，使 NEPTURE 加拿大部分能够对海洋内部和海底 500 km × 1000 km 范围内的海洋现象过程进行观测。目前，NEPTUNE 加拿大部分已向太平洋海啸预警中心、美国地震学研究联合会（IRIS）、加拿大国家地震仪网（CNSN）、加拿大健康海洋网络（CHONe）和世界各地用户提供了超过 100 多 TB 的观测数据。

为建设 NEPTUNE 系统，加拿大先期分别在南部不列颠哥伦比亚省的萨尼奇湾和乔治海峡建设金星（VENUS）海底观测站点作为技术先行试验，如图 1-26 和图 1-27 所示。"金星"是加拿大"海王星"的原型试验系统，2006 年开始业务运行，设计寿命 20~25 年，一处水深 170m，另一处水深 300m，向世界各地用户提供海峡渡船流量、海洋中浮游生物、鱼类和哺乳动物，以及海洋水体和沉积物监测的实时在线数据。2013 年开展了 VENUS 观测站传感器系统的二期扩建工程，把新的观测平台安置到更深处的乔治亚海峡海底站点，部署了第一批水下滑翔机和数个专门的海底设备，用以研究海水和沉淀物的动力学；在萨尼奇湾中部安装了全新的浮标剖面系统；在穿过萨利希海的两条附加的不列颠哥伦比亚省渡轮航线上，安装了海洋守护者船用仪表系统和海洋气象站（金翔龙等，2016）。

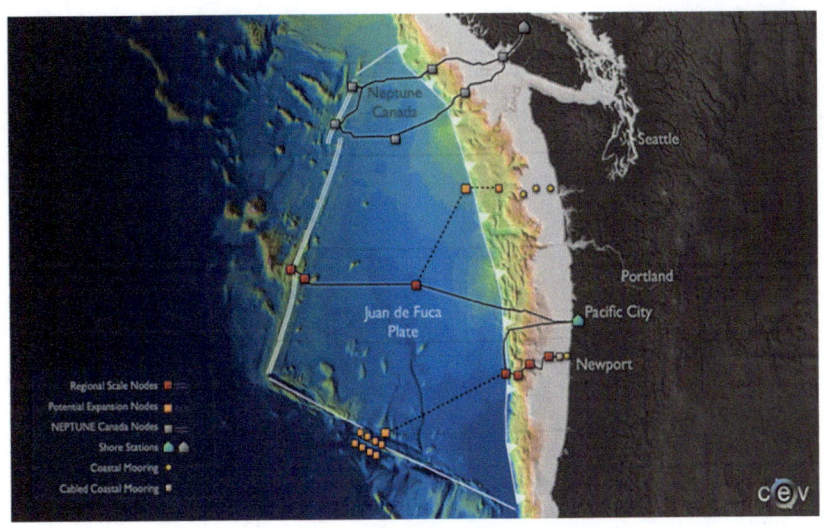

图 1-26　NEPTUNE 加拿大部分

（2）欧洲海底观测网

2005 年意大利在西西里岛海域建立了海底有缆观测站 SN-1，离岸 25km，水深 2105m，因其海底光缆与位于水深 3500m 的中微子地中海观测站（NEMO）连接，因此也称为 NEMO-SN1，这也是欧洲最早的海底联网观测站。2008 年由欧洲 12 国共同执行的多学科海底观测（EMSO）计划开始实施，EMSO 接受了原欧洲海底观测网（European seafloor observatory network，

图 1-27　加拿大 VENUS 的海底观测站

ESONet）的规划内容，将从北极、亚北极、北大西洋、大西洋亚热带到地中海和黑海建设 12 个深海观测站，共同联网构成欧洲海底观测网络综合系统（图 1-28、图 1-29），目前在西班牙巴塞罗那离岸 4km、瑞典离岸 500m 处正在建设两个浅海试验系统，将为深海系统建设、布放等积累经验（金翔龙等，2016）。

ESONet 在目标海域主要有水下电缆式观测和浮标系统。其在 2005～2008 年完成了基础设备的研制，开展了电缆式和浮标式仪器的试验工作，2009 年开始业务化试运行，2011 年建设完成 6 个观测站。

目前，欧盟委员会和几家欧洲基金机构正在支持建设大型研究基础设施平台——ESONet 远景 (the vision) 网，这也是欧洲多学科海底观测站的组成部分，主要包括位于亚速尔群岛南部的 Lucky Strike 地带的观测站，该观测站由法国海洋研究所设计，对大西洋洋中脊进行监控，目前由两个海底节点组成，搭载地震仪、化学分析仪和摄像机等传感器，现场数据每天通过声学手段传送至浮标或陆上数据管理系统。

图 1-28　ESONet 观测站点示意图

图 1-29　ESONet 观测站点图

4. 大范围水下综合观测网

(1) 美国海洋观测计划 (OOI)

从海洋科学研究的前沿出发，在美国国家科学基金会的支持下，形成了美国海洋观测计划 (ocean observation initiative, OOI)。OOI 主要由以 NEPTUNE 为主的区域尺度节点 (regional scale nodes, RSN)、以大西洋先锋观测阵列和太平洋长久观测 b 阵列为主的近海观测节点 (CSN) 和以阿拉斯加湾、Irminger 海、南大洋和阿根廷盆地为主的全球观测节点 (GSN) 组成，拟通过 25~30 年的海洋观测来研究气候变化、海洋环流和生态系统动力学、大气 - 海洋物质交换、海底过程，以及板块级地球动力学。

OOI 的 RSN 的水下部分由 7 个节点组成，其前身是美国和加拿大 "海王星" 计划的美国部分，于 2009 年开始正式实施，2011 年，RSN 取得了众多里程碑式的成就：完成了两条长度为 1nmi[①] 的横向钻管的铺设；在俄勒冈沿海安装了 540nmi 的主干电缆；给太平洋沿岸设施装配了电力和光传输设备。项目组在 2012 年秋季进行了主要节点的安装，并对高功率、大宽带光缆上的仪表、系泊设施和传感器开展了广泛的试验。2013 年夏季在 "愿景 13" 的计划期间，利用 R/V 汤普森号和搭载

---

① 1nmi（海里）=1852m。

在 ROV 上的海洋科学遥控平台对 RSN 的基础设施进行了测试和更新。其中，长达 2.2km 的光纤延伸电缆、3 个中等功率接驳盒、4 个短周期地震仪和一个高清晰度摄像机已安装并经过检验。RSN 于 2014 年 7～10 月进行了"愿景 14"计划，将部署华盛顿大学设计的全新的配有深水剖面仪、浅水剖面仪和平台的观测系泊缆，并于 2014 年 10 月完成了长达 925km 的网络建设。

（2）美国综合海洋观测系统（IOOS）

NOAA 的管理跨政府部门的综合海洋观测系统（integrated ocean observing system, IOOS），综合了美国 11 个区域观测网，组成了一个全局性的观测系统。IOOS 的观测覆盖范围为美国的全近海海域。除了包括 535 个岸基海洋站、130 多个高频地波雷达以外，还有大量的水下观测设备，如水下滑翔器、浮标、浮标海啸预警浮标等，如图 1-30 所示。

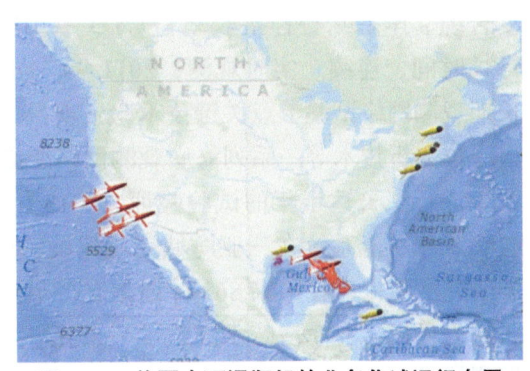

图 1-30　美国水下滑翔机的业务化试运行布局

自 2005 年起，水下滑翔机就开始进入 IOOS 业务化运行，至今已出动了超过 25722 个滑翔潜次，观测温盐深参数。目前，布放的水下滑翔机主要为 Slocum 式和 Spary 式。水下滑翔机技术具有辅助海洋防灾减灾的巨大潜力，大西洋中部近岸观测系统（MARACOOS）的水下滑翔机对 2011 年和 2012 年分别登陆美国东海岸的飓风"艾琳"和"桑迪"起到了准确的辅助预报作用，尽可能地减少了损失。除辅助飓风预报以外，水下滑翔机还可以跟踪研究行进中的赤潮，以便更好地掌握如何跟踪和预测有害的藻华。

（3）全球实时地转海洋学阵观测网

ARGO 全球海洋观测网（array for real-time geostrophic oceanography, ARGO）是"全球海洋观测系统"（GOOS）、"全球气候观测系统"（GCOS）、"全球海洋数据同化实验"（GODAE）、"气候变异和可预测性研究"（CLIVAR）等计划的重要组成部分。ARGO 首次实现了全球覆盖的 2000m 以内浅海洋次表层现场温盐及参考速度的实时观测，而且浮标的循环观测周期基本上与卫星遥感海水表面高度观测周期是一致的。大量的现场高质量次表层数据与卫星遥感数据，特别是卫星高度计数据相结合，大大增加了人类对于海洋内部（0～2000m）温度、盐度变化的认识，为海洋和气候模式的资料同化提供了重要资料源，也极大地推动了海洋科学发展。根据 5°×5° 空间分辨率目标，ARGO 计划要在全球海洋中维持 3000 个 ARGO 浮标，截至目前，这一目标已经实现。

5. 我国的海洋水下观测网发展现状

近年来，随着国家相关需求的日益紧迫，以及国内外海洋观测技术、水下通信技术和海洋通用技术的快速发展，我国在东海和南海开展了一些试验性的水下观测工作，但尚未形成业务化运行的水下观测网。

2007年，浙江大学启动了摘箬山岛海底观测网络示范系统（ZERO）的建设工作，2013年8月成功布放了叶绿素仪、浊度仪、有色可溶解有机物探测仪等设备；2014年10月，ZERO系统在摘箬山岛海域成功运行，应用了自主研发的节点和接驳盒设备。2009年同济大学建设了东海海底观测小衢山试验站，由长约1.1km的光电复合缆、岸基站特种接驳盒和CTD、OBS、ADCP等观测仪器组成，对海洋要素进行长时间、连续、实时观测；2011年，同济大学、浙江大学等高校联合开展了海底长期观测网络试验节点关键技术验证项目，验证了海底输能及通信技术、水下离子色谱原位分析技术等一系列海底观测网络所必需的关键技术，接驳设备接入美国MARS系统进行了长达半年的试验验证。2013年5月，中国科学院南海海洋研究所牵头的海底观测示范系统在三亚海域完成建设，如图1-31所示。2014年，由中国科学院声学研究所主持，在国家863计划的支持下，以开展光纤水听器阵工程试验和相关技术研究为目标，在海南陵水铺设了一条光纤水听器阵，试验50~80km半径的水下目标探测技术。

（a）　　　　　　　　　　　　　　（b）

图1-31　水下接驳技术

（a）主接驳盒水池实验；（b）次接驳盒布放

台湾地区正在实施"台湾东部海域电缆式海底地震仪及海洋物理观测系统建置计划"(MARCHO)，其主要目标包括提升台湾以东海域海底地震的监测能力（地震定位能力）和海啸的监测预警能力，监测南冲绳海槽的海底火山活动，对台湾以东海域的"黑潮"进行持续研究，促进海洋科学与水下科技的发展等。系统第一阶段从宜兰市的陆地向外海铺设，总长度约45km，在缆线接近尾端水深300m处安装1个科学观测节点，其上搭载多种观测仪器，主要有地震与海啸压力计、水听器和温盐仪等，该阶段已于2011年10月完工，11月开始启用。第二阶段将继续延长海缆，预计系统全部建成后，海缆总长度将达到250km。测量仪器的安放深度约为300m，海缆埋深1.5m，可在30s内临测到东部外海地震，提前15min启动海啸警报系统。据评估，如果在海啸抵达前5~10min疏散民众，人员伤亡能减少90%。

参 考 文 献

姜卫平，李建成，王正涛. 2002. 联合多种测高数据确定全球平均海面WHU2000. 科学通报, 15: 1187-1191.

金翔龙，陶春辉，朱心科，等. 2016. 我国海洋水下观测体系发展战略研究. 北京：中国工程院.

金翔龙，陶春辉，朱心科，等. 2014. 中国海洋工程与科技发展战略研究——海洋探测与装备卷. 北京：海洋出版社.

李家彪. 1999. 多波束勘测原理技术和方法. 北京：海洋出版社.

李征航，黄劲松. 2005. GPS测量与数据处理. 武汉：武汉大学出版社.

梁开龙. 1995. 水下地形测量. 北京：测绘出版社.

刘雁春，肖付民，暴景阳，等. 2001. 海洋学概论与海道测量. 大连：海军大连舰艇学院.

赵建虎. 2007. 现代海洋测绘. 武汉：武汉大学出版社.

朱心科. 2011. 水下滑翔机海洋采样方法研究. 北京：中国科学院研究生院.

第 2 章 多波束测深技术

多波束海底地形测量技术萌芽于 20 世纪 50~60 年代美国海军研究署资助的军事研究项目，70~80 年代得到迅猛发展，90 年代进入商业阶段（李家彪，1999）。多波束测深系统是目前进行水下地形地貌勘测研究的主要手段，随着海洋调查研究、海洋资源开发和海洋工程建设等对水下地形探测精度和覆盖度不断提出更高的要求，传统的单波束测深已经不能满足需求，国际海道测量组织（IHO）在 1994 年 9 月摩纳哥会议上制定了新的水深测量标准，并规定在高级别的水深测量中必须使用多波束全覆盖测量。

多波束测深系统是当代海洋基础勘测中的一项高新技术产品，是由多个传感器组成的复杂系统，其应用声反射、散射和声相干原理形成条带式的测深数据，每个条带包含多达几百甚至上千个高密度数据点。较窄的测量波束、先进的检测技术（振幅与相位联合检测）和精确的声线改正方法确保了系统探测精度和点位坐标归算精度。目前，多波束测深系统已经发展成为全海洋、高精度、高度集成化的海底基础探测技术手段，推动三维立体显示编辑、虚拟现实成图、海底底质分类等深层次研究领域逐步发展，形成了综合性的技术体系（赵建虎，2007）。

本章概述了多波束测深系统的分类和基本工作原理、代表性的仪器设备、实际的海洋调查工作流程，尤其是在多波束测深系统安装、校准和调查方面均是实际工作经验的总结，这些知识可满足从业者的认知需求。

2.1 多波束测深系统的基本原理

当前，国际上的多波束测深系统根据波束形成方式主要分为两类：电子多波束测深系统和相干多波束测深系统。按照探测水深，可以分为浅水多波束测深系统、中水多波束测深系统与深水多波束测深系统。按照工作频率可以分为高频多波束测深系统、中频多波束测深系统与低频多波束测深系统，分别用于浅水、中水与深水测量。

多波束测深系统又称为条带测深仪，工作时发射换能器以一定的频率发射沿测船航向开角窄、沿垂直航向开角宽的波束。对应每个发射波束，接收换能器获得多个沿垂直航向开角窄、沿航向开角宽的接收波束。将发射波束和若干接收波束先后叠加，即可获得垂直航向上的成百上千个窄波束。利用每个窄波束的波束入射角与旅行时可计算出测点的位置和水深，随着测船的行进，得到一条具有一定宽度的水深条带。

本节主要阐述电子多波束测深系统（如 SeaBat 7125）和相干多波束测深系统（如 GeoSwath Plus）的基本工作原理及声学原理，可作为从业者和初学者的入门参考。

2.1.1 波束的指向性

一个无指向性的声脉冲在水中发射后,以球形等幅度远离发射源传播,所以各方向上的声能相等。这种均匀传播称为等方向性传播(isotropic expansion),发射阵也叫等方向性源(isotropic source)。当两个相邻的发射器发射相同的各向同性的声信号时,声波将互相重叠或干涉。两个波峰或两个波谷之间的叠加会增强波的能量,这种叠加增强的现象称为相长干涉;波峰与波谷的叠加正好互相抵消,能量为零,这种互相抵消的现象称为相消干涉。一般地,相长干涉发生在距离每个发射器相等的点或者整波长处,而相消干涉发生在距发射器半波长或者整波长加半波长处。

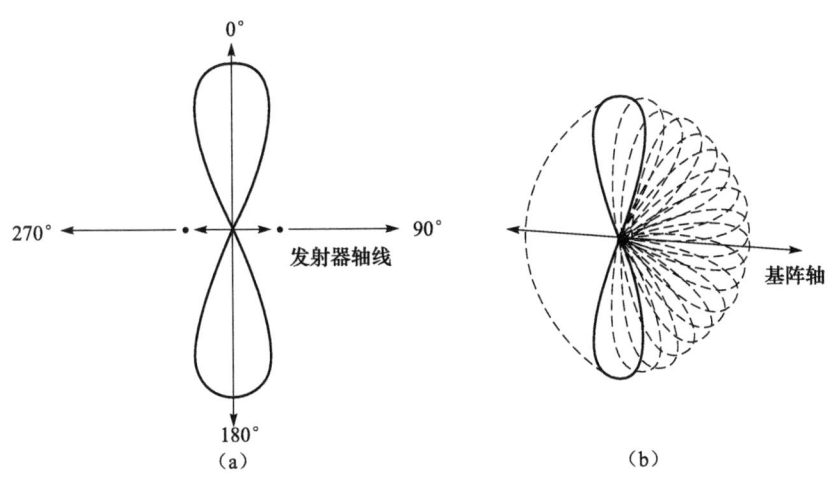

图 2-1 两个发射器间距 $\lambda/2$ 时的波束能量图

(a)平面图;(b)三维图

图 2-1 是两个发射器间距 $\lambda/2$ 时的波束能量图(beam pattern),可清楚地看到声能量的分布,不同的角度有不同的能量,这就是能量的指向性(directivity)。如果一个发射阵的能量分布在狭窄的角度中,就称该系统指向性高。真正的发射阵由多个发射器组成,有直线阵和圆形阵等,基本原理是类似的。如图 2-2 所示,根据两个发射器的基阵可以推导出由多个发射器组成的直线阵的波束能量图。

图 2-2 中,能量最大的波束叫主瓣,侧边的一些小瓣是旁瓣,也是相长干涉的地方。旁瓣会引起能量的泄露,还会因为引起回波而对主瓣的回波产生干扰。主瓣的中心轴叫最大响

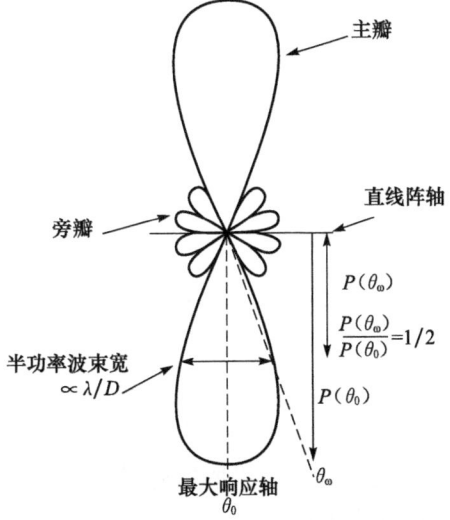

图 2-2 多基元线性基阵的波束能量图

应轴（maximum response axis, MRA），主瓣半功率处（相对于主瓣能量的-3dB）的波束宽度就是波束角。发射器越多，基阵越长，则波束角越小，指向性就越高。减小声波长或者增大基阵的长度都可以提高波束的指向性。但是，基阵的长度不可能无限增大，且波长越小，在水中衰减得越快，所以指向性不可能无限提高。

2.1.2 电子多波束工作原理

1. 波束形成

米尔斯交叉（mills cross）阵在多波束换能器基阵中广泛采用，以其为例来介绍波束形成原理。多波束换能器工作时，发射或接收基阵产生沿垂直基阵轴线宽、沿基阵轴线窄的发射或接收波束。发射和接收基阵以米尔斯交叉配置，发射波束与接收波束相交获得单个窄波束（图2-3）。该窄波束沿航向和沿垂直航向的波束宽度直接受对应发射波束和接收波束束控结果的影响。

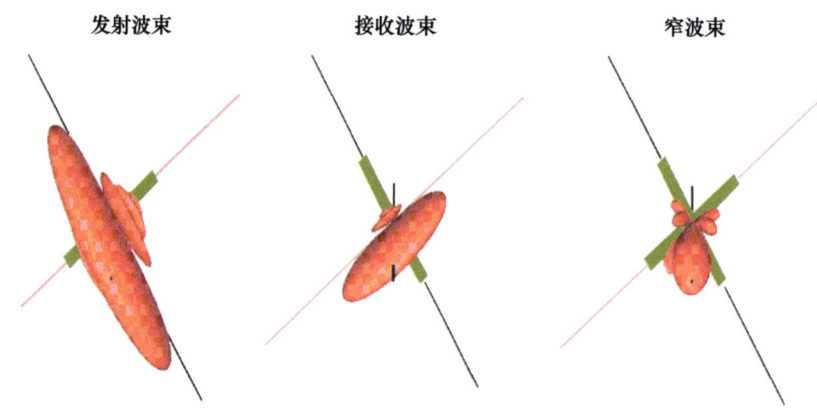

图2-3 发射波束和接收波束相交获得单个窄波束（Hughes Clarke,2010）

在一个完整的发射接收周期（ping）内，发射换能器只激发一次产生发射波束，接收换能器通过对接收基阵阵元多次引入适当延时获得多个接收波束。发射波束与接收波束相交获得多个窄波束，这个时间间隔很小，如图2-4所示。

2. 波束束控

换能器阵发射或接收到的声波信号包括主瓣、旁瓣、背叶瓣，主瓣的测量信息基本上反映了真实的测量内容，旁瓣、背叶瓣则属于干扰信息，其中旁瓣影响更大。旁瓣的存在会影响多波束的工作，过大的旁瓣不仅使空间增益下降，而且还可能产生错误的海底地形。为了得到真实的测量信息，减少干扰信息的存在，在设计多波束声呐系统时需采取措施尽量压制旁瓣，使发射和接收的能量都集中在主瓣，这种方法称为束控。

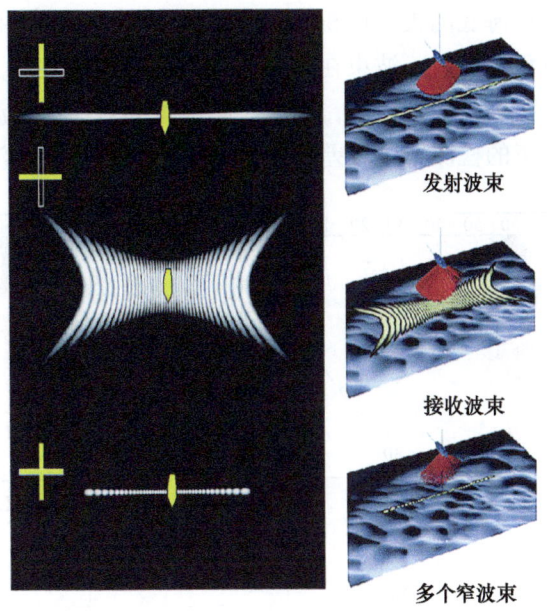

图 2-4　发射波束与接收波束相交获得多个窄波束（Marques，2012）

束控方法有相位加权法和幅度加权法。相位加权法指对声源阵中不同基元接收到的信号进行适当的相位或时间延迟。相位加权法可将主瓣导向特定的方向（波束导向），这时，每个声基元的信号是分别输出的。幅度加权法指给声源基阵中各基元加以不同的电压值。采用幅度加权法时，声基元的信号是同时输出的，只要保证基阵灵敏度中间大，两边逐渐减小，就能使旁瓣有不同程度的压低。

相位加权法束控可将主瓣导向特定的方向，并保持主瓣的宽度，但对旁瓣没有明显抑制；幅度加权法对旁瓣抑制效果明显，但会增加主瓣宽度。幅度加权法通常是对幅度进行三角加权、余弦加权和高斯加权。实践证明，高斯加权是比较理想的加权函数（秦臻，1984）。图 2-5 为线性幅度加权函数的束控效果图。

3. 波束导向

以直线列阵多波束的形成为例，讨论多波束系统波束导向的原理。根据基阵形成波束的特点，当线性阵列的方向在 $\theta=0°$ 时，各基元接收到的信号具有相同的相位，因此输出响应最大；当入射声波以其他方向到达线列阵时，若此时未对各基元引入适当延时，则无法获得最大输出响应。因此，如果要在其他方向形成波束，则需引入适当的延时，以保证各基元在输出信号时仍能满足同向叠加的要求（图 2-6）。

由于波束数量多，实时计算量大，为了加快波束形成速度，可利用快速傅里叶变换（FFT），FFT 波束形成实际上基于对相位的运算。

4. 多波束底部检测

多波束回波检测一般采用幅度检测、相位检测及幅度相位相结合的检测方法。当入射角较小时,波束在海底的投射面积小,能量相对集中,回波持续时间短,主要表现为反射波。当入射角较大时,波束在海底的投射面积也随之增大,能量分散,回波持续时间长,回波主要表现为散射波,因此,幅度检测对于中间波束的检测具有较高的精度,而对边缘波束的检测精度较差。随着波束入射角增大,波束间的相位变化也

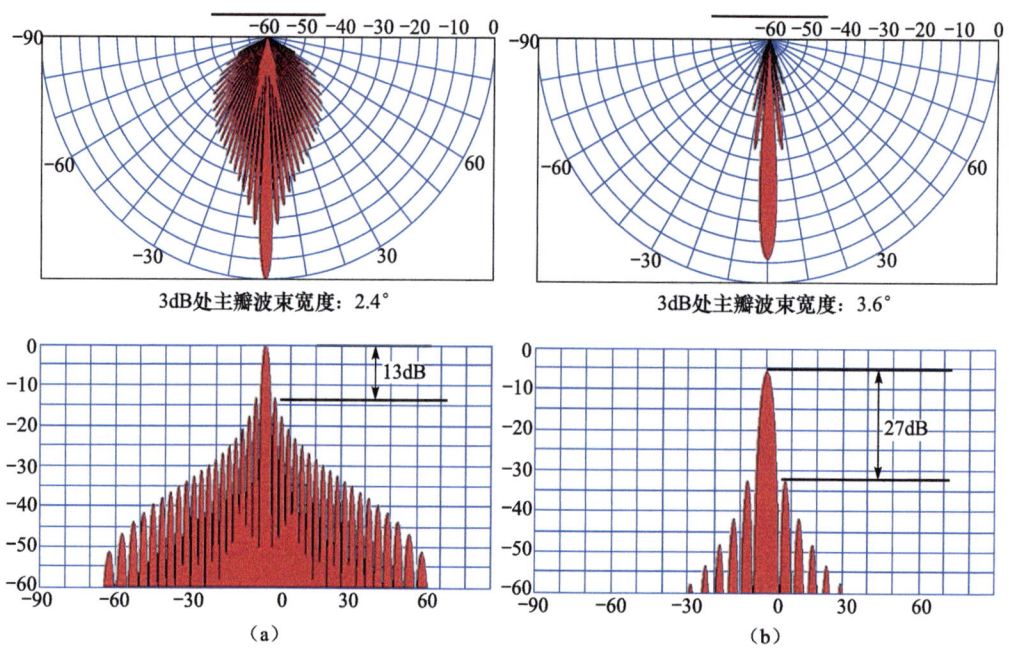

图 2-5 线性幅度加权效果示意图(Hughes Clarke,2010)

(a)未加权;(b)线性加权

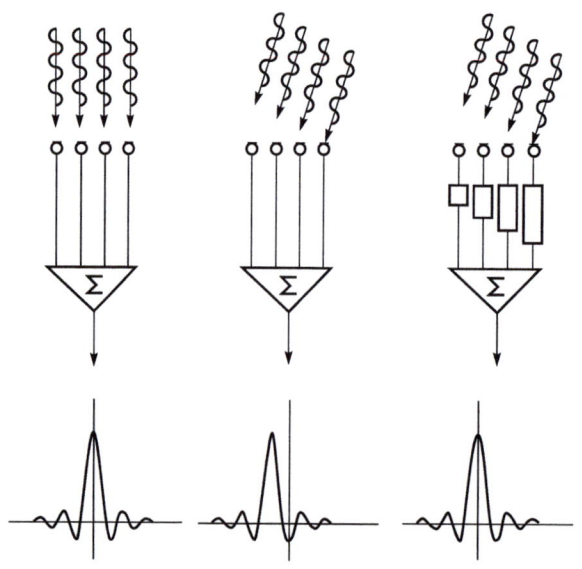

图 2-6 线列阵输出响应与平面波束入射角和引入延时的关系示意图(Hughes Clarke,2010)

越明显。利用这一现象，在检测边缘波束时，采用相位检测法，通过比较两个给定接收单元之间的相位差来检测波束的到达角。新型的多波束系统在底部检测中同时采用了幅度检测和相位检测，不但提高了波束检测的精度，还改善了ping断面内测量精度不均匀所造成的影响。

5. 实时运动补偿

由于测船在海上会受到风浪、潮汐等因素的影响，所以在测深过程中，测船的姿态随时都在发生变化。实时运动补偿对测船的摇摆运动进行分解，通过控制发射或接收波束反向转动补偿因测船摇摆引起的声基阵转动，从而使发射或接收波束面相对地理坐标系稳定（白福成，2007）。以前的多波束系统大都采用后置处理的方法，现在很多新型的多波束仪器开始采用实时运动姿态补偿技术，从而较好地解决了测深过程中测船姿态变化引起的测点不均匀的问题。

2.1.3 相干多波束工作原理

相干多波束声呐与电子多波束声呐相比，是另外一种类型的多波束，它实际上并没有像电子多波束那样在每ping形成多个物理波束。相干多波束声呐换能器每次只发射一个波束，接收时通过密集采样进行相位测量以确定回波到达的角度，从而计算多个采样点的水深。其采样点的数量比电子多波束更多。由于工作形式上也像电子多波束，每ping也有多个采样点，因此仍称它为多波束的一种。图2-7显示了相干多波束与电子多波束的波束示意图。

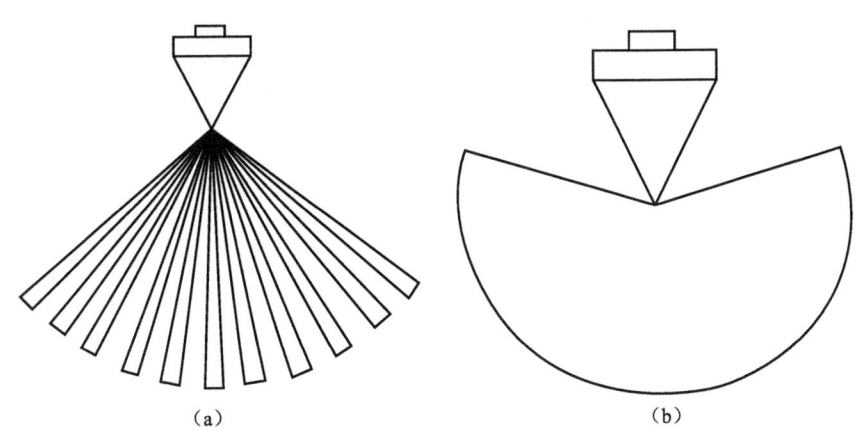

图2-7 电子多波束（a）与相干多波束（b）的波束示意图

相干多波束声呐系统对回波信号检测时使用相位检测法，数据采集快速，并且短时间内能够处理大量数据。该系统集成了水深探测和成像两种技术，能同时得到水深和高分辨率的海底反向散射图。由于采用相位检测法，相干多波束声呐系统存在船正下方水深数据不准确的缺点，需另外配置高度计或单波束测深仪同步工作。

2.2 代表性的多波束测深系统

自 1996 年我国引进首套多波束测深系统以来,多波束测深系统被大量引进并被广泛应用于海洋工程、海洋调查、资源勘查等多个方面。因国际上多波束测深系统类型众多,本节仅介绍几款当前在中国使用较为广泛的多波束测深系统,有助于从业者对不同类型的多波束测深系统进行对比和仪器选型。

2.2.1 浅水多波束测深系统 SeaBat 7125

1. 系统概述

SeaBat 7125 是新一代浅水多波束测深系统(图 2-8 和表 2-1),可采用 200/400kHz 双频工作方式,最大波束数可以达到 512 个,双探头可以达到 1024 个波束,单头水深扫测开角达 210°,可覆盖 7.5 倍水深。该系统采用调频技术增加了测量性能,测距远、抗干扰性能高,双探头理论上可覆盖 20 倍水深值。采用等角和等距波束在整条测量带上具有超高数据密度。

2. 主要技术特点

该系统硬件与软件集成,安装简单,具备自动采集功能,包括自动导航功能(autopilot)等特点。

图 2-8　SeaBat 7125 及换能器

表 2-1　SeaBat 7125 技术指标

型号	SeaBat 7125 全功能高效版
功能特点	512 个波束,等距脚印,具有高数据密度; 实时横摇稳定,使可用条带宽度最大化; 测深范围为 0.5~500m,双频无缝覆盖
参数	电源:111/220VAC,50/60Hz,平均功率 500W 换能器电缆长度:标配 25m 耐压水深:25m 频率:200kHz 和 400kHz 波束宽度:1°(±0.05°)@200kHz & 0.5°(±0.03°)@400kHz 最大发射率:50Hz(±1Hz) 脉宽:33~300μs 波束数:512 等角/等距 @200kHz;256 等角,512 等角/等距 @400kHz 最大扇角:165° 测深分辨率:6mm

续表

型号	SeaBat 7125 全功能高效版
参数	数据输出：水深，侧扫和 snippets 7K 数据格式 数据传输：Ethernet, 1 Gbit 工作和储存温度：-15~35℃，-30~55℃
质量标准	测量精度符合 IHO SP44 Ed5 标准

（1）自动采集功能

声呐可根据水深选择最优的设置，操作简单，可有效地监视整个系统，提高了工作效率。

（2）量化波束不确定值

通过联合所有的探头计算出系统整体的不确定因素（TPU），利用 CUBE 算法来进行自动处理和统计，提高了数据编辑和滤波速度。

（3）窄覆盖区域选项

将 512 个波束压缩到很小的区域之内，覆盖角度可从最大到 45°，适用于高密度管道和沟渠断面测量，宽发射脉冲垂直轨迹，窄沿线轨迹同时形成多个接收波束，分别来自分散的方向，分别携带不同的采样数据。

（4）可变测量模式

提供了等角测量模式与等距测量模式。用等角测量模式时，一般可达 256 条波束(0.5°)，多种声学密度；用等距测量模式时，512 条波束同一密度 (0.5°)，有更多的波束分散到每个目标之上，适合高精度网格区，等距分布的声信号穿过覆盖区域，方便测量区域前期规划，增加测线间距可提高工作效率。

（5）门限自动跟踪功能

根据断面自动选择门限，提高了在线采集数据质量，有利于加快后处理速度，可减少数据丢失风险。

图 2-9 和图 2-10 是该系统探测的数据效果图。

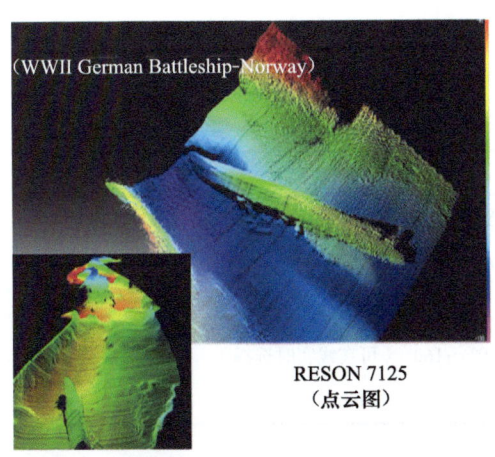

图 2-9 SeaBat 7125 探测的典型海底沉船图

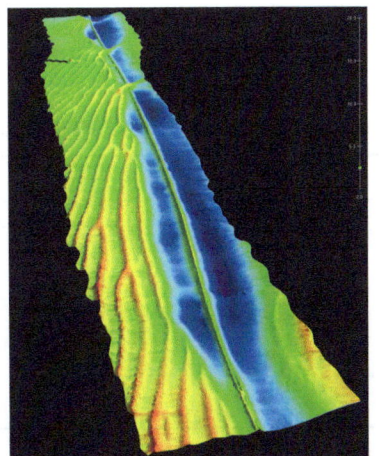

图 2-10 SeaBat 7125 探测的海底管线与海底沙波

2.2.2 浅水多波束测深系统 R2SONIC 2024

1. 系统概述

R2SONIC 2024 是第五代超高分辨率的宽带浅水多波束测深系统，由美国 R2SONIC 公司开发生产。

SONIC 系列多波束系统由以下几部分组成（图 2-11 和表 2-2）：多波束基本声学系统、辅助设备、数据采集系统和数据后处理系统。SONIC 系列多波束的声呐处理器直接嵌入到声呐头中，其优点是便携，缺点是增加了海洋探测设备损坏、丢失的风险。

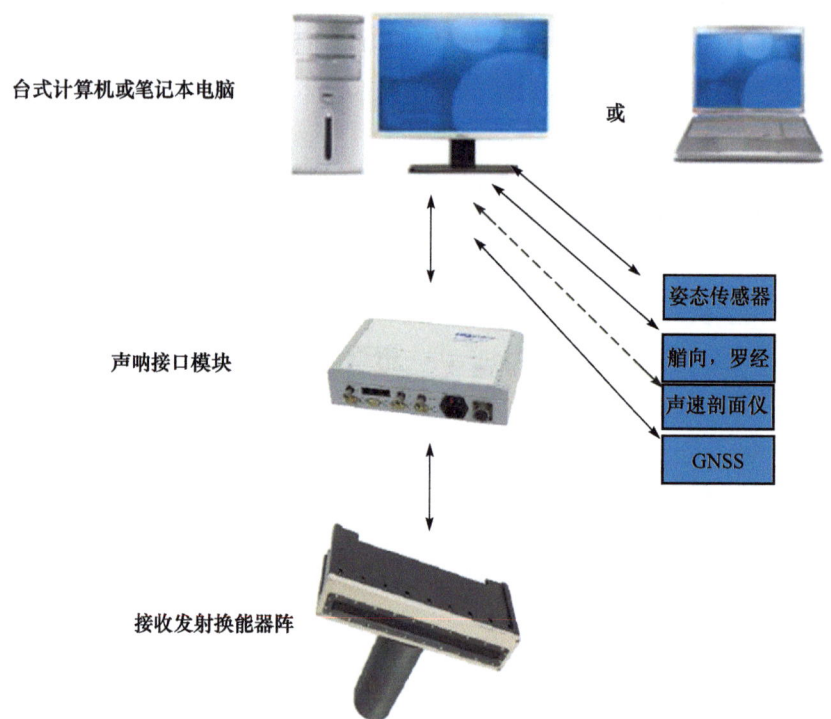

图 2-11 R2SONIC 2024 的构成

表 2-2 R2SONIC 2024 条幅测深系统主要技术参数指标

参数	指标
工作频率	200~400 kHz 任意选择，20 多个频率值可选，用户在线实时选择
带宽	60 kHz，全部工作频率范围内
波束大小	0.5°×1°
覆盖宽度	10°~160°（可在线实时选择）
最大量程	500m

续表

参数	指标
最大发射率	60 Hz
量程分辨率	1.25cm，最佳小于 8mm
脉冲宽度	10μs～1ms
波束数目	256 个 @ 等角方布支持 1024 个波束（订购前说明）
近场聚焦	有，全部波束，整个覆盖范围
波束等角 / 等距分布	有
横摇补偿	有
耐压深度	100m、3000m 可选
工作温度	0～50℃
存储温度	−30～55℃
电源	90～260VAC，45～65Hz
功耗	50W
数据传输	10/100/1000Base-T 以太网
电缆长度	标配 15m；25m、50m 可选
接收阵尺寸	480mm×109mm×190mm(LWD)
接收阵质量	12kg
发射阵尺寸	273mm×108mm×86mm (LWD)
发射阵质量	3.3kg
接口盒尺寸	280mm×170mm×60mm (LWD)

2. 主要技术特点

（1）在线调频功能

SONIC 2024 具备在线连续调频功能，可在 200～400kHz 范围内实时选择 20 多个工作频率，测量过程中可根据实际环境调整系统频率。

（2）条带覆盖角度在线可调功能

SONIC 2024 具有条带覆盖宽度在线实时可选的功能。在 10°～160° 范围内，其可以根据实际作业情况选择合适的覆盖角度。当选择一个较窄的覆盖扇区时，所有的声学水深点集中在这个窄条带内以增加系统的分辨率，检测细小的水底特性。宽条带扇区设置通常用于一般意义上的地形测绘，或者用于码头、防波堤、大坝、桥桩或者桥墩等垂直面的检测。

（3）多 ping 同步发射功能

可以选择 4 波束同时发射的多 ping 作业模式，从而实现高速作业时全量程范围内的水底覆盖，提高工作效率和船舶航行方向的探测数据分辨率。

2.2.3 浅水多波束测深系统 SeaSurvey MS400

1. 系统概述

SeaSurvey MS400 是北京海卓同创科技有限公司自主研制的国产高频浅水多波束测深系统，主要面向内河、港口、航道、海岸带等浅水领域应用，具有便携式、高分辨和高性能等特点，可大大降低操作人员的现场工作量。其技术参数见表 2-3。

表 2-3 SeaSurvey MS400 技术参数指标

参数	指标
工作频率	400kHz
最大波束数目	512
波束宽度	1°(Rx) × 1°(Tx)
最大波束开角	143°
脉冲宽度	25～500μs
最大 ping 率	60Hz
测深模式	等角/等距
测深范围	0.2～150m
测深分辨率	1.5cm
耐压等级	≤50m
波束形成方式	实时动态聚焦波束形成
测深方式	智能海底地形跟踪
测深精度	满足 IHO-S44
航向精度	0.1°（2m 基线）
姿态精度	0.1°
水平定位精度	1.2m(单点 L_1/L_2) 2cm+1ppm[①](RTK) 0.6m(SBAS)
升沉精度	5cm 或 5% 量程

SeaSurvey MS400 工作主频为 400kHz，波束角度为 1°×1°，最大波束数达到 512 个，有效波束扇面开角达 143°，最大覆盖宽度达 6 倍水深。系统采用实时动态聚焦波束形成技术，可同步于水体成像技术，实时提供水体图像。

2. 主要技术特点

SeaSurvey MS400 采用高度集成的一体化设计（图 2-12），将外围设备集成到探头内部，安装使用简便，操作灵活。

1) SeaSurvey MS400 内置姿态仪，将声学基阵与姿态测量、GNSS 集成于一体，连接简单，安装使用便捷，可免去用户测量时安装校准的烦琐过程，同时具有更优秀的倾斜安装测量性能和更好的作业便利性。

---

① 1ppm=10^{-6}。

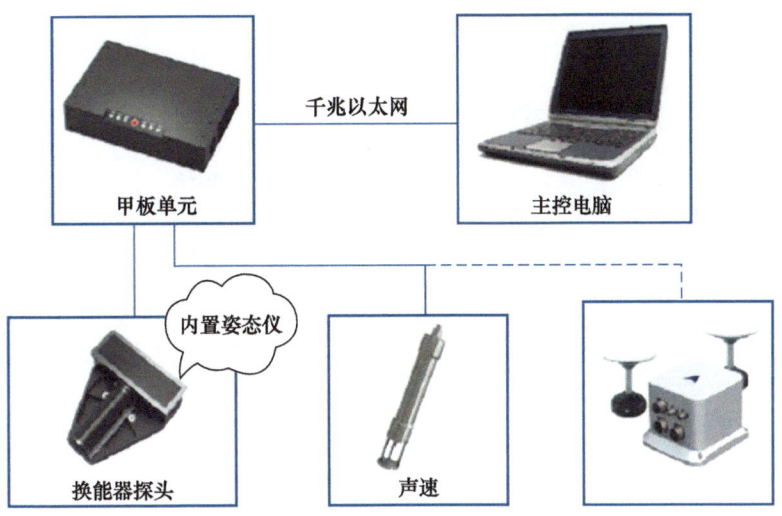

图 2-12　SeaSurvey MS400 连接示意图（北京海卓同创科技有限公司提供）

2）SeaSurvey MS400 具有条带覆盖角度在线实时可调的功能，根据不同测量的需求调节适当的波束扇面开角，调节范围为 1~6 倍水深，以达到最好的测量效果。同时，提供等角测量模式与等距测量模式可变功能，可以满足多种不同应用场合对高精度、高分辨和高效率测量性能的要求。

3）依托智能地形跟踪技术和自动门限调整技术实现自动化测量，减少现场操作工作量，提高地形测量的准确性（图 2-13）。

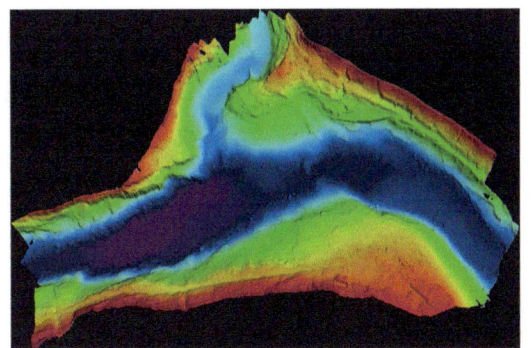

图 2-13　SeaSurvey MS400 测量的金沙江河道
（北京海卓同创科技有限公司提供）

2.2.4　中浅水多波束测深系统 FANSWEEP 20

1. 系统概述

FANSWEEP 20 是 ATLAS 海洋仪器公司的代表性产品。除了外围设备，FANSWEEP 20 还包括（图 2-14 和表 2-4）换能器模块，可以按照用户的要求采用不用的安装方式；电子柜提供测绘系统与各种传感器（定位设备，运动传感器等）的接口，并且将其数据转换成 LAN 网数据，从而提供给采集数据的 PC 机。电子柜其实是多波束系统的预处理器。其要接收传感器的数据，经过预处理以后再传输给数据采集 PC 机，执行数据采集 PC 机的各种指令。操作员对系统的设置都要在数据采集 PC 机上输入，通过电子柜来执行。FANSWEEP 20 的系统设置由 ATLAS Hydromap control 软件来执行。

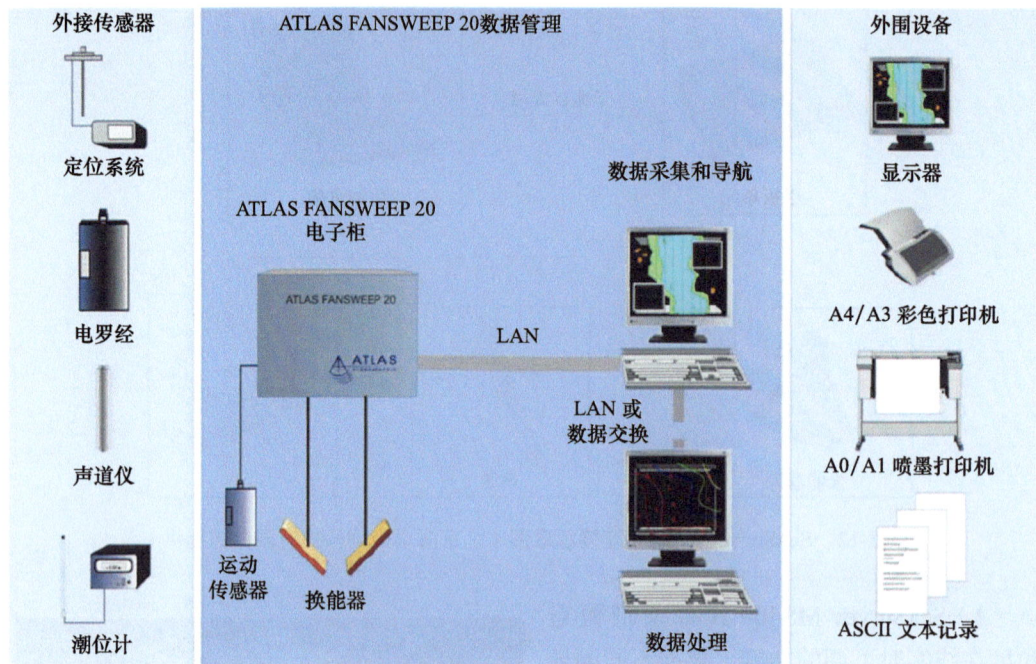

图 2-14　FANSWEEP 20 多波束内业外业典型配置图

表 2-4　FANSWEEP 20 主要技术参数指标

参数	指标		备注
频率	100kHz	200kHz	
最大深度	600m	300m	/
最小深度	1m	0.5m	/
垂直精确度 1σ	±10cm+0.2%水深	±5cm+0.2%水深	8 倍覆盖宽度以内的数据满足 IHO 的标准
传输脉冲长度	60…350μs	40…240μs	出厂设置
波束角度	1.3°，＜1.0°		"等角"模式
扫描开角（深度测量法）	161°		12 倍覆盖宽度
扫描开角（侧扫）	180°		/
缆线长度	20m		10kg
传动功率	3000W	1000W	每个传感器，自动控制，人工控制＜20W
接收放大	根据时间段自动控制		手动输入 TVG 启/停增益
电子数显深度限制	手动输入最小、最大深度		/
可选地形覆盖度	自动：100%，200%，400%，600%，800%，1000%，1200% 水深 手动：0.01%～800%		/

续表

参数	指标	备注
可选侧扫覆盖度	自动：100%, 200%, 400%, 600%, 800%, 1000%, 1200% 水深 自动：±50m, 100m, 200m, 600m 手动：0.01%～800%	/
用户可选择的波束数	20…1440 波束	操作员输入：波束的数量
横向波束宽度	等脚印或等角度	用户可选择
侧扫振幅	最大 4096	固定值
可工作海面状况 （等同于海况 5）	横摇：±15° 纵摇：±15° 荡摇：±5m	/

2. 主要技术特点

FANSWEEP 20 属于相干声呐的一种，扫测开角为 161°，每 ping 可达到 1440 个采样点。可以同步开角 180° 侧扫工作，分辨率达 4096 个幅度值。FANSWEEP 20 有两种不同的型号，100kHz 换能器工作的水深可达 600m，200kHz 换能器工作的水深为 250m。

FANSWEEP 20 探测水深为 250～600m。覆盖宽度可达水深的 12 倍，6 倍覆盖宽度内的数据满足 IHO 44 标准的精度要求。侧扫图像与测深数据可同时输出，并可经过后处理叠加显示。它与 ATLAS 的其他测绘产品共享控制软件，而且远程登录装置可以长期提供售后技术支持。水底测绘的分辨率取决于横向的波束数量、纵向的波束宽度和发射频率。与传统的多波束相比，FANSWEEP 20 的横向分辨率与纵向分辨率的比例可以调整设置，范围为 1∶1～1∶13。

2.2.5 深水多波束测深系统 EM120

1. 系统概述

挪威 Simrad 公司的 EM120 工作频率为 12kHz，测深范围（探头下）为 20～11 000m。该系统的分辨率、覆盖宽度和测量精度较高，相位测量与振幅测量的结合使得系统的测量精度可达 50cm 或 0.2%RMS（取较大值，在中央波束处），EM120 的最大覆盖宽度可达水深的 5 倍以上（2000m 水深之内），而在更深的海区一般可以达到 20km。

EM120 由如下单元组成（图 2-15 和表 2-5）：发射换能器阵（配发射接线箱）、接收换能器阵、发射接收单元、前置放大单元、操作站、船舶运动传感器、定位系统、声速传感器、后处理系统。操作站是整个系统的指挥中心，负责发出工作指令、数据合成、测线规划设计、测量工程管理。发射换能器阵、接收换能器阵、发射接收单元根据操作站的指令负责波束发射与接收，产生原始测量数据。前置放大单元负责信号放大。船舶运动传感器用于测量船舶的运动姿态，进行实时的船姿改正，以提高系统的测量精度。数据编辑处理、图件编绘、成果输出等工作则在后处理系统上完成。

EM120 扇面开角最大为 140°，波束数 191 个，单个波束最小开角为 1°，考虑波束间相互重叠，系统有效覆盖宽度一般为水深的 4 倍左右。

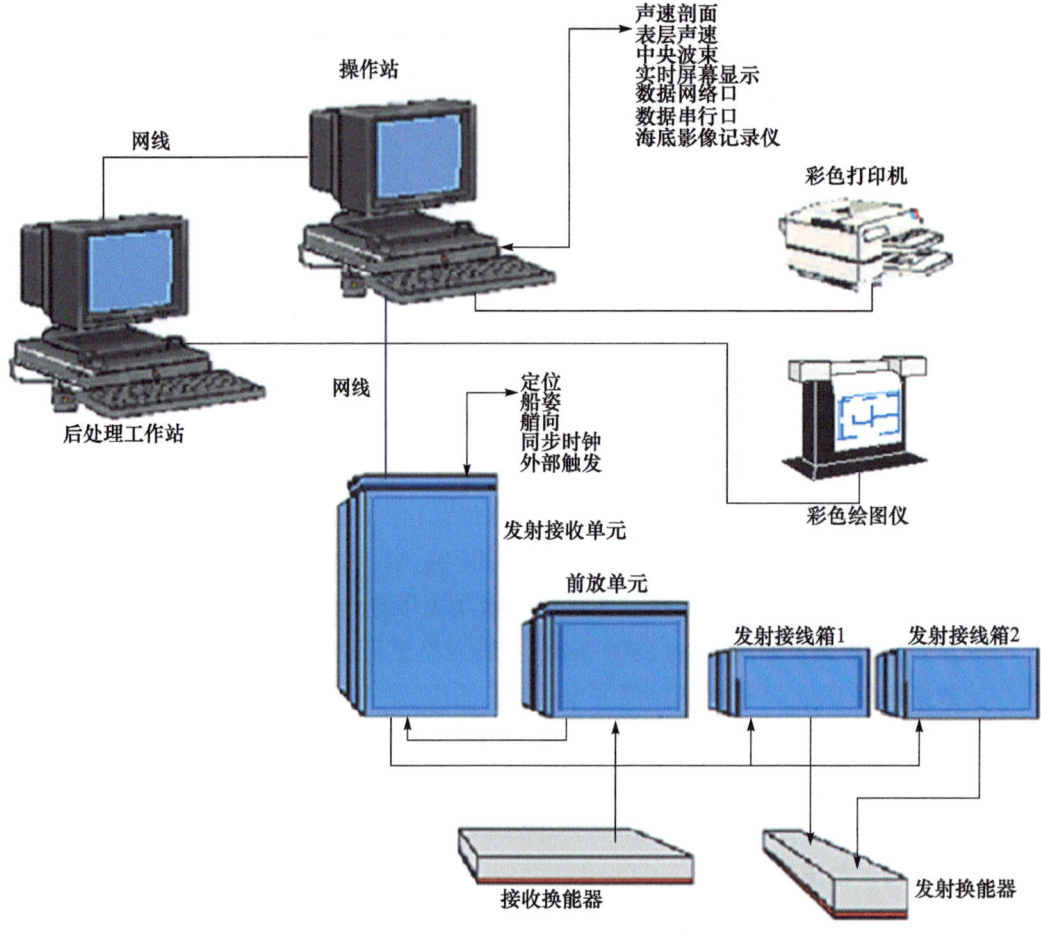

图 2-15　EM120 的基本构成

表 2-5　EM120 主要技术参数指标

参数	指标
频率	12kHz
波束个数	191
扇区宽度	140°
脉冲长度	2ms、3ms、5ms、7ms、10ms、14ms、20ms
波束宽度	1°
作业船速	不大于 12 节
测量范围	50～12 000m
测量精度	优于 1% 水深
接口和传感器	运动传感器 Octans、DMS-2
定位	NMEA0183、GGA
罗经	NMEA0183、HDT

续表

参数	指标
声速	RS232 输入
软件	triton, peseidon, cfloor, neptune, Caris 等
电源	115/230 VAC
换能器	发射 25 个，接收 15 个
安装方式	船底安装、Gondola 安装
声速改正	表层声速改正、水柱声速剖面改正
姿态校正	横摇、纵摇、艏摇校正，升沉补偿

2. 主要技术特点

在兼顾系统作业效率和测量分辨率的原则下，EM120 采用动态窄扇面聚焦等分辨控制技术改进系统作业模式，在勘测时，其根据水深变化实时调整扇面开角，在适当减小系统勘测扇面角度的情况下，波束指向性好，可有效识别海底特征目标物，提高系统的有效工作效率，系统工作如图 2-16 所示。

根据波束导向控制原理，将 EM120 脚印排列方式设置为等距模式，波束导向控制原理如图 2-17 所示。同样假设勘测区水深 2500m，采用动态窄扇面（60°）聚焦等分辨控制技术后，从中央波束到边缘波束 1° 开角所对应的脚印长度均为 33m，系统取得均匀的分辨率效果，等分辨控制前后系统分辨率对比见图 2-18。

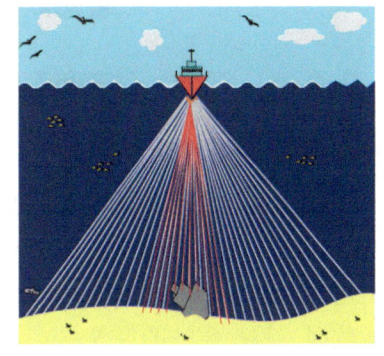

图 2-16　EM120 窄扇面聚焦工作示意图

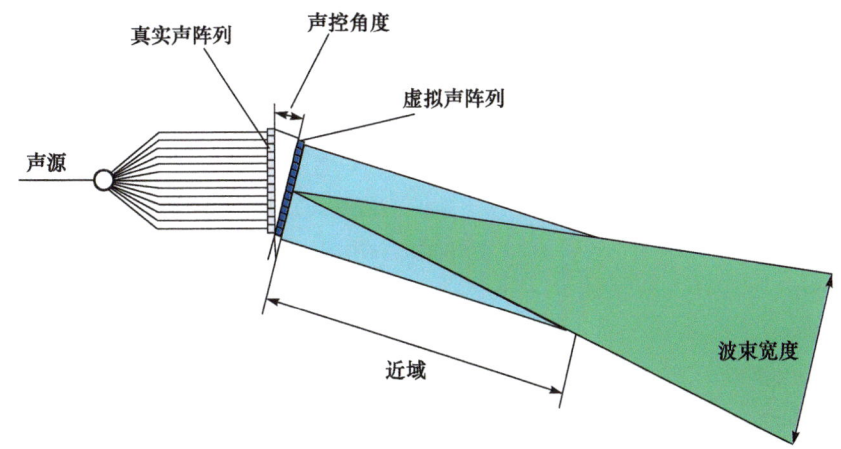

图 2-17　EM120 波束导向控制原理图

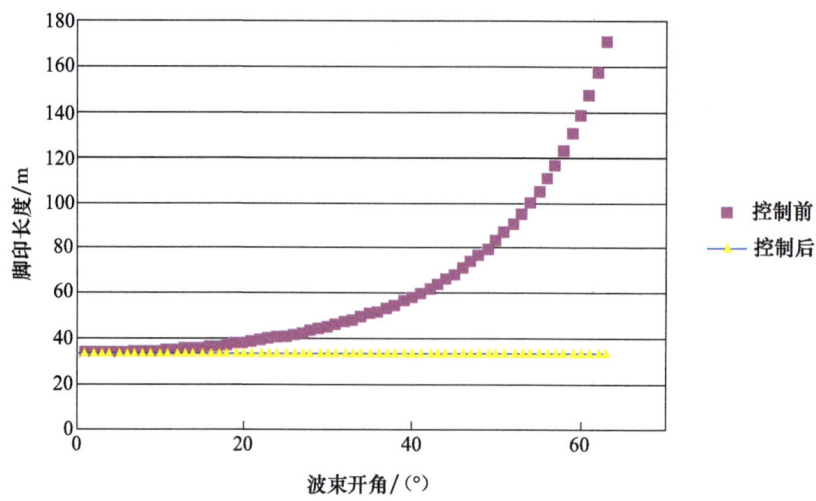

图 2-18　等分辨控制前后系统分辨率对比

2.2.6　深水多波束测深系统 SeaBeam 3012

1. 系统概述

SeaBeam 3012 是 ELAC 公司的最新一代深水多波束测深系统，工作频率为 12kHz，工作水深为 50～11 000m，最大调查船速可达 15 节（表 2-6）。新的波束扫描技术包括宽覆盖、浅水近场聚焦等特性。SeaBeam 3012 能够实时采集测深信息、后向散射数据、侧扫声呐图像等。

系统主要包括（图 2-19）接收控制单元（RCU）、发射控制单元 (TCU)、发射换能器阵、接收水听器阵、系统工作站、OCTANS 光纤罗经运动传感器、表面声速剖面仪、声速剖面仪。

表 2-6　SeaBeam 3012 主要技术参数指标

参数	指标
频率	12kHz
最大工作水深	11 000m
波束个数	301（等角模式），459（等距模式），602（双 ping 模式下）
波束覆盖宽度	140°（自动模式），150°（手动模式）
波束发射方式	采用波束扫描技术，确保海底脚印平行有序
精度	0.2%* 水深（±30°范围内）
侧扫	12 位分辨率，最大 2000pixel
平均脚印分辨率	1°×1°
最大船速	15kn
系统工作站	Windows 操作系统
发射换能器	25 个模块

续表

参数	指标
接收水听器	15 个模块
原始数据输出	EIVA,CARIS,Fledermaus 后处理软件兼容
系统的发射速率	不小于 4Hz，受来回声程的时间限制
波束补偿环境限制	横摇：±10°；纵摇：±7°；艏摇：±5°

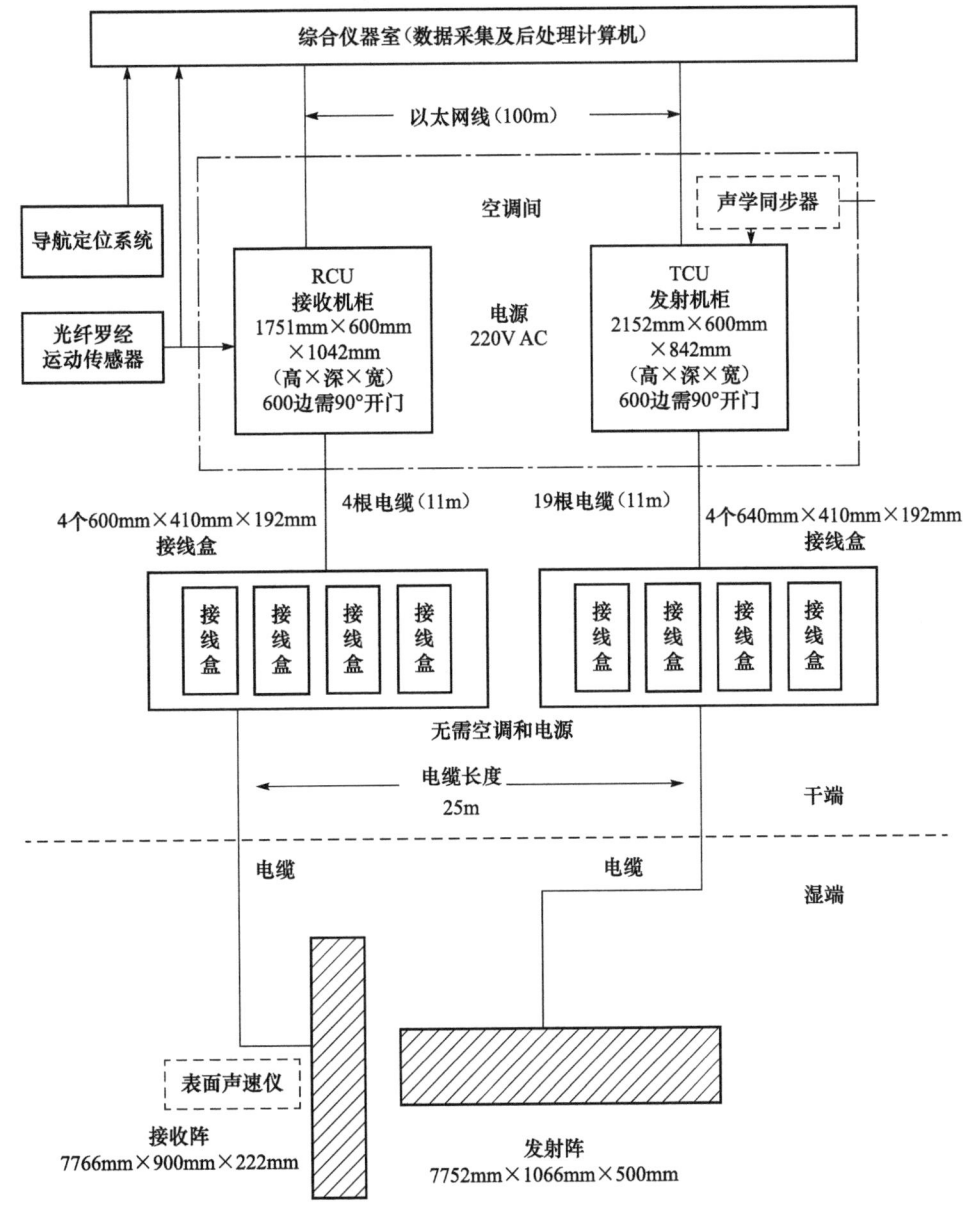

图 2-19　SeaBeam 3012 的基本构成

2. 主要技术特点

（1）波束扫描技术

SeaBeam 3012 为基于波束扫描技术的系统，其每个波束均完全利用了系统的带宽，最小脉宽可达 2ms，带宽为 500Hz，深度和侧扫分辨率达 1.5m。在浅水区，其最小深度和侧扫分辨率为 1.5m。

波束扫描技术产生的一系列条带脉冲的海底脚印是均匀、平行分布的直线（边沿除外）；而扇区扫描技术的条带脉冲会产生抛物线形的海底脚印，有些区域重叠在一起。这些抛物线形脚印和重叠区在后处理时会导致形成不连续漏空区而产生假数据。

（2）发射技术

SeaBeam 3012 的发射换能器阵为二维发射阵，可以对船舶的纵摇和艏摇运动进行实时补偿。发射阵沿船的横向方向装有 12 个声学基元，在该发射阵的垂向上形成一个横向宽度为 11°、沿船龙骨方向宽度为 1°的波束。发射波束从条带的最左端或最右端开始发射，然后连续地从一端扫描到另一端，以便在单 ping 周期内覆盖整个条带宽度。在扫描过程中，波束在前后方向上进行调整，以使其在船舶纵摇、艏摇运动中保持稳定。在条带剩余部分的发射过程中，用接收到的运动传感器的实时信息对船舶的纵摇和艏摇进行修正。从左舷到右舷完成一次完整条带扫描发射的时间为脉宽的 10 倍，假如发射脉宽为 2ms，则完成一次扫描所需要的时间仅为 20ms，对于 10kn（5m/s）左右的测量速度来说，船舶只走过了 0.1m 的距离，其延时可以忽略不计。

（3）接收技术

接收波束的波瓣大小是由水听器阵列的数量和尺寸决定的。在接收波瓣脚印范围内的扫描发射波束与其互相交叉就是波束形成，波束由接收机检测到的水声反射能量组成，并按船体的纵摇运动校正。

接收机的模拟信号滤波是 6kHz 通带的 6 极 Bessel 滤波器，滤波器的运行依靠一个可切换的电容器，电容器可以使它调节声呐频率。在数模转换和 I，Q 检测之后，FIR 数字滤波器进一步滤除信号达到 125Hz。

在水听器和前置放大器之间，有一个可切换的主动 30dB 衰减器，以防止浅水前置放大器的饱和。前置放大器有固定 40dB 的增益，前置放大器之后是一个可切换的 0/20dB 放大器。其信号是宽带信号，仅受水听器的频率响应限制，范围为 1~80kHz。

初始增益从组合式切换衰减器中设置，切换放大器和精细增益可在目标初始增益和衰减器增益之间变化，幅度为 20dB，初始增益是通过切换电阻和初始化 TVG 等级来完成的。TVG 由电压控制放大器（VAC）来消除 DAC 中的固有的通透脉冲干扰，DAC 一般是用来控制电压的，但它输出时，一个缓慢的上升斜坡和大幅度的滤波来消除脉冲干扰以控制 VAC 的输入。

通过快速傅里叶变换产生了301个相控波束，水听器阵在波束形成器内沿纵向使用−30dB最佳屏蔽技术来抑制旁瓣。

（4）波束稳定方法

SeaBeam 3012可实时进行纵横摇和艏摇的稳定补偿。其发射的波束被分割成许多小的扫描片断，可根据最新的运动姿态数据并略微外推，经过计算每个片断使它的开始和结束都在纵横方向稳定的点上。如果在扫描过程中系统收到了新的姿态数据，则后来的片断将使用新的数据进行外推。与扇区扫描方法相比，波束扫描方法的有效性和带宽有关，在浅水时它可以利用系统的整个带宽，从而以最小的脉宽获得最佳效果。

（5）深度校正

折射补偿是在工作站上通过斜距/角度数据来完成的。补偿方式采用垂直角度，并假设声速仅仅是水深的函数。数据可以从传感器上导入没有数量限制的数据点，点与点之间的声速通过线性插值计算。表层声速将作为第一个数据点用于折射校正，数值可以从外部传感器实时自动更新或者手工输入。完整的声速剖面也可以用外部数据输入来完成。

发射波束将进行纵摇、横摇和艏摇的校正，横摇的校正在接收波束形成的过程中完成。横摇、纵摇和艏摇的补偿范围：横摇≤10°，纵摇≤7°，艏摇≤5°。

横摇、纵摇和航向偏差参数可分别用于水听器阵和每个发射阵。这些参数将用于波束形成处理。运动传感器可以提供水听器阵和发射阵的三维偏移参数，这些参数可以应用到发射的横摇、纵摇补偿，以及接收的升沉补偿。来自导航天线的三维偏移参数可分别用于水听器阵和发射阵以校正定位信息。

（6）近场聚焦

在浅水时，近场聚焦只驱动部分发射阵来实现，以减少发射阵的有效长度。系统的量程通过软件来选择。在不同的深度需要选择不同的波束宽度以提高近场分辨率。

2.3 多波束测深基本工作方法与流程

多波束测深的基本内容包括导航定位、辅助参数测量及改正、深度测量、数据处理与成图等，其中各项辅助参数包括船吃水、船姿、声速剖面、水位等。掌握科学合理的方法与技术流程对于多波束勘测而言至关重要，是获取准确数据的保障。本节概述了多波束勘测的基本流程，较为详细地论述了多波束勘测中一些重要的环节，包括系统安装、声呐校准、测线布设、声速采集与精细化处理等，这对于从业者的规范化调查是有帮助的。

2.3.1 多波束测深基本流程

根据多年的多波束调查与研究的从业经验，本书的研究团队总结了一套从外业到内业的工作技术流程，按照"前期调查研究—海上勘测—室内资料处理、成图及研究"相结合的技术路线进行了大量海洋调查项目的成功实施（图 2-20）。

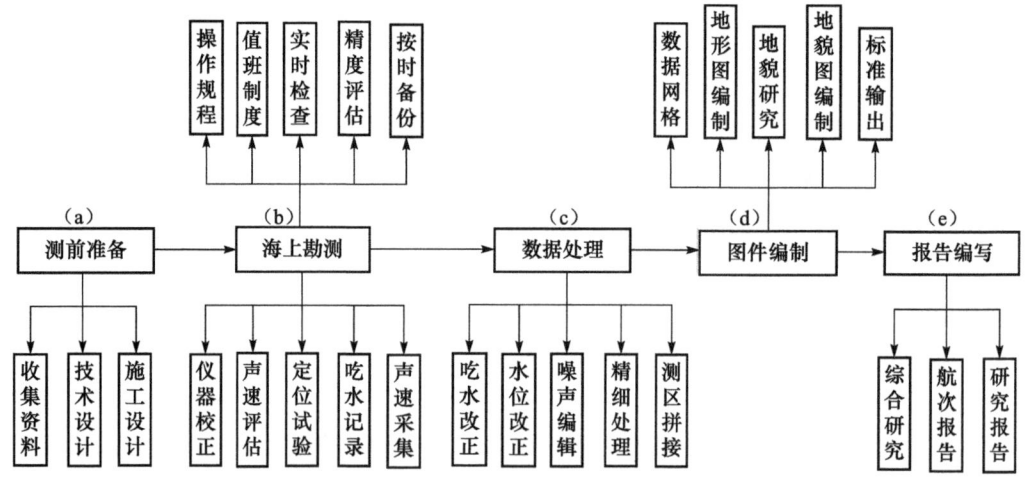

图 2-20　多波束海底地形勘测研究技术路线图

1. 测前准备

全面收集、整理、评估涉及调查区的测深和水文资料，以便于测线和声速测站的合理布设，为海上勘测奠定基础；并在此基础上进行技术设计和施工设计。

2. 海上勘测

（1）仪器校正

按照规范要求在特定海区定期（每 0.5～1 年一次）进行多波束系统声呐参数（包括横摇、纵摇、艏摇和定位迟延）的校正工作，使仪器处于最佳的工作状态。

（2）定位试验

对导航定位用的 GNSS 接收机进行定期、定点、定时（24h）观测试验，以检验其定位精度，在满足定位中误差≤±5m 的状况下进行勘测工作。

（3）声速评估

对施测时采集声速剖面使用的仪器精度进行评估，使用不同型号的声速探测仪器在相同位置采集声速剖面进行精度对比。

（4）吃水记录

出航前和返航后在码头记录测量船只的吃水变化，以便于在后续处理中进行吃水改正。

（5）声速采集

按规范要求布设声速测站，并在测量时实时采集全程声速剖面，根据声速剖面的变化趋势选取适当的声速点以获取最佳拟合声速。

（6）操作规程

制定详细的仪器安全操作规程，并严格按照规程施测。

（7）值班制度

设置专人、定时轮班制度，实时监测以保障仪器的安全运行，并按照规范定时（每隔 15m 或 30m）记录班报，每 0.5h 或 1h 换一次数据文件，以保证数据采集的安全性。

（8）实时检查

测线结束后，及时进行预处理，以检查采集的数据质量情况，并对比相邻测线的覆盖情况，以便根据施测情况实时调整工作计划。

（9）精度评估

定期进行定点、十字交叉精度评估，并按规范要求布设联络测线检测勘测数据质量。

（10）按时备份

按照每天备份的原则及时备份勘测数据，返航途中及时备份完整的数据集，最大限度地保证数据安全。

（11）首席负责制

海上工作计划和实测采取首席负责制，全面掌控海上调查工作。

3. 数据处理

（1）吃水改正

根据吃水记录表采取内插的方法进行吃水改正。

（2）水位改正

按规程要求进行水位预报和改正。

（3）噪声编辑

按照"投影法"和"拟合法"进行测深数据的噪声编辑。

（4）精细处理

采用后处理方式进行精细化处理。

（5）测区拼接

检测相邻测区的等值线拼接情况。

4. 图件编制

（1）数据网格

在数据精细处理的基础上根据多波束勘测特点构建高精度的海底 DTM。

（2）地形图编制

基于 DTM 按规程要求编制海底地形图。

（3）地貌研究及地貌图编制

在编制的海底地形图基础上，综合浅剖、侧扫和柱状样分析等多方面资料，进行海底地貌研究工作，编制海底地貌图件。

（4）标准输出

在高质量打印设备上按标准图幅输出编制的大比例尺海底地形图和海底地貌图。

5. 报告编写

在图件编制的基础上，综合多方面资料进行调查区的海底地形特征和海底地貌分类研究，并整理航次报告、撰写研究报告。

2.3.2 多波束测深系统的安装

1. 多波束测深系统换能器的安装方式

船载多波束测深系统换能器一般有三种安装方式：船底固定安装、船舷便携安装和船体竖井式安装。

船底固定安装将仪器固定安装在船底部，其优点是提升仪器的安全性和仪器姿态的长期稳定性，可提高调查工作效率，但缺点是仪器安装、拆卸需进入船坞完成，成本高。该安装方式还可分为吊装式（gondola）、嵌入式（flush mounted）和贴装式（blister）三种。

吊装式安装主要用于换能器尺寸很大的深水多波束系统。换能器安置在船体下方，隐藏在"T"字形或梯形导流罩内，导流罩通过流线型的支架支撑（图 2-21）。其优点是换能器距离船体较远，可有效避免船体噪声和航行时产生的气泡附着换能器表面，且在导流罩内可安装其他声学设备（如 ADCP、浅地层剖面仪等）；其缺点是附体阻力会大幅增加(可达裸船体阻力的 20% 以上)，进而影响航速，安装成本较高。此外，突出的导流罩更容易导致船只搁浅触底、拖挂渔网电缆、船舶进坞困难。

图 2-21 吊装式安装示意图

嵌入式安装主要用于换能器尺寸适中或者较小的中浅水多波束系统，或者航行于极地的破冰船。安装时需在船体底部结构开口，内部设置仪器仓，将多波束换能器安装在船体内部。当安装位置的船体较平缓时，可直接将仪器安装在舱内［图2-22（a）］，并用透声材料封闭开口；安装位置较倾斜时，需设计可与船体融为一体的导流罩。这种安装方式的优点是基本不会增加附体阻力，对航速影响不大；其缺点是船体表面的气泡会随水流附着到换能器表面［图2-22（b）］，且易受到船体噪声的影响，从而降低仪器的信噪比。

图 2-22　嵌入式安装示意图（a）及气泡附着情况（b）

贴装式安装（图2-23）主要用于换能器尺寸较大的中深水多波束系统。换能器紧贴船体下方，导流罩突出船体约0.5m。其优点是换能器与船体有一定距离，船体表面的气泡不易附着到换能器表面；其缺点是由此会产生一定的附体阻力(可达裸船体阻力的10%～20%)，且安装需要设计特制的钢结构体。

船舷便携安装主要用于换能器尺寸小的浅水多波束系统。采取旋臂方式将仪器安装于船的左右舷或者船首，通过可旋转支杆连接仪器（图2-24）。其优点是安装拆卸方便；其缺点是仪器的安全性较差，仪器易受噪声和支架抖动的影响，每次安装回收都需要对换能器安装姿态角度进行重新校正。

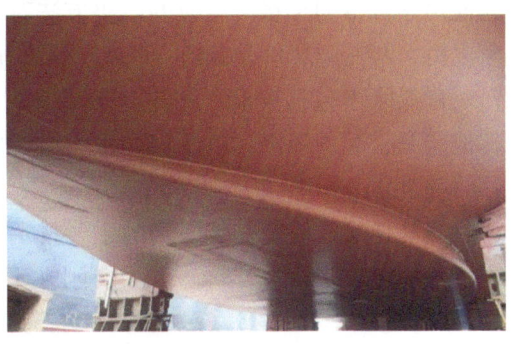

图 2-23　贴装式安装示意图

图 2-24　船舷便携安装示意图

船体竖井式安装也主要用于换能器尺寸小的浅水多波束系统。其采取的是在调查船尾部开竖井的方式，将换能器固定安装在竖井中（图 2-25），既保证了调查的精度和高效率，又具备科学仪器便捷拆卸的优点，但是开竖井成本较高。

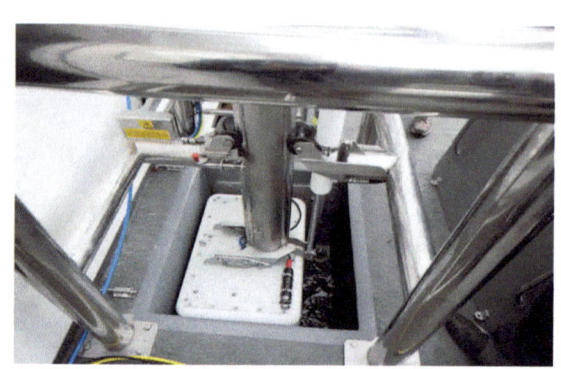

图 2-25　船体竖井式安装示意图

2. 多波束安装注意事项

多波束换能器安装需考虑噪声和抖动对多波束系统的影响。其中噪声包括自身噪声和环境噪声。自身噪声包括由柴油机、齿轮箱、传动轴、螺旋桨及其他辅助机械引起的机械噪声，与船速相关的层流引起的流噪声，声呐系统自身的电子噪声，由螺旋桨造成的、由于极低压引起的空化，以及安装位置靠近频率及谐波接近多波束声呐的其他声学设备的干扰。相应的解决方法有：在换能器安装时，仔细选择安装位置，远离主机、副机、泵和螺旋桨；为换能器添加合适的导流装置等。

背景噪声包括波浪、潮汐、水流及天气影响引起的噪声，海洋地震引起的噪声，其他船只引起的噪声，以及海洋生物引起的生物噪声。目前，我们对环境噪声没有很好的解决办法。

振动是船舷便携安装遇到的主要技术难题，是由换能器安装杆固定不牢固、材料刚性不足导致的。图 2-26 是由于换能器安装杆抖动，其抖动不能被姿态传感器有效补偿，从而引起的波浪状假地形，其特点是沿航迹线左右舷对称，且越远离中央波束，这种抖动就越明显。

多波束安装对于勘测数据的质量至关重要，需要注意如下事项。

1）多波束换能器应安装在噪声低，且不易产生气泡的地方。

2）姿态传感器应安装在能准确反映多波束换能器姿态的位置，其方向平行于测量船的轴线。

3）电罗经应安装在测量船的首尾线上，方向

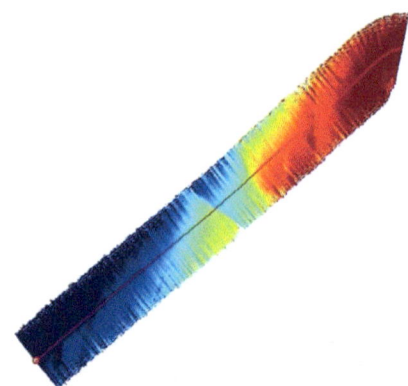

**图 2-26　换能器安装杆抖动
引起的波浪状假地形**

指向船首。

4）定位仪天线应安装在测量船顶部比较开阔的地方。

5）多波束测深系统各组成部分的空间相对关系测量精度应优于 0.05m。

6）测量船安装多套声学探测装备并需要同步工作时，需安装声学同步器，避免相近声学频率对多波束测量的干扰。

3. 多波束测深系统安装后测量基准的建立

多波束测深系统是由多个单元、众多传感器及外围设备所组成的一个复杂测量系统，多波束测量误差不仅来源于多波束声呐部分，也包含各个外围传感器的测量误差，因此，在多波束系统安装完成之后，需要建立统一的测量坐标基准，并进行系统参数校准。

建立统一的测量坐标基准就是测量出换能器（Tx&Rx）、运动传感器（如OCTANS）、定位系统天线（GNSS）等之间的位置关系，并测量船舶吃水深度值。例如，"向阳红 10 号"船多波束测深系统各个组成单元在船参考坐标系内的坐标见表 2-7。

表 2-7　"向阳红 10 号"船多波束测深系统各个单元船载坐标

传感器	坐标 X/m	坐标 Y/m	坐标 Z/m
接收换能器阵	0.01	-4.67	6.90
发射换能器阵	0.00	0.00	6.90
OCTANS	0.53	-14.69	-4.40
GNSS	1.36	-18.60	-25.05
船吃水	/	6.9	/
水线相对参考点位置	/	0	/

2.3.3　多波束勘测前参数校准

在多波束测深系统正式勘测之前，必须进行系统参量安装校准，包括定位时延、纵摇、横摇、艏摇等。

1. 定位系统、运动传感器时延校正

选择一海底孤立目标物，船只以不同的速度、以同一航行方向沿着一对重叠航线用中心波束扫过目标物，测线的布置情况见图 2-27，系统的发射扇区开角应尽量小，以增加发射频率。若存在定位时延，则两次测量得到的目标物是分离的，定位时延的计算公式见式（2-1）。如果采用 GPS 秒脉冲进行时间控制，可以省略此步骤。

$$TD=d/(V-v) \tag{2-1}$$

式中，TD 为定位时延（s）；d 为目标分开的距离（m）；V 为高船速值（m/s）；v 为低船速值（m/s）。

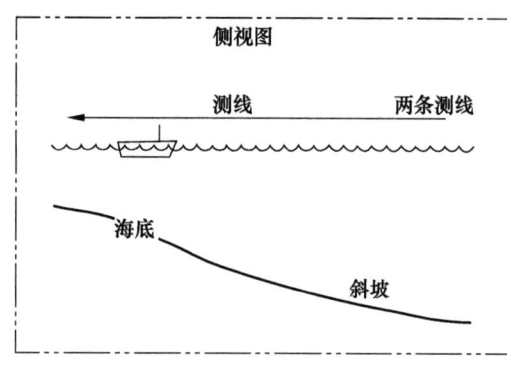
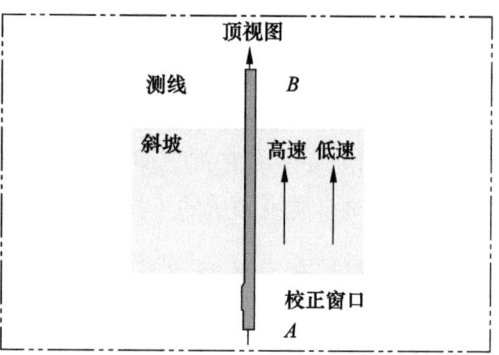

图 2-27 定位时延校准测线布置

2. 纵摇偏移校正

选择一海底孤立目标物设置足够长的往返测线，以稳定低速中心波束扫过目标物，测线布置情况见图 2-28。测量后叠加两个方向的测线，标出不同方向测量得到的目标。如果存在纵摇偏移，则显示两个分离的目标，量取两个目标间的距离，则得到纵摇偏移值 P 的计算公式，见式（2-2）。

$$P=\arctan（L/2d）\quad\quad（2-2）$$

式中，L 为目标横向分开的距离（m）；d 为水深（m）。

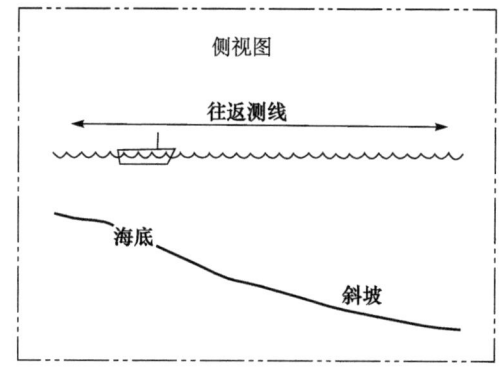
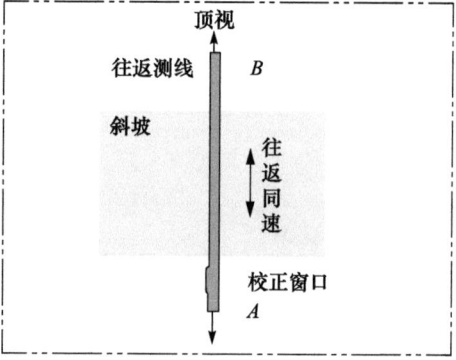

图 2-28 纵摇偏移校准测线布置

3. 艏摇偏移校正

选择一海底斜坡地段或海底独立目标物布置平行测线，用边缘波束扫过目标物，两条测线间的波束应该具有足够的重叠，测线的布置情况见图 2-29。对重叠部分的测量数据进行处理，如果存在艏摇偏移，则测得的目标是分离的，艏向偏移值用式（2-3）计算。

$$He=\arcsin（d/2X）\quad\quad（2-3）$$

式中，He 为艏向偏移；d 为目标分开的距离（m）；X 为波束相对横向的跟踪距离（m）。

4. 横摇偏移校正

选择一平坦的海底区域，布置一对往返测线，测线的布置情况见图 2-30。对测量获得的数据进行处理，若存在横摇偏移，则两次测量所得的水深值将不同，由中央波束向两侧线性增加。横摇偏移校正在深水测量中是最关键的，对于小于3°的横摇偏移可用式（2-4）进行计算：

$$Re = 0.5 \times \arctan(d/L) \qquad (2-4)$$

式中，Re 为横摇偏移；d 为深度差（m）；L 为横向的跟踪距离（m）。

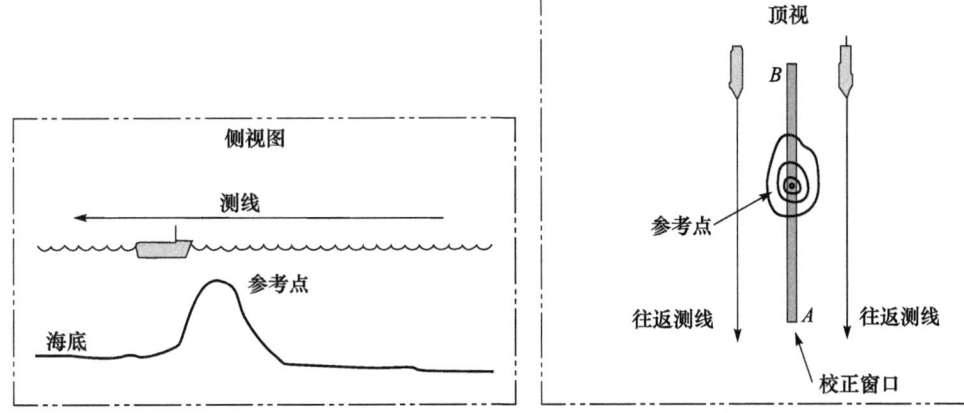

图 2-29　艏摇偏移校准测线布置

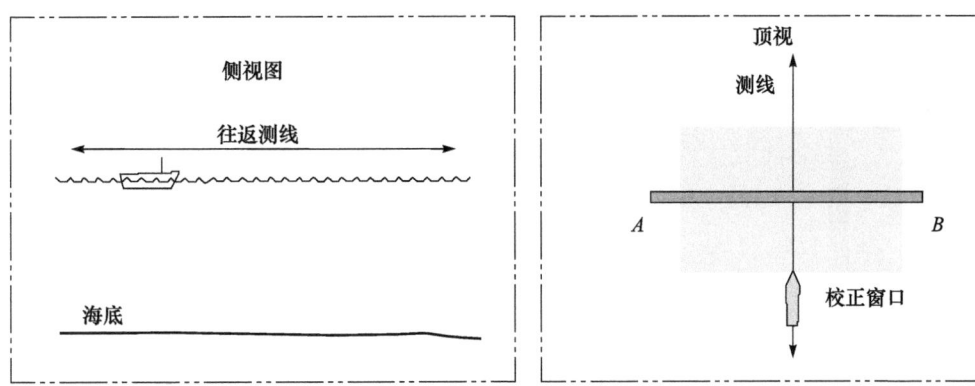

图 2-30　横摇偏移校准测线布置

以上4项校正需要在海试时进行多次，可行的校正顺序是横摇、导航延迟、纵摇和艏偏校正，或者导航延迟、纵摇、横摇和艏偏校正。每次得到一组改正参数，输入多波束采集系统参与水深计算，然后重复校正测线，直到地形剖面、水深等值线匹配完好。

本节提供一个实例来阐述实际的多波束校准过程。2014年1月10～11日，在海底地形地貌和海洋地球物理调查航次执行之前，"向阳红10号"船在南海北部17°21′N，113°01′E附近布置校正测线，对多波束系统进行校准。分别校准纵摇角、艏摇角、横摇角，校准测线信息见表2-8，校准测线分布见图2-31。因为导航定位系统具有 1pps 时钟功能，导航迟延值很小就没有单独进行校准。多波束测深系统校准结果见表 2-9。通过 Caris 软件对校准测线数据进行处理，编绘多波束校准海底地形图（图 2-32）。

表 2-8 多波束校准测线信息

测线名称	起点	终点	航向/(°)	航速/kn	长度/km	用时/h
CAL0	17°27′22.85″N，112°56′59.48″E	17°21′16.36″N，112°57′3.91″E	180	8.6	12.1	1:01:16
CAL1	17°20′55.65″N，112°57′7.20″E	17°27′12.09″N，112°57′7.32″E	0	8.4	11.8	0:50:56
CAL2	17°27′11.85″N，112°57′31.91″E	17°21′3.43″N，112°58′40.43″E	180	8.6	11.5	0:45:13
RL3	17°21′4.66″N，112°58′41.73″E	17°27′19.84″N，112°58′43.18″E	0	8.5	11.4	0:41:28
RL4	17°27′8.86″N，113°26.61′E	17°21′2.40″N，113°23.91′E	180	8.6	11.4	0:39:38
RL5	17°21′3.95″N，113°1′57.07″E	17°27′0.39″N，113°2′7.48″E	0	8.8	11.6	0:48:13
RL6	17°26′31.93″N，113°3′57.17″E	17°26′31.63″N，112°56′12.53″E	270	8.7	13.7	1:06:45
RL7	17°24′48.50″N，112°56′14.03″E	17°24′49.96″N，113°4′6.38″E	90	8.5	13.3	1:02:05
RL8	17°23′14.32″N，113°4′5.30″E	17°23′17.80″N，112°56′14.36″E	270	8.6	13.5	1:03:49
RL9	17°21′40.91″N，112°56′12.05″E	17°21′34.98″N，113°4′0.31″E	90	8.8	13.9	0:59:19

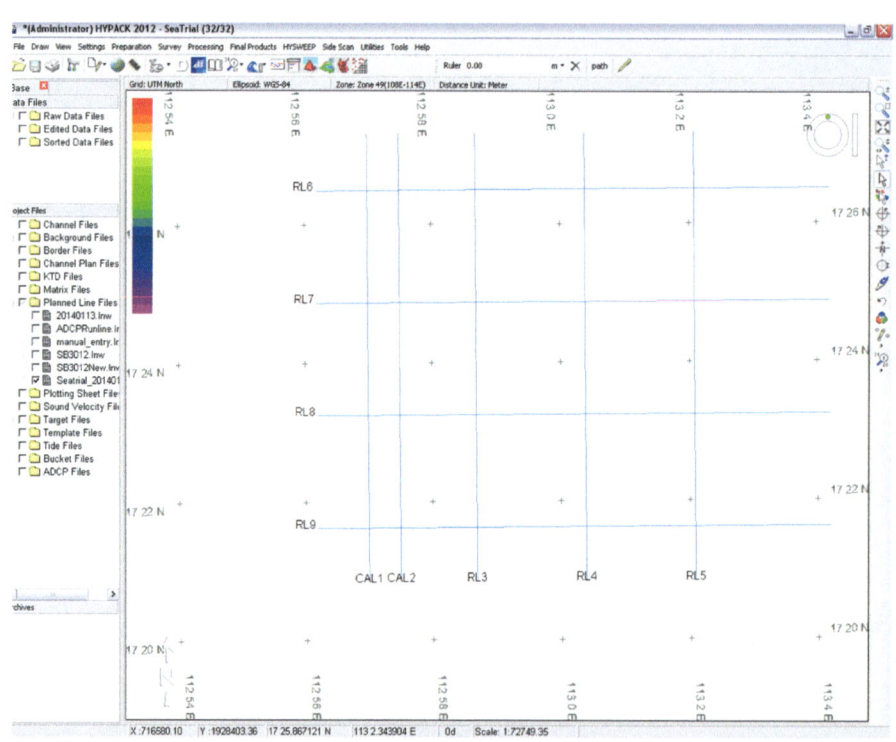

图 2-31 多波束校准测线分布图

表 2-9 多波束系统参数校准结果

校准项目	原始数值	校准后数值
横摇角	0.0°	-0.31°
纵摇角	0.0°	+1.21°
艏摇角	0.0°	-1.25°
导航延迟	0.0s	

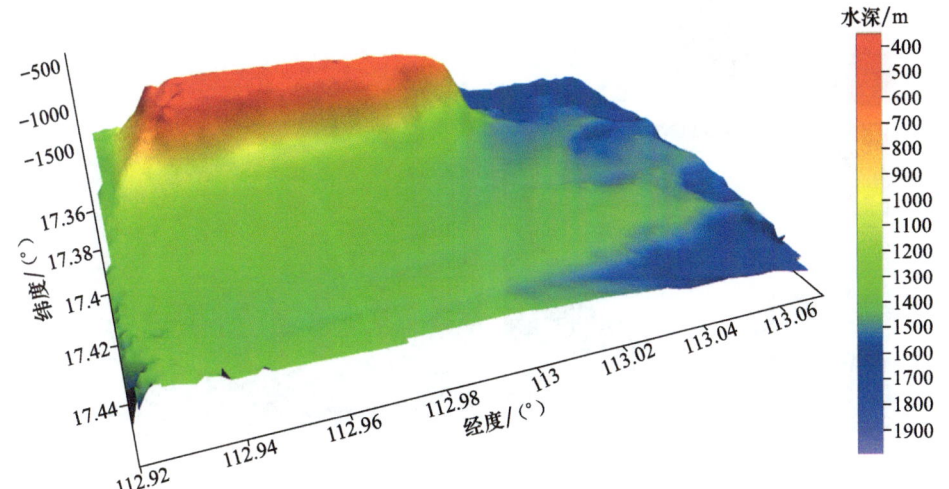

图 2-32 多波束校准海底地形图

(1) 横摇参数校准结果

垂直于测线 CAL1 航迹沿着左右舷方向上,选择细条平坦区域。在不同区域重复多次操作,最终获得横摇方向上的安装偏差平均值,如图 2-33 所示。

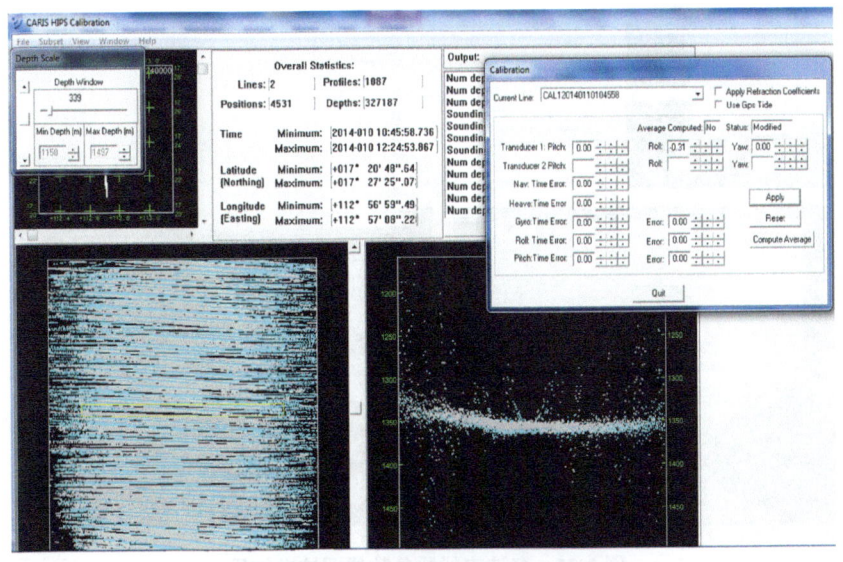

图 2-33 多波束横摇参数横摇校准结果

(2) 纵摇参数校准结果

沿着测线 CAL1 航迹方向上,在中央波束附近选择细条陡峭区域。在不同区域重复多次操作,最终获得纵摇方向上的安装偏差平均值,如图 2-34 所示。

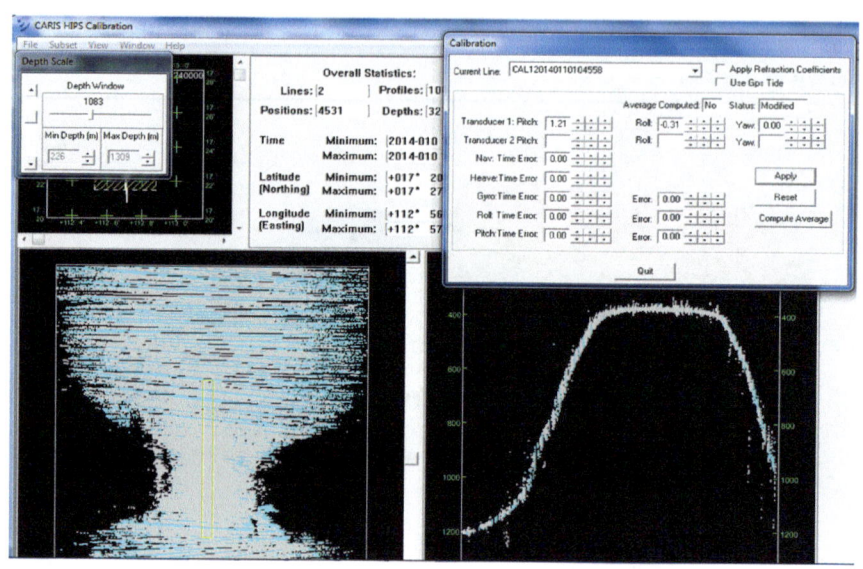

图 2-34　多波束纵摇参数纵摇校准结果

(3) 艏摇参数校准结果

在测线 CAL1 和测线 CAL2 重叠区域,沿着航迹方向上,选择细条陡峭区域。在不同区域重复多次操作,最终获得艏摇方向上的安装偏差平均值,如图 2-35 所示。

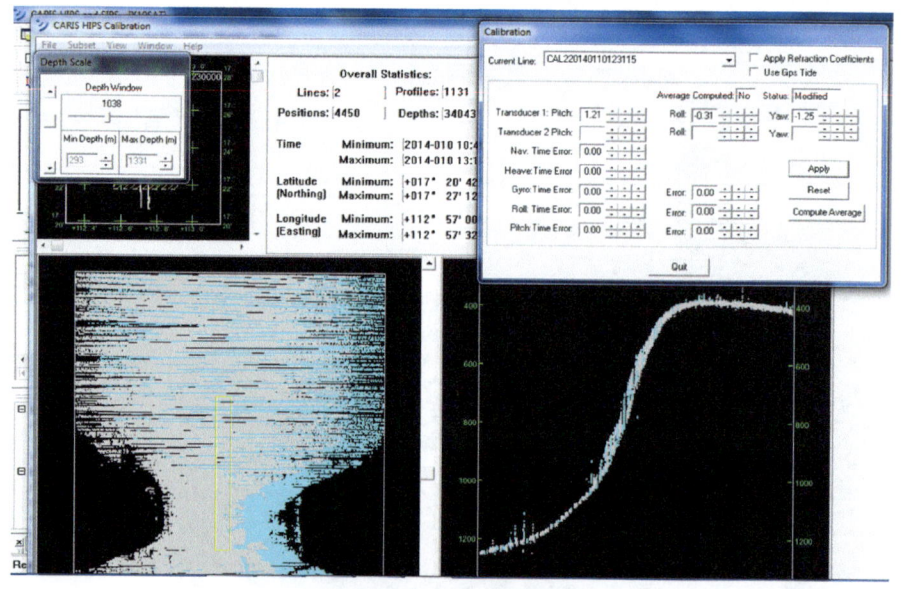

图 2-35　多波束艏摇参数艏摇校准结果

2.3.4 多波束勘测测线布设要求

与单波束调查不同，多波束测深系统一般以全覆盖方式开展调查，因此，为了提升调查的工作效率，多波束主测线应平行于测区等深线方向布设。多波束勘测边缘波束质量较差，为了保证数据精度，相邻测线的测幅重叠应不少于测幅宽度的10%。检查线方向应尽量与主测线垂直，检查线应分布均匀、能普遍检查主测线，检查线长度不少于主测线总长的5%，且至少布设一条跨越整个测区的检查线。

不同类型仪器、不同作业时期、不同作业单位之间的相邻调查区块结合部分，应进行水深检验和拼接，在采用测线网方式调查时，应至少有一条重复检查测线；在采用多波束全覆盖方式调查时，重叠区宽度应不小于中心波束点水深的3~5倍。利用多波束测深系统进行调查作业时，在海底构造复杂或地形起伏较大的测区，应缩小测线间距以加密探测，测线密度应达到完善反映海底地形地貌变化为原则。浅点与障碍物影响船舶和潜艇航行安全，是海底地形测量重点的关注内容，在测量过程中如发现航行障碍物，需在不同方向对其进行探测，以测出其范围和最浅深度。

2.3.5 多波束勘测声速采集

1. 声速剖面测量的基本要求

影响多波束测深系统精度的一个主要因素是声波在水中的传播速度，不同季节、不同海区、不同深度的声波的传播速度差异很大，声速校正是各项校正中最重要、也是最难控制的因素。李家彪等（1999）系统地讨论了声速剖面的结构变化、时间变化、空间变化等对多波束测深系统精度的影响，丁继胜等（2006）分析了长江口某海区的声速结构特点，发现声速受到长江冲淡水、潮汐、泥沙等因素的影响，声速时空变化较大，导致多波束测深系统测量精度受到很大影响。一般而言，近海与河口区水文环境复杂，声速剖面变化大，要加密测量声速，远海区域水文环境稳定，要求定期测量声速。采集声速剖面的主要仪器有CTD、SVP和XBT等。

在多波束勘测时，声速剖面测量的基本要求如下。

1）在每次进入测区开始测量时，应至少进行1次声速剖面测量，以初步了解测区声速特点。

2）在作业过程中应实时监控、评估表层声速仪的采集数据情况，保证数据准确可靠。

3）在浅水海域，要求全程采用全深度实测声速数据，在50km×50km范围内应至少有1个声速剖面。

4）在深水海域，要求采用全深度声速数据，水深＞2000m时的声速剖面数据可根据实测声速数据、全球声速及历史声速进行补充，声速剖面中的最大水深应大于本航次调查区块中的最大水深，在100km×100km范围内至少应有1个全程实测声速剖面。

5）现场测量中，当监控界面中海底地形剖面发生畸变时应及时更换声速剖面，海底地形剖面表现为长期对称弯曲。

6）当调查区内影响声速的水文条件（温度、盐度、浊度等）变化较大时，应增加声速剖面的测量次数，尤其是在河口和近岸调查时，需要及时更新声速剖面。

7）每个声速剖面的声速测量准确度应优于1m/s。

8）声速剖面在时间、空间上具体布设应以保证多波束条带测深的边缘波束位置处水深准确度符合相关规范要求为原则。

2. 测量声速与计算声速的比对

在声速算法研究方面，陈红霞等（2005）探讨了常用的三种利用CTD温度、盐度、深度值计算海水介质声速的算法，分别为Chen&Millero算法、Wilson算法、Del Grosso算法，认为在三种算法中，Chen&Millero算法在积分平均意义上是最好的，定点比较时，在水深大于800m或者小于200m范围内，Wilson算法比较好。阳凡林（2008）提出了利用等效声速剖面法进行多波束测量的声速校正。阚光明等（2006）提出了基于多波束声线传播的声速剖面反演方法，以测得的误差声速剖面作为初始值，利用多波束记录的波束传播时间和波束角等信息，建立了理论模型算法，通过广义线性反演得出与实际声速剖面比较接近的声速剖面，处理后的声速剖面应用于多波束数据处理，以减少声速剖面误差对测深精度的影响。

利用CTD资料中的温度、盐度、深度值计算声速时，某种计算方法仅适用于特定环境，实际应用中需根据不同水深和海水特性对计算公式进行修正。本书对Grosso、Chen&Millero、Wilson三种声速计算方法进行了简化，得出声速计算经验公式（2-5），计算出初始声速剖面，然后利用线性平差法，对计算声速进行平差改正，得到最终声速剖面资料，见表2-10，将最终计算声速与SV-Plus直测式声速仪测量值进行比较，声速剖面对比见图2-36，声速最大偏差为1.72m/s，误差小于0.1%，试验结果证明，该算法得出的声速剖面精度可靠，满足海水温度、盐度、深度声速计算精度要求，可用于声速剖面计算。

$$c=1449.5+4.6T-0.055T^2+0.00028T^3+(1.385-0.012T)(S-35)+0.017Z \quad (2-5)$$

式中，c为声速（m/s）；T为温度（℃）；S为盐度（‰）；Z为深度（m）。

表2-10 计算声速与直测声速比较

水深/m	温度/℃	盐度/‰	计算声速/(m/s)	直测声速/(m/s)	偏差/(m/s)
4670.54	1.45	34.69	1534.26	1535.22	-0.96
4615.04	1.44	34.69	1533.28	1533.69	-0.41
4566.75	1.44	34.69	1532.45	1532.70	-0.25
2927.37	1.62	34.67	1504.95	1504.07	0.88
1496.38	2.79	34.57	1485.83	1484.11	1.72
796.35	4.79	34.36	1482.37	1480.88	1.49
498.71	8.48	34.14	1491.80	1492.05	-0.25

续表

水深/m	温度/℃	盐度/‰	计算声速/(m/s)	直测声速/(m/s)	偏差/(m/s)
200.86	17.32	34.78	1517.52	1516.76	0.76
100.67	22.14	35.12	1529.59	1528.24	1.35
49.32	25.79	35.16	1537.67	1536.32	1.35
18.73	28.08	35.01	1542.11	1540.43	1.68
0.88	28.24	35.01	1542.16	1541.77	0.39

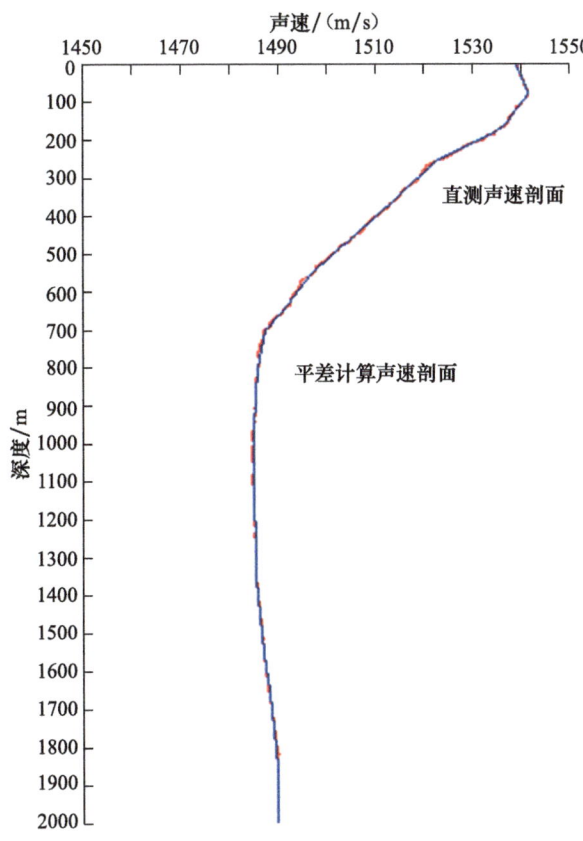

图 2-36 声速剖面对比

参 考 文 献

白福成. 2007. 多波束测深系统运动补偿新技术研究与硬件设计. 哈尔滨：哈尔滨工程大学.

陈红霞，吕连港，华锋，等. 2005. 三种常用声速算法的比较. 海洋科学进展，23（3）：359-362.

丁继胜，吴永亭，周兴华，等. 2006. 长江口海域声速剖面特性及其对多波束勘测的影响. 海洋通报，25（3）：1-5.

金翔龙，陶春辉，朱心科，等. 2014. 中国海洋工程与科技发展战略研究—海洋探测与装备卷. 北京：

海洋出版社.

阚光明,刘保华,王揆洋,等.2006.基于多波束声线传播的声速剖面反演法.海洋科学进展,24(3).

李家彪,郑玉龙,王小波,等.2001.多波束测深及影响精度的主要因素.海洋测绘,1:26-31.

李家彪.1999.多波束勘测原理技术和方法.北京:海洋出版社.

秦臻.1984.海洋开发与水声技术.北京:海洋出版社.

阳凡林,李家彪,吴自银,等.2008.浅水多波束勘测数据精细处理方法.测绘学报,37(4):444-450.

阳凡林,刘经南,赵建虎.2004.多波束测深数据的异常检测和滤波.武汉大学学报(信息科学版),29(1):80-83.

赵建虎.2002.多波束深度及图像数据处理方法研究.武汉:武汉大学.

赵建虎.2007.现代海洋测绘.武汉:武汉大学出版社.

国家质量技术监督局.1998.海道测量规范.GB 12327—1998.

中华人民共和国国家质量监督检验检疫总局,中国国家标准化管理委员会.2007.海洋调查规范第10部分:海底地形地貌调查 GB/T 12763.10—2007.

Hughes Clarke J E. 2010. GGE3353-Imaging and Mapping Ⅱ: Submarine Acoustic Imaging Methods. http://www.omg.unb.ca/GGE/SE.3353.html.

Marques C R. 2012. Automatic Mid-water Target Detection Using Multibeam Water Column. The University of New Brunswick.

第 3 章 机载激光测深技术

传统的海底地形地貌测量主要利用船载声学测量手段,包括单波束测深和多波束测深。由于声学信号本身特性的限制,采用船载手段,测量速率低,导致测量成本高(陈烽,1999),难以进行快速的大面积测量。

激光扫描测量技术克服了传统的声学测量技术限制,采用非接触主动测量方式直接获取高精度的三维数据,能够对任意物体进行扫描,具有扫描速度快、测点密度大、测量效率高、主动性强、测量精度较高的优点。三维激光扫描测量技术甚至被誉为"测绘领域继 GNSS 技术之后的又一次技术革命"(原玉磊,2009)。机载激光测深技术简称"测深 LiDAR"(bathymetry light detection airborne ranger),是近二三十年发展起来的海洋激光测深技术之一。机载 LiDAR 测深技术是集成激光、GNSS、自动控制、航空、计算机等前沿技术,以飞机为搭载平台,从空中发射激光来探测水深的先进测深方法,是在浅海、岛礁、暗礁及船只无法安全到达的水域等区域进行快速高效水深测量的手段之一,具有广泛的应用发展前景。机载 LiDAR 测深技术的优点主要体现在以下几个方面。

1)浅水测量能力较高。最小探测深度可达 0.15m,可实现船只无法到达的浅水海域的水深测量。

2)测量效率与海域水深无关。常规的多波束测深系统测幅一般为水深的 4~8 倍,而机载测深的测宽是固定的,仅与飞行高度及宽度比有关,在飞行高度为 600m 的情况下,扫宽能够达到 320m。

3)测量效率高,测点密度大,测量成本低。据统计,在浅水中机载 LiDAR 测深的成本仅为多波束测深系统的 6%~10%;多波束测深系统每小时可以测量 $0.5km^2$ 的海域,而机载 LiDAR 测深系统可以完成 8~12km^2 的测量任务,且测点密度能够达到分米级(Niemeyer and Kogut,2014)。

4)可以高效地获得水上与水下一体化地形数据。机载 LiDAR 测深通过近红外激光获得陆地及水面高程,蓝绿激光探测水底,大大提高了水上水下一体化地形无缝拼接的效率,如图 3-1 所示。

3.1 机载 LiDAR 测深系统的工作机理

机载 LiDAR 测深系统是利用机载激光发射系统发射激光信号,对海面进行扫描测量,通过接收系统探测海面和海底的激光回波信号,并经过光电转换和信号处理,从而确定海底地形和海水深度的工作系统。

图 3-1　水上与水下数据一体化无缝拼接效果图（Steven and Jacques, 2007）

测深系统以飞机为搭载平台,一般为固定翼飞机和直升机,机动性能好,加之采用激光扫描、GNSS 和惯性导航技术,能实现快速大面积高密度扫描,被海洋大国广泛应用于沿岸大陆架海底地形地貌测量之中。除了常规的海底地形测量之外,机载 LiDAR 测深系统的高覆盖率决定了它还能提高航行障碍物的探测率,以及水下运动目标(如潜艇)的发现概率。对无深度信息的登陆场,机载 LiDAR 测深系统可迅速、安全地获取信息,从而提高快速反应部队的作战能力。机载 LiDAR 测深系统还可用来测量海区的混浊度、温度、盐度。在海洋工程中,机载 LiDAR 测深系统可以测定港口的淤积等。

当然,由于海水对激光吸收和散射严重,使得机载 LiDAR 测深系统的探测深度有限,因此,机载 LiDAR 测深系统并不能完全取代传统的回声测深,在深海水域仍需要船载声学等传统测深方法。所以,机载 LiDAR 测深系统的作用是补充船载海洋测深能力的不足。在近海,机载 LiDAR 探测系统或许是最有效的直接水深测量方法。

3.1.1　系统组成

机载激光扫描系统(airborne laser scanner, ALS)是一种集激光、GNSS 和惯性导航系统(INS)三种技术于一体的系统,用于获得数据并生成精确的 DEM(张永合,2009)。机载激光测深系统主要由两部分组成(叶修松,2010):机载系统和地面处理系统。机载激光测深系统包括激光收发器、扫描器、光学接收、数据采集、控制和实时显示等多个分系统。地面处理系统主要完成数据的后处理,包括深度信息处理、飞机姿态校正等,并最终产生数字产品,如海底地形图、海图、剖面图、DEM 等。若具体划分,激光测深系统还可分为六大组成部分。

1. 测量系统

测量系统由激光收发器、扫描棱镜等组成。

2. 定位和测姿系统

定位和测姿系统多采用 GNSS/IMU 组合导航系统进行定位和测姿。

3. 数据处理分析系统

数据处理分析系统由高度计数器、深度计数器、数据控制器等组成，用于记录位置、水深及其他数据。

4. 控制 - 监视系统

控制 - 监视系统包括系统监视仪、导航显示器、控制键盘、数据显示器等，由操作员在控制平台对系统进行实时控制和监视。

5. 地面处理系统

地面处理系统包括计算机、系统控制台、制图系统等，对采集的数据进行处理并出图。

6. 飞机与维护设备

飞机与维护设备也属于系统的一部分，飞机要提供飞行状态参数和工作电源。

3.1.2 系统工作原理

1. 扫描测量

机载 LiDAR 测深系统工作原理为：通过飞机上搭载激光扫描设备，沿着飞机飞行方向对地物实现激光沿航线的纵向扫描，再通过扫描旋转棱镜实现横向扫描；同时，利用 GNSS 定位系统提供的飞机精确位置信息和 INS 提供的飞行姿态数据（航向、横滚、俯仰和加速度），可获取大范围带状区域内的地物点云数据（李树楷和薛永祺，2000）。

机载 LiDAR 测深系统一般采用扫描方式测量（图 3-2），通过扫描镜的局部运动，实现测深点的条带式展宽。目前，国际上常用的扫描方式主要有类圆锥扫描和直线扫描两种（叶修松，2010）。类圆锥扫描的轨迹为圆形线或椭圆螺旋线，如 ABS 系统、SHOALS 系统和 LAESEN 500 系统均采用圆形扫描方式（图 3-3）。直线扫描的（图 3-4）轨迹为横向平行线，如澳大利亚的 LADS MKII 系统。飞行测量时，高频激光雷达采用横向扫描方式发射，在垂直于飞行方向以数百米的扫描带、很小的扫描间隔进行数据采集，从而达到全覆盖测深的目的（昌彦君等，2002）。

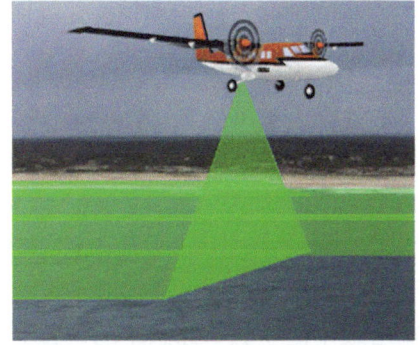

图 3-2 机载 LiDAR 测深系统扫描测量

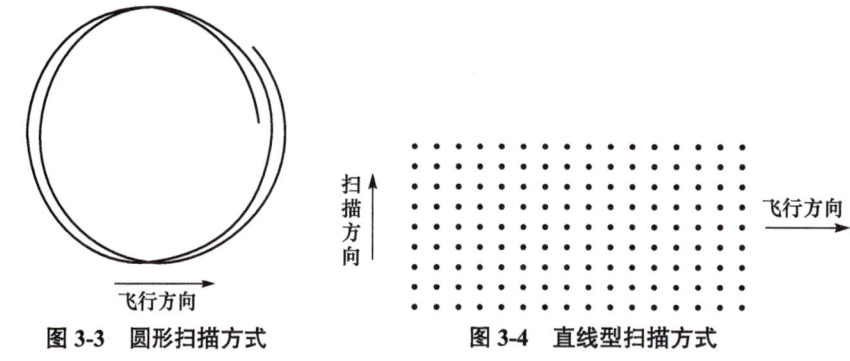

图 3-3　圆形扫描方式　　　　　图 3-4　直线型扫描方式

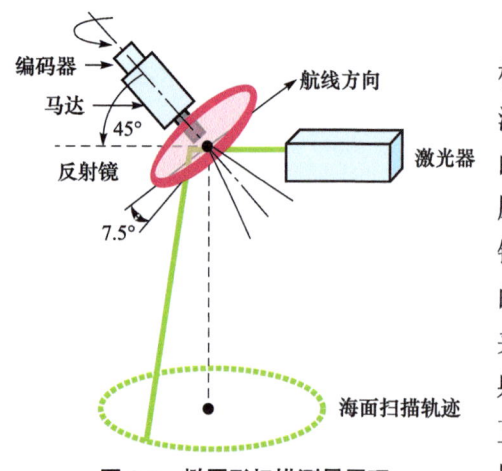

图 3-5　椭圆形扫描测量原理

以椭圆形扫描（图 3-5）为例，其系统结构比较简单，激光器输出 1064nm 和 532nm 激光，通过扩束镜后，激光束到达高速旋转的反射棱镜，经发射在海面形成椭圆形激光脚点。角度编码器与反射镜一起固定在反射镜驱动电机的转轴上，以便统计反射镜转过的角度 ϕ。反射镜法线与驱动电机转轴呈一定夹角，反射镜转轴呈 45°倾角，激光水平入射且位于或者平行于驱动电机转轴所在的垂直面。这样水平入射的激光束经反射棱镜反射后会以不同的方向折向海面，从而实现大范围扫描。同时，扫描镜将海面和海底的反射信号反射给接收系统，用于计算水深。

扫描测量时，可通过设置激光发射频率和扫描角度等系统参数调节测点密度和条幅宽度。结合飞行器的高度和速度，根据测量的目的可在测点密度和条幅宽度之间取得合理匹配。测点密度大，条幅宽度需变窄，飞行速度也受到限制；测点密度降低，覆盖率成倍增加。

2. 姿态测量

姿态测量是指通过 INS 来测量飞机的姿态数据（航向、横滚、俯仰和加速度）。INS 由惯性测量单元（inertial measurement unit, IMU）和导航电脑组成。IMU 包含 3 个单轴的加速度计和 3 个单轴的陀螺加速度计。加速度计用来对比力进行测量，以确定载体的位置、速度和姿态信息。陀螺仪的配置既可以建立参考坐标系，也可以用来监测载体相对于导航坐标系的角速度信号。这些信号传输至导航电脑进行系统误差补偿之后完成相对姿态矩阵、重力改正、加速度积分和速度积分等计算，从而输出载体在导航坐标系中的定位导航与姿态信息，包含 3 个位置、3 个速度及 3 个姿态（刘春等，2009）。

INS 需要初始位置及姿态供加速度的转换和积分运算。载体的初始位置可通过 GNSS 给定,但初始姿态则需花费一定时间进行初始对准;初始的水平姿态可由加速度计在完全静止模式下的输出来决定,而初始的方位角则要通过陀螺监测地球自转的速度来计算。初始化结束后,在飞机飞行过程中,IMU 能实时提供横滚、俯仰和航向信息,这些姿态数据都具有精确的时间标记,经记录后用于数据后处理。

3. 定位测量

差分 GNSS(DGNSS)接收机实时记录飞机的位置信息,主要作用有 3 个:①提供激光扫描仪传感器在空中的精确三维位置;②为 INS 提供外部数据,消除 INS 中陀螺系统的漂移,并同时参与陀螺系统的修正计算;③为导航显示器提供导航数据(刘春等,2009)。

目前,机载 LiDAR 测深系统大多采用 DGNSS/IMU 组合导航来定位,DGNSS 和 IMU 都能进行定位。DGNSS 测量精度高,误差不随时间积累,但动态性能较差(易失锁)、输出频率较低;而 IMU 能够连续定位,但是定位误差随时间积累。可以看出,DGNSS 与 IMU 在定位方面正好互补,将两个系统的数据进行融合,可得到高精度、高可靠性的位置数据,IMU/DGNSS 数据处理主要通过卡尔曼滤波来实现,通常将融合后的系统称为 POS。

4. 水深测量

机载 LiDAR 测深技术是一种主动式遥测技术,其工作原理是利用光在海水中的传播特性。研究表明,波长为 520~535nm 的蓝绿光被称为"海洋光学窗口",海水对此波段的光吸收最弱。正是利用这一特性,研制开发了利用蓝绿激光进行水深测量的机载 LiDAR 测深系统,按照波段数量可分为双色和单色激光机载 LiDAR 测深系统。

(1)双色激光测深

双色激光机载 LiDAR 测深系统发展较早,其利用装在飞机下部的激光发射器经扫描反射镜向海面以扫描测量的方式发射激光脉冲,激光脉冲呈一定角度倾斜向海面入射,激光束分为波长为 1064nm 的红外光和波长为 532nm 的蓝绿光。以红外光与蓝绿光共线扫描为例,红外光与蓝绿光向下发射,到达海面后,红外光因无法穿透水面而被海面反射,且沿入射路径返回,被光学接收系统所接收;蓝绿光以一定的折射角度穿透海面而到达海底,并被海底反射沿着入射路径返回,也被光学接收子系统接收。光电检测子系统测得红外光和蓝绿光返回的时间,结合蓝绿光的入射角度、海水折射率等因素进行综合计算,即可获得测量点的瞬时水深值(图 3-6)。测得的数据再与 GNSS 测得的定位信息、INS 测得的飞行姿态信息(侧滚角、俯仰角和航向)、潮汐数据等进行综合处理,就可得到测量点在地理坐标系下的位置和基于深度基准面的水深值,最终得到 X、Y、Z 格式的数据,可导入 CAD、GIS 软件或者用其他数字地形成图软件进行成图。

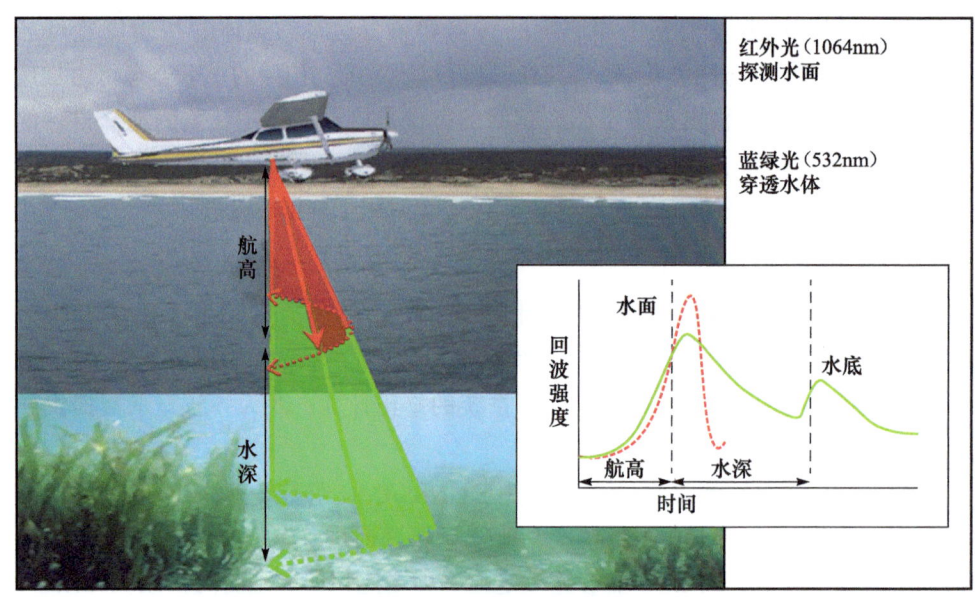

图 3-6 双色激光机载测深系统原理图（Kuus，2008）

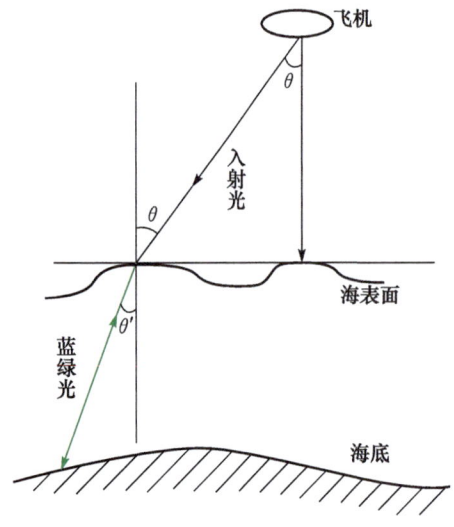

图 3-7 双色激光机载测深系统激光传播路径示意图

由于是共线扫描，蓝绿光返回的时间扣除红外光返回的时间后，可得到蓝绿光在水中的往返传播时间（图 3-7）。

根据激光入射角 θ_i、激光在空气中的折射率 $n_{空气}$ 和海水对激光的折射率 $n_水$，可求出折射角 θ_i'：

$$\theta_i' = \arcsin\left(\frac{n_{空气}}{n_水} \cdot \sin\theta_i\right) \quad (3\text{-}1)$$

激光在海水中的传播速度为

$$c_水 = \frac{c}{n_水} \quad (3\text{-}2)$$

式中，海水对激光的折射率 $n_水$ 在波长 532nm 处的值为 1.334；c 为激光在真空中的速度。探测得到的瞬时水深值 D 的计算公式可表达为

$$D = \frac{1}{2}\frac{c}{n_水} \cdot \Delta t_i \cdot \cos\theta_i' \quad (3\text{-}3)$$

式中，Δt_i 为所接收的红外光与蓝绿光的时间差。

测深点归位涉及多个坐标系的转换，包括扫描仪坐标系、惯性导航坐标系、载体坐标系、当地水平坐标系和大地坐标系，等等。通过这几种坐标系的旋转转换，最终

将测点归算到大地坐标系下。

对扫描仪坐标系而言，其原点位于激光发射（接收）参考点，X 轴指向飞机飞行方向，Y 轴指向右机翼，Z 轴垂直于 XY 平面向下，$O\text{-}XYZ$ 构成右手系。测点在扫描坐标系下的相对位置归算简单描述如下：

$$\begin{bmatrix} x_i \\ y_i \\ z_i \end{bmatrix}_{\text{SM}} = \begin{bmatrix} 0 \\ \dfrac{1}{2}c \cdot \Delta t_i^{\text{IR}} \cdot \sin\theta_i + \dfrac{1}{2}\dfrac{c}{n_{\text{水}}} \cdot \Delta t_i \cdot \sin\theta_i' \\ \dfrac{1}{2}c \cdot \Delta t_i^{\text{IR}} \cdot \cos\theta_i + \dfrac{1}{2}\dfrac{c}{n_{\text{水}}} \cdot \Delta t_i \cdot \cos\theta_i' \end{bmatrix} \quad (3\text{-}4)$$

式中，x_i，y_i，z_i 为第 i 个测点在扫描仪坐标系中的坐标；Δt_i^{IR} 为第 i 束激光的往返时间差。

（2）单色激光测深

早期的机载 LiDAR 测深系统采用双色激光的原因是，如仅用 532nm 的蓝绿光，其在海面反射微弱，无法得到准确的海面回波的旅行时间。而采用单色激光作为发射源，既能简化系统结构，又无需双色激光同步，并且能提高测深精度，因此采用单色激光是机载 LiDAR 测深系统追求的目标。随着技术的进一步发展，当前出现了单色激光机载测深系统，其仅采用一种波长为 532nm 的蓝绿光作为激光器发射光源。装载在飞机上的半导体泵浦大功率、高脉冲重复率的 Nd：YAG 激光器发射大功率、窄脉冲的蓝绿光，一部分激光到达海面后反射回激光接收器，另一部分激光穿透水体到达海底，经海底反射后，被激光接收器接收。根据海面与海底反射激光到达接收器的时间差，即可计算出海水的深度（翟国君等，2014），其原理与双色激光系统基本相同，只是减少了一色激光。

3.1.3 系统校准

机载 LiDAR 测深系统主要由 GNSS 接收机、IMU、激光扫描仪等传感器组成，在飞机上安置各传感器后，各传感器之间由于几何中心不重合，主要轴向也不平行，存在系统性误差（张汉德等，2011）。系统最大的误差就源于这些系统性误差，一般几何中心的偏移容易测量，不容易直接测量的主要是激光扫描仪与惯导系统安置角误差，即激光扫描仪坐标系与惯性平台参考坐标系不平行而引起的误差，包括航向角（heading）误差、俯仰角（pitch）误差、横滚角（roll）误差，这些误差会对测量结果产生系统性差异。为此，在系统工作前，必须进行系统的校准工作，精确地确定各设备之间的安置角。

机载 LiDAR 测深系统能够兼顾水部与陆部测量，由于激光在海洋中受各种地球物理环境因素的制约较大，获取的激光信息不如陆地准确；同时，考虑到陆地上的特征物更为明显，因此系统校准时采用陆部校准为主，一般通过在地面布置检校场重叠飞行、平行飞行进行系统安置角参数检校（张汉德等，2011），类似于多波束检校。检校场要求地形平坦，有规则地物标志和检查点（明显倾斜的地形或地物，如尖顶房等），检校场内的目标应具有较高的反射率。

3.2 机载 LiDAR 测深系统的主要技术参数

机载 LiDAR 测深系统一般可以获得 8m×8m 密度的测深数据，在降低飞行高度的情况下可获得 2m×2m，甚至更密的数据，测深精度能满足 IHO S-44 一级测深标准。

3.2.1 最大穿透深度

相对于声波，激光在水中吸收较快，机载 LiDAR 测深系统一般最大仅能探测几十米的水深。最大穿透深度是衡量测深系统性能的一项重要指标，系统测深能力主要取决于水质参数和系统参数（如航高、接收视场角等）。系统理论最大探测深度可表达为

$$L_m = \ln(P_m/P_b)/(2\varGamma) \tag{3-5}$$

式中，P_b 为背景光功率；$\varGamma$ 为海水有效衰减系数；P_m 为一个系统参量，其值可表达为

$$P_m = P_L RA\eta/(\pi H^2) \tag{3-6}$$

式中，P_L 为激光峰值功率；R 为海底反射率；A 为接收面积；η 为接收效率；H 为航高（刘士峰，1999）。P_b 和 $\varGamma$ 取决于海区自然条件与海水特性，背景噪声 P_b 与阳光有关。

上式计算的最大穿透深度仅仅是理论上的。首先，背景光信号功率不易估计；其次，海底反射率随海底状况的不同也有很大变化。实际中，一般多用塞齐盘透明度（Secchi Disc depth）来推算激光最大穿透深度，塞齐盘透明度是通过塞氏盘法测定的，即利用一个白色圆盘逐渐沉入水中，直至刚好看不到盘面白色时记录的深度。一般认为，对于典型的机载 LiDAR 测深系统，在清水中（塞齐盘透明度 >8m），激光最大穿透深度为 2~3 倍塞齐盘透明度，在浑浊的海水中，激光最大穿透深度为塞齐盘透明度的 3~5 倍（李松，2002）。目前，机载 LiDAR 测深系统的测深能力最大可达 80m（王越，2014），一般在 50m 左右，测深精度在 0.3m 以内。当然，浑水影响系统最大探测深度，反过来，利用其最大探测深度也可反演海水浑浊度，其成果对环境保护部门非常有用。

3.2.2 最浅探测深度

对于机载 LiDAR 测深系统，由于激光脉冲宽度的限制，以及近水面区域反向散射信号的叠加，在极浅区域，海表面和海底信号将"混叠"在一起，无法辨认是海水表面信号还是海底信号，从而使其存在最浅探测深度。要想实现高精度的陆海无缝拼接

测量，机载 LiDAR 测深系统必须具备良好的最浅水深探测能力。对海岸带测绘等浅海测量应用来说，机载 LiDAR 测深系统的一个重要指标是最浅探测深度。能够得到较浅的水深，对于研究海岸带变化、沙滩变迁等具有重要作用。随着科技的发展，系统最浅水深探测能力已经从最初的 2m 提高到目前的 0.15~0.2m。现阶段，加拿大 Optech 公司研发的 CZMIL 系统的最小探测深度达到 0.15m。

提高机载 LiDAR 测深系统的最浅探测能力，关键在于如何从叠加的回波信号中准确分离海水表面和海底反射信号。目前的主要解决办法是，采用窄激光脉冲、高速探测器、小接收视场角、窄带干涉滤光片和正交偏振方式接收信号，这样可以改善海表和海底反射信号的叠加（姚春华等，2004），使信号分离变得相对简单，从而降低了系统的最小探测深度。

3.2.3 测点密度

测点密度是数据质量优劣的一个关键影响因素。机载激光测深点密度 ρ（每平方米测点的个数）可表示成：

$$\rho = \frac{r}{2v[\sin 0.5\varphi(\tan\theta \cdot H)]} \quad (3-7)$$

式中，r 为激光重复频率；v 为飞机飞行速度；H 为飞机航高；φ 为扫描角度；θ 为波束天底角。

在一定的飞行高度、速度和扫描角条件下，激光的重复频率与测点密度成正比。可见，在机载激光测深系统中，激光器的重复频率是一个非常重要的系统参数，它直接影响到系统的测量点间隔大小。因此，研制大功率、高重复频率激光器是提高测深点密度的有效方法，但也是难点。现阶段机载 LiDAR 测深激光重复频率已达到 550kHz，测深点密度达到了 0.12m×0.12m（69 点 /m²）。

3.2.4 测深精度

测深精度是海底地形测量和水深测量重中之重的参数。2009 年 8 月，瑞典 Airborne Hydrography AB（AHAB）公司进行了机载 LiDAR 与多波束测深比对实验，为两系统的测深精度比较和分析提供了宝贵的数据资源。

实验中，机载 LiDAR 测深采用 Hawk Eye II 系统，测深频率为 4kHz，水深测量精度为 0.25m（RMS），最大探测深度为 2~3 倍圆盘透明度。飞行高度为 250m 时，测深点密度能够达到 1.8m×1.8m；多波束测深采用 Simrad EM 系统。为了确保环境因素和天气状况的影响相等，实验在相同海域、相同时间段进行，然后对机载 LiDAR 和多波束获得的水深数据进行定量比对。通过分析得出结论，Hawk Eye II 采集的数据与多波束测深数据基本吻合，两系统采集的水深差异大部分集中在 10cm 之内（图 3-8），这表明机载 LiDAR 测深能够满足海洋测绘的精度要求。

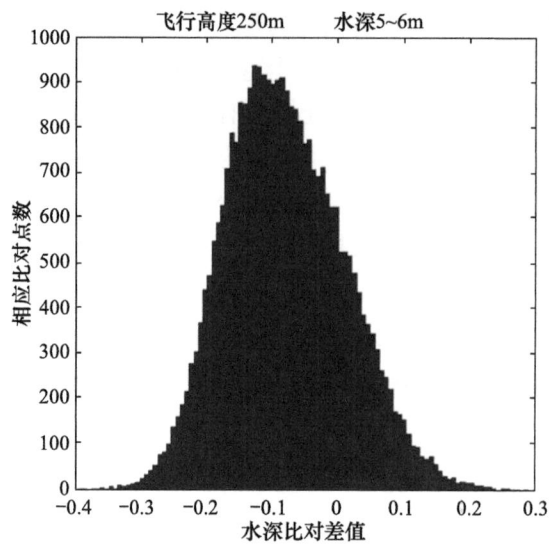

图 3-8　机载 LiDAR 与多波束的浅水测深精度比对（AHAB, 2010）

3.3　机载 LiDAR 测深点云的波浪改正技术

机载 LiDAR 测深系统最终需要获得测量点在地理坐标系下的位置、高程或基于深度基准面的水深值，然而，在外业采集后，直接获得的是各传感器的测量数据，需进行各项归算，得到激光点云，并改正系统误差的影响，因此，需要对点云数据进行相应处理。

机载 LiDAR 测深系统所获取的数据主要有激光测距数据、GNSS 数据、姿态数据和潮位数据等，其数据处理的基本流程是，首先从激光波形数据中提取飞机到海面及海底的相对斜距等信息，计算海面点和海底点在扫描仪坐标系下的相对位置；接着联合 GNSS 数据、姿态数据共同解算出激光在海面点和海底点的绝对地理位置；然后改正海面波浪的影响；最后，根据潮位观测数据，将海面至海底的瞬时斜距归算成海图图载水深或计算出海底点的高程。

可见，机载 LiDAR 与多波束测深点云数据的处理与改正，大部分是类似的，两者空间归算、姿态改正、潮位改正等思路完全相同；由于激光在水体中折射率的变化很小，基本可忽略不计，机载 LiDAR 折射改正更为简单；两系统均需进行波浪改正，不同之处在于多波束测深可利用姿态传感器直接测量波浪的起伏实现波浪改正，而机载 LiDAR 测深时，载体不与水面接触，无法直接测量波浪起伏，因此需借助其他方法来完成波浪改正。

波浪改正是机载 LiDAR 测深系统中关键的测量环境改正，改正精度的高低直接影响测深系统的整体测量精度水平。波浪信息需要通过机载 LiDAR 测深系统测量的数据计算获得（胡善江等，2007），结合潮位改正最终获得海底点的精确高程和对应的水深信息。波浪改正和潮汐改正的目的是通过平均海平面的高程来计算海底点的高程，或者推估深度基准面来得到图载水深。例如，仅需得到海底点的大地高，则不需波浪与潮汐改正。机载 LiDAR 测深系统的空间结构如图 3-9 所示。

具体的波浪改正方法主要有三种，分别为无修正法、滤波法和惯导辅助修正法（Guenther et al，2000；欧阳永忠等，2003；陈卫标等，2004），下面分别进行介绍。

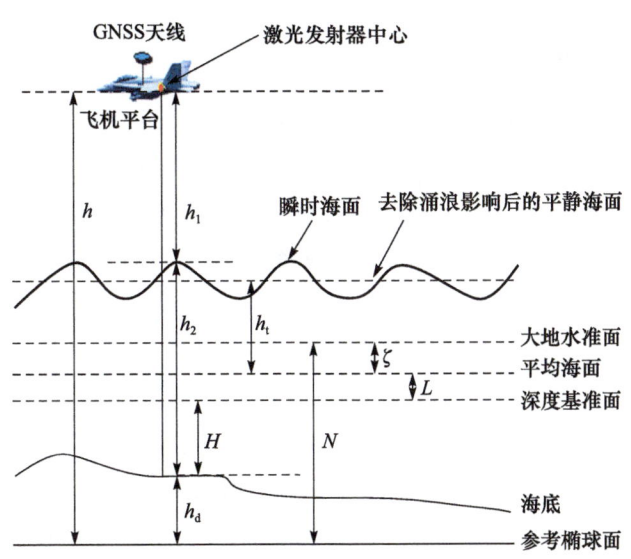

图 3-9 机载 LiDAR 测深系统空间结构图

3.3.1 无修正法

无修正法，即不进行波浪和潮汐改正，基于 GNSS 能够提供机载平台高精度的三维坐标，采用海底作为过渡面，直接得到海底点的高程和对应的水深，其深度归算过程完全避开了波浪改正项和潮汐改正项的干扰，无需同步验潮，缺点是需已知大地水准面高度和海面地形高模型信息。无修正法的具体计算过程如下。

1）由 h、h_1、h_2 计算海底点的大地高 h_d：

$$h_d = h - h_1 - h_2 \tag{3-8}$$

2）利用大地水准面模型和海面地形模型计算平均海平面高度（即平均海平面至参考椭球面的距离）h_m 为

$$h_m = N - \zeta \tag{3-9}$$

式中，N 为大地水准面高度（即大地水准面至参考椭球面的距离）；ζ 为大地水准面与多年平均海面的差异（即海面地形）。

h_m 的计算，除以上方法以外，也可直接由卫星测高手段求得，或是通过在沿岸验潮站附近的水准点上进行 GNSS 高程测量间接求出。

3）由 h_d 和 h_m 计算海底点相对平均海平面的距离：

$$H_m = h_m - h_d \qquad (3\text{-}10)$$

4）计算海底点相对于深度基准面的深度 H 为

$$H = H_m - L \qquad (3\text{-}11)$$

式中，L 为平均海平面与深度基准面的差异。

如需得到海底点的高程，只要已知大地水准面高度 N，直接与大地高 h_d 求差即可得到。

3.3.2 滤波法

波浪改正实质上是计算一个超短期平均海平面（不受波浪影响，但受潮汐影响）。不同类型的机载 LiDAR 测深系统对应有不同的平均海平面确定方法，需根据型号确定。对于双色激光系统，分两种情况进行平均海平面的确定。一种是红外光和绿色激光不做共线扫描，而是红外光垂直射到海水表面。由于红外光的波束角较宽，其在海面的光斑直径有 20~30m 大小，经过一定的波形处理可得到该范围内的平均海平面。另一种是红外光和绿色激光做共线扫描，飞机上的加速度计和姿态传感器可实时提供飞机的姿态和垂直运动量，这样在一定时间段内，通过滤波的方法可确定出相应的平均海水面。对于单色激光系统，类似于双色激光系统中红外光和蓝绿光做共线扫描的情况，但其绿色激光在海面的光斑直径仅有 50cm 大小（飞行高度控制在 500m 之内），也可利用在一定的时间段内，通过滤波的方法确定出相应的平均海平面。

滤波法是利用差分 GNSS 技术得到激光器中心精确的大地高，用激光测得飞机到海面的瞬时距离和海底斜程，通过对测点附近多次平均进行滤波，消除波浪影响，或者对扫描线上的点云时间序列，根据波浪所处的时间周期，采用小波分析、傅里叶变换、数字滤波器等数学工具直接分离出波浪信息。该方法的优点是无需已知大地水准面高度和海面地形高等模型信息，借助于系统本身密集的点云即可实现波浪改正，缺点是滤波过滤了一部分海底细节。

3.3.3 惯导辅助修正法

前两种方案都是建立在定位系统能够提供高精度大地高 h 基础上的，惯导辅助修正法克服了需要高精度大地高观测值 h 的限制（黄谟涛等，2003；欧阳永忠等，2003），通过飞机平台上的惯性导航系统测得的加速度信息改正飞机航高的变化，将机载 LiDAR 测深系统的瞬时水深值归算到图载水深，其主要计算步骤如下：

1）以某个时间段 $\Delta t = [t_1, t_2]$ 的开始时刻 t_1 为基准，计算激光发射器中心在 $t(t_1 \leq t \leq t_2)$ 时刻的高度变化量 Δh。

2）计算瞬时海面起伏的高度变化值 h_1'：

$$h_1' = h_1 - \Delta h \qquad (3\text{-}12)$$

3）在 $[t_1, t_2]$ 时间段内求 h'_1 的平均值 $\overline{h'_1}$：

$$\overline{h'_1} = \sum h'_1 / n \qquad (3\text{-}13)$$

式中，n 为样本个数。

4）由 h'_1 和 $\overline{h'_1}$ 计算波浪改正数 Δh_b 为

$$\Delta h_b = \overline{h'_1} - h'_1 \qquad (3\text{-}14)$$

综上所述，无修正法和滤波法需要定位系统提供高精度大地高观测值 h，这在沿岸及岛礁区域比较容易实现，因而这两种方案应用广泛。但如果没有大地水准面和海面地形模型，无修正法不能作为首选方案。由于卫星测高在近岸精度不高，其得到的平均海平面高将失去可靠性（黄谟涛等，2001）。惯导辅助修正法要求飞机平台上的惯性导航系统能够提供载体在高度方向上的高精度变化量 Δh，这种方案不要求已知载体的大地高，其应用范围较为灵活。

参 考 文 献

昌彦君，朱光喜，彭复员，等. 2002. 机载激光海洋测深技术综述. 科学视野，26（5）：34-36.

陈烽. 1999. 近海机载激光海洋测深技术. 应用光学，20（2）：18-23.

陈卫标，陆雨田，褚春霖，等. 2004. 机载激光水深测量精度分析. 中国激光，31（1）：101-104.

胡善江，贺岩，陈卫标. 2007. 机载激光测深系统中海面波浪影响的改正. 光子学报，36（11）：2103-2105.

黄谟涛，翟国君，管铮，等. 2001. 利用卫星测高数据反演海洋重力异常研究. 测绘学报，30（2）：184-199.

黄谟涛，翟国君，欧阳永忠，等. 2003. 机载激光测深中的波浪改正技术. 武汉大学学报（信息科学版），28（4）：389-392.

李树楷，薛永祺. 2000. 高效三维遥感集成技术系统. 北京：科学出版社.

李松. 2002. 机载激光海洋测深及其质量控制. 武汉：武汉大学.

刘春，陈华云，吴杭彬. 2009. 激光三维遥感的数据处理与特征提取. 北京：科学出版社.

刘士峰. 1999. 机载激光测深系统在使用中应考虑的几个问题. 激光与光电子学进展，36（6）：32-34.

欧阳永忠，黄谟涛，翟国君，等. 2003. 机载激光测深中的深度归算技术. 海洋测绘，23（1）：1-5.

王越. 2014. 机载激光浅海测深技术的现状和发展. 测绘地理信息，39（3）：38-42.

姚春华，陈卫标，臧华国，等. 2004. 机载激光测深系统最小可探测深度研究. 光学学报，24（10）：1406-1410.

叶修松. 2010. 机载激光水深探测技术基础及数据处理方法研究. 郑州：解放军信息工程大学.

原玉磊. 2009. 三维激光扫描应用技术研究. 郑州：解放军信息工程大学.

翟国君，王克平，刘玉红. 2014. 机载激光测深技术. 海洋测绘，34（2）：72-75.

张汉德，刘焱雄，别君，等. 2011. 机载 LiDAR 系统校准方案优化设计. 测绘通报，30（1）：7-10.

张永合. 2009. 浅谈机载激光测深技术. 气象水文海洋仪器, 26（2）: 13-14.

Airborne Hydrography A B(AHAB). 2010. Article on shallow water surveys LiDAR vs Multibeam.

Guenther G, Brooks M, Larocuqe P. 2000.New capability of the "SHOALS" airborne LiDAR bathymeter. Remote Sensing of Environment, 73(2): 247-255.

Kuus P, Clarke J, Brucker S. 2008. SHOALS3000 surveying above dense fields of aquatic vegetation-quantifying and identifying bottom tracking issues[C]. Victoria: Proceedings of the Canadian Hydrographic Conference and National Surveyors Conference.

Niemeyer J, Kogut T, Heipke C. 2014. Airborne laser bathymetry for monitoring the German Baltic Sea coast. Dgpf De,23(3): 1-10.

Steven P, Jacques P. 2007. Recommended operating guidelines (ROG) for LiDAR surveys. Mapping European Seabed Habitats.

第4章 侧扫与浅地层探测技术

侧扫声呐和浅地层剖面仪是两种常见的海底地貌与浅部地层探测设备,侧扫声呐用于探测海底表面的微地貌与地物,浅地层剖面仪用于探测海底浅表层的地层结构,以及埋藏于地层的海底目标物。有些生产厂家将这两种设备集成于一体,以提升海底探测的工作效率。因此,本章一并介绍海底地貌与浅地层这两种探测技术。

4.1 侧扫声呐探测技术

侧扫声呐(side scan sonar)又称海底地貌仪,其根据回声测深仪的测深原理,利用海底表面地物对入射声波的反向散射信号来探测海底面形态与水底特殊目标物,并生成直观反映海底面微地貌形态与分布的连续声图像。侧扫声呐探测技术起源于20世纪50年代末,自1960年英国海洋科学研究所研制出第一台侧扫声呐并用于海底地质调查以来,经过60年代中期的不断改进,其图像分辨率和质量等探测性能得到了极大提高。70年代又研制出了能适应不同用途的声呐设备,90年代后各种类型的侧扫声呐系统纷纷问世(吴自银等,2005;刘保华等,2005)。

根据侧扫声呐换能器探头安装位置的不同,可将侧扫声呐分为船载型和拖体型两类(吴自银等,2005)。船载型声学换能器安装在船体两侧,该类侧扫声呐工作频率一般较低(10kHz以下),海底面扫幅范围较宽,工作效率高,但获得的海底面地貌图像分辨率较低;拖体型声呐系统根据拖体距海底面高度的不同,还可以分为离海面较近的高位拖曳型和离海底较近的深拖型。高位拖曳型拖体在水面下100m左右拖曳,能够提供侧扫图像和测深数据,且工作航速较快(可达到8kn)。深拖型拖体距离海底仅有数十米,拖放较深,航速较慢,但获取的侧扫声呐图像分辨率很高,可以分辨出十几厘米的管线及较小目标体,目前多数拖体型侧扫声呐都为深拖型系统。随着技术的发展,有些深拖型侧扫声呐系统也具备高速作业的能力,10kn航速下依然能获得高清晰度的海底侧扫图像。

侧扫声呐具有高分辨率、设备价格较低的特点,因而该技术一出现就获得了广泛认可。目前,该技术广泛应用于海洋地貌调查,可以探测海底的礁石、沉船、管道、电缆,以及各种水下目标物等,在海底测绘、海底地质勘测、海底工程施工、海底障碍物和沉积物探测,以及海底矿产勘查等方面得到了广泛应用。

4.1.1 侧扫声呐工作原理与构成

1. 基本原理

侧扫声呐设备的工作原理如图4-1所示,声呐设备左右两条换能器线阵具有扇形指向性，在航线的垂直平面开角为 θ_V，水平面内开角为 θ_H。当声学换能器发射一个声脉冲时，可在换能器左右侧照射一窄梯形海底，如图左侧的梯形 ABCD，照射梯形中的近换能器底边 AB 小于远换能器底边 CD。以球面波方式向远方传播的声波，在照射梯形内，遇到海底时会发生声波散射，部分散射波能量会沿原路线返回至换能器被其接收转换成电脉冲，并实时传输至采集站，经数字采集卡转换为数字信号后，由终端软件动态显示海底地貌的实时图谱。一般距离近的回波先到达换能器，距离远的回波后到达换能器，因此换能器正下方的海底回波先返回，倾斜方向远距离的回波后到达，由此生成沿航向方向连续照射的左右梯形海底声学地貌图。

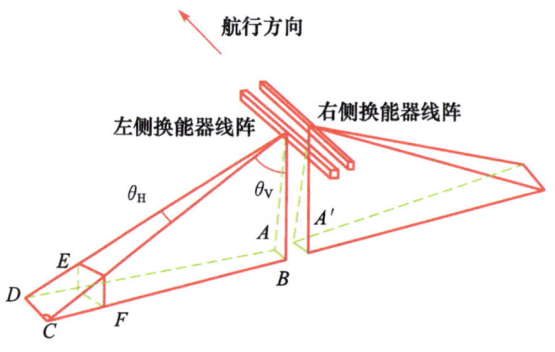

图 4-1　侧扫声呐工作原理

　　侧扫声呐设备发出一窄脉冲信号之后，会接收一长时间序列的脉冲串回波。一般情况下，硬的、粗糙的、突出的海底回波强，软的、平坦的、下凹的海底回波弱，被突起海底目标物遮挡部分的海底没有回波，这一部分叫声影区，如图 4-2 所示（许枫和魏建江，2006）。由此生成了脉冲串中幅度大小不同的回波，回波幅度的高低就包含了海底起伏软硬等信息。一次声波发射可获得换能器两侧一窄条带内的海底信息，接收后侧扫声呐终端显示成一条线。工作船向前航行，侧扫声呐按一定时间间隔进行声波的连续发射和自动接收工作，声呐系统将每次收到的线数据显示出来，就得到了二维海底地形地貌的声学图像。如图 4-2 所示，声学图像以不同颜色（伪彩色）或不同黑白程度来表示海底面特征，形成连续的海底地貌声学图谱，据此可以判读海底的地貌形态与底质分布等表面地质特征。

2. 基本构成

　　侧扫声呐系统一般包括工作站（内置数据采集软件，包含收发处理单元）、声呐拖鱼、绞车（可选件）、拖曳电缆和 GPS 接收机及其他外部辅助设备。

　　工作站是侧扫声呐的核心，它控制整个系统的工作，具有数据采集、处理、显示、存储，以及图像的镶嵌和后处理等功能。它由硬件和软件两部分组成，硬件主要包括一台高性能的计算机主机和声呐收发处理单元，软件包括系统软件和应用软件（主要是声呐的采集、显示和后处理软件），如图 4-3 所示。

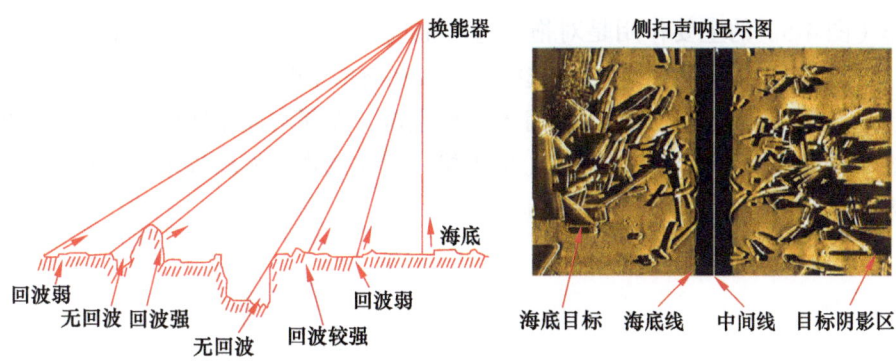

图 4-2　侧扫声呐图像生成原理

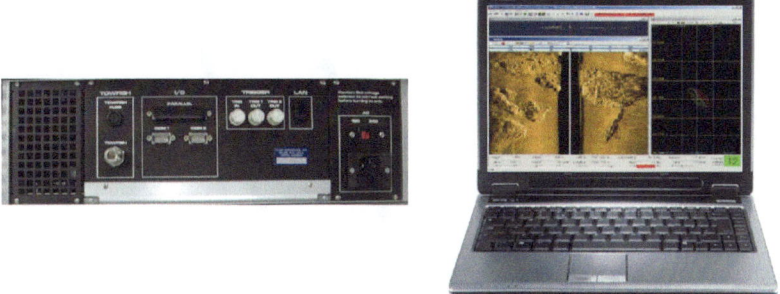

图 4-3　Klein5000 侧扫声呐收发处理单元与工作站电脑主机

拖体型侧扫声呐拖鱼是一个流线型稳定拖曳体,它由拖鱼前部和尾部组成。拖鱼前部由鱼头、换能器和拖曳部件(一般为拖曳杆或拖曳钩)组成,拖鱼左右两侧各有一个长条形换能器基阵,基阵辐射面采用聚氨酯硫化橡胶密封,使之既能保持水密性,又能保持良好的透声性能。拖鱼尾部由电子仓、尾翼等部分组成。尾翼用于水中拖曳时保持拖鱼的平衡。拖曳部件用于连接拖缆和拖鱼的机械连接和电连接,根据不同的航速和拖缆长度,拖曳部件将拖鱼布放在最佳工作深度,如图 4-4 所示。

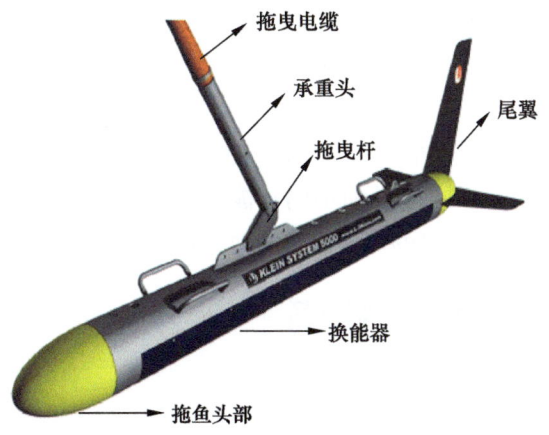

图 4-4　Klein5000 侧扫声呐拖鱼

绞车（图 4-5）的主要作用是对拖鱼进行拖曳操作。绞车有电动、手动和液压几种型号，可以根据实际的使用环境来选择。一般在浅水小船作业时可以选择手动绞车，体积小、重量轻，搬运比较方便，而且不需要电源。在深水大船使用时可以选择电动或液压绞车，液压绞车收放比较方便，但价格一般比较贵，电动绞车在性价比上有一定的优势。

图 4-5　绞车与 A 架示意图

拖曳电缆安装在绞车上，一端与绞车上的滑环相连，另一端与侧扫声呐的拖鱼相接。拖缆有两个作用，第一个是对拖鱼进行拖曳，保证拖鱼在拖曳状态下的安全，第二则是通过电缆给拖鱼提供电源，并进行电信号传输。拖缆有两种类型，强度增强的轻便型电缆和铠装电缆。沿岸较浅的水域一般使用轻便型电缆，其长度从几十米到两百米左右。轻便型电缆便于甲板上的操作，可由人工搬动与收放。铠装电缆用于较深的水域，长度可根据实际情况选择，铠装电缆比较笨重，人工无法收放，需要电动或液压绞车配合使用。

GPS 接收机是侧扫声呐的外部辅助设备，主要为侧扫声呐数据提供实时定位数据，用户可以根据需要，配置不同型号和不同功能的 GPS，侧扫声呐系统留有标准接口，实现与 NMEA-0183 等标准接口的定位设备实时连接。

4.1.2　典型的侧扫声呐设备

1. Klein3000/5000

Klein 系列侧扫声呐是德国 L-3 Klein 公司生产的全数字化侧扫声呐设备，该设备性能先进，国际用户广泛，探测效果明显。图 4-6 和图 4-7 分别为 Klein3000 与 Klein5000 设备拖鱼及各自的探测效果图，其性能参数见表 4-1，图 4-8 为 Klein3000+SBP 综合系统设备及侧扫、浅剖综合探测效果图。

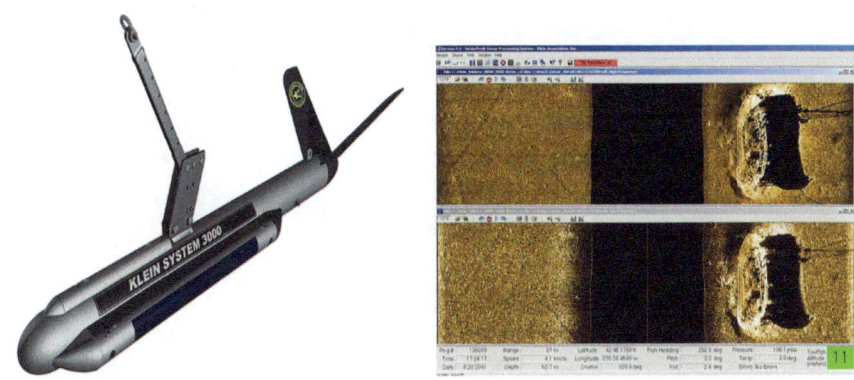

图 4-6　Klein3000 拖鱼及双频（上 455kHz，下 100kHz）探测效果

图 4-7　Klein5000 拖鱼及海底出露岩石探测效果

表 4-1　Klein3000/5000 性能参数表

参数	Klein3000	Klein5000
发射频率	2 通道 100kHz (132kHz +/−1% act.), 2 通道 500kHz (445kHz, +/−1% act.)	5 通道 455kHz
发射脉冲	CW 单频，脉宽 25～400μs 可选	50 μs CW4/8/16 ms Chirp
波束开角	水平：0.7° @ 100kHz, 0.21° @500kHz；垂直：40°	水平：0.4°
波束倾角	向下 5°、10°、15°、20°、25° 可调	/
探测范围	600m @ 100 kHz, 150m @ 500 kHz	250m
传感器	横摇、纵摇、航向、高度	横摇、纵摇、航向、高度（压力）

2. Benthos SIS1625

美国 Benthos 公司研发的 SIS1625 侧扫海底成像系统，在水深小于 2000m 的浅水

区应用广泛，该系统使用 Chirp 与 CW 两类信号，实现侧扫与浅地层剖面两项功能的组合，为用户提供高分辨率的侧扫图像和浅地层剖面图像。图 4-9 为其设备水下拖鱼系统及其探测效果图，表 4-2 为 SIS1625 的性能参数表。

图 4-8　Klein3000+SBP 系统拖鱼及海底综合探测效果图

表 4-2　Benthos SIS1625 系统性能参数表

参数	Benthos SIS1625 侧扫子系统	Benthos SIS1625 浅剖子系统
发射频率	100 kHz 、400 kHz	1~10kHz
发射脉冲	CW 与 Chirp	50 μs CW，4/8/16 msec Chirp

续表

参数	Benthos SIS1625 侧扫子系统	Benthos SIS1625 浅剖子系统
波束开角	水平 0.5°，垂直 60°	30°
分辨率	4.5cm	5cm
探测范围	25～500m	50m
传感器	横摇、纵摇、航向、高度、深度	横摇、纵摇、航向、高度、深度

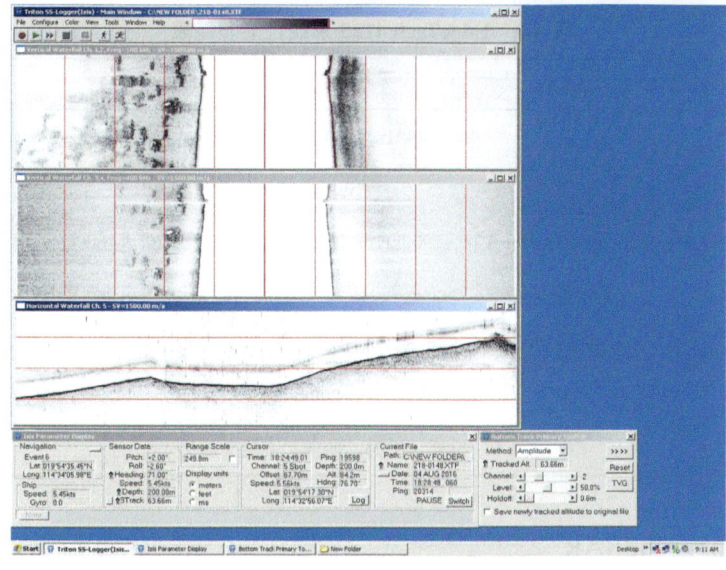

图 4-9　Benthos SIS1625 拖鱼及侧扫、浅剖综合探测效果

3. EdgeTech 4125

美国 EdgeTech 公司研发的 4125 系列侧扫声呐是一款超高分辨率海底地貌成像系统，其利用宽频带 Chirp 扫描技术，适合水底小目标探测与浅水域海底地貌调查。根据调查目的的不同，4125 系统可以采用 400/900kHz 频率信号用于浅海海底地貌调查，或采用 600/1600kHz 频率信号用于超高分辨率水底小目标探测。图 4-10 显示了

4125 系统水下拖鱼设备及其对海底沉船和飞机的高分辨率探测效果,表 4-3 列出了该系统的性能参数。

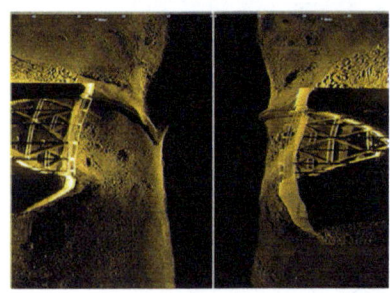

图 4-10　EdgeTech 4125 拖鱼及对海底沉船和飞机高分辨率扫测效果

表 4-3　EdgeTech 4125 系统性能参数表

参数	指标值
发射频率	400/900kHz、600/1600kHz 拖体可选
发射脉冲	CW 与 chirp
波束开角	水平:0.46°@400 kHz;0.28°@900kHz;0.33°@ 600 kHz;0.20°@1600kHz;垂直:50°
分辨率	2.3cm@400kHz;1.5cm@900kHz;1.5cm@600 kHz;0.6cm@1600kHz
探测范围	150m@400kHz;75m@900kHz;120m@600 kHz;35m@1600kHz
探测深度	200m
传感器	横摇、纵摇、航向、高度(压力)

4. Konsberg PulSAR

Konsberg PulSAR 是一款紧凑型高分辨率侧扫声呐设备,该设备由挪威 Konsberg 公司生产,配有防溅水甲板单元与电缆卷筒,方便布放。工作频率为 550~1000 kHz,且可调。具有 FM 和 CW 波,用户可自行选择。甲板单元内置 GPS 模块,可应用 SBAS 卫星差分,也可通过外部定位系统提供实时定位数据。可用于快速水下检测与搜救、工程测量、科学研究。图 4-11 显示了设备主机与拖鱼电缆设备及实际探测效果,表 4-4 列出了其性能参数。

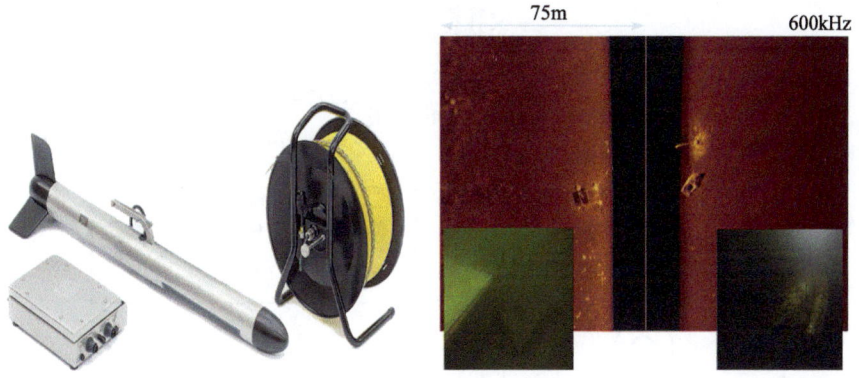

图 4-11 Konsberg PulSAR 声呐系统及 600kHz 频率对海底平台、沉船、浮标的探测效果

表 4-4 Konsberg PulSAR 系统性能参数表

参数	指标值
量程（单边）	550～100mCW；550～150mFM
波束角度	水平：0.4°～0.5°，垂直：50°
脉冲发射频率	30m 内脉冲 25 个/秒；300m 内脉冲 5 个/秒
横向分辨率	10mm
纵向分辨率	0.07m（10 m） 0.35m（50 m） 0.69m（100 m）
工作速度	1-12 节
换能器	声源级 223±3dB re 1μPa@1m 灵敏度 −190dB re 1V/μPa 俯视角度 0° 安装角度 30°

4.1.3 基本工作流程与方法

1. 侧扫声呐系统安装

图 4-12 为侧扫声呐系统各个组成部分间的连接图，图中滑环是指绞车上的电缆收放滑环，拖鱼电缆通过绞车连接到滑环上，滑环的另一端连接甲板电缆，然后连接到收发处理单元。GPS 导航数据通过串口线连接到收发处理单元，收发处理单元通过网络电缆连接到工作站主机，工作站主机上安装有专业采集软件，通过设置采集软件上的相关参数，实时控制收发处理单元对信号的解算与传输。

因姿态与高度传感器直接安装于声呐拖体内，数据通过信号缆同声呐数据包一起传输至采集工作站中。因此，侧扫声呐系统硬件安装相对比较简单，除接入 GPS 信号外，不需要再接入其他外部信号。船上仪器安装时，需要保证工作站主机良好接地，以避免交流电等电信号的干扰。在浅海海域调查过程中，仪器操作室应有较好的通视条件，以保证野外工作时声呐拖体在水中拖行安全。

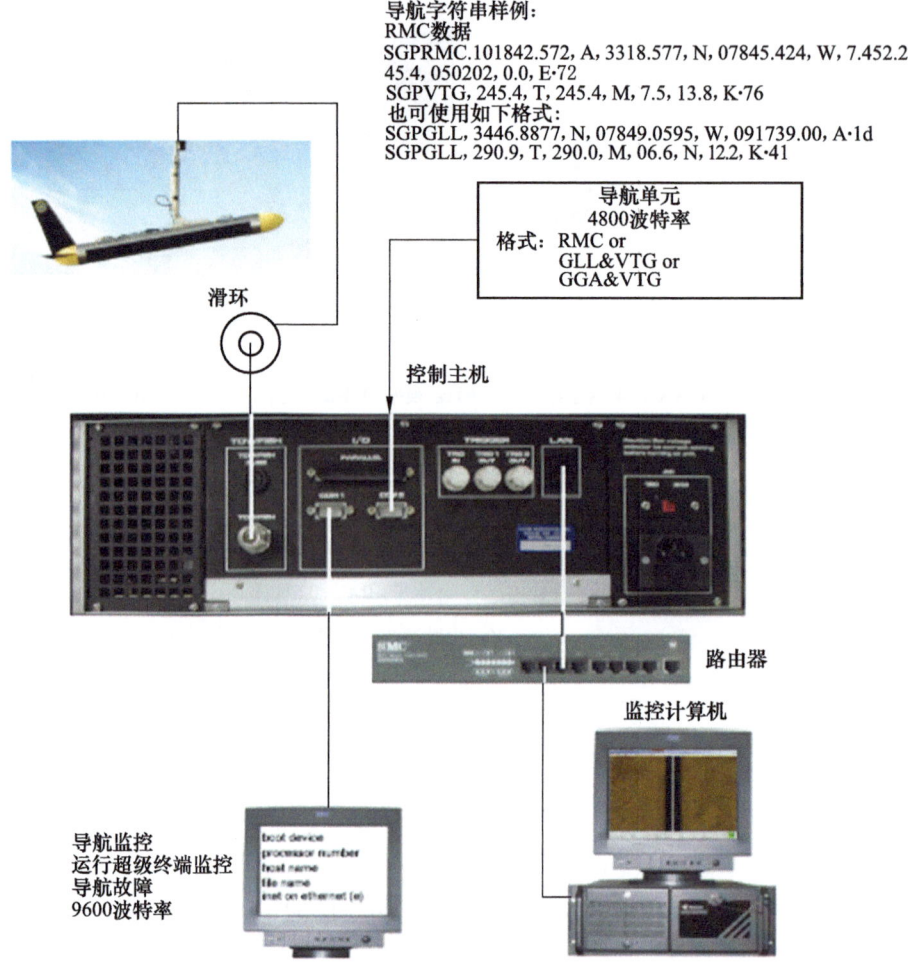

图 4-12　侧扫声呐系统连接图

2. 侧扫声呐测线布设和参数设置

侧扫声呐野外调查中,应依据测区环境和扫测要求确定扫测方法、重叠带宽度、分辨率、船速、拖鱼高度和拖缆长度等,进而设计测线布设的方向和间距。野外工作中,侧扫声呐的有效拖曳速度是一关键参数,其与探测量程、图像分辨率有关,理论上可以按照公式（4-1）进行航速设计（许枫和魏建江,2006）：

$$V = L \times \frac{C}{2} \times \frac{1.94}{R \times H} \quad (4-1)$$

式中,V 为允许的最大航行速度,单位为节（1 节 =0.5m/s）;L 为目标尺度;C 为声速（一般取 1500m/s）;R 为选择的左右舷扫测量程（m）;H 为期望在目标物上的测量点数,即散射声波数。由式（4-1）可以看出,目标尺度 L 一定时,最大拖曳速度与量程成反比,量程选择得越大,要求拖曳的速度越低;另外,当需要获得高分辨率的图像时,目标物声学信号覆盖要密集,要求的拖曳速度也更低。因此,野外探测时,工作船速需要综合考虑探测效果与工作效率之间的关系。一般在目标探测时，船速要慢，并在保障拖鱼安全的情况下，拖体尽可能贴近海底面。

野外探测时，下水测量前应在陆上或船甲板上对整套侧扫声呐系统进行通电测试，确定各组成部分都能正常工作，并检查入水部分的水密性，确保不漏水，以保证侧扫声呐一直处于正常工作状态。测量过程中根据实际情况调试各个参数，使声学图谱亮度适中，远近剖面能量均衡，海底地貌轮廓清晰。

通常侧扫声呐海底扫测方法有两种：粗扫测和精扫测。对于大面积扫测海区，应先进行粗扫测，当发现可疑目标时再进行精扫测。精扫测证实目标的存在，并可以在声学图像上分辨目标类型和性质、位置及高度，最后由潜水员水下探摸以确认扫测到的目标信息。

海底扫测需要满足对扫测区海域的全覆盖探测。测线设计规划要相互平行，相邻测线扫测的有效作用距离要有重叠带，不能在相邻测线间产生遗漏区域。当精细探测海底微地貌时，相邻测线间距可采用 2 倍有效作用距离，而无需设计重叠带。

海底精扫测应利用初步扫测图像上对应目标物的声图像，事先确定目标物的相对位置和高度，并设置好扫测频率、发射脉宽、扫测范围、扫测船速和拖鱼入水深度，再进行具体扫测任务，精扫测航向应尽量平行于目标物的走向，有效作用距离按照目标图像能完整清晰地显示在声图像单侧中间位置最佳。

4.2　浅地层探测技术

4.2.1　海底浅地层探测技术的发展

浅地层剖面仪于 20 世纪 40 年代推出原型设备，60～70 年代才出现商业化产品。但受限于当时的技术发展水平，商业设备只能发射单一频率的声波信号，且以模拟信号显示并只能打印在热敏纸上保存。80～90 年代后，随着电子与计算机技术、数字信号处理技术（DSP）及数据存储等技术的快速发展，浅地层剖面探测技术也随之快速跟进，首先是数字化单一频率连续波地层剖面探测技术的应用，随后是宽频带线性调频 Chirp 波探测技术的广泛使用（丁维凤等，2006）。另外，随着非线性声波传播技术的发展，一种新型声学参量阵浅地层剖面设备获得市场广泛应用，该技术利用声波之间的非线性特性，使用两个沿同一方向传播的高频初始波，根据其在介质中传播会形成差频波的原理，实现海底高精度的测深与高分辨率浅部地层探测功能（王润田，2002）。

进入 21 世纪以来，随着世界各国向海洋深处发展，船载深水浅地层剖面探测技术也应运而生，该技术在传统浅地层剖面技术的基础上，通过增加声学换能器阵数目，利用实时海底追踪时延记录技术（如美国 SyQuest 公司的 Bathy2010 系统），或声学 Multi-Ping 技术（如美国 Teledyne Benthos 公司的 CAP6600 系统，丁维凤等，2014），实现对深水海域高分辨率和高覆盖率的浅部地层精细探测。为了在深水海域达到与浅水类同的探测效果，深水浅地层剖面探测也搭载于海底深拖系统或ROV、AUV等系统，并贴近深海海底进行高分辨率探测。另外，为实现海底目标的精细探测与准确定位，三维浅地层剖面探测设备近几年研发而出，如图4-13所示，三维浅地层剖面设备最初用于水底下掩埋水雷的准确探测，后经改进广泛用于海底管线探测与特定目标寻找等。近些年，浅地层剖面探测与侧扫声呐、多波束设备的综合一体化也是国外公司大力发展的一个方向，并推出了相应的商业化产品，如美国Teledyne Benthos公司推出的C3D设备。

图 4-13 国外公司推出的三维浅地层剖面探测设备

根据所激发频率的不同，以及相对应的地层穿透深度范围，浅地层剖面探测与不同震源的单道及多道地震的关系如图4-14所示。在地层穿透方面，高频浅地层剖面探测穿透深度最浅，但其地层分辨率最高，特别适合浅层高分辨率探测。另外，浅地层剖面探测水平覆盖率高，一般按1秒两次甚至4次激发，5节的船速航行，其声波水平覆盖率在2m以内，因而所获得的反射剖面连续性非常好。单道地震根据所采用的激发震源不同，其穿透深度和地层分辨率也有所差别，若采用GI气枪作为震源，其地层穿透可以达到双程旅行时间1s左右，地层分辨率在5m左右，但受空压机供气和气枪放炮能力影响，激发间隔最快一般在5s左右，实际往往要更长，因而单道地震的水平覆盖率要超过10m，反射剖面同相轴的连续性相对要差。多道地震因采用低频的枪阵系统，以及多道接收的多次叠加技术，其地层穿透深度非常高，但低频反射信号的地层分辨能力较差，一般用于油气藏等地质构造的勘探。

浅地层剖面探测是海底地形地貌、浅部地层结构形态与沉积特征、特殊目标体与浅表灾害地质体探测的重要技术手段，已被广泛应用于海洋工程与海洋地质研究中。为适应未来的技术发展与应用需求，浅地层剖面探测技术将会朝以下方向发展：

1）超宽频技术解决高分辨率与穿透深度之间的冲突。目前，采用线性宽带扫频技术解决了传统CW波单频技术的缺陷，极大地提高了浅地层剖面探测的地层分辨能力。未来将会朝着超宽频带方向发展，通过降低低频信号、拓宽频带范围，采用扫频技术提高剖面的穿透深度，从而提升浅地层剖面探测的应用范围。

2）深水探测能力大大提高。随着世界各国向深海领域挺进，深水浅地层剖面探测也将顺势不断发展。目前，船载系统采用多阵列组合来加大发射功率，采集时采用延时记录或Multi-Ping技术获得高分辨率和高覆盖率的记录剖面，但探测效率仍受影响，如对船速的限制、穿透能力的缺陷，以及数据质量不如浅水海域等，随着技术的发展，这些问题将来都会解决。

3）浅地层探测与侧扫、多波束系统的融合。为提高野外工作效率，将来会在海底地形地貌与地层探测方面采用一体机工作模式，将水深测量、海底面扫测与地层探测功能融于一体，采用一台设备就能获得多源数据，极大地降低野外探测工作的复杂度。

4）三维浅地层剖面探测系统的完善。为满足海底小目标掩埋体的精细探测，以及海底三维真实场景实时探测的需求，将来三维浅地层剖面探测系统会获得快速发展和广泛应用，配套的数据处理与解释技术也将不断成熟。

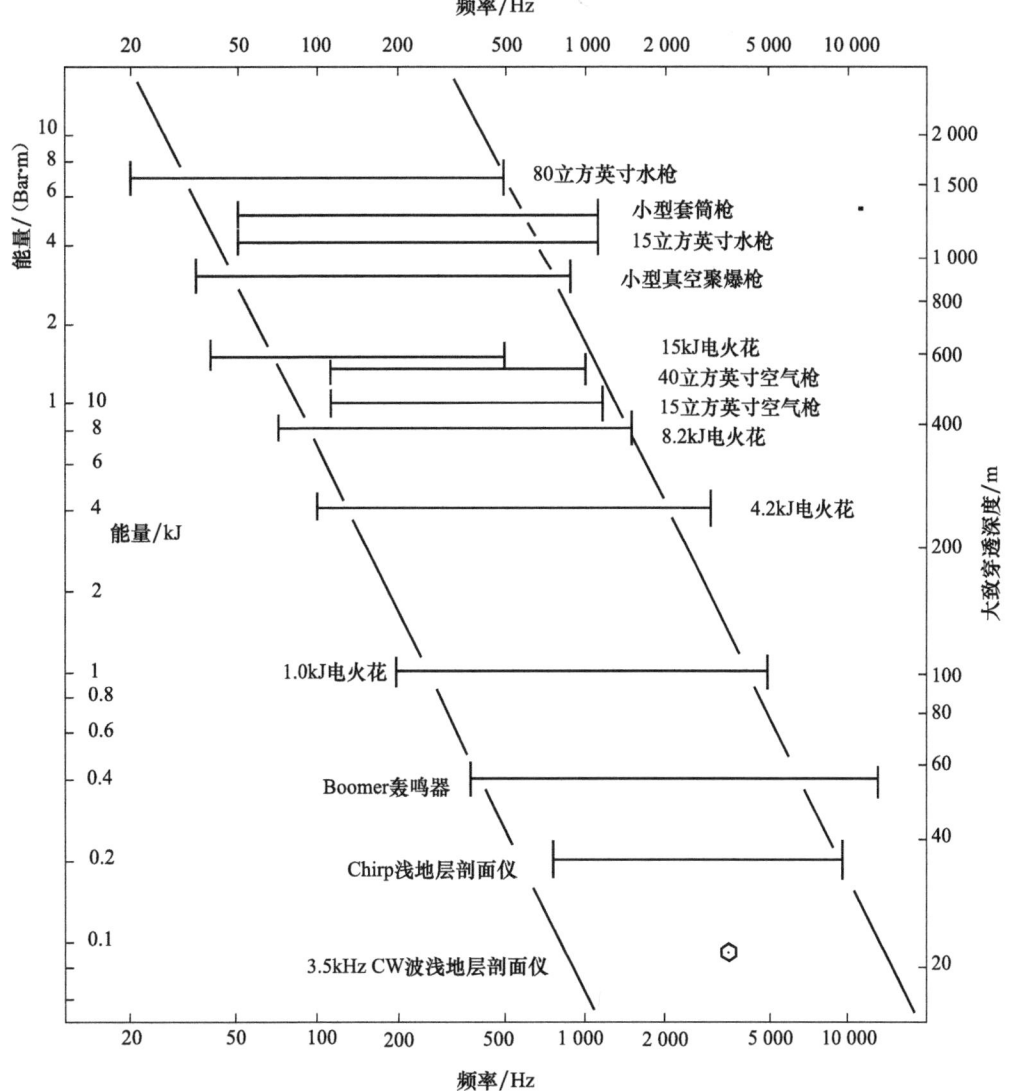

图 4-14　不同震源设备的频率、能量及穿透深度的综合对比图（修改自 Trabant，1984）

4.2.2　浅地层剖面探测技术的基本原理

浅地层剖面（sub-bottom profiler）探测也称声学地层剖面探测，是一种基于水声学原理以连续走航方式对水底下浅部地层进行精细探测的方法。该方法通过发射主动源的高频声波信号，利用水底下不同岩性地层之间的声阻抗差来产生反射回波，再经专业软件采集后，可以生成直观反映海底下不同岩性地层的结构形态与空间展布等连续记录剖面。相比于海上单道和多道地震勘探，浅地层剖面探测具有纵向高分辨率、信号高重复性、激发高速率等特点，是海底浅部地层精细探测必不可少的技术手段。

根据浅地层剖面仪激发和接收信号所采用的装置不同，可将其分为压电陶瓷式、声学参量阵式、电磁式和电火花式。其中，压电陶瓷式目前都采用激发与接收合一的换能器阵，可以发射固定频率（通常 3.5 kHz）的 CW 波和宽频带线性调频 Chirp 波；声参量阵式也采用收发合一的换能器阵，并通过声学差频的原理进行水深测量和高分辨率浅部地层高精细探测；电磁式和电火花式浅地层剖面系统将信号激发与回波接收两设备分开，电磁式一般采用轰鸣器 Boomer 信号震源，而电火花式采用多电极高压放电方式产生声波信号，两类系统都采用多水听器组合式单道接收缆接收反射回波。四类浅地层剖面设备根据反射声波的频率范围不同，接收的反射信号地层分辨率与穿透深度也有差别，表 4-5 列出了国际上几款主要浅地层剖面仪的技术指标。

浅地层剖面探测与多道反射地震勘探方法原理类同。首先是人工激发声学纵波，声波信号在海底传播过程中会在地层岩性分界面处产生反射回波，反射信号经声学换能器或单道接收缆接收存储后实时显示海底地层的结构与形态。如图 4-15 所示，从震源 O 点激发的声波信号在海水与海底下沉积地层中传播，当遇到不同岩性地层分界面时，根据反射地震几何学原理，入射波会在界面处产生与入射角 α 相等的 β 角度反射

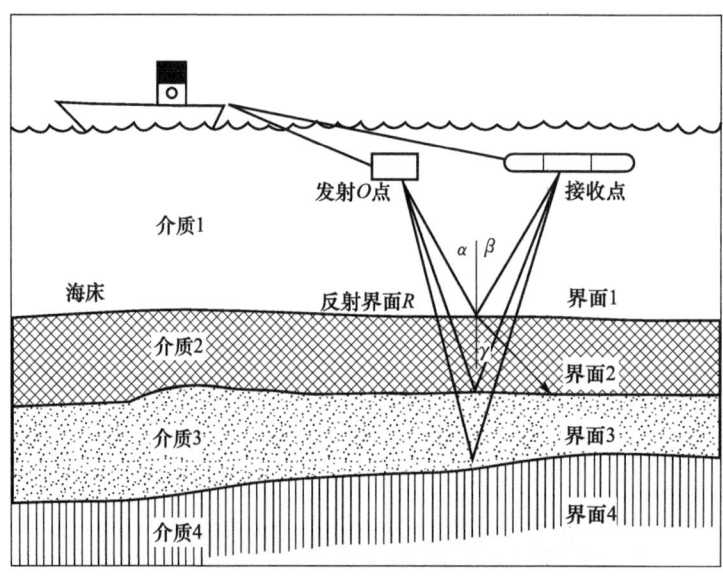

图 4-15　浅地层剖面探测声学信号几何运动学模型

波,并在界面下生成 γ 角度的透射波,γ 角度的大小由界面处上下两层的声波传播速度决定,若海床界面之下介质 2 的声波传播速度大于界面之上介质 1 的传播速度,则透射角 γ 大于入射角 α,反之则小。透射波继续向下传播时,会在新的声阻抗界面处产生新的反射波和透射波,以此类推,直到透射波能量衰减很小,无法生成有效能量的反射回波。要在界面上形成强能量的反射回波,界面处必需存在明显的声阻抗差条件,即浅地层探测所激发的声波近垂直入射至反射界面时,界面上的反射系数 R 不等于零,公式表示为(刘光鼎,1978):

$$R = \frac{Z_2 - Z_1}{Z_2 + Z_1} = \frac{\rho_2 v_2 - \rho_1 v_1}{\rho_2 v_2 + \rho_1 v_1} \neq 0 \tag{4-2}$$

式中,ρ、v 分别为沉积地层的密度和声波在该层中的传播速度,它们的乘积称为波阻抗 Z,下标 1、2 分别表示界面上、下地层。根据上面的公式,反射界面能形成反射回波的条件为:$\rho_2 v_2 \neq \rho_1 v_1$,$\rho_2 v_2$ 与 $\rho_1 v_1$ 间的差值越大,反射回波能量越强,声学换能器或单道拖缆接收到的反射信号幅值越大,记录剖面显示的声波反射同相轴灰度就越强,反射地层界面越清晰。因此,反射界面也称为波阻抗界面,其与实际地层的岩性界面基本一致,代表不同的岩性地层。

浅地层剖面探测具有纵向高分辨率、横向高覆盖率的技术优点,其信号重复性好,穿透深度可靠,且野外作业时成本低、效率高,生成的反射记录图谱与海底地质剖面相似,因而被广泛应用于水下工程检测(如管线检测)、海洋工程地质勘查、海洋灾害地质调查与海洋资源及地质科学研究等领域。根据声学反射的几何运动学原理,浅地层剖面探测资料可以用于研究水底下沉积地层的精细结构、内部形态与空间展布等情况,以及浅部地层的接触关系和可能存在的活动断裂构造等。

图 4-16 为舟山海域浅地层剖面探测显示的丰富沉积地层揭示,图中一凹型界面反射为古河谷界面,该界面上沉积了丰富的斜交层理地层,之上又被水平沉积地层覆盖,说明在地质上的冰期,该海域存在大范围的河道,冰期结束海水上升后,不同时期的陆源物质丰富沉积。而根据声学反射的动力学特征信息,浅地层剖面资料还可以进行海底底质、沉积物弹性参数的反演研究等。在海洋地质研究中,根据浅地层剖面声学反射空白带、增强反射和浊反射等振幅相位信息,可以研究海底浅层气的汇集带,海底流体的运移通道,以及海底泥火山和冷泉系统的流体运移与沉积物物性变化等。

图 4-17 为南海东北部陆坡区冷泉系统典型的浅地层剖面反射特征,该剖面揭示了海底浅层气在浅地层剖面资料中不同振幅反射特征。浅地层剖面探测对水体中的目标揭示也非常有效,如水体中海底高压浅层气溢出现象的揭示,如图 4-18 所示,高压浅层气穿刺海底溢出水体被高分辨率浅地层剖面探测所揭示,在剖面中部高压浅层气区,左右两边的水平层理沉积界面被高压气层屏蔽,随着高压浅层气的溢出,水平海底面出现掏蚀塌陷,海底面以上水体中出现了溢出气体的气面反射。

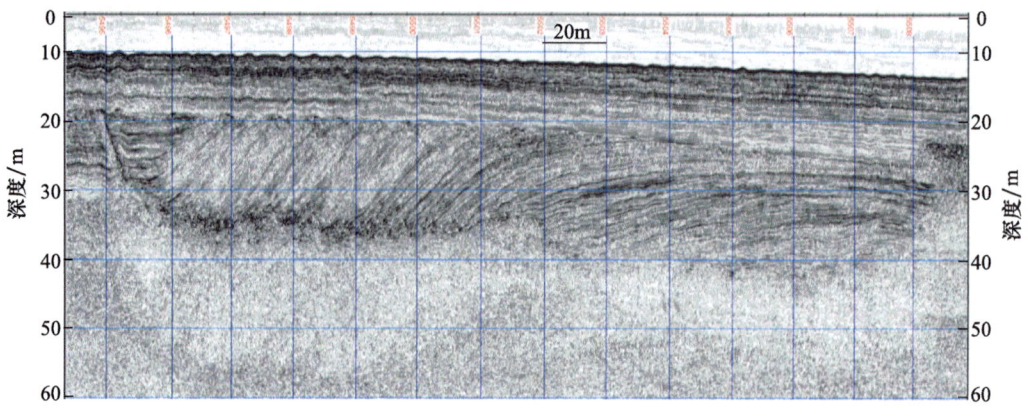

图 4-16　舟山海域浅地层剖面揭示的丰富沉积地层

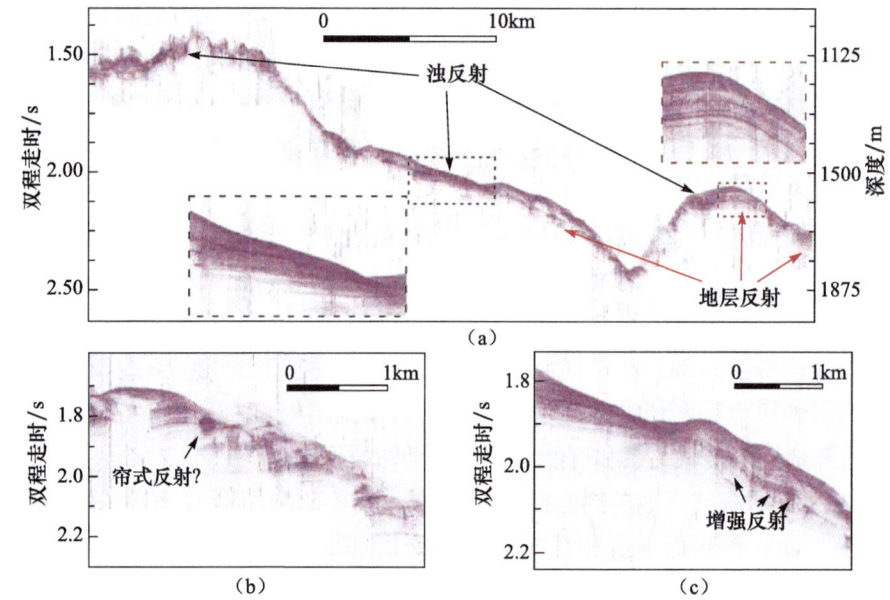

图 4-17　南海东北部陆坡区典型的海底浅层气反射特征（刘伯然等，2015）

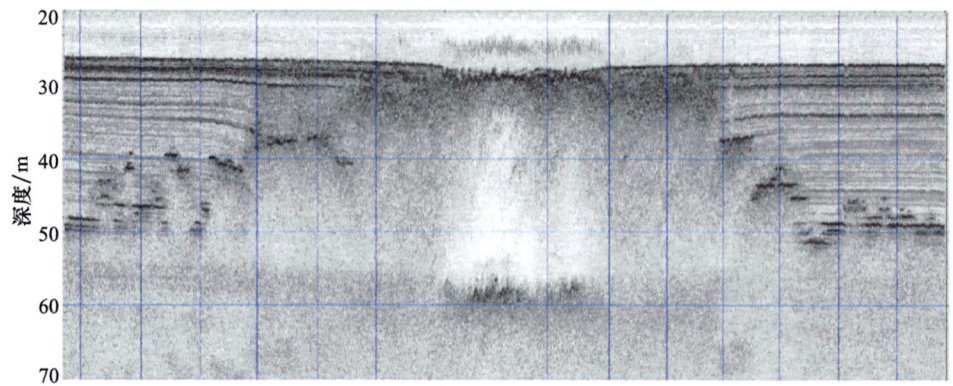

图 4-18　舟山东极岛海域浅层气溢出海底面时浅地层剖面反射特征

4.2.3 浅地层剖面仪设备组成

浅地层剖面仪主要由发射系统和接收系统两大部分组成，发射系统包括发射机和发射换能器阵，接收系统由接收机、接收换能器和用于记录及处理的计算机组成，发射和接收系统按应用空间一般分为水下单元、甲板控制单元与系统采集单元三部分，图 4-19 示意了浅地层剖面系统的组成结构。

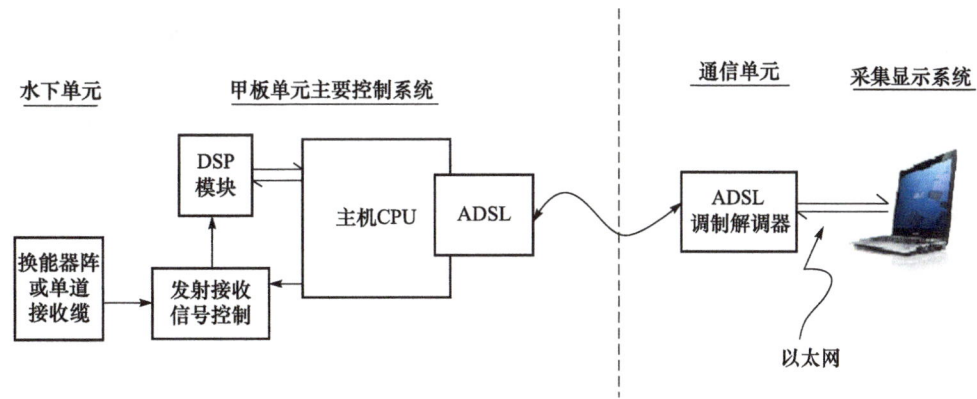

图 4-19 浅地层剖面探测系统组成示意图

1. 浅地层探测设备甲板单元

甲板单元分为中央控制系统、能量供应设备和数据采集系统，如图 4-20 所示的采集控制系统及能量供应设备。中央控制系统即通常所说的采集站，该采集站集成了模数转换单元、数据采集卡、DSP 处理模块等，实现对信号发射与接收的控制，以及模拟信号的数字化转换、信号的时频转换与匹配滤波等信号处理。能量供应部分为电火花或 Boomer 震源提供发射能量，小能量一般由小型能源箱提供，大能量由大的电火花能源柜提供。数据发射和采集由数据采集系统控制实现，目前国际上先进的浅地层剖面仪都采用以太网进行数据通信，通过专门的 TCP/IP 通信协议与采集工作站进行连接，所有的控制指令（包括联机控制、发射与否指令、接收与否指令、脉冲能量与波长指令、增益控制指令等）及信号接收存储功能等，都通过采集软件与主机进行实时通信，并有专门的功能模块来控制实现。

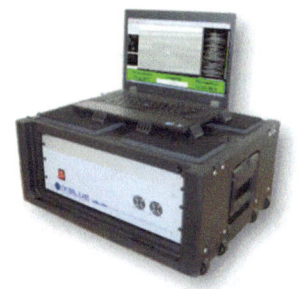 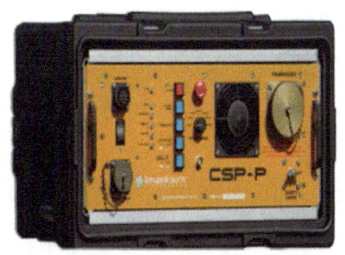 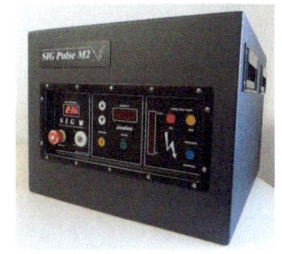

图 4-20 DelphSeismic 控制主机与采集系统及 AAE、SIG 能源箱

2. 浅地层探测设备水下单元

电火花震源是最早用于地质调查的震源之一，其原理是将电极和地极置于海水中，在电极和地极之间瞬间加载几千至上万伏的电压，产生非常强大的电流。由于电极的大部分是绝缘的，只有其尖端暴露在海水中，所以电场梯度和电流密度在电极尖端表面非常高，在强电场的作用下，电极间的海水出现解离和碰撞电离过程，从而出现了从高压电极向外延伸的高电导率的根须状"先导"，形成直径为 0.1～2 mm 的电离发光通道，当高电导率的"先导"到达对面电极时，就为电能的浪涌式释放提供了放电通道。此时，电容器上存储的电能在极短的时间（微秒级）向放电通道倾输，形成电子雪崩，巨大的脉冲电流 (10^3～10^5A) 引起局部高温 (10^4～10^5K 量级）。由于瞬间高温加热的结果，放电通道内的压力急剧升高，可达到 3～10GPa 量级，从而使等离子体以较高的速度 (10^2～10^3m/s) 迅速向外膨胀，由此完成整个击穿过程，并在水中形成对应频率的压缩波，生成声波激发信号。

Boomer 震源是适用于浅层高分辨率地震调查的设备，其激发所需的能量通过电磁能提供，所用的换能器是一块绝缘金属板和一块与扁平电线圈相邻接的橡皮横隔板。震源通过这个线圈放电，产生短周期大能量的电脉冲，电脉冲产生的爆发性磁场迫使与之相邻的铝金属板向后运动，这个运动通过橡皮横隔板传递给水，在水中产生压缩波。Boomer 震源系统频谱范围在 200～8000Hz，可以获得海底面以下 50～70m 的有效反射数据。

接收装置通常采用多水听器组合的单道拖缆，该单道拖缆一般由 12 个、24 个，甚至 48 个水听器组合而成，水听器组合间隔一般控制在 0.5m 以内，为达到一定的沉放深度，拖缆内充灌与海水比重相当的硅油介质，拖缆的头部设有前置放大器，对接收的模拟信号做固定倍数放大，根据震源不同，单道接收缆中组合水听器的频率响应有所差别，对于 Boomer 与 Sparker 电火花震源，单道缆的频率响应范围控制在 145～7000Hz。多水听器组合可以有效压制随机噪声，提高反射数据的信噪比，但组合的同时会降低信号的分辨率。因此，信噪比和分辨率两者之间需要综合衡量，并合理选择组合水听器数目。水下单元的设备如图 4-21 所示。

图 4-21　200 极鱼骨型电火花电极、AA200 型 Boomer 震源和 AAE 单道接收缆

在浅水及深水勘探中，浅地层剖面探测也经常使用船舷安装和船底安装的声学换能器阵，该换能器阵能够激发一定带宽的声波信号，同时还能接收反射回波。换能器阵具有较高的声源级，可以接收宽频带的回波信号，对于不同频段的回波信号，换能

器阵采用不同的材质，对于常用的 2~7kHz 频段信号，换能器一般采用压电 - 压磁复合材料，换能器的开角较小，波束指向性强，信号发射稳定性好，因此能够接收到连续稳定的回波信号。收发合一的换能器阵如图 4-22 所示。

图 4-22　收发合一的船舷安装声学换能器及船底安装深水换能器阵

3. 浅地层探测设备主要厂家

目前，国际上主要的浅地层剖面仪有：英国 AAE（Applied Acoustic Engineering Ltd）公司生产的 CSP 系列能源供应设备，GeoAcoustics 公司生产的 GeoPulse、GeoChirp 浅剖系列；德国 ATLAS 公司生产的 Parasound 全海深声参量阵 P35 和 P70 型，Innomar 公司生产的 SES-96、SES-2000 声参量阵系列；美国 ODOM Benthos 公司生产的 CAP 6600 ChirpⅢ，DPS Technology 公司生产的 3.5 kHz 型 SBP、Mono-Pulser V2 型 Boomer 和 Sparker，EdgeTech 公司生产的 3100P 和 3200-XS，SyQwest 公司生产的 StrataBox 和 Bathy 系列；中国香港 C-Products 公司生产的 LVB C-Boom；荷兰 Geo-Resources 公司生产的 Geo-Sparker 系列；加拿大 IKBTechnologies Ltd 生产的 SEISTEC™ profiler 和 SPA-3 Signal Processor，Knudsen 公司生产的 320 系列和 Chirp 3200 系列；挪威 Kongsberg 公司生产的 TOPAS PS 18/40/120 系列声参量阵系统；法国 S.I.G. 公司生产的 Boomer/Sparker 系列能源设备等（王方旗，2010）。表 4-5 列出了国际主要浅地层剖面设备名称及相关技术规格。

国内较早开展浅地层剖面探测设备研发的主要包括中国科学院声学研究所、中船重工第七一五研究所、哈尔滨工程大学等单位，并研制出了相应的工程样机，如中国科学院声学研究所研制的 D&Z-1 声参量阵多频声学系统，中船重工第七一五研究所研发的 RS-QP0116 宽频浅地层剖面仪。但受国内技术及市场应用推广等限制，国内自主研发的浅地层剖面仪的成熟度与商业化还存在很大差距，需要不断加强自主研发与创新，以跟上国际先进技术。

图 4-23 是挪威 Kongsberg Defence & Aero space AS-Simrad 公司生产的 Topas PS018 型参量阵浅地层剖面系统结构图，该系统适用于全海洋窄波束宽频带浅地层剖面探测，由发射 / 接收换能器、发射 / 接收转换器、功率放大器、操作控制工作站等组成，外围设备包括 GPS 差分定位系统、打印绘图设备、数据存储设备等。为保证系统垂直发射垂直接收，还配备有 Octans 船舶运动姿态传感器，在船舶航行过程中实时进行横摇、

纵倾、升沉等校正。系统工作主频率为 12.5～17.5kHz，次级频率为 0.5～5.0kHz，波束宽度小于或等于 5°，最大穿透深度在软层基情况下可以达到 150m，分辨率优于 0.3m。工作波形有三种：Ricker 子波、Burst（CW）子波、Chirp（FM）子波，不同的波形适用于不同的勘测目的、水深、底质等情况，在深水区（一般大于 2000m）为了获得大穿透深度，一般选用 Chirp 波大功率发射，若是在浅水区或者为了获得更高的分辨率可选择 Ricker 波或 Burst 波（吴水根等，2007）。

表 4-5　国际主要浅地层剖面仪产品和技术规格（修改自刘保华等，2005；王方旗，2010）

公司名称	生产国家	产品型号		发射频率/kHz	地层分辨率/cm	地层穿透深度/m	工作水深/m
ODOM Benthos	美国	CAP 6600 ChirpⅢ		高频：8～21，低频：2～7	高频：2.6，低频：6.24	<50，视底质	3～6000
		SIS-1000		2～7 Chirp	20	<50，视底质	2000
		SIS-3000		2～7 Chirp	10	<50，视底质	3000
		SIS-1625		1～10Chirp	5	<50，视底质	2000
EdgeTech	美国	3100	SB-216S	2～16 FM	6～10	6～80，视底质	300
			SB-424	4-24 FM	4～8	2～40，视底质	300
		3200	SB-424	4-24 FM	4～8	2～40，视底质	300
			SB-216S	2-16 FM	6～10	6～80，视底质	300
			SB-512i	0.5-12 FM	8～19	30～250，视底质	300
		3300 Hull Mount		2～16	6～10	6～80，视底质	300～5000
				1～10	15～25	15～150，视底质	1500～5000
Innomar	德国	SES-96		96 和 108 差频	3	<10，视底质	2～500
		SES-2000		3.5～12 和 100 差频	5	<50，视底质	3～1500
GeoAcoutics	英国	GeoChirp Ⅱ		0.5 和 13 Chirp	6	<30，视底质	3000
		GeoPulse		2～12	10～20	<50，视底质	3000
		GeoChirp-CP931		1.5～11.5 或 3.7～7.5	7.5	<40，视底质	1000
Geo-Resources	荷兰	Geo-Sparker		1～2.5	20	<300，视底质	3000
Kongsberg	挪威	TOPAS PS18		0.5～6	20	<150	10～6000
		TOPAS PS40		1～10	10	<75	4～1000
		TOPAS PS120		2～300	5	<40	2～400
SyQuest	美国	StrataBox		3.5/10	6	<40，视底质	150
		Bathy 2010P		3.5	8	<80，视底质	6000
AAE	英国	CSP2200 Sparker		0.2～3	20	<200，视底质	1000
General Acoustic	德国	DSLP SBP		12	1	<10，视底质	100
C-Products	香港	LVB C-Boom		3.5 CW	20	<60，视底质	1000
杭州瑞声	中国	RS-QP0116		1～16 FM	7.5	<50，视底质	300
中国科学院	中国	GPY2000		3.5 CW	10～30	<90，视底质	360
		PGS		0.3～10FM	15～30	<100，视底质	200

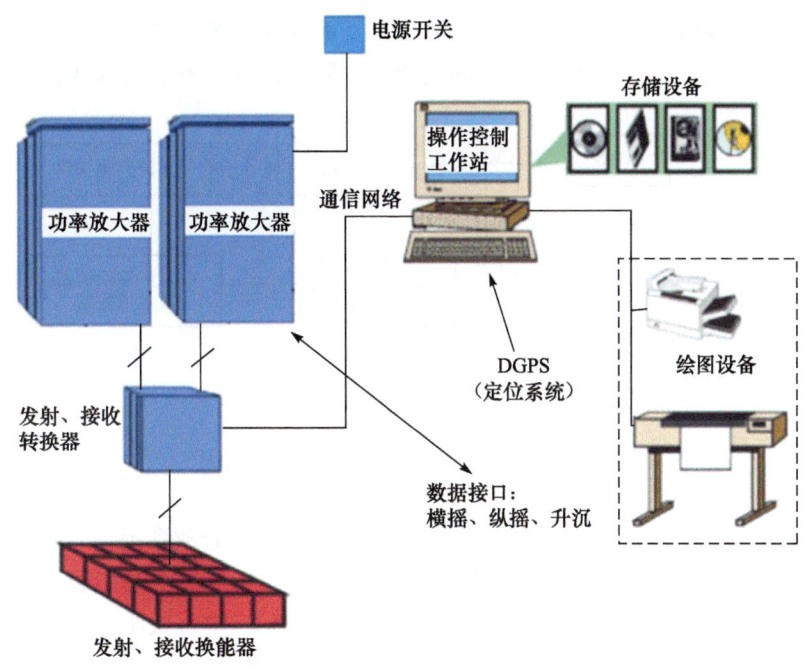

图 4-23 Topas PS018 浅地层剖面系统组成

4.2.4 浅地层剖面探测基本工作方法

浅地层剖面探测是一种高效、高分辨率反射声波勘探方法，主要用于探测海底地形及浅部沉积地层与基底情况。工作时震源设备或换能器阵按一定时间间隔垂直向下发射声脉冲，声脉冲穿过海水，触及海底以后，部分声能反射返回换能器，另一部分声能继续向地层深层传播，同时回波陆续返回，声波传播的声能逐渐损失，直到声波能量损失耗尽为止，此时接收到的有效回波就是最大深度探测范围。目前，全数字化浅地层剖面探测设备采用声呐原理，发射阵列发射一定频段范围内的调频脉冲，脉冲信号遇到不同波阻抗界面产生反射脉冲，反射脉冲信号被声学换能器接收阵列或单道拖缆接收并经信号放大，由信号缆送至船上控制单元，由 A/D 转换器采样转换为数字信号，再经数控放大器放大，然后送到 DSP 数字处理模块做相关处理，最后把信号传至采集系统完成显示和存储处理，采集系统做时深转换与相关处理后，现场可实时显示沉积地层的分布与内部精细结构。

1. 海上设备安装与调试

浅地层剖面探测野外工作需要利用 GPS 导航定位，并联合单波束或多波束测深设备一起联合探测，GPS 导航定位为浅地层剖面数据提供实时动态位置，并存储于记录数据体中，测深设备为浅水探测监测水深提供安全保障，而深水探测为浅地层剖面数据的实时海底追踪提供参考。因此，野外工作时，浅地层剖面设备需要与导航定位及测深设备保持连接，并处于实时通信状态。图 4-24 显示了浅地层剖面探测系统野外连接情况，其中，虚线框与虚箭头表示对某些设备需要（如采用独立拖缆接收的单道地震勘探），而对集成了发射和接收功能的换能器，野外勘探就不需要虚线框中的设备。

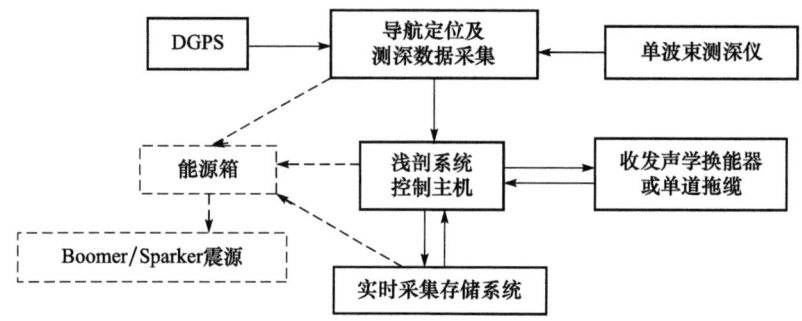

图 4-24　浅地层剖面探测野外工作示意图

浅地层剖面探测设备连接系统主要包括两大部分，由船载系统与水中拖曳系统组成，船载系统包括 GPS 导航定位系统、数据采集站、电火花供电能源箱等，水下拖曳系统包括震源激发系统（如 Boomer、电火花电极刷）、组合水听器漂浮电缆接收系统。野外探测时，先通过导航软件预设好勘探测线，勘探船沿设计测线航行，DGPS 实时给出勘探船所在经纬度位置，并记录存储于导航软件中，导航软件实时同步输出位置信息到采集站采集系统中，采集系统根据用户设置的震源激发间隔、记录长度及采样率等记录参数自动采集反射回波，并将记录回波与同时刻的位置信息一同存储于硬盘中，同时还在屏幕上动态显示已采集的连续剖面，工作人员通过判读动态连续剖面，可以实时掌握采集数据质量，及时修改滤波参数等设置，并了解反射地层的构造形态等信息。浅地层剖面采集有主动工作与被动工作两种方式，由采集系统统一控制激发、采集、记录与回放等功能为主动工作方式。而经导航软件控制能源箱与采集系统，由采集系统控制回波信号采集记录与回放等功能为被动工作方式。主动方式一般用于等时间间隔触发模式，而被动方式一般用于等距离采集模式，野外操作时需要按工作要求合理选择。

2. 声波发射与采集

浅地层剖面探测野外数据采集相对于多波束数据采集，参数设置要简单，因浅地层剖面探测不需要航向、三维姿态、声速剖面、时钟同步等信息的接入，只需接入导航定位信息和一维垂向姿态数据（即涌浪改正数据）。浅地层剖面探测野外采集主要设置现场采集软件的控制参数，包括系统主机的通信、工作通道、发射波形、发射频率、发射间隔、发射能量、硬件增益等参数，以及 GPS 接入的串口参数设置等。

在深水浅地层剖面探测中，需要重点设置海底追踪参数，因深水探测需要避开记录海底面以上的水体传播信号，否则要耗费系统很长时间和大量硬件资源来处理大数据量的接收与存储，从而影响震源的发射间隔，给声波的水平覆盖率与反射同相轴的连续性带来影响。深水浅地层剖面探测一般采用延时记录或 Multi-Ping 技术，工作中先经过准确追踪海底面的实时反射信号,并主动避开深水体中长时间传播信号的记录,再通过声学换能器短时间内连续向水体中发射多个声学信号(如 2ping/s 或更多),发射的同时换能器一直在监听和接收反射回波,将这些回波按接收时间拼接起来,就生成了连续的反射剖面,该反射剖面还需将自动追踪的实际海底深度记录于数据体中,否则剖面显示深度会与实际不符。因此,深水浅地层剖面野外探测、海底面反射信号的准确追踪非常重要,否则会带来错误的剖面信号与深度值。

3. 数据传输与记录

浅地层剖面探测记录数据包括声学反射体数据、GPS 导航定位数据、GPS 时间数据(也有采集软件取当前采集的计算机时间)、涌浪改正数据,以及采集过程中相关的输出数据(如海底面追踪数据、位置信息数据等),图 4-25 列出了浅地层剖面探测可能接入和输出的相关数据信息。声学反射数据体通过专门的信号缆连接到采集主机进行传输,其他数据一般采用 RS232 串口进行传输。所有数据都实时传输至设定的记录文件位置,并以通用格式存储于硬盘中,目前通用的记录格式都采用美国地球物理学会定义的 SEG-Y 格式,该格式存储浅地层剖面数据通用性较好,但有些关键参数在该格式中并未定义,实际使用中还需要针对浅地层剖面探测数据的特点进行单独参数的定义,如通道号定义、定位标号定义等。

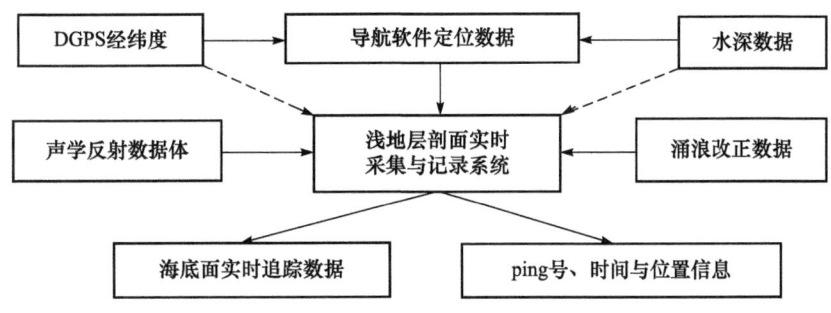

图 4-25 浅地层剖面探测接入和输出数据示意图

参 考 文 献

丁维凤,苏希华,蒋维杰,等. 2014. 声学地层剖面野外数据采集几个关键问题的解决. 海洋学报, 36(1): 119-125.

丁维凤,冯霞,来向华,等. 2006. Chirp 技术及其在海底浅层勘探中的应用. 海洋技术, 25(2): 10-14.

国防科技网. 侧扫声呐基本工作原理. http://www.81tech.com/kepu/200912/08/10700.html. [2016-12-20].

李军峰,肖都,孔广胜,等. 2004. 单道海上反射地震在海上物探工程中的应用. 物探与化探, 28(4): 365-368.

李平,杜军. 2011. 浅地层剖面探测综述. 海洋通报, 30(3): 344-350.

刘保华，丁继胜，裴彦良，等 . 2005. 海洋地球物理探测技术及其在近海工程中的应用 . 海洋科学进展，23（3）：374-384.

刘伯然，宋海斌，关永贤，等 . 2015. 南海东北部陆坡冷泉系统的浅地层剖面特征与分析 . 地球物理学报，58（1）：247-256.

刘光鼎 .1978. 海洋地球物理勘探 . 北京：地质出版社 .

王方旗 . 2010. 浅地层剖面仪的应用及资料解释研究 . 国家海洋局第一海洋研究所硕士论文 .

王润田 . 2002. 海底声学探测与底质识别技术的新发展 . 声学技术，21（1）：96-99.

吴水根，周建平，顾春华，等 . 2007. 全海洋浅地层剖面仪及其应用 . 海洋学研究，25（2）：91-97.

吴自银，郑玉龙，初凤友，等 . 2005. 海底浅表层信息声探测技术研究现状及发展 . 地球科学进展，20（11）：1210-1218.

夏铁坚，范进良，沈铁东，等 . 2006. 宽带组合换能器应用于高分辨率的地层剖面仪 . 声学与电子工程，（2）：4-7.

许枫，魏建江 . 2006. 声呐技术及其应用专题：侧扫声呐 . 物理，35（12）：1034-1037.

中华人民共和国国家标准 . 2007. 海洋调查规范 - 第 8 部分：海洋地质地球物理调查 .

Trabant P K. 1984. Applied High-Resolution Geophysical Methods,Offshore Geoengineering Hazards. Boston: International Human Resources Development Corporation.

第 5 章　导航定位技术

　　GNSS 是 global navigation satellite system 的缩写,其中文译名应为全球导航卫星系统。很长时间以来,它有两个译名:全球卫星导航系统和全球导航卫星系统。全球导航卫星系统起源要追溯到 1957 年苏联发射第一颗人造地球卫星,科学家通过它发现了多普勒定位原理,推动产生了美国的海军导航卫星系统——子午仪(transit),进而出现了美国的 GPS 和苏联的 GLONASS。1973 年 GPS 被批准立项,1978 年美国发射第一颗卫星,至今已过 30 年。

　　早在 20 世纪 90 年代中期开始,欧盟为了打破美国在卫星定位、导航、授时市场中的垄断地位,获取巨大的市场利益,增加欧洲人的就业机会,一直在致力于一个雄心勃勃的民用全球导航卫星系统计划,称为 Global Navigation Satellite System。该计划分两步实施:第一步是建立一个综合利用美国的 GPS 系统和俄罗斯的 GLONASS 系统的第一代全球导航卫星系统(当时称为 GNSS-1,即后来建成的 EGNOS)。第二步是建立一个完全独立于美国的 GPS 系统和俄罗斯的 GLONASS 系统之外的第二代全球导航卫星系统,即正在建设中的 Galileo 卫星导航定位系统。由此可见,GNSS 从问世起,就不是一个单一的星座系统,而是一个包括 GPS、GLONASS、北斗卫星导航系统(BDS)、Galileo 等在内的综合星座系统。GNSS 又称为天基定位、导航、授时(PNT)系统,其关键作用是提供时间/空间基准和所有与位置相关的实时动态信息,是国家重大的空间和信息化基础设施,还是体现大国地位和国家综合国力的重要标志。由于 GNSS 系统在国家安全和经济与社会发展中有着不可或缺的重要作用,因此世界各主要大国都竞相发展独立自主的卫星导航系统。预计在 2020 年前,全世界将有四大全球导航卫星系统(GNSS),它们分别是现有的美国 GPS 和俄罗斯 GLONASS,正在建设的欧盟"Galileo(伽利略)"系统和我国的 BDS。

　　在海洋科学的研究和应用中,除了卫星导航系统,还需要借助声学、海底地形、重力、磁力等进行导航。不同的导航具有不同的特性,下面将对相关内容进行讨论。

5.1　全球导航卫星系统发展概况

5.1.1　GPS 系统

　　GPS 是 "global positioning system",即 "全球定位系统" 的简称。该系统原是美国国防部为其星球大战计划投资十多亿美元而建立的。其作用是为美军方在全球的舰船、飞机导航,并指挥陆军作战。GPS 系统的研制计划分为 3 个阶段:第一阶段

（1973～1978年）是方案论证阶段；第二阶段（1979～1985年）是工程研制和系统试验阶段，测试结果令人满意，系统达到了预定设计目标，当时有7颗实验卫星在轨道上飞行，已提供了有限的导航能力；第三阶段为改善系统性能阶段，为整个系统的投入使用阶段。原计划从1986年起，由航天飞机分批把工作型卫星送入轨道，1989年系统全面组网实用，达到三维定位能力。由于航天飞机失事，GPS系统的第三阶段计划被推迟到1989年2月才开始执行。1990年左右，轨道上已有12颗卫星实现二维定位能力；1992年左右，GPS系统已全面组网进入实用阶段；1993年GPS太空卫星网完全建成。

GPS是由24颗卫星组成的全球定位、导航和授时系统。地球上任何一点、任何时刻都可以同时接收到来自4颗以上卫星的信号，也就是说，GPS的卫星所发射的信息覆盖着整个地球表面。GPS系统的空间星座部分由（21+3）颗卫星组成，其中21颗为工作卫星，另外3颗为备用卫星。这24颗卫星均匀分布在6个轨道平面内，每个轨道面包含4颗卫星；轨道面相对于赤道面倾角为55°，各个轨道平面之间相距60°，即轨道的升交点赤经各相差60°；每个轨道平面内各颗卫星之间的升交角距相差90°，一个轨道平面上的卫星比相邻轨道平面上的相应位置卫星升交角相差30°；卫星轨道为椭圆形，平均高度约为20 200km，运行周期大约为11h58min。GPS的地面控制部分主要由分布全球的6个地面站构成，其中包括卫星监测站、主控站及备用主控站、信息注入站，分别位于科罗拉多（Colorado）、盖茨堡（Gaithersbug）、夏威夷（Hawaii）、南大西洋的阿松森群岛（Ascension）、印度洋的迪哥加西亚（Diego Garcia）和南太平洋的卡瓦加兰（Kwajalein）。GPS系统的用户设备部分由GPS接收机硬件和相应的数据处理软件及微处理机及其终端设备组成。GPS接收机硬件包括接收机主机、天线和电源，它的主要功能是接收卫星发播的信号，获取定位的观测值，提取导航电文中的广播星历、卫星钟改正等参数，经数据处理而完成导航定位工作；GPS软件是指各种后处理软件包，它通常由厂家提供，其主要作用是对观测数据进行精加工，以便获得精密定位结果。

GPS现代化计划中，采用的主要技术措施有：①关闭SA信号，改善空间信号的精度，消除因SA产生的伪距误差；②更新GPS信号结构，增加第三民用信号L5，该信号比L1信号具有增加带宽、提高码元速率、增加发射功率，以及改进数据奇偶检查等优势；③启动GPS Block Ⅲ卫星计划，重点表现为放弃目前的MEO轨道的GPS星座，转而采用"HEO+GEO"的星座形式，同时GPS Block Ⅲ卫星将会采用M码波束技术；④更新GPS地面设施，提高监测卫星信号的能力，使得控制网络更为强大，提高GPS在民用和军用方面的精度和安全性。

5.1.2 北斗系统

1983年，"两弹一星"功勋奖章获得者陈芳允院士与合作者提出利用两颗同步定点卫星进行定位导航的设想，这一系统称为"双星定位系统"。这个系统由两颗在经度上相差一定距离（角度）的同步定点卫星、一个运行控制主地面站和若干个地面用户站组成。主地面站发射信号经过两颗同步定点卫星到用户站；用户站接收到主地面站发来的信号后，立即做出回答，回答信号经过这两颗卫星返回到主地面站。"主站—两颗卫星—用户站"之间的信号往返，可以测定用户站分别到两颗卫星的斜距。假设大略知道用户站所在地至地心的距离，这样，已知空间3个点（两颗卫星和一个地心）的位置和已知用户站至这3个点的距离，就可以通过设在主地面站中的大型计算机计算得到用户站的位置。然后，主地面站将用户站的位置信息经过卫星通知用户站。这就是定位过程。用户站要有发射和接收设备。主地面站和用户站之间还可以互通简短的电报。根据这一设想，中国研制了北斗导航卫星系统。2000年10月和12月中国发射了两颗"北斗一号"工作卫星，并于2003年5月发射了备份卫星，标志着第一代北斗导航系统的建成，北斗一代形成的双星定位系统，可向中国大陆境内和台海周边地区提供有源定位服务。中国自行建设的"北斗一号"卫星导航定位系统除在国防建设上有着重要作用外，在国民经济领域也有着非常广泛的应用前景。

北斗卫星导航系统由空间段、地面段和用户段三部分组成，可在全球范围内全天候、全天时为各类用户提供高精度、高可靠定位、导航、授时服务，并具有短报文通信能力，已经初步具备区域导航、定位和授时能力，定位精度为10m，测速精度为0.2m/s，授时精度为10ns。第二代北斗卫星导航系统（北斗区域导航卫星系统）由14颗卫星组成，包括5颗地球静止轨道（GEO）卫星、5颗倾斜地球同步轨道（IGSO）卫星和4颗中地球轨道（MEO）卫星。2012年12月27日，北斗区域卫星导航系统宣布正式投入运行，北斗系统空间信号接口控制文件正式版1.0公布，北斗导航业务正式对亚太地区提供无源定位、导航、授时服务。2013年12月27日，北斗卫星导航系统正式提供区域服务一周年新闻发布会在国务院新闻办公室新闻发布厅召开，正式发布了《北斗卫星导航系统公开服务性能规范（1.0版）》和《北斗卫星导航系统空间信号接口控制文件（2.0版）》两个系统文件。

2014年11月23日，国际海事组织（IMO）海上安全委员会审议通过了对北斗卫星导航系统认可的航行安全通函，这标志着北斗卫星导航系统正式成为全球无线电导航系统的组成部分，取得面向海事应用的国际合法地位。

2015年3月，第17颗北斗导航卫星发射成功，标志着中国北斗卫星导航系统启动实施由区域运行向全球拓展。北斗全球卫星导航系统将由5颗地球静止轨道（GEO）卫星和30颗非地球静止轨道（Non-GEO）卫星组成。GEO卫星分别定点于58.75°E、80°E、110.5°E、140°E和160°E。Non-GEO卫星由27颗MEO卫星和3颗IGSO卫星组成。其中，MEO卫星轨道高度为21 500km，轨道倾角为55°，均匀分布在3个轨道面上；IGSO卫星轨道高度为36 000km，均匀分布在3个倾斜同步轨道面上，轨道倾角为55°，3颗IGSO卫星星下点轨迹重合，交叉经度为118°E，相位差为120°。2017年11月5日，我国成功发射两颗北斗三号全球组网卫星，2018年完成18颗全球组网卫星发射，为"一带一路"沿线国家服务，2020年左右完成全球系统建设。

5.1.3 Galileo系统

2005年12月，第一颗Galileo试验卫星GIOVE-A成功进入预定轨道，并于2006年1月开始向地面发送信号，开启了Galileo系统的序幕。Galileo系统是欧洲自主的、独立的全球多模式卫星定位导航系统，提供高精度、高可靠性的定位服务，同时它实现完全非军方控制、管理。Galileo系统由欧洲太空局和欧洲联盟发起并提供主要资金支持，不仅能够使欧洲在交通管理和遥测设施建设方面摆脱对美国和俄罗斯的依赖，而且还能给欧洲的设备制造和应用服务带来巨大的经济效益，同时创造许多全新的就业机会。

Galileo系统能够与美国的GPS、俄罗斯的GLONASS系统实现多系统内的相互兼容，任何用户将来都可以用一个接收机采集各个系统的数据或者各系统数据的组合来实现定位导航的要求，Galileo系统可以分发实时的米级定位精度信息，这是现有的卫星导航系统所没有的。同时，Galileo系统能够保证在许多特殊情况下提供服务，如果失败也能够在几秒钟内通知用户，对安全性有特殊要求的情况，如运行的火车、导航汽车、飞机着陆等，Galileo系统的应用特别适合。

2013年3月，欧洲航天局首次利用在轨卫星进行了地面定位。2015年9月，Galileo系统第9颗、第10颗全面运行能力卫星（FOC）由"联盟号"火箭搭载发射升空。按照系统设计方案，建成后的Galileo系统将由30颗导航卫星构成，其中27颗为工作卫星，3颗为候补卫星，卫星高度为23 616km，位于3个倾角为56°的轨道平面内。

Galileo系统是世界上第一个基于民用的全球卫星导航定位系统，投入运行后，全球用户将使用多制式的接收机，获得更多的导航定位卫星信号，其将无形中极大地提高导航定位的精度，这是Galileo系统给全球用户带来的便利。

5.1.4 GLONASS系统

GLONASS系统是苏联从20世纪80年代初开始建设的卫星导航系统，由卫星星座、地面监测控制站和用户设备三部分组成。GLONASS系统的卫星星座由24颗卫星组成，均匀分布在3个近圆形的轨道平面上，每个轨道面有8颗卫星，轨道高度为19 100km，运行周期为11h15min，轨道倾角为64.8°。

与美国的GPS系统不同的是，GLONASS系统采用频分多址(FDMA)方式，根据载波频率来区分不同卫星［GPS是码分多址（CDMA），根据调制码来区分卫星］。每颗GLONASS卫星播发的两种载波频率分别为L_1=1,602+0.5625k(MHz)和L_2=1,246+0.4375k(MHz)，其中k=1～24，为每颗卫星的频率编号。GLONASS卫星的载波上也调制了两种伪随机噪声码：S码和P码。俄罗斯对GLONASS系统采用了军民合用、不加密的开放政策。

GLONASS 卫星由质子号运载火箭一箭三星发射入轨，卫星采用三轴稳定体制，整体质量为 1400kg，设计轨道寿命 5 年。所有 GLONASS 卫星均使用精密钟为其频率基准。第一颗 GLONASS 卫星于 1982 年 10 月 12 日发射升空。GLONASS 系统的主要用途是导航定位，当然与 GPS 系统一样，其也可以广泛应用于各种等级和种类的测量应用、GIS 应用和时频应用等。

GLONASS 由星座、地面支持系统、用户设备 3 个部分组成。GLONASS 星座由 27 颗工作星和 3 颗备份星组成。27 颗星均匀地分布在 3 个近圆形的轨道平面上，这 3 个轨道平面两两相隔 120°，每个轨道面有 8 颗卫星，同平面内的卫星之间相隔 45°。地面支持系统由系统控制中心、中央同步处理器、遥测遥控站（含激光跟踪站）和外场导航控制设备组成。系统控制中心和中央同步处理器位于莫斯科，遥测遥控站位于圣彼得堡、捷尔诺波尔、埃尼谢斯克和共青城。用户设备(即接收机)能接收卫星发射的导航信号，并测量其伪距和伪距变化率，同时从卫星信号中提取并处理导航电文；接收机处理器对上述数据进行处理并计算出用户所在的位置、速度和时间信息。

GLONASS 卫星虽然已于 1996 年组网成功，并正式投入运行，但由于多方面原因，系统没有得到持续维护，至 2000 年年底卫星数量已减少至 6 颗。随着经济情况好转，俄罗斯政府制定了"拯救 GLONASS"的补星计划，并着手对系统进行现代化改造。2010 年后重新建成由 24 颗 GLONASS-M 卫星和 GLONASS-K 卫星组成的卫星星座；2015 年发射新型的 GLONASS-KM 卫星，改进地面控制系统和坐标系统，使其与 ITRF 框架保持一致，提高卫星钟的稳定度，以进一步改善系统的性能。

5.2　海洋导航定位技术

导航定位是海洋调查和勘测的基础，导航定位的精度直接影响勘测数据的质量和可信度，从而进一步影响海洋工程的实施和海洋科学研究的深入。导航定位在大洋资源调查中的作用更是不可小视，导航定位对于矿区的勘测和研究影响甚大，大量深潜设备在大洋调查中将更广泛使用，水下导航定位技术的深入研究和开发是仪器设备安全潜航的保障。

对于海洋调查来说，导航定位技术可以分为水面舰船的导航定位、水下潜器和载体的导航定位及海图综合导航等。

5.2.1　水面舰船导航定位技术

目前，水面舰船导航定位技术多使用的是 GPS 卫星导航定位，它利用 GPS 接收机接收导航卫星发射的信号，从而获取 GPS 接收机当前位置的大地坐标、高程和时间等信息，达到定位、导航或测量高程的目的。卫星导航定位技术被广泛应用于海洋勘测、海洋调查、海洋科学研究、海洋工程、海洋开发和军事作战中，它的高精度、快捷方便、全天候等优良特性，使其越来越受到人们的青睐。

目前，常用的卫星动态定位技术主要包括 RTK/PPK、星站差分、网络 RTK 和精密单点定位等，可为水面舰船导航定位提供多样化的选择和稳定可靠的服务，下面将对几种主要卫星动态定位技术进行介绍。

1. RTK/PPK 技术

RTK（real time kinematic）是一种利用载波相位观测值进行实时动态相对定位的技术（图 5-1）。进行 RTK 测量时，利用两台或两台以上 GNSS 接收机同时接收卫星信号，其中一台安置在已知坐标点上作为基准站，其他则作为流动站，基准站通过数据链将其观测值和坐标信息一起传送给流动站，流动站在系统内组成差分观测值进行实时处理，同时给出定位结果。

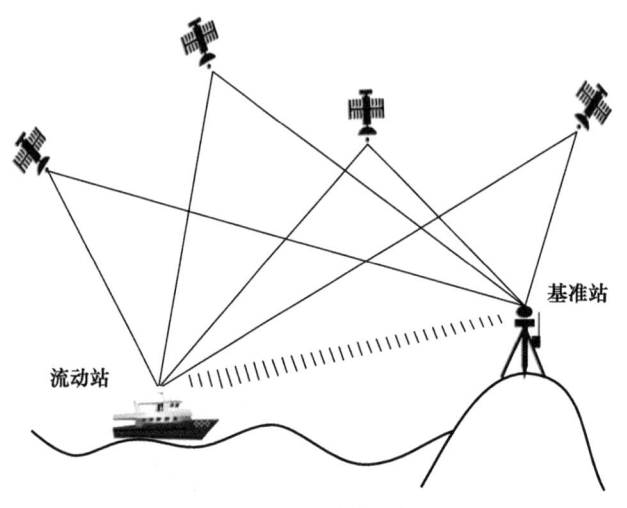

图 5-1　RTK 测量示意图

RTK 技术在测量过程中可以不受通视条件限制、速度快、精度高，各测量结果之间误差不累积，流动站可随时给出厘米级定位结果，这些优点使 RTK 技术得到迅速应用。但 RTK 也存在一些不足之处，主要是随着流动站与基准站之间距离的增加，各种误差的空间相关性将迅速下降，导致观测时间增加，甚至无法固定整周模糊度而只能获得浮点解，因此在 RTK 技术测量中流动站和基准站之间的距离一般小于 20km（Landau et al., 2002）。由于流动站的坐标只是根据一个基准站来确定的，因此可靠性一般。

PPK（post processed kinematic）技术是一种与 RTK 相对应的定位技术，是利用载波相位观测值进行事后处理的动态相对定位技术。PPK 技术与 RTK 技术相比，区别在于事后处理，同样可以达到厘米级的定位精度，且用户无需配备数据通信链，缺点是无法得到实时的定位结果。

通常而言，对于海洋大地测量关心的精确定位，所关注的主要是位置的精确性，采用后处理方式不仅可以保证较高的位置确定精度，也可以减少在远距离定位应用情况下的差分信号实时传输的通信技术限制。

2. SBAS 技术

SBAS（satellite-based augmentation system），即星基增强系统，通过地球静止轨道（GEO）卫星搭载卫星导航增强信号转发器，可以向用户播发星历误差、卫星钟差、电离层延迟等多种修正信息，实现对于原有卫星导航系统定位精度的改进。目前，全球已经建立起了多个 SBAS 系统，如美国的 WAAS、俄罗斯的 SDCM、欧洲的 EGNOS、日本的 MSAS 及印度的 GAGAN，定位精度一般为 1～3m。

SBAS 系统由 GEO 卫星、监测站、上行注入站和主控站组成，如图 5-2 所示，其工作原理为：①由分布广泛且位置已知的监测站对导航卫星进行监测，获得原始定位数据（伪距、载波相位观测值等），并送至中央处理设施（主控站）；②主控站通过计算得到各卫星的各种定位修正信息，通过上行注入站发给 GEO 卫星；③GEO 卫星将修正信息播发给广大用户，从而达到提高定位精度的目的。

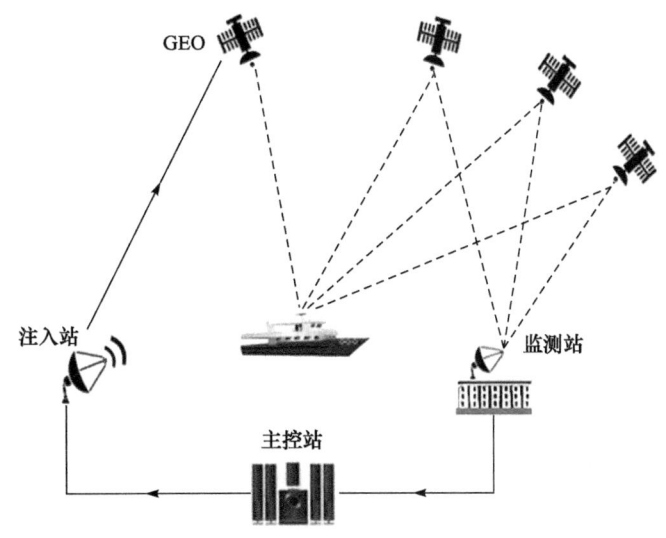

图 5-2　SBAS 系统工作原理图

SBAS 系统的主要特点为：①在误差处理方法上，其由主控站分离空间的相关性，分别计算出星历误差、星钟误差及大气传播延迟误差以提高定位精度；②主控站发播的电文除了修正数据以外，还有完善性信息，使得该通信卫星也能提供测距，增加了星座中的卫星数目，提高了系统的可用性和连续服务性；③用户设备不必另设数据链的射频接收部分，只要将接收机留出一个接收通道，加设电文提取和处理程序即可。

在远海大洋精确定位实践中，目前采用的以卫星通信方式提供改正量服务的技术，本质上是广域差分的一种实时高精度定位的整体实现技术。

3. 网络 RTK 技术

网络 RTK 技术又称多基准站 RTK，是近年来在常规 RTK、计算机技术、通信网络技术的基础上发展起来的一种实时动态定位新技术。与常规 RTK 技术相比，网络

RTK 技术同样可以达到厘米级的定位精度，且参考站间距离达到 50~100km（图 5-3），在覆盖范围、定位精度、系统可靠性和作业成本等方面均优于常规 RTK（Hu et al.，2003）。目前，国内外相对成熟的网络 RTK 技术有虚拟参考站技术（VRS）、区域改正参数技术（FKP）、主辅站技术（MAC）、增强参考站网络技术（ARS）和综合误差内插技术（CBI）。

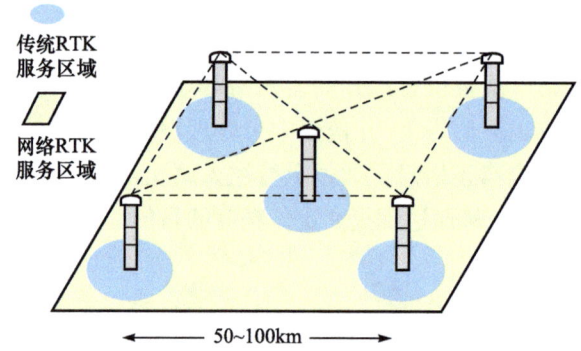

图 5-3　网络 RTK 与 RTK 作用距离对比图

（1）虚拟参考站技术（virtual reference station, VRS）

虚拟参考站技术定位原理是，处理中心实时接收基准站网络内各个参考站的观测数据和流动站的概略坐标，在概略坐标处生成一个虚拟参考站，并对该虚拟参考站处的对流层、电离层延迟等空间距离相关误差进行建模，生成 VRS 虚拟观测值，再将虚拟参考站处的标准格式的观测数据或者改正数发给流动站，从而实现流动站的实时高精度定位。

（2）区域改正参数技术（flchen korrektur parameter, FKP）

基于状态空间模型（state space model, SSM），区域改正参数技术原理为：数据处理中心首先计算出网内电离层和几何信号的误差影响，再把误差影响描述成南北方向和东西方向区域参数，然后以广播的方式发播出去，最后流动站根据这些参数和自身位置计算误差改正数。

（3）主辅站技术（master-auxiliary concept, MAC）

主辅站技术基于多参考站、多星观测、多频和多信号处理算法，吸取了 VRS 格式标准化和 FKP 在数据处理方面的优势。其基本原理为：从参考站网以高度压缩的形式，将所有相关的、代表整周未知数水平的观测数据，如弥散性的和非弥散性的差分改正数，作为网络的改正数据播发给流动站。

（4）增强的虚拟参考站技术（augmentation reference station, ARS）

增强的虚拟参考站技术是针对 VRS 技术（单基线差分，没有充分利用多余信息，传输原始观测数据，数据量较大）和 MAC 技术（单历元需要传输多个基准站的改正信息，数据量较大）的不足，融合基准站网络的观测数据，采用多基线解的方法对流动站进行差分定位，基准站误差改正数的加权平均值作为 ARS 观测值。

（5）综合误差内插的方法（combined bias interpolation, CBI）

综合误差内插的方法基本思想是：在计算基准站的改正信息时，将电离层和对流层误差作为一个整体计算，不分开计算，也不发给用户各个基准站的全部改正信息，而是将数据统一处理后的所有基准站的综合误差改正信息发播给用户。

各种网络 RTK 算法各有优缺点，但都能达到厘米级定位精度，目前应用最广泛的是 VRS 技术和 MAC 技术，各技术方法在解算精度、稳定性等方面的综合对比见表 5-1。

表 5-1　各种网络 RTK 技术的对比

内容	VRS	FKP	MAC	ARS	CBI
研发单位	Trimble 公司	Geo++ 公司	Leica 公司	西南交通大学	武汉大学
解算精度	高	高	较高	高	高
解算稳定性	高	高	较高	高	高
误差建模	服务器端	用户端	用户端	服务器端	服务器端
通信方式	双向通信	单向通信	双、单向通信	双向通信	单向通信
数学模型	双差观测模型、内插模型	整体网的非差观测模型、卡尔曼滤波	双差观测模型、各模型兼容	双差观测模型、卡尔曼滤波	双差观测模型、内插模型
参考站	一个主参考站，全部基准站都参与解算	无主参考站，取距离最近的 3 个基准站	一个主参考站（不一定取距离最近的）	不选择主参考站	根据流动站和基准站的相对位置灵活选择

4. 精密单点定位

传统的标准单点定位（standard point positioning, SPP）采用伪距观测值和广播星历提供的卫星轨道和卫星钟差参数进行导航和定位。受广播星历和伪距观测精度限制，单点定位精度仅为数米至数十米，无法满足高精度定位需求。精密单点定位技术（precise point positioning, PPP）的出现改变了以往只能使用差分定位模式才能达到较高精度的情况，是卫星定位技术继 RTK 技术、网络 RTK 技术后的又一次技术革命（李征航等，2009），它仅需单台接收机就可实现高精度的动态和静态定位，作业效率高、费用低，适用于各种环境，同时也为大范围、大规模控制网数据处理提供了一种新的解决思路，成为 GNSS 技术研究的热点之一。

PPP 技术是利用 IGS 或其他机构提供的精密卫星轨道和钟差产品（表 5-2），采用单台 GNSS 接收机所采集的载波相位和伪距观测值实现高精度定位。将卫星定位误差划分为轨道误差、卫星钟差、电离层延迟误差、对流层延迟误差和接收机钟差等，通过建立全球参考站网络解算得到高精度的卫星轨道和钟差，采用消电离层组合消去电离层延迟，将对流层延迟、接收机钟差作为未知参数与测站坐标、卫星模糊度参数一起解算，获取高精度的定位结果（郭斐，2013）。

表 5-2 精密星历与钟差产品信息

GPS 星历及钟差		精度	时延	采样间隔	发布机构
广播	轨道	100cm	实时	/	CDDIS、SOPAC、IGN
	钟差	5ns			
超快（预测）	轨道	5cm	实时	15min	CDDIS、IGS CB、SOPAC、IGN、KASI
	钟差	3ns			
超快（实测）	轨道	3cm	3~9h	15min	CDDIS、IGS CB、SOPAC、IGN、KASI
	钟差	150ps			
快速	轨道	2.5cm	17~41h	15min	CDDIS、IGS CB、SOPAC、IGN、KASI
	钟差	75ps		5min	
最终	轨道	2.5cm	12~18d	15min	CDDIS、IGS CB、SOPAC、IGN、KASI
	钟差	75ps		5min	

随着精密星历和钟差产品精度的提高，以及各种误差改正模型的优化与完善，目前后处理 PPP 技术能够达到厘米级精度，实时 PPP 技术也能够达到分米级甚至厘米级的精度，但实时性的大规模应用还需解决模糊度快速估计等关键问题。

5.2.2 水下导航定位技术

随着世界人口的急剧增长和陆地资源及能源的日渐枯竭，世界各国把寻找替代能源和潜在资源的目光由陆地投向大洋，大洋的调查研究逐渐得到重视，随着大洋调查研究的深入，常规的调查手段已不能满足研究要求，深潜器、ROV 和 AUV 等水下深潜设备将被用于深海资源的精细勘察，如何最大限度地保障水下潜器的安全巡航和作业是值得深入研究的课题。众所周知，电磁波在水体中衰减较快，因此被广泛用于水面舰船的 GPS 导航定位技术已不适用于水下载体的导航定位。

水下载体的导航定位可以采取多种方式进行，下面简要进行阐述。

1. 直接导航

（1）声学导航

通过水下潜器和母船间的声信号传递进行水下导航，可以分为基线导航和多普勒声学导航。基线导航包括长基线（LBL）、短基线（SBL）和超短基线（USBL）等几种，也可以同时使用几种基线进行组合导航，基线导航系统由声发射换能器阵和声应答器阵组成。多普勒声学导航以声学多普勒效应为基础，利用声学遥测手段实时测量水下运动载体相对于海底的速度，结合载体的运动方向，经积分运算求得运动载体的位置和轨迹。

（2）惯性导航

惯性导航以牛顿力学定律为基础，通过陀螺仪、加速度计测量载体的加速度和姿态，同时对加速度在时间域积分，获取载体的速度，从而实现导航的目的。惯性导航被广泛应用于军事部门,如潜艇的导航、航天器的导航、武器制导等。惯性导航的优点是能进行自主式导航,在短期内精度甚高,但缺点是导航误差将随时间累计而增加,需要借助于其他手段进行校正。

2. 辅助导航

（1）同步定位制图导航（simultaneous localization and mapping, SLAM）

同步定位制图导航也称为 CML(concurrent mapping and localization, CML),最早由 Smith Self 和 Cheeseman 提出来,被应用于移动机器人在未知环境中的导航定位（罗荣华,2004）。其基本思想是,移动机器人利用自身携带的传感器识别未知环境中的特征标志,然后根据机器人与特征标志之间的相对位置和里程计的读数估计机器人和特征标志的全局坐标。该种导航方法也可以应用于水下潜器的导航定位,但需要进行深入探索,因为 SLAM 在陆地移动机器人的导航中仍存在超多维、数据关联和累计误差等问题。

（2）利用海底地形、重力场或磁力场进行辅助导航

其基本思想是,获取探测区的海底地形、重力场或磁力场数据资料,制作成相应的高分辨率数据库,当潜器进行水下活动时,利用相应的探头实时采集数据,同时利用实时采集的小片数据与已知数据库进行相关分析和异常匹配,从而对水下潜器的导航位置进行及时修正,达到辅助导航的目的。

下面以基于多波束测深系统的水下辅助导航定位技术为例进行阐述。

精确导航是潜艇、水下航行器长距离安全航行的基本保障。惯性导航系统已成为潜艇的核心导航设备。然而,需用外部信息定期对其进行校准。目前,多采用天文导航信息、无线电导航信息及卫星导航信息来校准惯导。对于水下自主导航式潜器来说（如无缆深潜器）,无法用 GPS 或无线电信号进行校准,而海底地形辅助导航方法是一种解决惯导系统水下校准问题的有效方法。

1）基于海底地形进行潜器辅助导航的基本原理

海底地形辅助导航系统首先由惯性导航系统提供潜器的基本位置信息,根据该位置坐标,从存储在计算机中的精细海底地形数据库中读取相关区域的地形数据,然后将多波束声呐测深仪测得的航线下方的地形信息一同送给数据处理计算机,进行地形匹配,得到最佳匹配点,利用该匹配点的位置信息对惯导系统进行校正,从而有效地提高惯导系统的定位精度。因此,对海量数据的快速检索、显示及地形匹配算法是基于海底地形进行潜器辅助导航的关键。地形匹配是利用潜器上实时传感器获取的实时地形（实时图）,与保存在水下潜器计算机的参考地形数据（参考图）进行比较,从而获取水下潜器的位置更新。

2）B-tree 树检索算法

多波束测深系统与传统单波束测深系统显著的不同是,多波束采取条幅式的测量方式获取海底全覆盖数据,其优势是显而易见的,但同时其也会导致勘测的数据量大,仅大陆架多波束专项获取的原始多波束数据就有数百 G 的数据量，如果再算上后续项目获取的原始多波束数据，其数据量更是惊人。如果仅仅为了制图需要，一般的中小比例尺根本不需要如此多的原始数据，仅需要网格化后的数据就可以满足要求，但如果用于潜器辅助导航，则需要原始勘测的多波束数据，因为进行实时匹配的是很小范围的地形数据，采用原始数据将提高匹配精度。因此，如何从原始多波束数据库中实时、快速提取匹配数据非常关键。其基本构想是对全海域多波束数据进行有规律的图幅分割，并按图幅的最小包围框（boundary）建立索引图层，在索引图层中按最小包围框建立四叉树，四叉树的最小节点对应最小分割图幅，该基于最小包围框的四叉树，我们称之为 B-tree，基于该四叉树进行图幅检索将大大加快目标图幅的查询速度。

3）基于小波的快速匹配算法

海底地形匹配主要包括特征空间、相似性度量、搜索策略 3 个方面。在匹配时，相似性准则用于衡量输入图像与参考图的相似性测度。目前，研究人员研究了大量的相似性准则，包括绝对差 (MAD) 相关、归一化的互相关系数、统计相关、匹配滤波器、局部相关、均方根误差、掩模相关（mask corelation）等。由于多波束测深系统能实时获得海底一定条带范围内的海底地形，因此，采用去均值归一化的互相关系数作为相似性度量，即相关系数最大的区域被认为是匹配点。

小波分析作为一种时频局部化方法，是傅里叶变换的一种扩展，其基本思想是，首先寻找一个满足一定条件的基本小波函数，通过基本小波函数的平移和伸缩构成小波函数族，利用这一小波函数族去逼近所要研究的信号，便于分析和处理。小波变换是多分辨率分析的强有力的工具，多分辨率分析，其实质是把信号向一系列嵌套的子空间投影。原始的空间 V0 被分解为低分辨率级的子空间 V1，V0 与 V1 的差空间 W1 空间。类似地，可继续把 V1 空间分解为 V2 与 W2 空间。以此类推，对于一个信号的 N 级分解，可以得到 $N+1$ 个子空间。

二维正交小波变换等价于行方向和列方向分别进行一维的正交小波变换。因此，在实际变换中，利用低通和高通滤波器先对地形图沿行方向进行一维分解，然后再沿列方向进行分解，即小波变换将地形高程数据按不同频带宽度、不同分辨率分成子带图像，每一层小波分解成 4 个子带，即垂直和水平方向均为低频的子带图像 LL，水平方向低频和垂直方向高频的子带 LH，垂直方向低频和水平方向高频的子带 HL，以及垂直和水平方向均为高频的子带 HH。LL 包含图像的平均信息，LH、HL、HH 包含地形高程变化的方向信息。此算法主要利用了子带 LL 中的信息。

逐步迭代精匹配计算法的步骤为：①将参考图和实时图进行两层小波分解。②在低频子带图像 LL 中，逐点计算两幅图之间的归一化相关系数。③对相关系数进行排序，找出相关系数为最大值的坐标位置，并计算经小波反变换后该点在原参考图中的位置坐标。④在所得参考图中位置坐标的 5 个网格邻域内逐点计算相关系数，当相关系数为最大值时，该点为最佳匹配点，此点的坐标信息输出作为调整惯导的参数，用于矫正因时间积累产生的惯导定位误差。

5.2.3 基于电子海图的导航技术

1. 电子海图概述

电子海图显示与信息系统(electronic chart display and information system，ECDIS)，也称为 ECS(electronic chart system)，简言之是将全部导航设备组合为一体的电子系统（如将海图信息、导航定位信息、船舶运动参数、测深仪、雷达等组合在一起），该技术兴起于 20 世纪 70 年代末，80 年代以来，由于 IHO 和 IMO 的介入和推动，其得到快速发展。1986 年 7 月，IHO 和 IMO 开始合作，IHO 成立专门委员会研究 ECDIS，同年 10 月成立了 COE。1987 年 1 月，成立了 IHO/IMO 协调工作组，G.Zickwoll 博士任主席；同年 6 月，挪威和丹麦为了获得制作地区性 ECDB(电子海图数据库)的方法和修改电子海图的方式，牵头进行了北海工程试验；11 月，COE 的专家在海牙召开会议，讨论并起草了 ECDIS 的性能标准和技术规范。1988 年 10 月，IHO 通过该技术规范。挪威在北海试验电子海图成功后，又用 4500t 的邮船 Nornews Express 号进行实船试验（SEATRANS 工程）。

目前，IHO 的 ECDIS 委员会已经组成 6 个小组分别制定有关标准，包括一般标准、修改标准、术语标准、颜色和符号标准、数据库标准和质量标准。在一般标准中给出了 ECDIS 的配置要求，包括一个中央处理器、两个存储设置和 3 个显示器（图 5-4）。

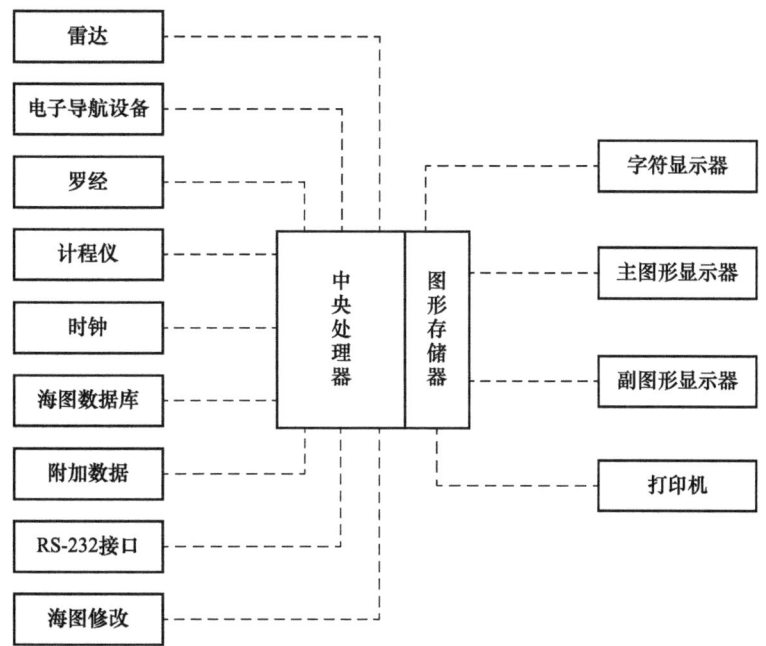

图 5-4　ECDIS 基本组成

2. 专用电子导航地图的制作

ECDIS 并非强制性规范，其标准也在不断修改和完善中，包括中国在内的许多国家正在探索其实用于航海的可能性，到目前为止，还仅作为航海的一种辅助导航手段，并不能完全替代传统的纸质海图。从图 5-4 中可以看出，即使是按照一般标准的 ECDIS 也有较复杂的组成，因此如果严格按照相关国际规范建立完备的 ECDIS 将是一项极其复杂的系统工程，需要国家权威部门的参与，因此，对于海洋调查研究来说，短期内难以应用真正意义上的 ECDIS，但可以借鉴电子海图的基本思想为海洋调查提供服务，建立能满足现阶段海洋调查需求的电子地图系统。

基于所研制的成图系统，可构建用于海洋调查导航定位使用的电子地图，但导航用电子地图显然不同于一般的图形文件，作为导航背景显示测区的地形、环境要素应仅是电子地图的一项辅助功能，其更主要的目的在于，提供实时调查的参考信息，如实时显示母船和水下潜器所处的水深，以保障其安全航行，实时显示作业区的地质信息为首席提供决策，甚至基于电子地图进行测区和测线设计。针对上述目的，电子地图应该由导航层、水深层和专业层组成，为了快速显示当前作业处的信息，还应该提供索引层（图 5-5），图层结构的灵活性和可扩展性也为更多实用信息及时加入到电子地图中提供了可能。

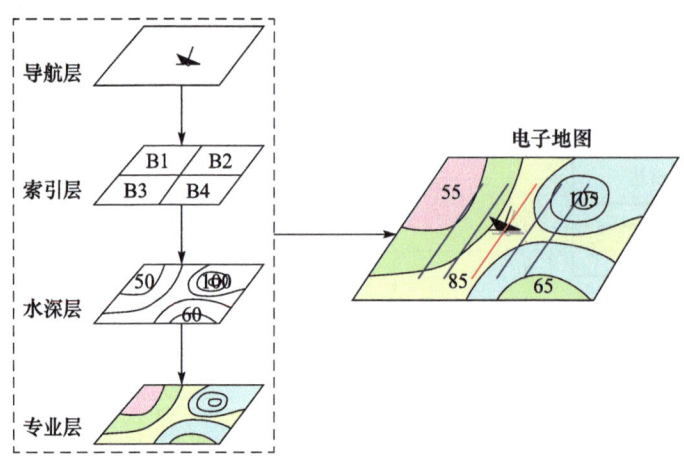

图 5-5　专用电子导航地图构成示意

参 考 文 献

陈朝, 汤天浩. 2010. 基于混沌扩频 CDMA 的伽利略卫星定位系统编码技术. 信息与电子工程, 8(2): 128-133.

程鹏飞, 李玮, 秘金钟. 2012. 北斗导航卫星系统测距信号的精度分析. 测绘学报, 41（5）: 690-695.

郭斐. 2013. GPS 精密单点定位质量控制与分析的理论和方法. 武汉: 武汉大学.

李征航, 张小红. 2009. 卫星导航定位新技术及高精度数据处理方法. 武汉: 武汉大学出版社.

罗荣华，洪炳镕. 2004. 基于信息融合的同时定位与地图创建研究. 哈尔滨工业大学学报，36 (5)：566-569.

唐卫明，邓辰龙，高丽峰. 2013. 北斗单历元基线解算算法研究及初步结果. 武汉大学学报（信息科学版），38（8）：897-901.

魏子卿，葛茂荣. 1998. GPS 相对定位数学模型. 北京：测绘出版社.

肖国锐，隋立芬，刘长建，等. 2014. 北斗导航定位系统单点定位中的一种定权方法. 测绘学报，43（9）：902-907.

杨元喜. 2010. 北斗卫星导航系统的进展、贡献与挑战. 测绘学报，39（01）：1-6.

Hu G, Khoo Hock Soon Victor, Goh Pong Chai，et al. 2003. Development and assessment of virtual reference stations for RTK positioning. Journal of Geodesy, 77 (5-6): 292-302.

Landau H, Vollath U, Chen X. 2002. Virtual reference station systems. Journal of Global Positioning Systems, 1(2): 137-143.

Xu G, Xu Y. 2016.GPS: Theory, Algorithms and Applications, 3rd Edition.Verlag Berlin Heidelberg:Springer.

第 6 章　潮位测量技术

潮位测量技术是海底地形地貌调查的最基本内容之一，目的在于消除潮汐的影响，将观测的瞬时水深值校准到统一的基准面上，以便开展后续的应用与研究工作。潮位测量在确定平均海平面和深度基准面、潮汐表制作、风暴潮预报、海上作战指挥、海底电缆的敷设、地震预报等国防和经济建设方面也具有很重要的意义。

随着科技水平不断提高，潮位测量技术也得到了迅猛发展。早期主要借助于水尺进行观测，虽然使用简单方便，但不能连续自记，耗时、费力。自记水位计的出现解决了水尺观测所遇到的问题，且自记水位计具有记录连续、完整，仪器精度和采样频率高等优点。自记水位计的问世将潮位观测水平从简单、费时发展到自动化、数字化、无人值守，既提高了验潮精度，又节省了人力成本。现在潮位测量中普遍采用自记水位计，水尺观测多用于临时潮位站的潮位观测或永久观测站上的自记水位计的潮位校核。

总结现有的潮位测量技术，其大致可分为常规的基于验潮站模式和基于 GPS 或者 RTK 技术的无验潮测量模式。有验潮站模式的潮位测量可实时测定海面的潮位信息，具有科学直观的特点；无验潮测量模式通过船姿改正可以解决水位、风浪对水下地形测量的影响。无验潮水下地形测量在风浪、潮差较大区域的测量作业更显现出作业优势。

6.1　常规潮位测量技术方法

6.1.1　常见的潮位测量仪器和方法

潮位测量是指在固定地点测量自由海面距离固定基准面的高度。水位的变化除了天体引潮力作用下水体发生的周期性垂直涨落，还包含了风、气压、陆地径流等因素引起的非周期性变化，故潮位观测得到的结果是以上各种变化的综合结果。潮位测量不仅为水深测量提供潮汐改正值，而且为潮汐分析提供数据，计算观测期间的平均海平面、深度基准面等参数。通常情况下测量时间不少于一个月。

潮位测量的方法有很多种，随着科学技术的发展，潮位测量的方法也不断发展、更替。早期多采用水尺法、浮子式验潮仪（陈宗镛，1980；阮锐，2001）。

1. 水尺

水尺验潮采用水准尺测量潮位，通常利用人工方法读取观测值（图 6-1）。水尺可由耐腐蚀、易清洁的搪瓷板、高分子板或不锈钢板制作而成，其尺度刻划一般至 1cm。

水尺通常采用直立式、倾斜式和悬锤式，在潮差大的海区，也可以布设成多个短桩以接力方式观测潮位。水尺验潮设备布设简单、易于操作，但观测常受到波浪的影响，精度低；长期观测人力投入较大，数据无法自动化处理，目前仅用于各种自动化的潮位计的潮位校准和临时潮位观测。

2. 浮子式验潮仪

浮子式验潮仪通常由浮筒、平衡锤、钢丝、绳轮和记录装置组成，如图6-2所示。浮子式验潮仪是利用水面上的浮筒随水面起伏，通过钢丝带动绳轮转动，绳轮带动记录笔在匀速转动的记录纸上画线，达到自动记录潮位的目的。随着技术的发展，浮子式验潮仪的记录方法也由传统的纸墨模拟量转化为数字式记录存储。浮子式验潮仪通常配套建设消波作用的验潮井。验潮井按其建筑结构形式分为岛式和岸式两种，验潮井多为圆形，内径为0.7～1m，井壁底有进水孔，具有较好的随潮性和消波性。

图 6-1 水尺观测潮位

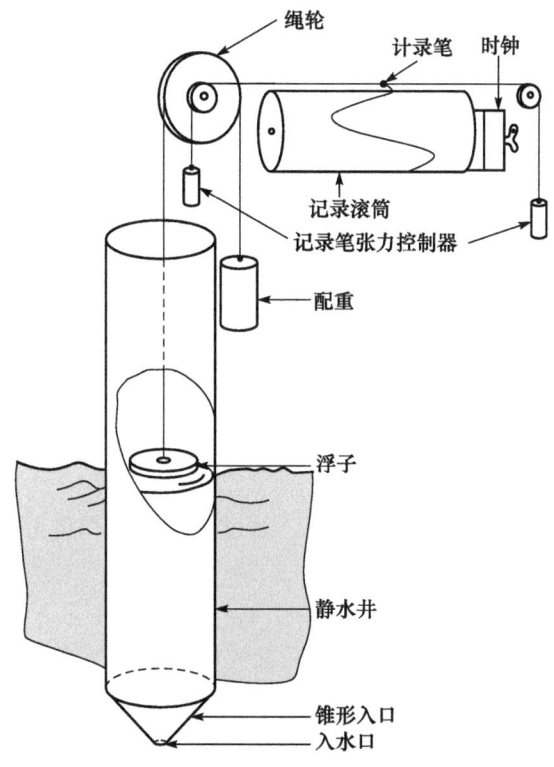

图 6-2 浮子式验潮仪的示意图

浮子式验潮站存在以下不足：验潮井的建设投资大，后续的维护工作繁重；验潮井的设计、安装对潮位的测量有重要的影响，波浪的抽吸效应、井内外流速差和密度差会造成井内外的水位差；消波孔受到海洋生物的污染、堵塞造成潮时和潮位的观测误差；浮子式验潮仪的机械转动机构在恶劣的海况环境下长期使用后，存在轴承等传动装置磨损、锈蚀等固有问题，引起测量误差（Beckers et al.，1981；朱光文和霍树梅，1990；康寿岭和张齐，1993）。

3. 压力式验潮仪

以水下压力、声学原理和雷达原理为基础的新型验潮仪逐渐取代了静水井浮子式验潮仪（IOC，2002，2006）。常见的水下压力式验潮仪有气泡法和压力探头法。气泡法验潮仪的原理是气源通过导气管向水下以恒定的速度持续不断地输送气体，当气体充满水下的测量杯以后，多余的气体以小气泡的形式断续溢出，此时测量杯口处的气压与当前的海水静压处于动态平衡状态，通过测量气体的压力及水体的密度即可转换为水位，如图 6-3 所示。这种验潮仪在美国和英国较为常用。其避免了海洋生物对仪器水下部分的附着污染，整机功耗低，精度高，稳定性好，适应能力强，尤其适合在严寒冰冻环境下使用。

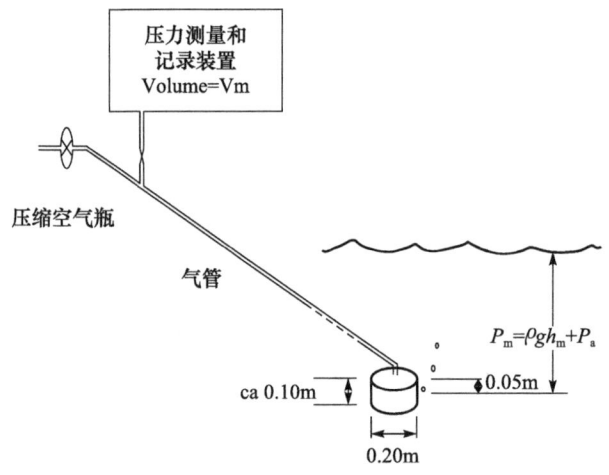

图 6-3　气泡法验潮仪工作原理图

压力探头法是将压力传感器置于水下，通过海水密度和重力加速度，将压力转化为水位。

$$H=(P-P_a)/\rho_w g \tag{6-1}$$

式中，H 为传感器所在水深；P 为传感器记录的压力值；P_a 为海面处的大气压；ρ_w 为传感器以上水柱内海水的平均密度；g 为当地的重力加速度。因为水下传感器记录的压力是大气压力与水位压力之和，因此常需要同步观测大气压力值，用于水位校正。压力探头的仪器布放方便，环境适应性好，在短期潮位测量中使用较多。

4. 声学验潮仪

声学验潮仪的原理是：通过声源发射声波脉冲，计算声波从声源到海面再反射回来的时间，进而通过声速求得发射源与海面的距离。

$$H_t = H_d - C \times \frac{\Delta T}{2} \quad (6\text{-}2)$$

式中，H_t 为潮高；H_d 为探头在基准面上的高度；C 为声速；ΔT 为声学信号往返的时间。

声速受温度、气压和湿度的影响，需要同步测量相关气象参数进行声速校正，必要时在不同的高度安装传感器测量温度，进行更精确的声速校正。声学验潮仪可以采取声管的方式使声音在管道内传播聚能，同时避免了空气中的风、沙等因素对声波传输的影响。声学验潮仪的优点是非接触式测量，没有机械部件，不需要验潮井，声速随温度的变化可以自校准，声导管不受验潮井的作用，消波性能是通过多次取样后取平均值达到滤波的效果。声导管在安装时尽量选择光照均匀的方位，避免上下部有阴阳面，造成声导管内温度梯度过大。声导管的通风孔应尽量靠近高潮线，上部的排风孔不能堵塞。图6-4是国家海洋局技术中心生产的SCA6-1型声学水位计，由声探头总

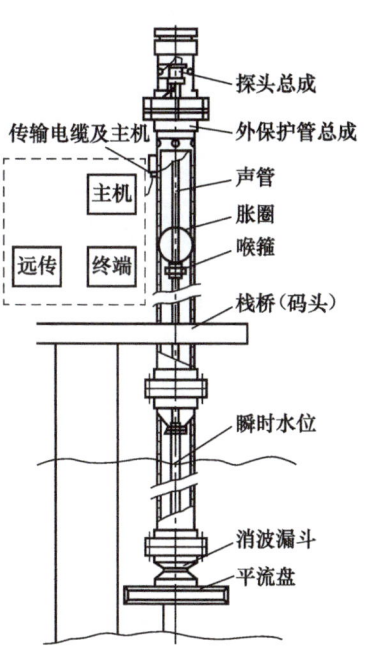

图 6-4 SCA6-1 型声学水位计

成、声管、外保护井和仪器主机系统组成。该系统结构简单，又具备滤除重力波能量所造成的干扰，能够准确地测量真实的海平面的潮汐变化，在沿海几十个水文观测台站和港口投入使用（范有明，1997）。

5. 雷达验潮仪

目前，雷达验潮仪（图6-5）是国际上广泛使用的验潮手段之一（Woodworth et al., 2015）。雷达验潮仪有两种类型：一种与声学验潮仪原理类似，计算雷达脉冲从发射源到海面返回到接收源的时间，求得海面距离；另一种是计算发射的两个脉冲相位差求得海面距离。雷达验潮仪的安装使用不需要竖井，维护简单，仪器漂移小，功耗低，可以使用电池或太阳能供电。雷达验潮仪的缺点是，在不同海面波浪状态下，雷达照射海面的足印不同会引起偏差，特别是在冷空气或飓风情况下发生大浪时，其观测结果与其他方法有较大的差异。

图 6-5 OTT 公司雷达验潮仪

6.1.2 短期潮位站的布设

在工程应用中常需要设置短期潮位观测站，为水深测量提供水位改正量及计算深度基面。压力式验潮仪以其使用方便、无需投入验潮井等基础设施建设等优势在短期验潮中得到了广泛应用。常见的压力式验潮仪有加拿大 RBR 公司生产的两参数压力式潮位仪（图 6-6），英国 Valeport 公司生产的 TideMaster 等产品。

图 6-6　常见类型的压力式潮位计

短期潮位站选址的几个注意事项如下：

潮位计安放的水深要超过当地最浅水深 1m 以上，并考虑到可能的天气过程造成的减水过程也不至于干出水面；尽量避开常开闭的闸门、取排水口；布放在河口附近时，应考虑到河流带来的淡水对水体密度的影响，必要时增加同步 CTD 进行密度观测；注意安放地附近是否存在大型的浅滩和沙坝，这些地形常造成不规则的潮汐变形，落潮时与开阔海域水体交换不畅，甚至在低水位时阻断了水位的变化；尽量避开地形上的突出部及陡崖，这些地方常出现急流或波浪幅聚的区域；避开船只停靠和抛锚区域，以及渔网布设区域，以免造成仪器的损伤丢失。

验潮仪的布放方式依照短期潮位站的选择地点不同而采取恰当的方式。在岸边放置潮位计时，可选择码头、栈桥和桩基等人工构筑物安放，以钢管等形式刚性固定，避免使用绳索柔性连接方式，安装时要满足抵御极端天气下强流、强浪的冲击；在强潮或者风浪显著的海区，避免人工构筑物造成局部水位升降，可将潮位计安置在坚固的基座上，远离人工构筑物。在没有岸线、岛屿依托的开阔海域，可采用将潮位计安置在坚固基座上的形式放入海底，通过铁锚或锚链过渡后在水面以锚灯、浮球、旗帜等形式明示，便于以后回收，避免放置潮位计的基座与浮标直接连接，明标在风浪和海流的影响下极易拖动基座，造成基座移动，引起水深变化或基座倾斜翻倒，仪器的基面前后发生变化；在渔业活动频繁的地方，建议使用声学释放器，以浮球或浮体的形式回收仪器，降低仪器丢失的风险。

在仪器的固定方式上，王玉春等（2013）比较了压力验潮仪水平安装、垂直安装与人工验潮数据，认为将验潮仪压力感应面平行于水面，即垂直安装，可减少水流动压强和涡流对潮位测量带来的误差影响。通常避免压力探头向上放置，造成水体中的沉积物淤塞压力传感器；在高生物量海区，采取适当的防生物附着措施，以免藤壶之类的生物在潮位计的附着堵塞压力传感器。由于部分型号潮位计是塑料外壳，在保证安装牢固的情况下，避免过大的压力造成外壳变形。为了确定压力传感器的漂移和外力对传感器的初始值影响，可将潮位计提前启动，完整记录观测仪器固定前后，以及入水出水、解脱后的数据。因为压力式潮位计记录了水柱静压力和大气压，大气压在寒潮或者台风过境时常伴有剧烈变动，需要同步的大气压力数据对水位观测值进行校正。气压数据可向当地气象部门索取，或者采用同型号压力式潮位计在空气中以同样观测间隔同步观测，便于对潮位计观测的稳定性评估，也可去除大气压变化的效应。

在布放潮位计时，注意仪器内部时钟与标准的时钟进行同步，潮位计观测结束回收后，需要查看仪器内部时钟是否与标准时钟有明显的偏差。

因为潮位是以固定基准面为起算的，因此选定潮位观测站后，需要确定观测点的海拔高程，海拔高程采用水准测量法确定。首先在潮位测量站附近选择一个固定标志作为临时水准测量之用，通过当地测绘部门或工程业主方在附近找到三等以上的水准点，按照三等水准测量要求对临时水准点进行水准测量。选择海况平静的时段，通过水尺测量临时水准点到海面的高程，为保证测量数据的代表性，可选择多次测量不同时刻的高程。当潮位测量完毕后，通过潮位计对应时刻的潮位加上该高程，得到潮位计所处的海拔高程。

6.1.3 海平面与垂直基准面

1. 海平面

海平面是测量陆地上人工建筑物和自然物高程的一个起算面。这个起算面也叫做基准面。这个基准面是通过大地测量的水准网来固定的。在潮位站址确定之后，通过对大量观测数据进行整理就可以确定该海域的海平面。

新中国成立前，我国没有统一高程起算的零点。自 1957 年起，我国才统一规定青岛验潮站多年的平均海平面作为全国高程系统的基准面。其他国家也规定他们自己的高程起算面，如美国以波特兰验潮站的多年平均海平面作为基准面；欧洲地区则以荷兰阿姆斯特丹验潮站的多年平均海平面作为高程的基准面。这些区域性的高程起算面叫做区域性的大地水准参考面。海平面基面又叫绝对基面。还有其他基准面，如确定海图的水深有海图深度基准面，通常是在最低低潮面附近。海图上标的水深就是从这个面向下算起的。但这个基面归根到底仍是以海平面作为标准确定下来的。

2. 平均海平面的变化规律

将某测站测得的任意时段的每小时潮高取平均值，称为某测站在某一段时间的平均海平面。平均海平面有日平均海平面、月平均海平面和年平均海平面。从实际观测得到的潮位资料中，发现每天、每月和每年的平均海平面都是变化着的，不同地点的平均海平面也有差异，但他们的变化大致可以归纳如下：

1）平均海平面随时间变化。从短期观测资料中发现某几天中的平均海平面比其他几天更高或更低些。除了天体引潮力所引起的大小潮产生不等现象外，其主要是由于天气状况的影响。例如，风、气压分布、降水、径流等使得海水在局部地区发生堆积或流失，这是平均海平面不规则变化的一个重要因素。一般情况下，平均海平面还有以月、年、多年为周期的变化。以年周期为例，我国各海区平均海平面达到最高和最低的日期也不尽相同：在渤海和黄海，最高的月份一般是在 9 月，最低一般在 2 月；

南海的最高月份一般是在 10~11 月，最低月份一般在 3~4 月。这与海水温度、洋流和季风有关。例如，我国在夏季和秋季，多刮东风或东南风，因为这种季风的影响会使沿海海面增高；在冬季多刮北风或西北风，使海面降低。此外，平均海平面还有以多年为周期的变化规律，主要是由于天文因素具有长周期性（8.85 年、18.61 年）的变化，因此，取 9 年、19 年资料计算的平均海平面较为理想。

2）平均海平面随地点变化。根据我国实测资料统计，发现不同海区的平均海平面也不一致。各海区长期验潮站的平均海平面与青岛平均海平面比较结果，渤海比青岛平均海平面高 0~10cm；东海比青岛平均海平面高出 0~20cm；南海比青岛平均海平面高出 20~40cm（但也有个别海区海面低于青岛海面的情况）。各海区的平均海平面不一致，是由各地的地理条件、气象因素、海水密度等不同造成的。

3. 确定基准面和水准点与各种潮位的关系

由于潮位测量值表示的是海面与固定基准面的距离，因此，在潮位观测站建立之后需确定潮位观测站的潮位观测起算面，也就是说，先要确定潮位观测站的基准面。绝对基准面、假定基准面、冻结基准面、海图深度基准面是水文测量中常常涉及的观测站基准面。

以潮位观测站的多年平均海面作为潮位观测起算面，所以该观测站的水位观测值就是基于绝对基准面的观测值，称为绝对基准面。例如，青岛零点（基面）、吴淞零点（基面）、坎门零点（基面）等。

当潮位观测站位于海岛等偏僻的地方，周围又没有国家水准点时，潮位观测站的基准面就无法与国家固定水准点进行连接，通常此时会自行设定一个基准面，这个基准面就称为假定基准面。

当原测站基准面发生变化，以后使用的基准面与原测站基准面不再相同时，为了保持历史资料的连续性，需要将原测站基准面冻结下来，这个基准面称为冻结基准面。

还有一类基准面也是记录潮高的起算面，其上为正值，其下为负值，这个基准面就是验潮零点，即水尺零点。通常"潮高基准面"相当于当地的最低低潮面，也就是验潮零点所在的面。

海图水深的起算面称为理论深度基准面或海图零点，在工程中是一种重要的基准面。通常海图深度基准面设定在最低低潮面附近，需要说明的是，海图深度基准面所指的最低低潮面与每天观测得到的低潮面的值是不一样的。如果深度基准面定得高了，将会经常出现低潮面在深度基准面之下，导致海图上所标出的水深高于实际水深，由此造成船只通航、靠泊时发生搁浅或触礁等事故。当深度基准面定得太低时，则实际水深会大于海图水深，造成本可以通航的海区也不敢航行，导致航道利用不足。因此，深度基准面的确定一定要合理，既不宜过高，也不能过低。关于海图基准面的规定，许多国家都不相同，其中英国采用"最低天文潮面"，美国、瑞典和荷兰等国采用"平均低潮面"，俄罗斯采用"理论深度基准面"，而日本采用"略低低潮面"，我国将"理论深度基准面"作为海图上的深度基准面,即将通过观测站多年连续水位观测推算出的理论上可能的最低水位作为深度基准面的值(秦子健,2012),如图 6-7 所示。

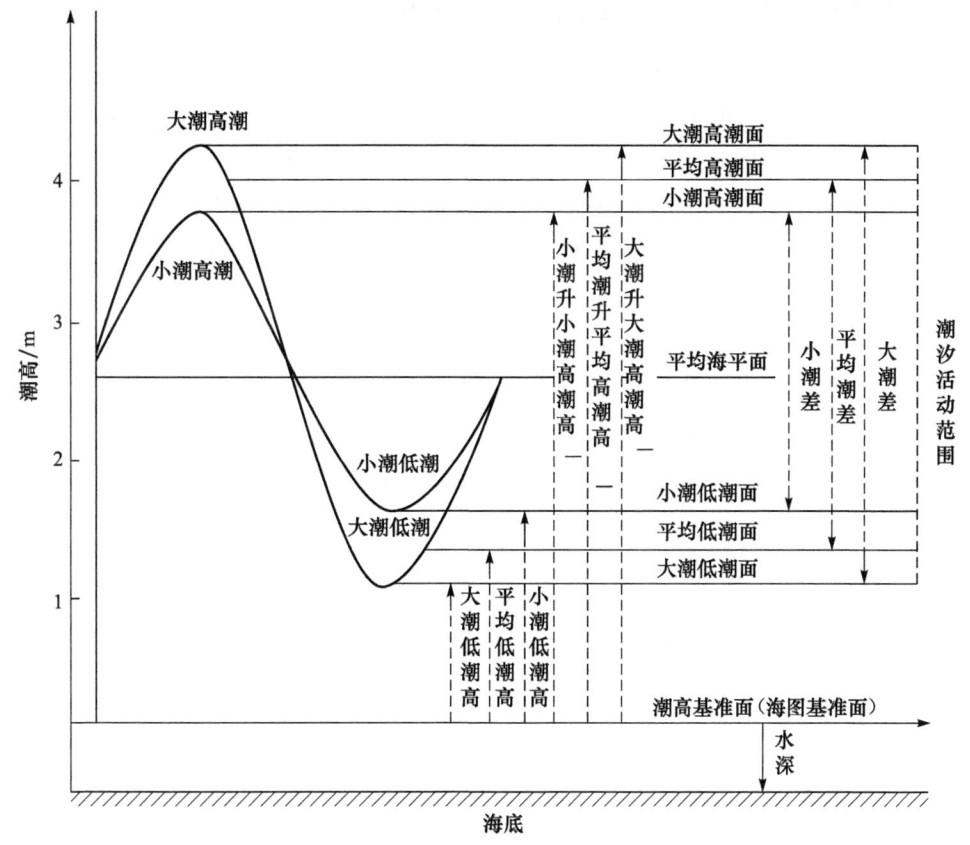

图 6-7 描述潮位变化的基本要素示意图

在确定某测站的平均海平面之后,以它作为起算面,通过测量求出平均海面与永久水准点的关系,再确定理论最高潮面与实际最高潮面、理论最低潮面和实际最低潮面与平均海面的关系等。

4. 水准联测

水准联测就是用水准测量的方法,测出水尺零点相对于国家标准基面中的高程,从而固定水位零点、平均海平面和深度基准面的相互关系,也就保证了潮位资料的统一性。

潮位观测和验潮工作首先要确定水尺零点的高程。如果水尺零点不与国家水准网(基面)联测,就无法得出水尺零点相对于国家的标准高程网(国家的标准基面,如 1985 国家高程基准面)的高度,那么水尺零点就没有什么意义,观测数据也无法直接使用。在水位观测过程中,如果由于某种原因,水尺的位置发生了变化,必须与岸上水准点联测来恢复原来的零点。

在潮位观测中,水准联测是不可缺少的工作。在联测之后才能把水尺零点、水尺旁边临时水准点、岸上固定水准点与国家标准基面之间的高度关系求出,从而保证水位观测获得统一的观测资料,这也是水准联测的目的所在。

5. 水准联测的测量原理及方法

水准联测就是利用水准仪和水准标尺测量两点之间的高程差（或称为高差）的方法。它是高程测量的主要方法,用于建立基准网,其中的一个目的是确定水尺零点的高程。

例如,地面上某点 A 的高程就是 A 点与黄海平均海平面的垂直距离 H_A,现欲测出 B 点对于 A 点的高差,需在 A 和 B 两点上竖立水准标尺,并在其中间安置水准仪。当视线水平时,读出尺上读数 a_1 和 b_1,如图 6-8 所示。

可以看出高差：$h_1 = H_B - H_A = a_1 - b_1$

同理, C 对 B 的高差是：$h_2 = H_C - H_B = a_2 - b_2$

那么, C 对 A 的高差是：$h = H_C - H_A = (H_B - H_A) + (H_C - H_B) = (a_1 - b_1) + (a_2 - b_2)$

如此测量连续下去,直到 n 次为止,那么, $h_i = a_i - b_i (i = 1, 2, \cdots, n)$

$$\Delta H = \sum_{i=1}^{n}(a_i - b_i)$$

ΔH 即前尺读数之和减去后尺读数之和,为两点之间高差。

通常,求水尺零点与其附近基准点之间的高差,要设若干测站,每两测站间的距离可达 100～200m；求若干个高差,然后将这些高差加起来就是所要求的高差。

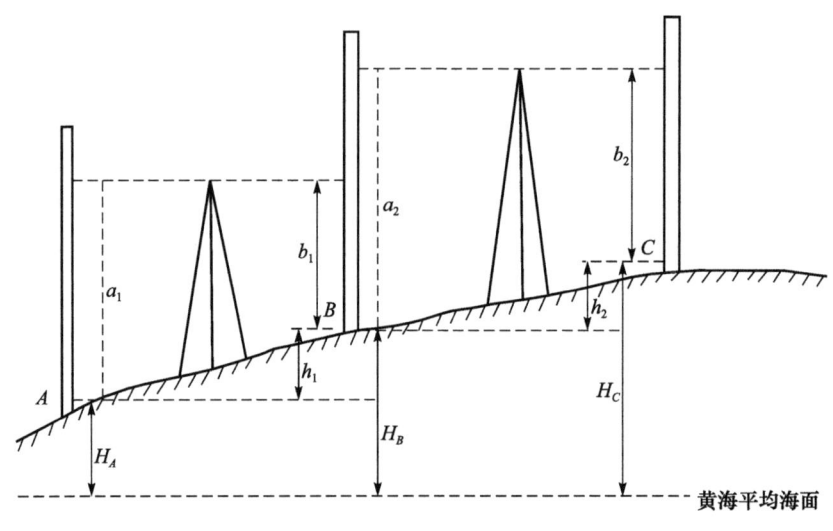

图 6-8　水准测量示意图

6. 特殊情况下的联测方法

利用潮面水准联测法测出水尺零点与水尺零点之间的高差。其方法为,选择风平浪静的日子,当两根水尺都处于水中时,读取海面在两根水尺上的读数,其差值就是两根水尺零点的高差。为了提高联测的准确度,需测三次,求其平均值。

当水尺设立在浅滩较大的地区，无法用水准仪测量工作水准点对验潮水尺零点的高差时，可以在靠近岸边的地方设立一根"联测水尺"测量零点的高差。通过潮面水准联测的方法测出"联测水尺"的零点对验潮水尺零点的高差，两高差相加就是工作水准点对验潮水尺零点的高差。

当用挂式水尺进行潮汐观测时，由于水尺呈水平方向，因此不能直接与水准点进行水准联测。此时，可以在海面平静时的某一时刻，将海面在岸边的位置做一标记（选择一个坚固的朝上的地点），于同一时刻记下指针在水尺上的读数，用水准仪测量出水准点对岸边标记的高差，将此高差加上岸边标记对应于水尺上的读数，就是水准点对水尺零点的高差。岸边标记应注意保护，以便平时经常检查水尺零点有无变动。

7. 潮位换算

一般验潮站都有两根以上的水尺，因此，必须将不同水尺的观测资料换算到同一水位零点上。水位零点一般取离岸最远的那根水尺零点下 1m 左右，如图 6-9 所示。水准标志在 I 号水尺零点上 6.35m，则将水位零点定在水准标志下 7.00m 处。这样，I 号水尺零点在水位零点之上 0.65m。II 号水尺零点在水位零点之上 2.45m。然后，将不同水尺的观测资料统一换算到水位零点上，并根据这个资料绘出每天水位曲线，以便检查水位观测的质量。潮位换算示意如图 6-9 所示。

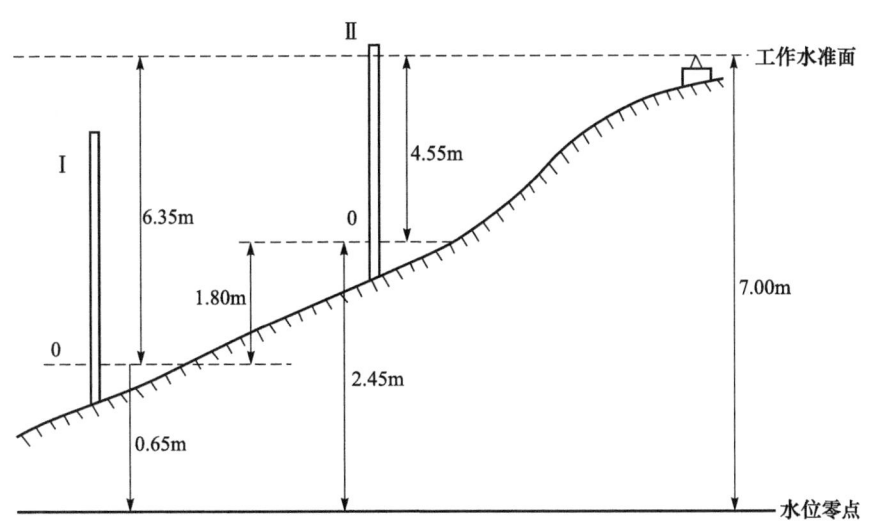

图 6-9　潮位换算示意图

8. 几种特殊情况的处置方法

当水尺被损坏，且在 1～2 小时之内又无法恢复的情况下，或者海面高于最高水尺，或者海面低于最低的一根水尺而无法进行观测时，处置方法如下：在岸边刻上海面所在的位置，并记上时间，适当时刻进行水准测量，求出此时海面在水位零点上的高度。也可以准备几条 1m 左右的木板或小毛竹片做成的小水尺，一旦水尺被毁或原有水尺不够用，将小水尺插入海底以保证进行连续观测。小水尺必须与另一根水尺有一段重叠带，以便进行水位换算。小水尺不能代替大水尺，必须抓紧时间设立新水尺。也可以用水准仪直接求得水准点与某时潮面的高差，再经过水位换算求出潮面在水位零点上的高度。

6.2 遥感遥测潮位测量技术

6.2.1 GNSS 观测技术

利用差分 GPS 技术验潮是最近兴起的一种验潮方法，它利用了 GPS 高精度差分定位技术，获得测点处准确的三维位置变化，然后经过坐标系转换，可以转换为当地坐标系下的测点三维位置变化，从而得到其天顶方向上的位置变化，即海面瞬时高程变化。其中，海水面高度变化包含潮汐和波浪，需要滤除波浪的影响。通常采用快速傅里叶变换（FFT）来分离波浪和潮汐。如果采用非差分技术，GPS 验潮时不仅包含水位的变化，还包含地壳的固体潮的运动，在使用中要消除固体潮的影响。

测深精度受多种因素的影响，其中，吃水、上下升沉、水位、姿态等引起的垂直方向上的变化经常交织在一起，很难分开，采用传统的测深模式分别进行改正，不可避免地会带来一定的误差，最终影响测深精度。随着 GNSS 技术的发展，动态定位已达厘米级，技术已相对成熟，船载 GNSS 天线得到的大地高变化直接反映了换能器的垂直综合动态变化，GNSS 高精度三维定位结果为测深垂直综合动态效应改正提供了技术手段。无验潮水深测量技术是利用高精度动态 GNSS 测高的结果，对其大地高进行改化和归算，直接得到最终反映成果要求的水深测量与处理技术，如图 6-10 所示。

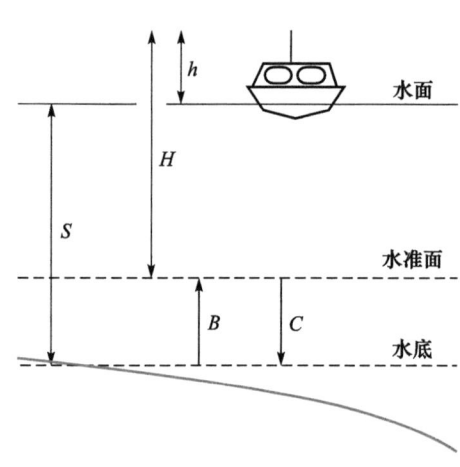

图 6-10 基本原理图

用户可以观测的数据如下：

h：GPS 天线到水面的高度；

H：GPS 接收机测得的大地高，进而转换为正常高；

S：测深仪测得的水面到水底的深度。

用户需要计算的数据如下：

B：水底到水准面的距离，即通常说的水深值；

C：水准面到水底的距离，即通常说的水底高程。

由图 6-10 得出：

$$C=(H-h)-S \quad (6-3)$$
$$B=S-(H-h) \quad (6-4)$$

值得注意的是，GPS 得到的是大地高，因此在数据采集后，还需要采用一定的手段或模型将大地高转换到水深或水下地形的基准面上，具体方法见第 7 章。

无验潮水深测量根据其三维位置的 GPS 定位方式可分为差分定位、单点定位。差分定位技术在水深测量中的应用可根据测区离基准站的距离来选择其定位方法，沿岸水深测量可以采用 RTK（基于实时相位差分）、PPK（事后相位差分）的局域差分定位方法，而远海水深测量可以采用星站差分方法，但这种方法需要交纳昂贵的服务费（李凯锋等，2009）。

精密单点定位（precise point positioning，PPP）技术是近些年来全球定位技术方面研究的热点，其原理是只用一台 GPS 接收机，利用 IGS 事后精密卫星轨道、钟差改正信息进行单点定位，就可以达到厘米级的定位精度（刘经南和叶世榕，2002；叶世榕，2002；韩保民和欧吉坤，2003）。

6.2.2 CCD 传感器观测

采用 CCD 传感器进行潮位数据采集，系统采用了标尺间的相对高度测量法。首先标定标尺的顶部高度 H_a，以此作为测量的基准，通过测量目标物与基准的相对距离 H_b 来算得目标的绝对高度 H_c。系统主要由均码标尺、长焦成像单元、CCD 图像采集单元、数据处理和结果显示等组成。测量系统工作时，未被遮挡物遮挡的标尺刻度部分经长焦镜头等比例缩小成像于 CCD 器件面，只需通过数据处理单元自动判读出 CCD 面上的标尺像，就可得到潮位的实际高度值，如图 6-11 所示。这种方法自动化程度较高，能够从一定意义上减少工作人员的工作量，但是在夜间运行时，信号获取稳定性较差（欧阳洵孜，2010）。

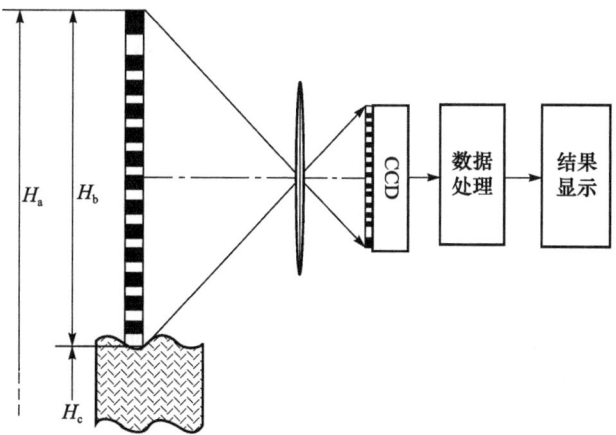

图 6-11 CCD 潮位观测基本原理图

6.2.3 遥感式潮位观测

潮位遥感测量是指利用卫星的雷达高度计来测量海面的起伏变化。卫星测量技术适用于全球，特别是偏远地区的潮位观测，其特点是速度快、经济，但精度较低。它可以检测全球的海洋潮位，为建立全球海洋潮位、全球海洋潮汐模型提供了依据。其测高原理是雷达高度计向海面发射极短的雷达脉冲，测量该脉冲从卫星高度传输到海面的往返时间，通过必要的改正，便可求得海面的高度。潮位遥感测量与GPS验潮一样，同样存在固体潮的影响。

6.3 验潮模式水下地形测量操作实例

有验潮测量是利用GPS测定测点的平面位置，利用测深仪测定测点的水深，得到测点的瞬时潮位数据，进而获得测点的高程。

6.3.1 短期潮位站数据采集

目前，在短期潮位测量过程中多选用压力式潮位观测仪，此类设备重量轻、能耗低、使用方便，这里仅就应用较广的RBR潮位观测设备的操作过程进行举例。

步骤1：仪器设置（软件使用）

运用Ruskin软件，使用数据电缆将仪器与计算机串口连接在一起，会自动搜索仪器。

在导航窗口中显示的仪器，在参数设置窗口的计划选项卡中设置时间和采样频率等参数。

使仪器的时间与计算机时间同步，然后设置采样的开始、结束时间。如果勾选"立即"选项可以在设置完毕后立即开始采样工作，可设置工作类型——连续型和平均型。

会出现设置选项，测量速度默认为最小采样周期2秒，采样持续时间可选，测量平均周期可选。

步骤2：数据下载和显示

当仪器按照指定的时间采样结束后，使用软件的下载命令将采集的数据保存到计算机上。

用户可以在注释输入框内输入有关此次采样工作的标志性信息，该信息将被添加进数据文件中，点击"下载"按钮将内存中的数据保存到指定的路径下。数据下载完毕后会自动在软件中打开，显示数据曲线，如图6-12所示。用户可以通过工具栏的各个按钮对曲线进行查看。

在数据信息窗口中，用户可以查看每一个采样点的数据信息，也可以查看一部分数据的综合信息。

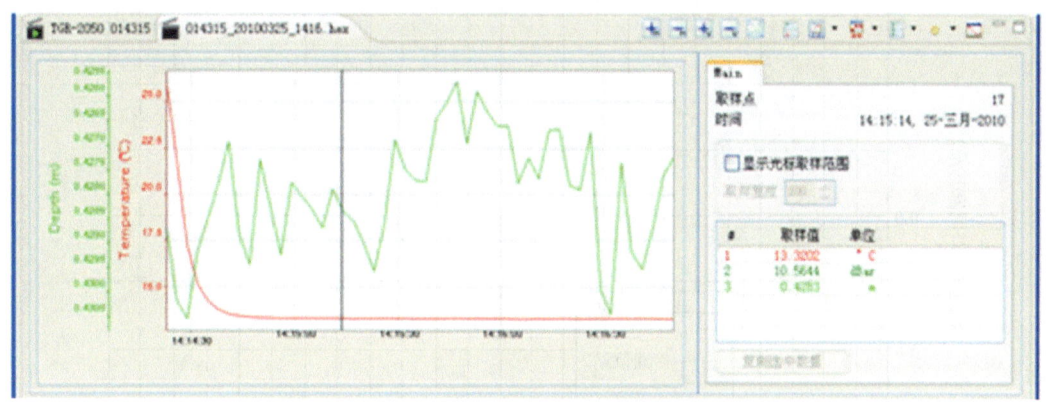

图 6-12　数据下载并绘制数据曲线图

步骤 3：数据校准

系统默认校准文件会显示在校准选项中，出厂校准文件也会随设备一起提供。

6.3.2　数据处理

针对测区海域的波浪特点，根据波浪对测量水深的影响，笔者专门编写了消浪软件对水深点进行消浪处理。各测船采集的测点平面位置和水深文件，都与记录簿与测深仪纸进行校对处理。最后将水深文件编制成潮位改正计算格式文件。

潮位资料的整理在水下地形测量中非常重要，在实际工作中按以下步骤进行。

步骤 1

将测深期间的观测潮位按考证的基面关系统一换算成 1985 国家高程基准潮位，绘制同步潮位过程线图，进行合理性审查，见图 6-13。对个别因风浪影响的跳点进行合理性修正。由图 6-13 可知，测区海域各潮位站的各项潮汐特征均比较接近，因此有利于对测区测点潮位的正确计算。

步骤 2

编制成潮位观测报表，对各潮位站测深期间同步平均潮位进行对比，审查是否合理。

步骤 3

将 1985 国家高程基准潮位编制成潮位计算格式文件。

笔者在测区海域布置的潮位站已能够有效地观测潮汐变化。采用三角分带解析法求解测点潮位数据，以及用经过处理的测点水深数据，计算出测点的海底高程。计算结果示例见表 6-1。

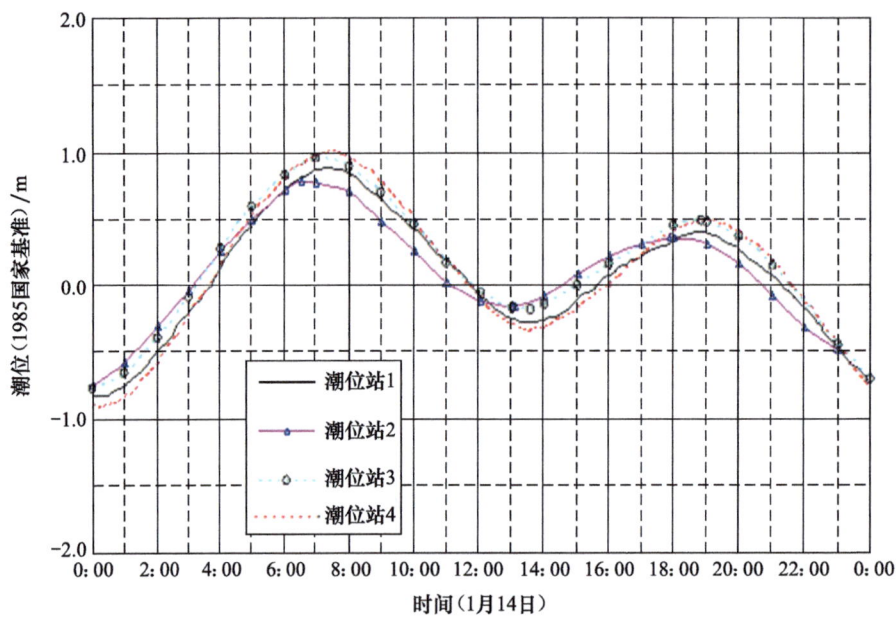

图 6-13 同步潮位过程线示意图

表 6-1 潮位改正计算结果示例表

断面号：					xxx				
施测日期：					1月14日				
采潮位站：					潮位站1、潮位站2、潮位站3				
序号	时间	X	Y	水深/m	潮位站1/m	潮位站2/m	潮位站3/m	潮位站4/m	测点高程/m
1	1314	3 352 297.5	41 403 637.3	8.52	−0.32	−0.26	−0.17	−0.25	−8.77
2	1314	3 352 313.7	41 403 647.4	8.48	−0.32	−0.26	−0.17	−0.25	−8.73
3	1315	3 352 329.9	41 403 658.5	8.43	−0.32	−0.26	−0.17	−0.25	−8.68
4	1315	3 352 345.9	41 403 670.0	8.39	−0.32	−0.26	−0.17	−0.25	−8.64
5	1315	3 352 361.7	41 403 681.3	8.35	−0.32	−0.26	−0.17	−0.25	−8.60
6	1315	3 352 377.7	41 403 692.1	8.33	−0.32	−0.26	−0.17	−0.25	−8.58
7	1315	3 352 394.1	41 403 702.8	8.29	−0.32	−0.26	−0.17	−0.25	−8.54
8	1315	3 352 410.8	41 403 713.1	8.27	−0.32	−0.26	−0.17	−0.25	−8.52
9	1315	3 352 427.5	41 403 723.6	8.25	−0.32	−0.26	−0.17	−0.25	−8.50
10	1315	3 352 443.6	41 403 733.5	8.21	−0.32	−0.26	−0.17	−0.25	−8.46
11	1315	3 352 460.8	41 403 742.8	8.20	−0.32	−0.26	−0.17	−0.25	−8.45
12	1316	3 352 477.9	41 403 751.8	8.17	−0.33	−0.27	−0.17	−0.25	−8.42
13	1316	3 352 495.1	41 403 760.6	8.14	−0.33	−0.27	−0.17	−0.25	−8.39
14	1316	3 352 511.7	41 403 770.5	8.12	−0.33	−0.27	−0.17	−0.25	−8.37
15	1316	3 352 528.4	41 403 781.0	8.08	−0.33	−0.27	−0.17	−0.25	−8.33

参 考 文 献

陈尚州，王灵锋，周小峰. 2009. RTK 无验潮测量与有验潮测量的比较—以岱山跨海大桥工可阶段水文专题固定断面测量为例. 浙江水利科技，（5）：44-46.

陈宗镛. 1980. 潮汐学. 北京：科学出版社.

范有明. 1997. SCA6-1 型声学水位计应用研究. 海洋技术，（3）：22-28.

管长龙，梁楚进. 1996. 论运动坐标系中的海浪谱. 青岛海洋大学学报，26（7）：261-265.

韩保民，欧吉坤. 2003. 基于 GPS 非差观测值进行精密单点定位研究. 武汉大学学报信息科学版，28（4）：409-412.

贺英魁. 2010. GPS 测量技术. 重庆：重庆大学出版社.

康寿岭，张齐. 1993. 美国新一代水位测量系统 (NGWLMS) 的技术特点评述. 海洋技术，（1）：38-44.

李家彪. 1999. 多波束勘测原理技术与方法. 北京：海洋出版社.

李凯锋，欧阳永忠，陆秀平，等. 2009. 基于 GPS 精密单点定位技术的水深测量. 海洋测绘，29（6）：1-4.

李晓玲，胡丛玮. 2007. 基于谱分析的 GPS 浮标测量参数提取方法. 海洋测绘，27（4）：34-36.

李征航，黄劲松. 2016. GPS 测量与数据处理. 武汉：武汉大学出版社.

刘经南，叶世榕. 2002. GPS 非差相位精密单点定位技术探讨. 武汉大学学报信息科学版，27（3）：234-240.

马小计，何义斌，赵建虎. 2003. 无验潮模式下的 GPS 水下地形测量技术. 测绘科学，28（2）：29-30.

欧阳洵孜. 2011. 潮位监测在海洋工程中的技术应用. 环境保护与循环经济，100-103.

阮锐. 2001. 潮汐测量与验潮技术的发展. 海洋技术，20（3）：68-71.

桑金. 1999. 基于 GPS 技术的水深归算法. 测绘通报，25（8）：23-25.

侍茂崇，高郭平，鲍献文. 1999. 海洋调查方法. 青岛：青岛海洋大学出版社.

孙洪志，董江. 2008. 利用 GPS 差分和非差分技术进行潮位测量的方法研究. 北京：中国航海学会航标专业委员会测绘学组 2008 年学术研讨会论文集.

孙瀛，金章祥，郑宝兴，等. 1990. 新一代水位测量系统—空气声学水位计. 台湾海峡，（4）：353-358.

王玉春，方荣华，杨建宇，等. 2013. TGR-2050 型验潮仪在珠江口潮汐测量中的应用分析. 海洋测绘，33（1）：63-65.

文圣常，余宙文. 1984. 海浪理论与计算原理. 北京：科学出版社.

徐善跃. 2007. 非接触海浪潮位测量技术的研究. 天津大学硕士学位论文.

阳凡林，赵建虎. 2003. GPS 验潮中波浪的误差分析和消除. 海洋测绘，23（3）：1-4.

杨龙，刘焱雄，周兴华，等. 2007. GPS 测速精度分析与应用. 海洋测绘，27（2）：26-29.

叶世榕. 2002. GPS 非差相位精密单点定位理论与实现. 武汉大学博士学位论文.

余杉杉，周晓华，吴际. 2015. 有验潮海洋测量与无验潮海洋测量的精度对比分析. 江西测绘，（2）：12-15.

俞聿修. 2003. 随机海浪及其工程应用. 大连：大连理工大学出版社.

张静，陈宜金，韩晓冬，等.2006.GPS姿态测量中的最小二乘二元多项式拟合法.工程勘察，(7)：48-50.

赵建虎，刘经南，周丰年.2000.GPS测定船体姿态方法研究.武汉测绘科技大学学报，25（4）：353-357.

赵建虎，刘经南.2008.多波束测深及图像数据处理.武汉：武汉大学出版社.

赵建虎，张红梅，John E. Hughes Clarke.2006.测船处瞬时潮位的GPS精密确定.武汉大学，31（12）：1067-1070.

赵建虎，周丰年，张红梅.2001.船载GPS水位测量方法研究.测绘通报（增刊）：1-3.

赵力，付晓，刘世萱，等.2007.卡尔曼滤波在GPS潮位数据处理中的应用.海洋技术，26（4）：35-36.

朱光文，霍树梅.1990.我国潮汐（水位）测量技术的现状及其发展.海洋技术，(1)：75-79.

Alkan R M. 2001. Hydrographic surveying with atide gauge.International hydrograp hicreview, 2(1): 69-79.

Beckers C, Franklin R, Smith T. 1981. Sensor subsystem for the next generation tide and water level measurement system. Oceans conference report: 1100-1105.

Intergovernmental Oceanographic Commission(IOC). 2002. Manual on sea-level measurement and interpretation. Volume3-Reappraisals Recommendations as of the Year 2000. IOC Manuals and Guides No.14. United Nations Educational Scientific and Cultural Organization, Paris.

Intergovernmental Oceanographic Commission(IOC). 2006. Manual on sea-level measurement and interpretation. Volume 4-An Update to 2006. IOC Manuals and Guides NO.14. United nations Educational Scientific and Gultural organization, Paris.

第二篇
海底地形地貌后处理技术与方法

在船载海底地形地貌探测过程中，海面动态变化、介质传播速度和方向受到海水中各种因素的影响而发生变化，探测船并不处于一个平衡的状态，而是存在姿态变化、起伏变化等问题，所以在数据处理过程中需要进行异常数据识别与改正、导航位置修正、波浪滤波、姿态改正、声速改正、潮位改正等方面的工作，才能保证测量数据成果的进一步利用。

　　本篇主要阐述了垂直基准面建立与精化、多波束测深、侧扫声呐与浅地层剖面成像，以及导航定位和潮位改正等方面的数据处理技术方法与流程，重点介绍了我们在多波束测深数据滤波、声速改正和 GPS RTK 近海验潮方面的最新研究成果。本篇力求对当前主要海底地形地貌探测技术的数据处理流程和具体的处理技术方法（包括数据解析、异常数据滤波、系统误差处理、特征提取等方面）进行系统的阐述。

第 7 章 海洋垂直基准面的建立技术

测绘基准的建立和维持是测量工作实施和空间信息产品开发与生产的基础,大地测量基准延伸至海洋,除高精度位置基准(平面基准)和重力基准属于自然的空域扩展外,从信息获取和表达的应用角度看,高程基准则主要演化为表现形式多样的海洋垂直基准。

海洋垂直基准是潮汐改正、海岸工程筑港零点标定、海图图载水深计算及瞬时水深反演等计算的参考,因此在选择构建海洋无缝垂直基准时,不仅需要考虑它的数学模型表现形式是否简单方便,还要考虑其所承载的物理意义(柯灝,2012)。在我国沿海和江河流域,采用的垂直基准仍是传统的海洋深度基准面,但随着空间信息技术的发展,以及对数字海洋需求的增强,有必要选择和构建满足当前和未来需要的海洋垂直基准。当前面临的主要问题是选择何种垂直基准,以何种方式构建局域海洋无缝垂直基准,以及如何实现垂直基准间的无缝转换。本章将围绕上述问题展开理论研究,以期给出解决上述问题的理论体系。

7.1 常用的海洋垂直基准面

建立海洋测量基准是海洋测绘工作的一项基本任务。在海洋测绘中,人们无法利用传统的大地测量方法均匀地布设高精度的大地测量控制点,只能通过辅助测量手段将陆地测量基准扩展到海岸地带,以形成能够满足各种海洋定位要求的基准体系。在目前的空间定位模式下,传统的二维控制基准体系已渐渐不敷目前高精度海洋测绘的应用。现代海洋测绘垂直基准体系由平均海水面、海图深度基准面、(似)大地水准面和参考椭球面等组成。此外,在垂直方向上还有国家高程基准面、最低天文潮面和平均大潮高潮面等,分别属于纯几何意义的基准、具有物理意义的重力等位面基准和潮汐基准三类。在海洋测绘的垂直基准方面,不同国家采用的深度基准体系仍呈现出较为混乱的局面,主要体现为相对于平均海平面定义的海图深度基准面的含义、计算方法不同,下面分别对各种海洋垂直基准面进行分析。

7.1.1 平均海平面

1. 平均海平面的定义与算法

平均海平面也称海平面,是某一海域一定时期内海水面的平均位置,是大地测量中的高程起算面,由相应期间逐时潮位观测资料获得,高度一般由当地验潮站零点起算。

验潮站的水位记录装置有其自身的记录零点，记录零点在水下的深度随地点不同而异，随记录装置的设立而定，这里统称为水尺零点，得到的最原始的水位观测值即水尺。假如水位观测是连续曲线 $y(t)$，则 T 时间内的平均海平面可表示为

$$\text{MSL}_T = \frac{1}{T}\int_0^T y\,\mathrm{d}t \tag{7-1}$$

式中，MSL_T 为平均海平面高度。

一般情况下，验潮站的水位观测值取时间间隔为一小时的观测序列，因此，实际计算时常用的方法是对一定时间周期（同时，也近似地认为潮汐周期为 24h、一个月、一年和多年等）的观测值直接取算术平均：

$$\text{MSL}_n = \frac{1}{n}\sum_{i=1}^n h_i \tag{7-2}$$

式中，h 为水位观测值；n 为观测个数，对于一天的观测，其取值为 24 个，一个月、一年和多年均取实际观测个数，也可以由短期平均海平面计算长期平均值，即在日平均海平面的基础上计算月平均海平面，继而由月平均值求年均值，以多个年均值求多年平均值。这些平均海平面分别称为日、月、年和多年平均海平面。

利用潮汐调和分析，在计算分潮调和常数的同时也可以得到平均海平面值。事实上，平均海平面作为潮汐振动的起算面，本身可以看成零频分潮，这样计算的平均海平面的意义是潮汐振动相对应的平衡面，其数值表示滤除潮汐成分的海平面高度。当观测时间足够长时，调和分析给出的结果与直接算术平均结果的偏差甚微，如用一年的潮汐观测数据，两种方法的计算结果非常一致，而直接算术平均实质上也是一种滤波算法。平均海平面的计算对非潮汐成分的消除程度取决于所用水位数据的观测时间长短。利用长时间的潮汐观测数据，采用直接算术平均可以很好地消除非潮汐因素的影响，获得较高精度的海平面高度（赵建虎，2007）。

2. 平均海平面的稳定性

由于所取的观测时间长度不可能刚好为各分潮的整周期，因此，平均海平面受剩余潮汐成分的影响，而且短期平均海平面还包含着长周期分潮的贡献。另外，非潮汐因素（主要由气象原因引起）在不同的时间长度内表现为不同的性质，在足够长的时间内可视为噪声，而在短时间内则表现为信号，即具有一定的规律性。这使得不同时间长度的平均海平面稳定性不同。因为日平均海平面受到上述因素的严重影响，在一个月内其数值会存在较大波动。因受气象因素的年周期变化及半年周期变化产生的 S_a 和 SS_a 分潮的影响，一年内各月平均海平面有比较可观的变化幅度。年平均海平面还受更长周期分潮的影响，如周期为 8.6 年的分潮和周期为 18.61 年的月球交点潮，但其量值很小，对年平均海平面的周期性变化影响不明显。综合上述因素，不同年份的平均海平面具有偶然性变化的性质。

各年平均海平面的计算值可视为对理想的无扰动海平面的等精度观测值，按直接

平差原理得到的、作为理想无扰动海平面估计值的、多个年平均海平面的平均值及作为单位权方差估值的各年平均海平面的精度指标为

$$\mathrm{MSL}_{my} = \frac{1}{n}\sum_{i=1}^{n}\mathrm{MSL}_{yi} \tag{7-3}$$

$$\hat{\sigma}_0^2 = \frac{1}{n-1}\sum_{i=1}^{n}(\mathrm{MSL}_{yi} - \mathrm{MSL}_{my})^2 \tag{7-4}$$

而多年平均海平面的方差为

$$\hat{\sigma}_{my}^2 = \frac{\hat{\sigma}_0^2}{n} \tag{7-5}$$

可见，随着年数 n 的增加，多年平均海平面具有较高的精度，可视为理想的无扰动海平面，并可作为其他时间尺度平均海平面变化的比较基准。

在海洋学中，通常根据某地点不同期间平均海平面高度的最大互差统计平均海平面的稳定性。若认定平均海平面序列服从特定概率分布，可建立极差与中误差的关系。方国洪等（1986）对中国近海不同时间长度的平均海平面与多年平均海平面的最大偏差进行统计，统计结果见表 7-1。

表 7-1　中国海区不同时间尺度平均海平面变化量

观测时间	1月	3月	半年	1年	2年	5年
平均海平面与多年平均海平面的最大偏差 /cm	60	40	25	10	8	5

平均海平面的精度要求 $\hat{\sigma}_{my}$，多年平均海平面计算所需的年数 n：

$$n = \sqrt{\frac{1}{n(n-1)\hat{\sigma}_{my}^2}\sum_{i=1}^{n}(\mathrm{MSL}_{yi} - \mathrm{MSL}_{my})^2} \tag{7-6}$$

在以往的研究中，通常以 95% 的置信概率定义多年平均海平面的精度，并将该精度意义下的误差量值取为 1cm。此时，需引入年平均海平面服从正态分布的假设：

由

$$P(|\mathrm{MSL}_y - \mathrm{MSL}_{my}| < 1\mathrm{cm}) = 0.95 \tag{7-7}$$

得

$$\left|\frac{\mathrm{MSL}_y - \mathrm{MSL}_{my}}{\hat{\sigma}/n}\right| = 1.96 \tag{7-8}$$

即

$$n = 1.96^2\,\hat{\sigma}_0^2 \approx 3.84\hat{\sigma}_0^2 \tag{7-9}$$

由此得到 95% 概率意义下中国沿海几个验潮站达到 1cm 平均海平面所需的观测年数（表 7-2）。由表 7-2 可以发现，在不同海区，平均海平面的稳定性有较大差异。黄海沿岸在一个交点周期内即可得到相当稳定的平均海平面，而渤海的情况却较为复杂。

表 7-2 中国沿海几个重要验潮站 1cm 精度平均海平面所需要的观测年数

验潮站	威海	乳山口	连云港	营口	秦皇岛	塘沽
所需年数/年	18	16	17	50	28	118

平均海平面的长期趋势性变化，特别是海平面上升在近几十年来已引起大地测量学家和海洋学家，甚至政治学家的广泛关注，成为多学科交叉研究的课题之一。绝对海平面变化主要是由全球性因素，如温室效应引起的极地冰盖融化等因素引起的，它对稳定的平均海平面的确定有一定的影响。

在以往研究成果的基础上，通过新的统计分析和测量实践，可以认为我国平均海平面的高度自北向南逐渐增加，即沿岸大地水准面自南向北倾斜；在整个倾斜过程中呈现 3 个阶梯性的变化，其转折点分别是福建的东山和江苏的吕泗，在每个阶梯面上，各海区的平均海面存在着微小的起伏（孟德润等，1993）；沿岸平均海水面经与 1985 国家高程基准的水准点联测后发现，黄海、渤海海区平均海平面与 1985 国家高程基准基本一致，其变化幅度为 $1\pm3cm$，东海海区变化幅度为 $23\pm3cm$，南海海区变化幅度为 $34\pm3cm$（许家琨，2002）。

平均海平面在地球椭球面上的表示是卫星测高中的海面高，这种表示与大地水准面差距类似，该数值也是海底点的大地高和无扰动深度变换的基础。平均海平面相对于大地水准面的起伏，即海面地形，其计算方法有动力计算法（Stommel、Listizin 法）、Sturges 法、卫星水准法和大地水准测量法。海面地形反映稳态海流和海水温度、盐度分布差异的特征，该差异体现为零频意义海面与等位意义理想海面的偏差。海面地形模型是平均海平面基准与大地水准面基准转换的纽带，根据海洋学观点，它维持稳定的海洋环流体系（孙翠羽，2011）。

7.1.2 海图深度基准面

1. 海图深度基准面确定的基本原则

海洋水深测量的深度观测值经吃水、声速等项改正后，可方便地归结为相对于瞬时海平面的深度值。因为瞬时海平面具有明显的时间变化特性，以瞬时海平面为基准会给水深数据表示带来不确定性。为方便水深数据表示和管理，选用稳定的基准面是非常必要的。

长期平均海平面具有良好的稳定性，因此长期平均海平面本身就是理想的深度起算面。测量和绘制海图的目的是为航海服务，因此，海图深度基准面确定的原则是，既要考虑到舰船航行安全，又要照顾到航道利用率。海图深度基准面基本可描述为，定义在当地稳定平均海平面之下，使得瞬时海平面可以但很少低于该面。在具体求定时，需考虑当地的潮差变化。深度基准面是基于当地稳定（或长期）平均海平面定义的（赵建虎和刘经南，2008）。

为了使得确定的深度基准面满足上述两条原则，下面给出深度基准面保证率的定义：深度基准面保证率是在一定时间内，高于深度基准面的低潮次数与低潮总次数之比的百分数。

$$海图深度基准面航海保证率 = \frac{高于基准面的低潮次数}{低潮总次数} \times 100\% \quad (7\text{-}10)$$

我国航海图采用的深度基准面——理论最低潮面，其保证率为 95% 左右。

2. 理论深度基准面的计算

世界各沿海国家根据海区潮汐性质的不同采用不同的计算模型。这些模型主要有：① 平均大潮低潮面：采用公式 $L = H_{M_2} + H_{S_2}$ 计算基准面与平均海平面的差距，采用的国家有意大利、南斯拉夫、德国、阿尔巴尼亚、希腊、加拿大（大西洋沿岸）、丹麦、比利时、挪威、印度尼西亚、阿根廷和巴拿马等。② 平均低潮面：以 M_2 分潮的振幅确定深度基准面在平均海平面下的位置，采用的国家有美国（大西洋沿岸）、瑞典（北海地区）和荷兰等。③ 平均低低潮面：用公式 $H_{M_2} + (H_{K_1} + H_{O_1}) \times \cos 45°$ 计算与平均海平面的差值，采用的国家有美国（太平洋沿岸、阿拉斯加）、菲律宾等。④ 略最低低潮面：采用公式 $H_{M_2} + H_{S_2} + H_{K_1} + H_{O_1}$，印度洋沿岸和日本等国家采用。⑤ 观测的最低潮面：采用公式 $1.2(H_{M_2} + H_{S_2} + H_{K_2} + H_{O_1})$，采用的国家主要有法国、葡萄牙和巴西等国。中国、苏联、朝鲜、越南等国家采用理论深度基准面。

理论深度基准面又称为理论上可能最低潮面，其计算方法是由弗拉基米尔斯基提出的。基本计算原理是，由 M_2、S_2、N_2、K_2、K_1、O_1、P_1、Q_1 这 8 个分潮叠加计算相对于潮汐振动平均位置（长期平均海平面）可能出现的最低水位，并附加考虑浅海分潮 M_4、M_{S_4} 和 M_6 及长周期分潮 Sa 和 SSa 的贡献。

8 个主要分潮叠加后相对于平均海平面的潮高可表示为

$$h(t) = \sum_{i=1}^{8} f_i H_i \cos(\sigma_i t + V_{0i} + u_i - g_i) \quad (7\text{-}11)$$

将该潮高表示的最低潮位置作为深度基准面 L 值，即定义：

$$L = -\min\left[\sum_{i=1}^{8} f_i H_i \cos(\sigma_i t + V_{0i} + u_i - g_i)\right] \quad (7\text{-}12)$$

因为预报潮高是时间 t 的三角函数，显然该极值问题难以解析求解，因此，通过简化与变换寻求简便的求解方式。为简便起见，采用如下简化符号：

$$\begin{aligned}
f_{M_2} H_{M_2} &= M_2 & \sigma_{M_2} t + V_{0M_2} - g_{M_2} &= \varphi_{M_2} \\
f_{S_2} H_{S_2} &= S_2 & \sigma_{S_2} t + V_{0S_2} - g_{S_2} &= \varphi_{S_2} \\
&\cdots\cdots & &\cdots\cdots \\
f_{Q_1} H_{Q_1} &= Q_1 & \sigma_{Q_1} t + V_{0Q_1} - g_{Q_1} &= \varphi_{Q_1}
\end{aligned} \quad (7\text{-}13)$$

于是，略去分潮相角的交点改正后，式（7-11）改写为

$$h(t) = M_2\cos\varphi_{M_2} + S_2\cos\varphi_{S_2} + N_2\cos\varphi_{N_2} + K_2\cos\varphi_{K_2}$$
$$+ K_1\cos\varphi_{K_1} + O_1\cos\varphi_{O_1} + P_1\cos\varphi_{P_1} + Q_1\cos\varphi_{Q_1} \quad (7\text{-}14)$$

将各分潮相角 φ 用基本天文变量的 Doodson 数组合表示，则存在如下关系：

$$\varphi_{M_2} - \varphi_{Q_1} = \varphi_{K_1} - (g_{K_1} + g_{O_1} - g_{M_2}) = \varphi_{K_1} + a_1 = \tau_1$$
$$\varphi_{S_2} - \varphi_{O_1} = \varphi_{K_1} - (g_{K_1} + g_{P_1} - g_{S_2}) = \varphi_{K_1} + a_2 = \tau_2$$
$$\varphi_{N_2} - \varphi_{Q_1} = \varphi_{K_1} - (g_{K_1} + g_{O_1} - g_{N_2}) = \varphi_{K_1} + a_3 = \tau_3 \quad (7\text{-}15)$$
$$\varphi_{k_2} = 2\varphi_{K_1} + 2g_{K_1} - g_{k_2} = 2\varphi_{K_1} + a_4$$

于是以分潮相角为变量（时间 t 引含在分潮相角中）的潮高表达式为

$$h(t) = M_2\cos\varphi_2 + O_1\cos(\varphi_{M_2} - \tau_1) + S_2\cos\varphi_S + P_1\cos(\varphi_{S_2} - \tau_2)$$
$$+ N_2\cos\varphi_N + P_1\cos(\varphi_{N_2} - \tau_3) + K_2\cos(\varphi_{K_1} + a_4) + K_1\cos\varphi_{k_1} \quad (7\text{-}16)$$

对每对分潮叠加形式 $A\cos\varphi + B\cos(\varphi - \tau)$ 进行如下变换。

令
$$A\cos\varphi + B\cos(\varphi - \tau) = (A + B\cos\tau)\cos\varphi + B\sin\tau\sin\varphi \quad (7\text{-}17)$$

则得
$$A\cos\varphi + B\cos(\varphi - \tau) = R\cos(\varphi - \varepsilon) \quad (7\text{-}18)$$

其中，
$$R = \sqrt{A^2 + B^2 + 2AB\cos\tau} \quad \varepsilon = \arctan\frac{B\sin\tau}{A + B\cos\tau} \quad (7\text{-}19)$$

将式（7-16）～式（7-18）处理过程代入式（7-15），得到以 4 个分潮的相角为变量的复杂函数：

$$h(\varphi_{K_1}, \varphi_{M_2}, \varphi_{S_2}, \varphi_{N_2}) = K_1\cos(\varphi_{K_1}) + K_2\cos(2\varphi_{K_1} + a_4) + R_1\cos(\varphi_{M_2} - \varepsilon_1)$$
$$+ R_2\cos(\varphi_{S_2} - \varepsilon_2) + R_3\cos(\varphi_{N_2} - \varepsilon_3) \quad (7\text{-}20)$$

注意后三项的振幅及迟角也均是 K_1 分潮相角的函数：

$$R_1 = \sqrt{M_2^2 + O_1^2 + 2M_2O_1\cos\tau_1} \quad \varepsilon_1 = \arctan\frac{O_1\sin\tau_1}{M_2 + O_1\cos\tau_1}$$
$$R_2 = \sqrt{S_2^2 + P_1^2 + 2S_2P_1\cos\tau_2} \quad \varepsilon_2 = \arctan\frac{P_1\sin\tau_2}{S_2 + P_1\cos\tau_2} \quad (7\text{-}21)$$
$$R_3 = \sqrt{N_2^2 + O_1^2 + 2N_2O_1\cos\tau_3} \quad \varepsilon_3 = \arctan\frac{Q_1\sin\tau_3}{N_2 + Q_1\cos\tau_3}$$

直接求式（7-20）的极值仍很困难。于是采用进一步的近似处理，首先化简它们为极小值形式，即取：

$$\varphi_{M_2} - \varepsilon_1 = 180° \quad \varphi_{S_2} - \varepsilon_2 = 180° \quad \varphi_{N_2} - \varepsilon_3 = 180° \quad (7\text{-}22)$$

于是，潮高表达式变为以 K_1 分潮相角为自变量的单变量函数：

$$h(\varphi_{K_1}) = K_1\cos(\varphi_{K_1}) + K_2\cos(2\varphi_{K_1} + a_4) - (R_1 + R_2 + R_3) \quad (7\text{-}23)$$

对该表达式在 K_1 分潮相角的一个变化周期内以适当取值间隔对自变量离散化，获得一组函数值，取最小值（符号为负、绝对值最大）即得所需深度基准相对于平均海平面的差距 L，L 值通常以绝对值表示。

海图深度基准面的计算通过潮汐调和常数实现，因而与当地的潮汐性质有密切联系，会随潮汐的空间变化而呈现出区域特征。所以我国与其他沿海国家一样，仅规定基准面计算所应采用的方法，而不是规定某一个或某些参考点以供基准维持。这种基准的维持机制是灵活的，只需将观测的潮位数据和计算的深度基准面值通过当地平均海平面与国家统一高程系统建立联系。在开阔海域，可以由相对于潮汐振动的平衡面，即稳定的平均海平面的位置来表征，即深度基准面的维持仅由平均海平面实现。

潮汐的复杂性使得海图深度基准面难以由简单的数学形式逼真表现，因此，实质上采用逐点定义方式实现，即深度基准面相对于平均海平面的偏差仅在极少的具有潮汐参数的点上获得。也就是说，我们按照某种算法求得的深度基准面相对于平均海平面数值仅是对真正曲面形态基准面在特定点的采样。这些采样点的观测数据受观测时间、潮差、气象、水深、地形、岸线形状等因素的影响较大，不同人员采用不同的计算方法，也会造成计算结果有差异，再加上数值的计算本身不需要任何垂直基准信息，本应以曲面形式存在的海图深度基准面至今仍未能实现无缝表示（王骥和刘克修，2002；翟国君等，2003）。

此外，理论最低潮面算法关于浅水分潮和长周期潮订正具有多种处理方案，而《船用潮汐、潮流图表编制方法》（GB/T 13474-1992）中未说明分潮节点因数的取值、计算长周期气象分潮 Sa 位相时半角计算问题的处理方法，以及计算 φ_{M_2} 和 φ_{S_2} 公式中反正切函数的分母为负值时的处理方法等问题，再加上验潮站选取数量的差异、验潮站点位置的变化、潮位观测时段长短的不一、水位改正方法的不同等诸多因素，都会使海图深度基准面产生不连续跳变（耿凤奎和梁谋，2007；张泽能，2008；王闰成和张永合，2009）。

7.1.3 最低天文潮面

最低天文潮面（the lowest astronomical tide，LAT），最初是英国为了统一全国的海图深度基准面，由英国海军部提出的。其定义为，在平均气象条件下，并在结合任何天文条件下，可以预报出的最低潮位值[同理，最高天文潮面（the highest astronomical tide）定义为可以预报出的最高潮位值]，即取潮汐预报中出现的最低水位与平均海平面的差值作为基准值。20 世纪 90 年代中期，IHO 推荐其会员国采用该算法。

最低天文潮面的计算过程是，首先由至少为 1 年的实际观测数据经调和分析，计算出潮汐调和常数，再通过这些调和常数将 19 年或更长时间内调和预报出的最低潮位值作为最终所求的最低天文潮面值。在潮汐预报中，采用的分潮有多种取法，在基准值计算时往往采用量值较大的数个分潮，可以只包括纯天文分潮，也可附加部分浅水分潮和长周期分潮，但在附加这些分潮时，已不是严格意义的最低天文潮面了（暴景阳等，2006）。

若采用 n 个分潮的潮高表示模型，则 LAT 的数值可表达为（许家琨等，2007）

$$\text{LAT} = -\min \sum_{i=1}^{n} f_i H_i \cos(\sigma_i t + V_i + u_i - g_i) \quad (7\text{-}24)$$

式中，i 为分潮；f_i 为分潮交点因子；H_i、g_i 分别为分潮的振幅和迟角；σ_i 为分潮角频率；t 为时间；V_i+u_i 为分潮的初始位相；u_i 为交点订正角。时间长度 t 的取值范围可定为适当的潮汐周期，取 19 年或更长的时间。通常，世界各国选取本国的国家深度基准面历时这一时间长度作为最低天文潮面计算的周期。例如，澳大利亚的国家深度基准面历时为 NTDE 1992~2011，其最低天文潮面计算相应取 1992~2011 年共 20 年的时间。另外，对于天文潮面计算中预报潮位的时间间隔，可以根据我国水位观测规范中关于潮水位观测中的记录要求进行相应取值，即一般站在半点或整点时每隔半小时或 1 小时观测一次，在高、低潮前后，应每隔 5~15min 观测一次。但是，在当今现代计算机的运行条件下，实际可以取比 1h 更短的时间间隔（如 30min 或者 1min），从而充分组合出最低潮位值（张力等，2009）。

7.1.4 平均大潮高潮面

为了表示灯塔等导航标志的保守高度，以及海上桥梁的净空高度，其高度信息的起算面为所在地点的平均大潮高潮面。依海岸线定义，它是平均大潮高潮面与海岸的交线，因此，在这层意义上，平均大潮高潮面是海岸线定义的参考面。平均大潮高潮面基准只应用于线状要素和点状要素的表达，所以其应用需求是离散的或沿海岸线连续的。在实践中测定了特征高程点到瞬时海面或国家高程基准的相对高度后，通过以平均海面为参考的瞬时海面水位改正或当地的海面地形改正后，借助于平均大潮高潮面的数值计算实现其保守高度确定。

平均大潮高潮面可描述为是半日潮大潮期间高潮位的平均值。为了减小偶然误差的影响，通常在朔望日附近取潮差最大的连续 3d（在我国，它们大都发生在朔望之后）高潮位计算其平均值，并将其作为一次大潮的高潮位，然后计算所有大潮高潮位的平均值。显然，只在以半日潮为主的港口需要计算平均大潮高潮面。平均大潮高潮面的计算数学模型为

$$\begin{aligned} H = &1.007\left(H_{M_2} + H_{S_2}\right) + 0.025 \frac{\left(H_{K_1} + H_{O_1}\right)^2}{H_{M_2}} \\ &- 0.02 \frac{\left(H_{K_1} + H_{O_1}\right)^2}{H_{M_1}} \cos\left(g_{K_1} + g_{O_1} - g_{M_2}\right) \\ &+ H_{M_4}\left(1 + 2\frac{H_{S_2}}{H_{M_2}}\right)\cos\left(g_{M_4} - 2g_{M_2}\right) \\ &+ H_{M_6}\left(1 + 3\frac{H_{S_2}}{H_{M_2}}\right)\cos\left(g_{M_6} - 3g_{M_2}\right) \end{aligned} \quad (7\text{-}25)$$

式中，H_{M_2} 和 g_{M_2} 分别为分潮 M_2 的振幅和迟角，其余分潮类似于上述其他式。平均大潮升（见下一句介绍）等于平均大潮半潮面加平均大潮差的一半，是规则半日潮港和不规则半日潮港的潮位特征值（王志豪，1986）。教材一般定义为深度基准面至平均大潮高潮面的高度，一般简称为大潮升，也称平均大潮高潮面（孟德润等，1993）。平均大潮高潮面平均大潮升的计算主要分为以下两种情况（许家琨等，2007）。

1. 正规半日潮

$$\text{平均大潮升} = L + \frac{1}{2} S_g \tag{7-26}$$

式中，L 为平均海面到深度基准面的高度，即理论深度基准面；S_g 为平均大潮差，即平均大潮高潮高与平均大潮低潮高的差值，可用调和常数求取：

$$S_g = \left[M_n - \frac{H_{S_2}^2}{2H_{M_2}} \right] + \left[1.96 - 0.08 \left(\frac{H_{K_1} + H_{O_1}}{H_{M_2}} \right)^2 \right] \cdot H_{S_2} \tag{7-27}$$

式中，平均潮差 M_n 为

$$M_n = 2H_{M_2} + \frac{1}{H_{M_2}} \Big[1.071 H_{S_2}^2 + 0.963 H_{N_2}^2 + 1.077 H_{K_2}^2$$

$$+ 0.269 H_{K_1}^2 + 0.231 H_{O_1}^2 + 0.266 H_{P_1}^2 + 0.214 H_{Q_1}^2 \Big] \tag{7-28}$$

2. 不正规半日潮

$$\text{平均大潮升} = \text{HTL} + \frac{1}{2} S_g \tag{7-29}$$

式中，HTL 为平均半潮面，其计算公式为

$$\text{HTL} = L - 0.04 \left(\frac{H_{K_1} + H_{O_1}}{H_{M_2}} \right)^2 \cos \left[g_{M_2} - \left(g_{K_1} + g_{O_1} \right) \right]$$

$$+ H_{M_4} \cos \left(2 g_{M_2} - g_{M_4} \right) \tag{7-30}$$

7.1.5 高程基准

目前，世界各国或地区均以一个或几个验潮站的长期平均海平面定义高程基准。美国以波特兰验潮站、日本以东京灵岸岛验潮站、欧洲地区以阿姆斯特丹验潮站的多年平均海平面定义各自的高程基准面。

由于历史的原因，新中国成立前我国的高程基准面比较混乱，采用的基准面有十多个，如大沽零点、吴淞零点、罗星塔零点、珠江基面、大连基面、坎门基面等。这些基准面有的是验潮站的平均海平面，而有的采用某港口的海图深度基准面。1954 年，

总参测绘局利用沿海部分水准观测资料,组成24个环,进行水准网平差,并定义青岛(1953~1954年两年的数据)和坎门两站的平均海平面高程为零,作为约束条件,建立了"1954年黄海平均海平面基准"。1956年,则选定青岛大港验潮站1950~1956年7年的平均海平面作为全国统一的高程基准面,该基准沿用了30年。

原则上应采用长期平均海平面定义高程基准,至少要顾及交点潮引起的平均海平面年际周期变化。这就要求作为高程起算面的平均海平面观测时间应不短于19年,而这样的时间长度,根据上节的稳定性分析,在青岛附近即便包含着交点潮影响,以95%的置信概率指标,也可达1cm精度。基于这样的考虑和已积累的足够长时间的观测数据,建立了"1985国家高程基准"。"1985国家高程基准"在具体建立时,采用了1952~1979年共28年的数据(1950年和1951年的数据因水尺变动原因而不使用)。具体计算则是采用10组19年数据滑动平均,最后取10组滑动平均值的总平均。国家水准原点在该基准面上72.260m。1985黄海高程系与1956黄海高程系的差值仅为2.9cm,这表明青岛附近的年平均海平面是非常稳定的。

7.1.6 大地水准面

高斯定义的大地水准面为与海洋平均海平面重合的地球重力场的等位面。大地水准面表征了地球的基本几何和物理特性,是在整体上非常接近地球自然表面的水准面。

在大地水准面的经典定义中,认为海水是自由运动的匀质物质,只受重力作用,没有时间变化。当理想化的海洋面达到平衡状态时,将取一个重力场的水准面,故设想某一个水准面与平均海水面完全重合,不受潮汐、风浪和大气压变化的影响,并延伸到大陆下面处处与铅垂线相垂直,该水准面就是大地水准面。大地水准面是最理想化的海面,是一个没有褶皱和棱角的连续的闭合曲面,具有水准面的一切性质。然而,由海洋学可以知道,由于洋流和其他拟稳态效应,平均海平面不是一个均衡面,平均海平面在比较长的时间内也会发生一定的变化。此外,地球内部不断变化,特别是局部地区的剧烈变化会改变地球的重力场,大地水准面也会随之变化。因此,大地水准面的定义也应该考虑随时间的变化,即应该参考一定的历元。

海洋大地水准面的确定问题一直是海洋重力测量学的一个主题,与重力场模型密切相关。计算大地水准面,实质上是解扰动位的外部边值问题(或称大地边值问题)。传统的有Stokes方法和Molodensky方法,Stokes方法的缺陷在于,不可能精确知道地壳密度,因此计算的大地水准面有误差,而Molodensky方法给出的级数解十分复杂,真正严格意义上的计算也很困难。

作为正常高基准的大地水准面和作为正常高基准的似大地水准面包含全球和局部基准体系,全球大地水准面是和全球平均海平面最为密合的地球重力等位面,而据估算,全球意义的似大地水准面和大地水准面之间仅存在毫米以下量级的偏差(王正涛等,2005)。因此,在目前的应用需求下,大地水准面可视为海洋区域的大地水准面和似大地水准面重合。局部意义的大地水准面和似大地水准面是陆地局部高程基准参考面向海域的自然延展（魏子卿，2009）。

解决大地边值问题，近几十年来有许多新进展，精化大地水准面是局部重力场逼近的长期目标，也是大地测量应用本身及研究活动构造带地壳运动和时变重力场效应的需要。过去由于数据和技术水平的限制，大地水准面的精度只能达到数米的量级，可以不考虑大地水准面各种定义之间的差别。近几十年来，随着重力资料不断累积、新的计算技术的出现和卫星测量技术的采用，精化大地水准面成为可能。例如，采用重力场位模型 GEM10B 和 GEM10C 表示的全球平均意义上的大地水准面的精度分别达到 ±0.94m 和 ±0.75m，而由 OSU91A 模型求解大地水准面的精度则可以达到 ±0.49m，由 EGM96 模型求解大地水准面所得到的精度则更高，陆地区域为 ±0.43m，海洋区域为 ±0.21m（黄谟涛等，1998a，1998b，1998c，1998d）。到目前为止，精度最高的地球重力场模型 EGM2008 的阶次已经分别达到了 2190 和 2159，高程异常精度比 EGM96 高出了 3~5 倍，大地水准面正在向高精度和精细结构发展。

7.1.7 参考椭球面

过去由于受到技术条件的限制，人类不能勘测整个地球椭球的大小，只能用个别国家和局部地区的大地测量资料推求椭球体的元素（长轴半径、扁率等），所得到的为椭球形，即称为参考椭球。

其中，WGS84 椭球随着 GPS 技术的广泛应用而成为目前最常用的参考椭球。WGS84 坐标系的几何定义是原点在地球质心，Z 轴指向定义的 BIH1984.0 协议地球极（CIP）方向，X 轴指向 BIH1984.0 协议的零子午面和 CTP 赤道的交点。Y 轴与 X 轴、Z 轴构成右手坐标系。对应于 WGS84 大地坐标系的参考椭球，其常数采用 IUCC 第 17 届大会大地测量常数的推荐值。

CGCS2000 大地坐标系是我国新一代大地坐标系，其是一个以地球质量中心为原点的地心大地坐标系。其几何定义为，原点是地球的质量中心，Z 轴指向 IERS 参考极方向，X 轴为 IERS 参考子午面与通过原点且同 Z 轴正交的赤道面的交线，Y 轴与 X 轴、Z 轴构成右手地心地固直角坐标系。CGCS2000 参考椭球是一个等位旋转椭球。等位旋转椭球（或水准椭球）定义为其椭球面是一等位面的椭球。CGCS2000 参考椭球的几何中心与坐标系的原点重合，旋转轴与坐标系的 Z 轴一致。该参考椭球既是几何应用的参考面，又是地球表面上及空间正常重力场的参考面。参考椭球的定义常数参见文献（陈俊勇，2008）。

综上所述，目前我国比较重要的测绘垂直基准面有平均海平面、国家高程基准、理论海图深度基准面。《海道测量规范》明确规定，图载水深和干出滩、干出礁的干出高度从深度基准面起算；明礁的高程与岛屿、陆地地形一样，采用国家高程基准或与其接近的岛屿高程基准；远离大陆的岛屿和明礁则以当地多年观测计算的平均海面作为高程起算面。

各垂直基准面与海图要素间的关系如图 7-1 所示。

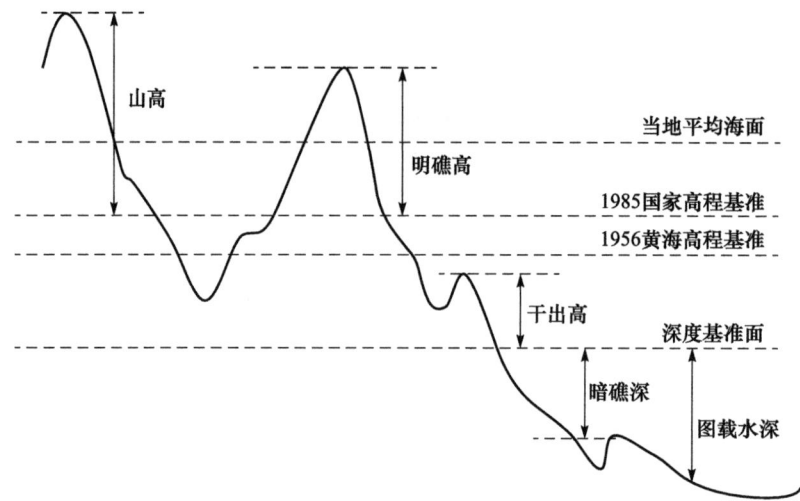

图 7-1 各垂直基准面与海图要素间的关系

海洋垂直基准是海洋测绘基准的重要组成部分，与位置基准、重力基准和磁力基准共同构成海洋测绘基准体系。与其他类型的基准相比，垂直基准具有用于动态观测量归算、基于多重参考面转换服务的鲜明特点。近年来，引起国内外海洋测绘行业，乃至大地测量领域的密切关注，是海洋测绘较为活跃的研究内容之一。关于海洋垂直基准的研究和讨论多集中于基准值的计算方法、深度基准面的保证率、不同参考面间的转换等技术细节。因此，在综合分析了各种垂直基准模型的构建后，确定最优的一种作为海洋垂直基准的标准，并在此基础上建立连续无缝海洋垂直基准模型将是当前海道测量任务的重中之重。

现代海洋测绘垂直基准体系整体架构的确定和发展，对海道测量作业和海洋空间信息产品生产具有越来越重要的理论和现实意义（暴景阳，2009）。

7.2 海洋无缝垂直基准面的建立

构建海洋无缝垂直基准面的首要任务是确定一个无缝垂直参考面，然后再确定无缝垂直基准面与其他垂直参考面之间的关系。垂直方向的参考基准面已经有十几个之多，重新定义一个新的参考基准面将增加数据转换的工作量和难度。因此，首先根据国际上无缝垂直基准参考面的定义，参考已有经验，结合中国海洋测量的实际情况，应优先考虑从已有的参考面中选择一个基准面作为我国海域的无缝垂直基准面的参考基准面。

7.2.1 无缝垂直基准面的定义与要求

FIG 无缝垂直基准面研究小组在 2006 年出版的《FIG 海道测量垂直参考面建立指南》（*FIG Guide on the Development of a Vertical Reference Surface for Hydrography*）一

书中对无缝垂直基准面的定义是，其是海道测量中一个不随时间和地区变化的参考面。这个定义要求无缝垂直基准面满足垂直信息的参考面的连续性和光滑性，同时也在一定几何意义和物理意义方面反映垂向空间信息表达的一致性（暴景阳，2009）。

FIG 的定义实际上只是对无缝垂直基准面关键特征的一些描述，由于各地的潮汐性质不同，各个国家和地区的情况与规定各异，只是推荐各国使用统一的无缝垂直基准面，但没有在定义中给出一个确定的参考面。可以理解为具有如下几层含义：

1）"海道测量的基准参考面"，即考虑的首要原则是保证船只航行安全。
2）"不随时间变化"，即具有"非时变"特征，与历元无关。
3）"不随地区变化"，即"无缝"，在定义和实现上都要具有连续性和光滑性。
4）作为测量参考面，无缝垂直基准面应该易于实现和维持。

此外，鉴于各国垂直基准面使用的历史及现状，垂直方向上多个参考面并存，为了兼容和充分利用已有的测量成果和资料，无缝垂直基准面应该提供与其他参考面之间的转换关系。

中国无缝垂直基准面的选择首先要符合国际无缝垂直基准面的定义，即该基准参考面在定义和实现上都要符合"无缝"的定义。为此，需要对我国现有的垂直基准面进行分析研究。有学者选择大地水准面作为无缝垂直基准的参考面。大地水准面是无缝的、最接近平均海面的，且与其他垂直基准面有密切关系，但它又是一个具有物理特性的重力等位面，其精度主要依赖于对地球重力场的测量。要得到精密的大地水准面不仅要收集大量的重力数据，还涉及很多复杂的数学模型。在平坦的陆地上，局部的大地水准面可以比较精确，但是在高山和海洋地区，重力资料的不足会影响大地水准面的精度，因此，得不到一个精确的大地水准面。随着对大地水准面模型的精化，将会出现新的更合适的大地水准面，如何把已有的海量数据转换到新大地水准面也是一项比较严峻的工作。

综合上述分析，以下将重点介绍建立海洋无缝深度基准面的基本流程和方法。

7.2.2 建立海洋无缝垂直基准体系的重要性与必要性

海洋垂直基准是陆地垂直基准在海洋及其他水域的扩展，是深度测量及其相关要素的起算面，也是对海洋进行正确认知和表达的重要依据。现有的海洋垂直基准包括地球椭球面大地水准面、平均海面海图深度基准面等，但其尚不能解决海洋测绘等具体应用中的诸多重要问题。为了更好地认识和表示海洋及相关水域，国内外学者一直在寻找和建立合适的垂直基准，但是其仅适用于局部海域的一个个彼此孤立离散跳变的基准，而无法顺利解决这些问题。在当前的实际情况下，如果能建立起一个合适的彼此之间具有内在科学联系的海洋无缝垂直基准体系，将是具有现实意义的。

1）完善的海洋垂直基准体系的建立，对于保证航行安全和进行海洋资源开发具有重要意义。目前，我国采用的陆地高程基准是 1985 黄海高程基准，即特定地点（青岛）的平均海面。海洋深度基准则采用海图深度基准面，为保证航行安全并充分利用航道，目前采用的是理论最低潮面，其含义是理论上可能达到的最低潮面。由潮汐参数计算和确定的理论最低潮面应为连续的曲面，但验潮站分布的离散性及根据各站资料得到的深度基准面之间的差异，常常导致深度基准面以各验潮站为中心呈离散分布，因此各深度基准面间存在着跃变的阶梯形态，而不是连续渐进的。

2）现有高程和深度基准的不统一及深度基准的离散和跳变，必将给人类开发利用海洋带来许多问题，乃至国际间的争端。如果没有海洋无缝垂直基准体系，不同海域或相同海域不同时段获得的数据间的拼接将难以实现，以致海洋观测数据的使用价值和测量效率大大降低，从而减缓海图的更新速度。由于没有海洋无缝垂直基准体系，深度数据在不同的参考基准上难以方便地转换输出与共享，为海洋空间地理信息表示精度的提高增加了难度，随之而来的结果就是海洋和陆地数据间的割裂，为使用者的识图、用图带来很多不便。

综上可见，建立连续无缝的海洋垂直基准体系具有重要的理论意义和实用价值。

7.2.3 无缝垂直基准面的建立存在的问题

建立海洋无缝垂直基准面是迈向数字海洋信息世界的第一步，也是最重要的一步。目前，无论是从国外还是从国内的研究现状来看，其建立的理论和方法均处于起步阶段，仍然存在着不少问题和争议，主要体现在如下几个方面。

1）海洋垂直基准面模型选择的多样性。垂直基准面种类很多，有传统的潮汐深度基准面、大地水准面或似大地水准面、长期平均海平面等物理意义明确的垂直基准，以及如参考椭球等具有明确几何定义的垂直基准面，各个基准面具有各自的特点。如何选择最优的垂直基准面来建立一个现代化的海洋无缝垂直基准面，在具备了连续无缝等特征的同时又能符合人类海洋测量中海图标定等使用习惯，已成为目前海洋测绘领域里亟须解决的一个关键问题。

2）目前，海洋垂直基准的确定，以及无缝垂直基准面建立方法的研究较多，但对用来确定海洋垂直基准面的原始观测数据误差的预处理的研究较少。作为建立海洋无缝垂直基准面前的一项基础工作，原始数据的预处理起着非常重要的作用。而在原始数据中包含的误差种类较多，各自的特征不一，因此在数据处理时应分别对待，而如何将它们分类并根据不同特征误差采用不同的探测和修复方法的相关性研究较少。

3）研究海洋垂直基准面确定的方法较多，但针对各种方法精度分析的相关研究则较少，而海洋垂直基准面的精确确定对后续建立无缝垂直基准面具有重要意义。因此，必须对影响其确定精度的相关因素进行详细研究，并给出提高海洋垂直基准面确定精度的措施和经验参数，这对海洋无缝垂直基准面的建立具有重要的指导意义。

4）目前，建立海洋无缝垂直基准面多半采用几何插值或拟合方法，而几何方法的类别很多，各种方法的特征和适用的条件各不相同，且精度差别较大。此外，几何法的精度还受已知点的分布情况、数量、深度基准面变化复杂程度等因素的影响较大。所以在采用几何法建立前，需对几何方法的原理、特征、适用范围和深度基准面的变化情况、验潮站的数量、分布情况等方面进行研究和分析。而目前一些相关的研究文献则主要是从几何法的精度、操作是否简单方便等几个方面考虑，理论分析不足。

5）几何建模方法都是从数学建模的角度出发，精度易受外界影响，如已知点分布不均或不足、深度基准面高程变化起伏较大等都会导致几何法精度迅速下降。此外，几何模型在设计到外推时，精度也往往不够理想，以上这些都是几何法所无法有效解决的问题。因此，必须更换以前的几何建模理念，从潮汐自身的物理机制出发，寻求更加合理有效的建立方法，从而克服几何法的缺陷。物理机制方法将对海洋无缝垂直基准面的建立工作具有重要意义。

6）海洋中不同垂直基准，包括海图深度基准、椭球高程基准和陆地高程基准，三者之间高程的相互转换具有重要意义。目前，针对海陆间垂直基准间的高程、水深转换的研究很多，转换模型表达式多种多样，缺乏一个统一的、系统的、全面的转换模型和精度评定模型。

7）对于不同海洋垂直基准面间的过渡问题，各海域的潮汐性质和海况各不相同，现有的研究成果适用于小区域，在建立适用于整个海域的无缝模型时可以直接应用上述成果，并利用转换模型将这些成果连接成为一个整体。但这样就引入了在海域交界处选择合理模型的新问题，因为交界海域处于各海域边缘，可能同时具备相邻两海域的特点，所以尤为复杂。因此，该问题的处理对于连接各垂直基准面、建立无缝垂直基准体系是至关重要的。

7.2.4 海洋无缝垂直基准面的选择

1. 无缝垂直基准面的要求

无缝垂直基准面意指表征垂直信息参考面的连续性和光滑性，同时也在一定的几何意义或物理意义方面反映垂向空间信息表达的一致性（暴景阳等，2013）。首先，该基准面应为固定参考面，不会随着时间的变化而变化；其次，还应具有连续光滑的特征，并易于实现与其他现有垂直基准的相互转换。因此，在选择某种垂直基准面来建立无缝垂直基准面时，不仅要考虑其所包含的物理意义，同时还要具备无缝垂直基准面的基本特征。

2. 各种垂直基准面间的比较

根据 7.1 节详细叙述的各种垂直基准面，下面将分析各自作为建立海洋无缝垂直基准面的优缺点，而各自的优缺点归纳总结结果见表 7-3。

1）选用参考椭球面来建立海洋无缝垂直基准面具有数学定义简明、连续光滑及稳定性较好等优点。然而在海洋测绘中更习惯于使用海图高，且我国海道测量规范及水运工程测量规范里都规定了海洋中的垂直基准为理论深度基准面，因此，常需要将基于参考椭球面的大地高转换成海图高。若已知深度基准面的大地高，则可以直接将平均海平面的大地高转成海图高,但该方法同样也无法避免深度基准面的非连续离散的缺陷,即同样面临着与选用深度基准面来建立海洋无缝垂直基准面类似的问题。即使采用参考椭球面来建立无缝垂直基准面,也必须首先克服传统海图深度基准面非连续、离散的缺陷,从而满足海洋中不同垂直基准面真正达到无缝转换的需求。

表 7-3 四种垂直基准面之间比较

垂直基准面类型	优点	缺点
海图深度基准面	符合海图使用习惯,沿用历史已久,计算模型也很成熟,除可以作为海洋、江河水域中深度的起算基准外,对当地的潮汐性质的分析研究也可以提供帮助	离散、非连续,不利于同其他垂直基准间进行准确无缝转换
参考椭球面	连续封闭、稳定、数学模型简单,是作为陆海统一垂直基准的理想模型	基于参考椭球面的大地高在海洋和江河湖泊水域内物理意义不明显,无法为船舶安全航行提供保障,不符合海图高使用习惯
大地水准面	连续封闭、与陆地高程基准一致,方便海陆垂直基准的统一	在海洋区域,精度较低,且不稳定,基于该面的正高在海洋江河湖泊水域内物理意义不明显,无法为船舶安全航行提供保障,不符合海图使用习惯
长期平均海平面	计算方便简单,与陆地高程基准接近	不稳定,不符合海图使用习惯,无法为船舶安全航行提供保障

2)利用大地水准面作为海洋无缝垂直基准面的标准,具有连续无缝、物理意义明确并同陆地上垂直基准一致的优点,然而大地水准面也有自身的缺陷。例如,目前大地水准面在高山和海洋等重力资料较少的地区精度较低,其模型的计算公式较复杂且不易表达。此外,由于地壳内部不断运动,地球质量的分布不断变化将改变地球的重力场,从而导致整体的大地水准面形状发生变化,这也不符合海洋无缝垂直基准面必须稳定的条件。同样,在使用大地水准面作为陆海统一的无缝垂直基准面时需要首先克服海图深度基准面的不连续、离散的缺陷。

3)在海图水深的标定中,习惯采用保守水深,而长期平均海平面在垂向上要高于深度基准面,因此若以平均海平面为深度的起算面,则在水位低潮期时可能不能满足航行安全的需要。此外,尽管平均海平面与似大地水准面很接近,但两者并非完全一致。而且要寻求出近海陆地高程基准与平均海平面之间的分离量,从而统一两个区域的垂直基准面也存在很多技术难题,如陆地高程基准向海域的延拓。由单一验潮站的多年平均海平面作为空间地理信息表达中的陆地区域正高系统和正常高系统的起算面,本身具有单点定位特性,借助于水准测量的重力位传递形式,使得相应的参考面以高等级水准点网构成其维持框架。这样的系统在海洋表面难以维持,而且随着测量精度要求的提高,重力场也有待于精化(孙翠羽,2011)。

4)选用海图深度基准面来建立海洋无缝垂直基准,不但符合传统海图绘制、图载水深的标注、潮汐模型的确定等使用习惯,而且海图深度基准是由当地的潮汐调和常数计算得到的。海图深度基准面通常是在最低潮位附近的一个假想面,因此利用它来建立无缝垂直基准面不仅顾及到航海保障率的同时，还保证了船舶的航行安全。但传统的海图深度基准面也有自身的局限性。由于海图深度基准面是根据潮汐调和常数计算得到的，而潮汐调和常数具有时空变化特征，参与潮汐调和分析的时间段不同，都会导致调和分析得到的调和常数不同。此外，验潮站空间分布的离散性、潮汐变化的地域性也会导致每个验潮站的潮汐调和常数不同。且深度基准面由人为定义的模型计算得到，不同地区采用的海图深度基准面模型也不相同，因此计算结果也相差较大。海图深度基准面随空间变化而变化，呈离散、非连续状态，这些缺陷都无法满足无缝垂直基准面的要求，所以在利用海图深度基准面建立无缝垂直基准面时，需要逐一解决以上问题。

根据以上比较分析可知，除了海图深度基准面以外，基于其余三种基准面的高程都不符合海图使用习惯，也与我国目前的海道测量规范和水运工程测量规范里规定的海洋垂直基准面为理论深度基准面的要求不相符。同时，无论采用何种垂直基准面都首先要解决海图深度基准面的不连续、离散问题，才能保证海洋中不同垂直基准面间相互转换时实现准确无缝转换。

7.2.5 无缝垂直基准面的建立

1. 建立的基本思想

海洋垂直基准面有多种形式，每种都有其特点和适用性。建立海洋无缝垂直基准面体系是为了适应海岸带与岛礁区域测量和信息精确表达等需要，主要表现在3个方面：① 支持海岸带与岛礁区域周边水域地形地貌的连续化精确测定和无缝自然表达，服务于海岸带与岛礁区域地形图的编绘。② 在大地测量垂直坐标框架体系下通过基准变换，使得海岸带与岛礁区域基础测绘产品能够应用于航海图生产。③ 为无验潮水深测量模式的推广提供高精度垂直基准信息保障。据此，可按以下思想建立海洋测绘无缝垂直基准体系：首先，对无缝垂直基准面的定义和构建原则进行理论研究；然后，利用精密潮汐模型构建逐点变化的深度基准面模型；最后，以高分辨率网格模型作为连续无缝垂直基准面的具体实现，并将该无缝垂直基准面通过连续的相对于地球椭球面表达的平均海平面高模型和陆海大地水准面模型，纳入大地测量垂直基准体系，形成深度基准面偏差模型。

2. 无缝垂直基准面几何构建方法研究

（1）几何法无缝垂直基准面构建的基本理论

深度基准面是相对于当地长期平均海平面垂线方向以下的基准面，而长期平均海平面的确定可以通过验潮数据的算术平均值或平均海平面的传递方法得到，其值是相对于验潮站的验潮零点，通过深度基准面与长期平均海平面之间的关系，可进一步得到深度基准面与验潮零点的关系。而验潮站在布设时，一般可测得其验潮零点在国家陆地高程基准下的高程或基于参考椭球的大地高程，因此便可以得到海图深度基准面在陆地高程基准下的绝对高程或椭球高。此外，在一般情况下，验潮站平面位置 (x, y) 也可获得，所以根据验潮站已知的平面位置和深度基准面高，则可以采用几何

插值或拟合方法来构建某一区域连续无缝深度基准面,其几何模型可简单表示如下:
$$H_L = F(x, y) \tag{7-31}$$
式中,深度基准面高 H_L 是平面位置 (x, y) 的函数。通过得到任一点的平面坐标后,便可知该处的深度基准面高。

几何法主要有反距离加权法、最小曲率插值法、最近邻插值法、带线性插值的三角剖分法、多项式回归法、移动曲面拟合法、克里金法、径向基函数法等。每种方法的计算原理、特点、适用条件、精度等各不相同。不同几何建模方法的特征和适用条件各不相同,现将每种方法的特征和适用条件归纳,见表 7-4。

表 7-4 八种几何方法比较

类型	特征	应用条件
反距离加权法	任何一个观测值都对邻近的区域有影响,且影响的大小随距离的增大而减小	适用范围较广,一般无具体的使用约束条件,计算值容易受到数据点集群的影响
最小曲率插值法	采用迭代的方法逐次求取网格节点的数据	该方法的计算速度快,适合于大量已知数据点的网格化
最近邻插值法	采用离网格节点最近的数据点的值来表明网格节点的值	适合于已知数据点规则分布,或大多数数据点位于格网节点上,更适合于均匀间隔的数据插值,可以有效填充无值数据的区域
带线性插值的三角剖分法	通过直线连接各数据点形成一系列互不相交的三角形,且每个三角形内的格网节点值由该三角形平面决定	该方法速度快,适用于中等数量、均匀分布的数据网格化
多项式回归法	通过定义趋势面类型来表明原数据的大状态趋势,并不增加未知的网格节点值	常用来确定数据的大规模趋势,但去掉了原数据中的局部细节,不利于资料的详细分析
移动曲面拟合法	典型的逐点多项式拟合内插法	较多项式回归法可反映局部细节变化趋势
克里金法	根据相邻变量的值,利用变差函数所揭示的区域变量的内在联系来估计空间变量数值,网格化精度高	适用于数量小于 250 个点数据的网格化
径向基函数法	多个数据插值方法的组合,多形式的方法	适用范围同克里金法类似

(2)影响几何法建模精度的因素分析

1)深度基准面的确定精度

通过水尺联测或 GPS 静态观测可得潮位站验潮零点在陆地高程基准下或参考椭球基准下的高程。当深度基准面确定以后,根据其与验潮零点的关系可以进一步得到深度基准面高,因此,深度基准面的确定精度将直接影响几何法的建模精度。而深度基准面的确定可分为模型法和传递法两类,前者根据潮汐调和分析常数按照深度基准面计算模型得到,误差包括潮汐验潮误差、潮汐调和常数误差;后者根据深度基准面传递算法将深度基准面从已知验潮站向未知验潮站传递得到,因此其除了包含验潮误差和调和常数误差外,还包括传递模型误差。上述这些误差都将对无缝深度基准面几何建模精度产生影响。

2)潮位站分布特征

验潮站在布设时应满足以下几点要求:能充分反映测区的水位变化;无沙洲、浅滩隔阻、回流现象；不直接受风浪、急流冲击影响，且不易被船只碰撞；能牢固设置水尺或自记水位计，以便于水位观测和水准测量。

水运测量工程规范规定在内河流域，基本验潮站布设应沿河按5～10km间隔设置。然而在我国，验潮站的布设还存在问题，在河口和沿海经济发达地区设站较密，而在内陆河段则较为稀疏。此外，验潮站一般在河岸边或沿海海岸布设，因此验潮站的分布在多数情况下基本呈线性或狭长分布的特征。几何法的精度与已知点的关系一般为：已知点分布越均匀，布设越密，精度则越高，建模曲面反映局部地区高程的变化越精细。而上述阐述的验潮站的布设特征与理想的已知点分布尚有一定差距，因此无缝深度基准面的构建精度将受不同程度的影响。

3）深度基准面的变化特征

海图深度基准面的变化特征与当地潮汐有密切的联系。我国采用的海图深度基准面一般为理论深度基准面，也即理论最低潮面，因此潮差越大，深度基准面相对于平均海平面越低，反之亦然。在内陆江河流域或沿海海域，不同地段的潮差差异也较大。例如，长江口水域主干道的水面较宽，水流平缓，潮差较小，因此深度基准面离平均海平面较近，各验潮站的深度基准面值L（相对于平均海平面以下）变化也较小；而在长江口南支和北支的分岔口，由于北支地形狭长，当水流从较宽水域流向较窄水域时，流速变急，导致潮差较大，因此深度基准面值的变化起伏也较大；在长江出海口水域，由于受长江和东中国海潮汐变化的综合影响，加之河道水底地形复杂，其潮汐变化较上游河段更为剧烈，深度基准面值L达到最大。

几何法建模精度除了与已知点的分布特征有关外，另外一个重要的影响因素就是深度基准面的变化复杂程度。当整个建模区域，深度基准面高的变化近似为线性变化或为某一几何曲面变化时，则可以采用几何法来构建无缝深度基准面，且所建曲面模型精度较高；若深度基准面高变化的规律较为杂乱，无明显规律可循时，则几何建模法的精度可能会迅速降低，以致于无法采用。

（3）基于潮汐物理传播机制的无缝垂直基准面构建方法研究

（1）中对无缝垂直基准面的几何建模方法进行了介绍，给出了适合不同情况的最优建模方法。然而，无论采用哪种几何建模方法，其都是从数值插值或拟合的角度出发来计算未知点处的深度基准面值。因此，当外界条件理想时，几何建模法精度尚可，而当外界条件不理想时，如深度基准面在局部区域变化剧烈，已知节点数量较少且分布不均时，几何法的精度可能迅速下降。此外，几何法在外推估计时，精度一般要低于内插精度，且随着外推距离的增大，精度会迅速下降，其原因是深度基准面的确定与潮汐性质、传播特征、地形等因素相关，而几何建模法则是纯粹从数值内插拟合角度出发，算法本身缺少潮汐变化的物理机制，无法准确反映验潮站间深度基准面真实的变化过程。

鉴于此，本节将从深度基准面确定及传播的物理机制特征出发，根据长期验潮站间潮波的传播特性，研究建立连续无缝垂直基准面。

1)深度基准面的特点

潮汐可以看成是由多个余弦波叠加而成的,每一个余弦波的振幅,相位角都不尽相同。每一个余弦波则可称为一个分潮,用数学模型可表示如下:

$$z(t) = A_0 + \sum_{j=1}^{m} f_j H_j \cos[s_j t + G(V_0 + u)_j - g_j] \tag{7-32}$$

式中,A_0 为潮汐观测期间的平均海平面;m 为分潮的个数;t 为区时;f 为分潮的交点因子;σ_j 为分潮的角速率;$G(V_0+u)$ 为格林威治零时平衡潮分潮的初相角;H 为分潮的平均振幅;g 为区时专用迟角。H 和 g 为待定的潮汐调和常数。

中国采用理论深度基准面,其物理意义可理解为理论上出现的最低潮位值即为深度基准面值。其定义可表示为

$$L = -\min\left[\sum_{j=1}^{m} f_j H_j \cos[\sigma_j t + G(V_0 + u)_j - g_j]\right] \tag{7-33}$$

由上述公式可知,理论深度基准面值与每个分潮的潮汐调和常数 H 和 g 相关,是调和常数的函数,因此若知道某个水域的调和常数,即可计算出当地的理论深度基准面值。在长期验潮站,分潮调和常数可通过潮汐调和分析得到,继而根据上式得到理论深度基准面;在短期或临时验潮站,可通过其与相邻长期验潮站的同步潮汐观测数据,将理论深度基准面值从长期站传递到短期或临时验潮站,从而得到短期或临时验潮站的深度基准面。但在验潮站控制范围以外水域,由于各种条件所限,无法在当地进行验潮时,若能根据其他方法得到当地的潮汐调和常数,则根据式(7-33)可计算出当地的理论深度基准面。因此,若能通过某种方法得到验潮站控制范围以外区域的潮汐调和常数将对后续连续无缝深度基准面的建立工作具有重要意义。

2)基于潮汐调和常数内插的深度基准面确定

由于潮波可看成是由许多余弦波函数叠加而成的,因此潮波的传播也可以近似地认为是以余弦函数波的形式从上游向下游传播。例如,以某一分潮 M_2 为例,从验潮站 A 站向验潮站 B 站传播,如图 7-2 所示(柯灏等,2014)。

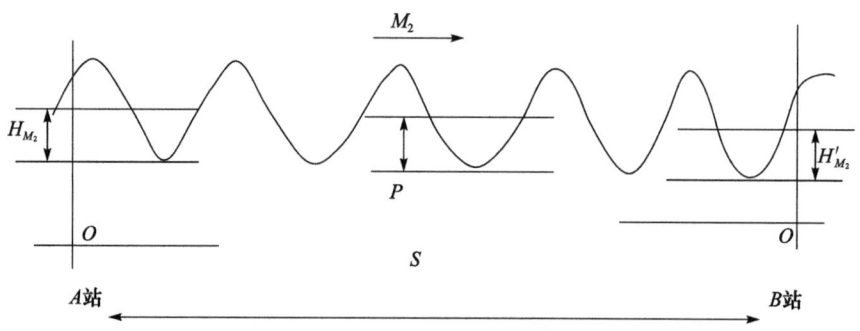

图 7-2 潮汐传播示意图

由图7-2可知，A、B 两验潮站相距 S，M_2 分潮的振幅在两站分别为 H_{M_2} 和 H'_{M_2}，从 A 站传递到 B 站，M_2 的相位角为均匀变化，假设从 φ_A 匀速变到 φ_B。若进一步假设余弦波在传递过程中，其振幅的变化也为匀速变化，那么在两站中间某一未知点 P 处，其 M_2 分潮的振幅值及相位角则可由下式得出：

$$H_P = H_{M_2} + \frac{AP}{S}(H'_{M_2} - H_{M_2})$$
$$\varphi_P = \varphi_A + \frac{AP}{S}(\varphi_A - \varphi_B)$$
（7-34）

式中，AP 为 A 站到 P 点的平面距离。由式 (7-34) 可知，M_2 分潮的相位角在 A、B 两站可表示为

$$\varphi_A = \sigma_{M_2} t + G(V_0 + u)_{M_2} - g_{M_2}$$
$$\varphi_B = \sigma_{M_2} t + G(V_0 + u)_{M_2} - g'_{M_2}$$
（7-35）

同理，在 P 点处，M_2 分潮的相位角也可同样表示为

$$\varphi_P = \sigma_{M_2} t + G(V_0 + u)_{M_2} - g_P$$
（7-36）

将式 (7-35) 和式 (7-36) 代入式 (7-34) 中第 2 个公式，得

$$g_P = g_{M_2} + \frac{AP}{S}(g_{M_2} - g'_{M_2})$$
（7-37）

至此，在未知点 P 处，M_2 分潮的调和常数即可由式 (7-34) 和式 (7-37) 得到。该方法思想即根据调和常数已知的两验潮站，按距离线性内插的方法得到站间未知点 P 处的潮汐调和常数。同理，根据此方法还可继续得到其他分潮，如 K_1、O_1、K_2 等分潮的调和常数，再根据式（7-33）可计算出未知点 P 的理论深度基准面值 L。

上述情况属于 P 点在两验潮站之间连线上的情况，若在不共线的 3 个验潮站间的某个区域内，即如图 7-3 所示情况。

如图 7-3 所示，未知点 P 位于 A、B、C 3 个验潮站之间，同样以 M_2 分潮为例，假设 3 个验潮站的振幅和相位角迟角分别为 H_A、H_B、H_C 和 g_A、g_B、g_C，则 P 点处 M_2 分潮的振幅和迟角则可通过如下公式计算得到：

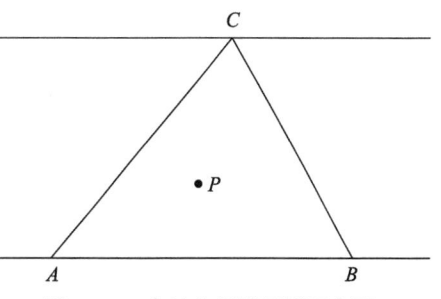

图 7-3 3 个站之间的区域示意图

$$\begin{vmatrix} x_P - x_A & y_P - y_A & H_P \\ x_B - x_A & y_B - y_A & H_B \\ x_C - x_A & y_C - y_A & H_C \end{vmatrix} = 0$$
$$\begin{vmatrix} x_P - x_A & y_P - y_A & g_P \\ x_B - x_A & y_B - y_A & g_B \\ x_C - x_A & y_C - y_A & g_C \end{vmatrix} = 0$$
（7-38）

式（7-38）根据 B 站和 C 站的 M_2 分潮的调和常数得到 P 点处 M_2 分潮的调和常数，同理也可根据 A 站和 B 站、A 站和 C 站的潮汐调和常数得到 P 点处 M_2 分潮的调和常数。计算公式如下：

$$\begin{vmatrix} x_P - x_B & y_P - y_B & H'_P \\ x_A - x_B & y_A - y_B & H_A \\ x_C - x_B & y_C - y_B & H_C \end{vmatrix} = 0 \\ \begin{vmatrix} x_P - x_B & y_P - y_B & g'_P \\ x_A - x_B & y_A - y_B & g_A \\ x_C - x_B & y_C - y_B & g_C \end{vmatrix} = 0 \tag{7-39}$$

$$\begin{vmatrix} x_P - x_C & y_P - y_C & H''_P \\ x_A - x_C & y_A - y_C & H_A \\ x_B - x_C & y_B - y_C & H_B \end{vmatrix} = 0 \\ \begin{vmatrix} x_P - x_C & y_P - y_C & g''_P \\ x_A - x_C & y_A - y_C & g_A \\ x_B - x_C & y_B - y_C & g_C \end{vmatrix} = 0 \tag{7-40}$$

在得到三组 P 点处 M_2 分潮的调和常数后，可采用反距离加权求和得到 P 点 M_2 分潮调和常数的加权平均值：

$$\bar{H}_P = \left[\frac{H_P}{S_{AP}} + \frac{H'_P}{S_{BP}} + \frac{H''_P}{S_{CP}} \right] \bigg/ \left[\frac{1}{S_{AP}} + \frac{1}{S_{BP}} + \frac{1}{S_{CP}} \right] \\ \bar{g}_P = \left[\frac{g_P}{S_{AP}} + \frac{g'_P}{S_{BP}} + \frac{g''_P}{S_{CP}} \right] \bigg/ \left[\frac{1}{S_{AP}} + \frac{1}{S_{BP}} + \frac{1}{S_{CP}} \right] \tag{7-41}$$

P 点处其他分潮的调和常数同理可参照式（7-38）~式（7-41）得到，继而根据式（7-33）确定出 P 点处的理论深度基准面值。

根据上述思想，在某一局部区域，若存在多个调和常数已知的验潮站，则可推求任意一点的深度基准面，从而实现无缝深度基准面的构建。

3）基于潮差比内插的深度基准面确定

在2）中，主要讨论的是针对潮汐调和常数已知的验潮站间某一未知点的深度基准面确定方法，如果当验潮站的调和常数未知时，如验潮站为短期或临时验潮站，其深度基准面通过传递算法得到，那么这种情况下，验潮站间某一未知点处的深度基准面 L 显然无法继续采用2）中讨论的调和常数内插法。为此，本节将根据验潮站间潮波的物理特性借助于深度基准面的潮差比传递思想，提出了一种基于潮差比线性内插的深度基准面确定方法。

潮汐传播是一种潮波的物理波动，基于该物理机制，若能够获得相邻两验潮站波形的潮差比，则可采用潮差比空间线性内插，计算验潮站间水域不同位置的潮差比，并以一个验潮站为基点，借助于深度基准面潮差比传递思想，确定待求点处的深度基准面。若存在多个验潮站，则可采用潮差比加权平均值法获得其所包围水域、不同位置的潮差比，进而以多验潮站为基点，推求包围水域内不同位置的深度基准面。

该思想类似于在验潮站间或包围水域建立一个虚拟验潮站，空间线性内插法获得的该位置的潮差比即为该虚拟站与实际验潮站间的潮差比。借助于该潮差比，根据实际验潮站深度基准值，采用深度基准面潮差比传递法，即获得了虚拟验潮站的深度基准。由于虚拟验潮站为实际验潮站包围水域内的任一点，因此，借助于该方法即实现了局域无缝深度基准面的构建。

假设某局域存在验潮站 A、B、C、D（图 7-4），其理论深度基准面均已知。若潮波传播速度为 V，B、C 与 A 间潮差比分别为 r_1 和 r_2，则潮波沿 AP 的波速为 $V\cos\theta$，传递时间为 $AP/V\cos\theta$，由直角三角形 APP_1 可知，$AP/V\cos\theta = AP_1/V$。假设潮波传播过程中潮差变化近似为均匀，则从 A 到 P_1 的潮差比为

$$r_1' = \frac{AP_1}{AB}(r_1 - 1) + 1 \quad (7\text{-}42)$$

由于潮波从 A 传递到 P、P_1 的时间相同，因此，可认为从 A 传递到 P 的潮差比也为 r_1'。

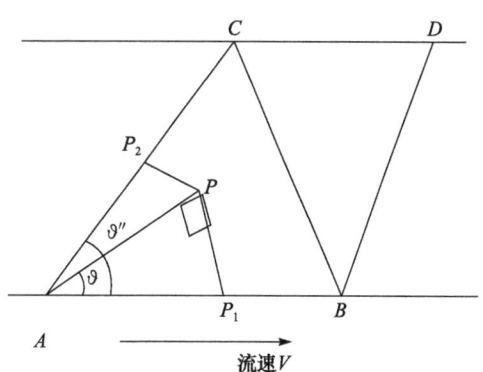

图 7-4 局域无缝深度基准面构建原理示意图

同理，假设潮波从 A 传递到 P、P_2 所用的时间相同，且认为潮波传播过程中潮差变化近似均匀，根据 A 和 C 间的潮差比为 r_2，则从 A 到 P_2 的潮差比为

$$r_2' = \frac{AP_2}{AB}(r_2 - 1) + 1 \qquad AP_2 = AP\frac{\cos\theta'}{\cos\theta} \quad (7\text{-}43)$$

由于潮波从 A 传递到 P、P_2 的时间相同，因此又可认为从 A 传递到 P 的潮差比为 r_2'。

根据式 (7-42) 和式 (7-43)，基于深度基准面潮差比传递法，可分别计算出 A、B、C 和 D 包围的水域内任一点 P 的深度基准面。采用加权平均，可最终实现 P 点深度基准面的确定。

若 R_A 和 R_B 分别为验潮站 A 和 B 的潮差，则潮差比传递模型如下：

$$L_B = \frac{R_B}{R_A} L_A \quad (7\text{-}44)$$

根据两两验潮站间的潮差比和结合式 (7-44) 给出的深度基准面传递模型，采用加权平均值法，可求出 A、B、C 和 D 包围水域内任一点 P 点的深度基准面：

$$L_P = \frac{w_1(L_A r_1') + w_2(L_A r_2')}{w_1 + w_2} \quad (7\text{-}45)$$

式中，w_1 和 w_2 分别为 r_1' 和 r_2' 的权值，其大小与验潮站间距离、同步观测时间长度等相关。

7.3 海洋大地水准面精化方法

中国拥有近 $3 \times 10^6 \text{km}^2$ 的海洋国土，海上邻国众多，参考基准的不统一造成了陆图与海图之间，以及海图与海图之间难以拼接的问题，难以实现与相邻国家海洋勘测图件的有效拼接，无法满足专属经济区和大陆架划界工作的需求，我国与周边邻国的海洋划界问题不能得到很好的解决。目前，海洋权益争夺日益加剧，实现海陆基准统一可改善海上界限和边界的划分，避免海上资源开发利用时与邻国发生矛盾甚至冲突，解决国与国之间因海洋资源利用而起的争端，维护我国的海洋权益（翟国君等，2003）。

7.3.1 区域（似）大地水准面的精化

我国陆地高程系统为基于似大地水准面的正常高系统，因此，若要实现海图深度基准与陆地高程基准间的转换，首先得确定似大地水准面模型。高精度似大地水准面模型的建立方法主要有重力水准法、GPS 水准法等（晁定波，2003；黄志洲等，2004；赵建虎和刘经南，2008），如图 7-5 所示。前者受重力数据所限，且费用较高；后者则由于定位精度日益提高，已可代替四等甚至三等水准测量，根据若干个水准点，采用几何拟合或插值方法可建立区域似大地水准面，且操作简单、灵活实用。

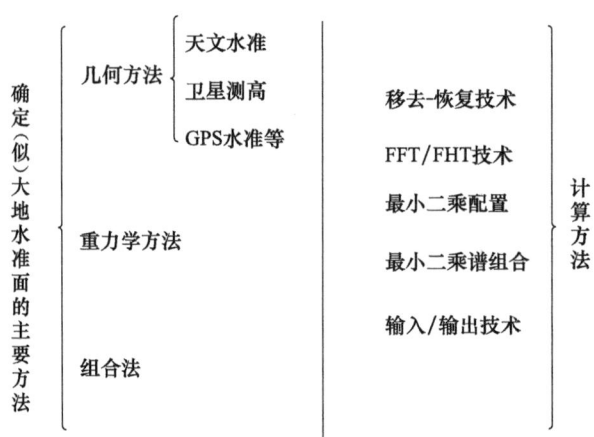

图 7-5　确定（似）大地水准面的主要方法

7.3.2 无缝深度基准面与似大地水准面间的转换

第 7.2 节阐述了无缝深度基准面的构建方法原理，然而由于深度基准模型计算所得值 L 是相对值，它是当地长期平均海平面垂直以下的一个量值，因此无缝深度基准面实质上也为深度基准面与平均海平面之间的一个分离量模型。该分离量模型是大地坐标或平面坐标的函数，随着坐标的变化而渐进连续地变化。由此可知，若要实现无缝深度基准面与似大地水准面之间的转换，则首先需要确定二者之间的关系，即得到两个基面之间的分离量（柯灏，2012）。

对大地水准面进行精化之后，就能够基于无缝垂直深度基准面进行高程基准与深度基准的转换，实现陆地高程数据和海洋测深数据的统一，并可以基于任意一个基准输出数据。具体方法如下。

1. 海域偏差模型

首先建立海域的偏差模型，实现海域内深度基准面的连续性和平滑性，统一测深数据的基准。对于范围较大的海域（如渤海、黄海等），推荐采用"模型差值法"，即利用平均海平面模型与深度基准面模型之间的关系来建立偏差模型的方法。其主要利用卫星测高技术和物理海洋学的方法来获得海域内的偏差值，再利用拟合的方法得到偏差模型。

2. 区域大地水准面精化

若要获得较高的基准转换精度，就必须对区域大地水准面模型进行精化。大地水准面模型精化也是提高水准测量的必然要求。7.3.1 小节专门就精化方法做了讨论，随着重力等各种观测数据的积累，国际上推出了精度不断提高的地球重力场模型，中国的区域大地水准面模型精化工作也不断取得新的进展。最常用的精化就是"移去—恢复"法，综合利用重力数据和水准测量得到区域大地水准面精化模型。

3. 统一基准

建成偏差模型并确定精化大地水准面模型与无缝垂直基准面之间的关系后，即可提供便捷、简单、高效的基准转换、图幅拼接等功能。转换精度取决于模型精度，与模型精度为同一数量级。模型的精化和精度的提高是一项长期任务，随着数据的积累和技术方法的提高而不断优化。

4. 高程基准转换与数据统一

（1）在潮位站区域

图 7-6 显示了某潮位站区域内几种垂直基准之间的相互关系（柯灏，2012）。

在图 7-6 中，当地平均海平面 MSL_0 是相对于水尺的验潮零点。深度基准面值 L 是以当地平均海平面为基准，垂直向下的一个平面。海底基于深度基准面的水深值 H_D 就是海底到深度基准面之间的垂直距离。

将海底某一点的 1985 国家高程基准 h 转换到更具有实用价值的海图水深 H_D，由图中各基面的关系可直观得到：

$$H_D = h - h_L \tag{7-46}$$

式中，h_L 为深度基准面的 1985 国家高程基准，根据图 7-6 中垂直基准间的关系，则 h_L 可通过如下关系表达式求得

$$h_L = L - MSL_{85} \tag{7-47}$$

即根据深度基准面与当地平均海平面之间的关系，由当地平均海平面的 1985 国家高程基准推算得深度基准面的 1985 国家高程基准。

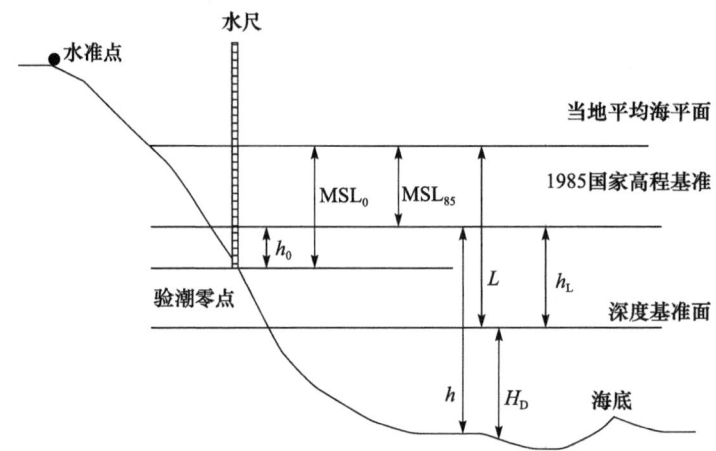

图 7-6　潮位站内相关垂直基准关系示意图

长期验潮站在布设时会通过其附近的水准点进行水准联测，得到水尺验潮零点的陆地高程，或通过上一节里介绍的区域似大地水准面建立方法，根据似大地水准面模型，代入验潮零点的大地坐标 (B, L)，也能得到验潮零点的 1985 国家高程基准。如图 7-6 所示验潮零点的 1985 国家高程基准为 h_0。由此，可进一步得到当地平均海平面的 1985 国家高程基准。关系表达式如下：

$$MSL_{85} = MSL_0 - h_0 \quad (7\text{-}48)$$

将式（7-48）和式（7-47）代入到式（7-46）可得

$$H_D = h + L - (MSL_0 - h_0) \quad (7\text{-}49)$$

至此，便将潮位站区域内某点的 1985 国家高程 h 转换为基于深度基准面的海图水深 H_D。

（2）在潮位站间区域

图 7-7 为潮位站间某一点 P 处几种垂直基准之间的关系（柯灏，2012）。

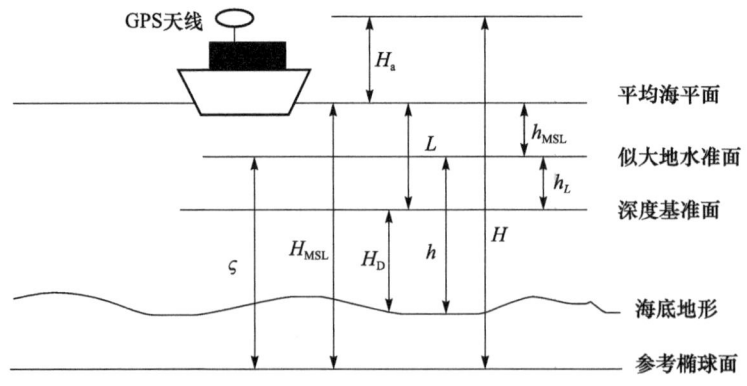

图 7-7　潮位站间各垂直基准关系示意图

在潮位站间区域，可以通过抛投 GPS 浮标进行验潮。图 7-7 中某一个点 P 的平面位置通过 GPS RTK 定位为 (B_P, L_P)，GPS 天线的大地高为 H，天线高到水面的垂直

距离为 H_a，则平均海平面的大地高通过下式得到：

$$H_{MSL} = H - H_a \quad (7\text{-}50)$$

然后通过似大地水准面模型得到该点处的高程异常，从而进一步得到平均海平面的正常高：

$$h_{MSL} = H_{MSL} - \varsigma \quad (7\text{-}51)$$

根据构建的无缝深度基准面模型得到 P 点的深度基准面值 L，结合式（7-51）得到的平均海平面的正常高，便可得 P 点处深度基准面与似大地水准面之间的分离量 h_L：

$$h_L = L - h_{MSL} \quad (7\text{-}52)$$

至此，海底地形的正常高和海图水深之间的转换通过两个基面之间的分离量便可实现，转换模型如下：

$$H_D = h - h_L \quad (7\text{-}53)$$

式中，h 为任意一点的正常高；H_D 为基于深度基准面的海图深，一般为正值。将式（7-50）~式（7-52）代入到式（7-53）可得最终的转换模型如下：

$$H_D = h + H_a + \varsigma - L - H \quad (7\text{-}54)$$

7.3.3 无缝深度基准面与参考椭球基准面间的转换

在确定了无缝深度基准面与似大地水准面间的转换关系后，无缝深度基准面同参考椭球基准面间的转换也可以实现。根据式（7-55）可得两基面之间的分离量关系：

$$H_L = h_L + \varsigma \quad (7\text{-}55)$$

式中，H_L 为深度基准面的大地高；h_L 和 ς 分别为无缝深度基准面的正常高和高程异常。根据 H_L，则可实现海图水深和大地高之间的转换，其转换模型如下：

$$H_D = H - H_L \quad (7\text{-}56)$$

在式（7-56）中，H 为某一点的大地高，通过减去无缝深度基准面与参考椭球基准面间的分离量得到基于无缝深度基准面的海图水深 H_D。

7.3.4 海洋垂直基准面间转换的精度评定

1. 海图水深和正常高转换精度模型

将海图水深向正常高进行转换时，同样分为在潮位站区域和在潮位站间区域两大类。

（1）在潮位站区域

根据转换式（7-49），并结合误差传播定律可得高程转换精度模型：

$$m_{H_D}^2 = m_h^2 + m_L^2 + m_{MSL_0}^2 + m_{h_0}^2 \quad (7\text{-}57)$$

在式（7-57）中，从正常高向海图深转换的误差来源主要包括如下四类：

1）海底地形正常高的误差 m_h^2

海底正常高的获取通常可根据瞬时水面的1985国家高程基准减去测得的瞬时水深值得到，因此误差主要包括测深仪器的测深误差，如下所示：

$$m_h^2 = m_{测深}^2 \tag{7-58}$$

2）无缝深度基准面 L 的确定误差 m_L^2

潮位站的无缝深度基准面的确定误差也可分为在长期验潮站和在临时验潮站两种情况。

第一种，L 是根据无缝深度基准面的计算模型而来的，无论采用哪种模型都将用到潮汐调和常数，而潮汐调和常数则又是根据长期验潮数据，按照最小二乘原理计算得到的，因此验潮误差可视为长期验潮站深度基准面 L 确定的主要误差来源，误差表达式如下所示：

$$m_L^2 = m_{调和常数}^2 \tag{7-59}$$

第二种，L 是根据无缝深度基准面传递方法将长期站的无缝深度基准面传递到临时验潮站，因此误差不仅含有长期站 L 自身的误差，还包括了传递模型的误差，误差表达式如下：

$$m_L^2 = m_{调和常数}^2 + m_{传递模型}^2 \tag{7-60}$$

3）平均海平面误差 $m_{MSL_0}^2$

潮位站平均海平面误差根据确定方法的不同可分为两类。第一类通过验潮资料进行算术平均得到；第二类通过平均海平面的传递方法得到。第一类误差主要来自于验潮观测误差，其模型如下所示：

$$m_{MSL_0}^2 = \frac{1}{n} m_{观测误差}^2 \tag{7-61}$$

式中，n 为潮位观测个数。

第二类误差不仅包含了第一类误差，而且还含有传递模型的误差，因此误差模型可表示如下：

$$m_{MSL_0}^2 = \frac{1}{n} m_{观测误差}^2 + m_{传递模型}^2 \tag{7-62}$$

4）验潮零点正高误差 $m_{h_0}^2$

该误差主要是进行水准联测所积累下的误差，即

$$m_{h_0}^2 = m_{水准联测}^2 \tag{7-63}$$

（2）在潮位站间区域

根据转换式（7-54），并结合误差传播定律，可得高程转换精度模型：

$$m_{H_D}^2 = m_h^2 + m_{H_0}^2 + m_\varsigma^2 + m_L^2 + m_H^2 \tag{7-64}$$

式（7-64）中，从正常高向海图深转换的误差来源主要包括如下五类：

1）海底地形正常高的误差 m_h^2。

2）GPS 天线到水面垂直距离误差 $m_{H_0}^2$。

3）似大地水准面模型误差 m_ζ^2。

4）无缝深度基准面确定误差 m_L^2。

对于潮位站间无缝深度基准面的确定误差主要有：长期潮位站通过潮汐调和分析确定的深度基准面误差、无缝深度基准面构建误差两大来源。误差模型如下所示：

$$m_L^2 = m_{调和常数}^2 + m_{无缝深度基准面模型}^2 \tag{7-65}$$

5）GPS 天线大地高误差 m_H^2。

2. 海图水深和大地高转换精度模型

根据式（7-55）和式（7-56）可得，将大地高转换为海图深的误差模型可如下表示：

$$m_D^2 = m_H^2 + m_{h_L}^2 + m_\zeta^2 \tag{7-66}$$

由上述模型可知，误差源主要包括如下三类：

1）GPS 观测的大地高误差 m_H^2。

2）无缝深度基准面正常高误差 $m_{h_L}^2$。

根据式（7-52）可将无缝深度基准面正常高的误差源主要分为平均海平面正常高的确定误差和无缝深度基准面 L 的深度误差两大类。前者的误差主要是验潮观测误差和似大地水准面模型误差。将无缝深度基准面的确定误差分为在潮位站区域和在潮位站间区域两种情况，针对不同情况可分别采用式（7-59）、式（7-60）和式（7-65）的误差模型。

3）似大地水准面模型误差 m_ζ^2。

参 考 文 献

暴景阳，刘雁春，晁定波，等. 2006. 中国沿岸主要验潮站海图深度基准面的计算与分析. 武汉大学学报（信息科学版），（03）：224-228.

暴景阳，许军，崔杨. 2013. 海域无缝垂直基准面表征和维持体系论证. 海洋测绘，（02）：1-5.

暴景阳. 2009. 海洋测绘垂直基准综论. 海洋测绘，（02）：70-73，77.

晁定波. 2003. 关于我国似大地水准面的精化及有关问题. 武汉大学学报（信息科学版），（S1）：110-114.

陈俊勇. 2008. 中国现代大地基准——中国大地坐标系统 2000（CGCS 2000）及其框架. 测绘学报，（03）：269-271.

方国洪. 1986. 潮汐和潮流的分析和预报. 北京：海洋出版社.

耿凤奎，梁谋. 2007. 建立沿海理论最低潮面形态曲线模型方法研究. 全国测绘科技信息交流会暨信息网成立 30 周年庆典论文集.

黄谟涛，管铮，翟国君，等. 1998a. 全球重力场模型研究的过去、现在与未来（一）. 海洋测绘，（01）：14-16.

黄谟涛，管铮，翟国君，等. 1998b. 全球重力场模型研究的过去、现在与未来（二）. 海洋测绘，（02）：16-22.

黄谟涛，管铮，翟国君，等 . 1998c. 全球重力场模型研究的过去、现在与未来（三）. 海洋测绘，
（03）：17-23.

黄谟涛，管铮，翟国君，等，1998d. 全球重力场模型研究的过去、现在与未来（四）. 海洋测绘，
（04）：16-27.

黄志洲，钟金宁，周卫，等 . 2004. 区域性大地水准面的确定 . 测绘科学，（02）：16-18+87.

柯灏，张红梅，鄂栋臣，等 . 2014. 利用调和常数内插的局域无缝深度基准面构建方法 . 武汉大学学报
（信息科学版），（05）：616-620.

柯灏 . 2012. 海洋无缝垂直基准构建理论和方法研究 . 武汉：武汉大学 .

孟德润，田光耀，刘雁春 . 1993. 海洋潮汐学 . 北京：海潮出版社 .

孙翠羽 . 2011. 海洋无缝垂直基准面建立方法研究 . 青岛：山东科技大学 .

王骥，刘克修 . 2002. 关于海图深度基准面计算方法的若干问题 . 海洋测绘，（04）：10-13.

王闰成，张永合 . 2009. 渤海航路深度基准面确定研究 . 中国航海科技优秀论文集 .

王正涛，李建成，晃定波 . 2005. 海洋重力似大地水准面与区域测高似大地水准面的拟合问题 . 武汉大
学学报（信息科学版），（03）：234-237.

王志豪 . 1986. 中国的海平面与基准面 . 应用潮汐文集第二集 .

魏子卿 . 2009. 大地水准面短议 . 地理空间信息，（01）：1-3.

许家琨，刘雁春，许希启，等 . 2007. 平均大潮高潮面的科学定位和现实描述 . 海洋测绘，（06）：19-24.

许家琨 . 2002. 沿海当地平均海面的 85 高程研究与应用 . 昆明：第十四届海洋测绘综合性学术研讨会
论文集 .

翟国君，黄谟涛，暴景阳 . 2003. 海洋测绘基准的需求及现状 . 海洋测绘，（04）：54-58.

张力，孙新轩，刘雁春，等 . 2009. 最低天文潮面的精度研究 . 海洋测绘，（04）：5-8.

张泽能 . 2008. 漫谈测量中基准面的确定及相互关系 . 北京：中国航海学会航标专业委员会测绘学组
2008 年学术研讨会 .

赵建虎，刘经南 . 2008. 多波束测深及图像数据处理 . 武汉：武汉大学出版社 .

赵建虎 . 2007. 现代海洋测绘（上册）. 武汉：武汉大学出版社 .

第 8 章 多波束探测数据处理技术与方法

8.1 多波束测深系统的常用数据格式

世界各国对海洋勘测、研究的重视程度提高及投入力度加大，极大地拓宽了国际海洋探测设备的市场，从而促进了包括多波束测深系统、浅地层剖面仪、侧扫声呐在内的海洋仪器的研制和商业化。据统计，仅多波束测深仪器的生产厂家就有十余家，生产的多波束型号有数十种，每个厂家生产的多波束测深仪器的数据存储格式又不尽相同，有时即使是同一厂家生产的不同型号的多波束测深仪器的数据存储格式也不相同，已经商业化的多波束测深仪器数据格式有 50 余种。

对多波束测深数据格式的完全解析是后续处理工作的基础，但多数多波束测深系统的数据采用二进制的方式存储，如此多的数据格式对后处理和成图软件的研制造成了极大的困难。目前，我们选择中国引进的几种典型多波束测深系统的数据格式进行解析，根据需要提取多种参量数据，如经纬度、水深、振幅、侧扫、波束角、旅行时等，并在此基础上进行测深数据的综合处理。

8.1.1 L3 公司的三种数据格式

ElAC GmbH 公司由一组研究水下声波传播的科学家于 1926 年在基尔创建。早在 1908 年，他们的研究就已经为 ELAC GmbH 制造水下电子声学仪器提供了基础。从 1950 年开始，ELAC GmbH 公司的活动扩展到商业领域，生产了世界第一台商用回声测深仪——Fischlupe 产品。自从 1956 年德国海军建立，ELAC GmbH 就逐步为其大部分的大型水面舰艇和潜艇装备了声呐系统，以及水下通信系统和回声测深仪。

1998 年 4 月 1 日，德国 L3 communications ElAC Nautik GmbH（以下简称 L3）公司接管 ELAC GmbH 公司。L3 是为海军和其他民间用户制造水下声学仪器的顶尖制造商。ElAC GmbH 位于基尔运河，便利的海洋交通为其提供了很多优势。在与世界范围内顾客的协作中，L3 收购了美国 SeaBeam 设备公司，并在德国基尔和美国波士顿发展了综合的测量系统，并根据水道测量部门和科研院所及商业测量公司的需求，提供相应的单波束测深仪和多波束测深仪，以及软硬件解决方案。

1. SeaBeam 2112 多波束测深系统数据格式

我国于 20 世纪 90 年代引进深水多波束测深系统 SeaBeam 2112 装备于远洋科学考察船"大洋一号"和"海洋四号"，用于中国海深水区及太平洋国际海底区域的多金属锰结核矿区的地形勘测。至 21 世纪初，我国自主采集的深水多波束数据格式多数为 SeaBeam

2112 格式。

SeaBeam 2112 有两种数据存放格式，代码分别为 41 和 42。41 格式的数据基本用 Ascii 码形式存储，但其侧扫信息用 Binary 形式存储，42 格式的数据完全采用 Binary 形式存储，两种数据格式的特征码也不相同（表 8-1）。两种格式均包含 151 个波束和 2000 个点的侧扫信息。SeaBeam 2112 数据采用顺序存储，以特征码来标识不同的存储信息，简言之，就是每条记录最前部是特征码，后面是数据信息，直至下一个特征码。

表 8-1　SeaBeam 2112 多波束测深系统数据格式

41 格式		42 格式	
识别码	包含信息	识别码	包含信息
PR	声呐参数记录（横摇，纵摇，声速剖面）	PR	声呐参数记录（横摇，纵摇，声速剖面）
TR	声呐参数注释	TR	声呐参数注释
DR	水深数据记录（包括水深和振幅值）	DH	水深数据记录头（每个 ping 均有一个记录头）
SS	侧扫数据记录	BR	水深数据记录（包括水深和振幅值）
		SR	侧扫数据记录

对于 41 格式而言，每个 ping 记录中有 DR(水深及振幅)和 SS（侧扫）记录信息，而每 30min，或声速剖面改变，或声呐参数（横摇和纵摇）改变时 PR 记录才改变。对于 42 格式而言，每个 ping 记录中有 DH、BR 和 SS 记录，采集的原始数据仅在头部有 PR 记录信息，而由 41 格式转换的 42 格式仍保持与原始记录一样的 PR 记录信息。

为了读入和存储 SeaBeam 2112 格式的多波束测深数据的各种信息，需要建立相应的数据结构表（表 8-2～表 8-5），分别用于存储声速剖面、波束点、侧扫信息点和采集数据等信息。

表 8-2　声速剖面结构表

序号	类型	名称	含义	单位
1	float	fDepth	水深值	m
2	float	fVelocity	声速值	m/s

表 8-3　一个波束数据结构表

序号	类型	名称	含义	单位
1	float	fDdepth	水深值	m
2	float	fAcrosstrack	横向距离	m
3	float	fAlongtrack	纵向距离	m
4	float	fTrvTime	旅行时	s
5	float	fAngle_across	波束横摇角	度
6	float	fAngle_forward	波束纵摇角	度

续表

序号	类型	名称	含义	单位
7	short	sAmplitude	振幅	dB
8	short	sSignal	声信号强度	dB
9	short	sEcho_length	声信号长度	s
10	char	chQuality	数据质量	0：无数据 Q：质量较差
11	char	chSource	声源级	

表 8-4 侧扫数据结构表

序号	类型	名称	含义	单位
1	float	fAmplitude	振幅	dB
2	float	fAlongtrack	纵向间距	m

2. L3 公司通用多波束测深系统数据格式 XSE

德国 L3 公司于 1999 年推出一种新的通用多波束测深数据存储格式 XSE，用于存储该公司所研发系统的多波束测深数据。XSE 数据格式在原理上很简单，采用 Frame 和 Group 的方式存储。在每个 Frame 中存储控制信息，其起止特征码分别为 $HSF 和 #HSF。Group 用于存储数据信息，其起止特征码分别为 $HSG 和 #HSG。每个 Frame(表 8-5) 包含了字节长度、ID、源、记录时间，以及其包含的 Group 等信息，用户可以根据特征码和长度来判断 Frame 的起始和结束，根据 ID 来判断其可能包含的 Group，每个 Frame 包含的 Group 是有预定义的（表 8-6）。每个 Group 也包含了字节长度、ID、源、记录时间及数据体信息，用户可以根据 ID 来判断 Group 中存储的数据。

XSE 数据格式是一个较完备的可扩展的多波束测深数据格式，其包含了任何多波束测深系统可能包含的信息，能根据需要增加新的 Group，但并非理想的数据结构，因为其包含了过多的冗余信息，导致存储的数据量异常庞大，同时也导致在后处理过程中数据输入变得异常困难，要求开发用户必须了解它的每个 Frame 和每个 Group（表 8-7），而它的数据表多达数十个。

表 8-5 Frame 结构表

序号	名称	类型	长度	值	单位	描述
1	Start	ulong	4	$HSF	bytes	开始标志
2	Byte Count	ulong	4		bytes	长度
3	Id	ulong	4		bytes	Frame id
4	Source	ulong	4		bytes	Sensor id
5	Seconds	ulong	4		s	世界时
6	Microsec	ulong	4		usec	
7	Group	ulong	4		bytes	特殊的 Group
8	End	ulong	4	#HSF	bytes	结束标志

表 8-6 Group 结构表

序号	名称	类型	长度	值	单位	描述
1	Start	ulong	4	$HSF	bytes	开始标志
2	Byte Count	ulong	4		bytes	长度
3	Id	ulong	4		bytes	Frame id
4	数据体					
5	End	ulong	4	#HSF	bytes	结束标志

表 8-7 主要的 Frame 和 Group 类型

代码	Frame 名称	包含的 Group(代码)
1	Navigation	General(1), Position(2), Accuracy(3), MotionGroundTruth(4), MotionThroughWater(5), CurrentTrack(6), HeaveRollPitch(7), Heave(8), Roll(9), Pitch(10), Heading(11), Log(12), GPS(13)
2	Sound Velocity	General(1), Depth(2), Velocity(3), Conductivity(4), Salinity(5), Temperature(6), Pressure(7), SSV(8), Position(9)
3	Tide	General(1), Position(2), Time(3), Tide(4)
4	Ship	General(1), Attitude(2), Position(3), Dynamics(4), Motion(5), Geometry(6), Description(7), Parameter(8)
5	Sidescan	General(1), AmplitudeVsTravelTime(2), PhaseVsTravelTime(3), Amplitude(4), Phase(5)
6	Multibeam	General(1), Beam(2), Traveltime(3), Quality(4), Amplitude(5), Delay(6), Lateral(7), Along(8), Depth(9), Angle(10), Heave(11), Roll(12), Pitch(13), Gates(14), Noise(15), EchoLength(16), Hits(17)
7	Single Beam	General(1)
8	Control	Request(1), Insert(2), Change(3), Add(4), Delete(5), Action(6), Reply(7)
9	Bathymetry	General(1), Position(2), Depth(3)
10	Project	General(1), Server(2), Status(3), Sources(4),
11	Native	General(1), RWCollectable(2), UNB(3), Raw(4), ELAC(5), Geodetic, General(1), Ellipsoid(2), Datum(3), Projection(4), System(5), Alias(6)
12	SeaBeam	Properties(1), HeaveRollPitch(2), Setup(3), MotionReferenceUnit(4), Settings(5), Beams(6), Gates(7), Raw(8), Center(9), Sidescan(10), Shutdown(11), Ping(12), Calibrate(13), Collect(14), Surface(15), Hydrophone(16), Projector(17), Calibration(18), Acknowledge(19), Warning(20), Message(21), Error(22)
99	Comment	General(1)

3. Elac Bottom Chart 多波束测深系统原始数据格式

L3 公司早期的多波束测深系统是 Elac Bottom Chart MKII，在该多波束测深系统中，可以用多种数据格式存储数据，包括 UNB 格式、XSE 格式和 Elac 原始格式，因其后处理系统只能处理原始数据格式，因此目前国内使用该多波束测深系统还主要用其原始格式进行存储。其原始数据文件包括 *.dat 和 *.inf 两类文件，编辑后的数据又增加了 *.datbak、*.edt、*.kel 等三类文件。该数据格式与其他多波束测深系统很大的不同是，又增加了船只参数文件 (*.ship)，在该文件中存储换能器安装位置和姿态信息、运动传感器位置、电罗经位置和 GNSS 天线位置等信息，实时采集系统和后处理系统共用该船只参数文件。

Elac Bottom Chart 原始多波束测深数据采用 Binary 的形式存储，其也通过特征码来识别数据存储类型（表 8-8）。与 XSE 数据格式相比，该格式更容易被编程用户使用。

表 8-8　Elac Bottom Chart 多波束系统数据格式

代码	注释	字节长度 /byte
0x0250	Comment	200
0x0251	Position	36
0x0252	Parameter	54
0x0253	Sound velocity profile	2016
0x0258	Mark Ⅱ general bathymetry wrapper	24
	Mark Ⅱ general bathymetry beam	28

8.1.2　Simard 公司 EM 系列数据格式

Simard 公司属于多波束生产厂家中的佼佼者，尽管并非最早研制、生产多波束测深系统的公司，但大有后来居上之势，在世界多波束仪器销售市场中占有重要的份额，在国内也有多家单位购置了其生产的浅水多波束测深系统。"大洋一号"于 2004 年年初安装了深水系统 EM 120，进入 21 世纪，有更多的中国用户购买了 Simard 公司的多波束测深系统。国内使用该多波束测深系统也采集了大量的测深数据，尤其是在边缘海浅水区。该公司生产的多波束产品虽多，但其存储格式类似，因此，选择国内使用较多的 EM 950 作为分析对象。

与 Elac Bottom Chart 原始多波束数据存储格式类似，EM 系列多波束也采取特征码的方式识别不同类型的数据，但特征码要复杂得多。编程者可根据特征码来判断识别相应数据体的内容，从而根据其长度进行解析利用（表 8-9）。

表 8-9　EM 系列多波束系统数据格式

特征码	长度 /byte	注释
0x0231	可变	Parameter-Data out off
0x0232	可变	Parameter-Data out on
0x0230	可变	Parameter-Stop
0x0241	1222	Attitude Output

续表

特征码	长度 /byte	注释
0x0243	28	Clock Output
0x0244	48～4092	Bathymetry
0x0245	32	Single beam echosounder depth
0x0246	24～2056	Raw range and beam angle
0x0247	可变	Surface sound speed
0x0248	可变	Heading Output
0x024A	可变	Mechanical transducer tilt
0x024B	可变	Central beams echogram
0x0250	100～134	Position
0x0252	52	Runtime Parameter
0x0253	48->5K	Sidescan
0x0254	30	Tide Output
0x0255	可变	Sound velocity profile(新系统)
0x0256	可变	Sound velocity profile(老系统)
0x0257	可变	SSP input
0x0265	112～1658	Raw range and beam angle
0x0268	24	Height Output
0x0269	可变	Parameter-Stop
0x0270	可变	Parameter-Remote
0x0273	可变	Surface sound speed
0x02E1	48～4092	Bathymetry(MBARI format 57)
0x02E2	48->5K	Sidescan (MBARI format 57)

8.2　多波束测深数据处理的基本技术流程

20 年来，为满足海洋划界、经济建设、海洋工程、海洋军事和资源勘查等多方面的需求，我国开展了多个基础海洋勘测项目，获得了中国管辖海域和国际海底部分资源矿区的大量多波束测深资料，但在多波束勘测和后处理成图过程中也发现了较为严重的测量质量问题。如图 8-1 所示，这些图件存在严重的沿航迹方向的条带型假地形，在平坦海底进行多波束测量时，该问题显得尤为突出，该图所显现的数据质量问题在我国多波束勘测中具有很强的代表性，必须得到彻底解决才能消除海底地形的勘测假象，从而避免错误的科学研究认识，也才能制作符合国家规范要求的海底地形和地貌图件。

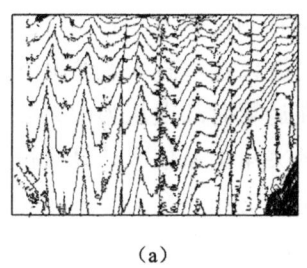 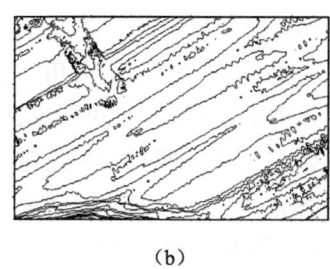 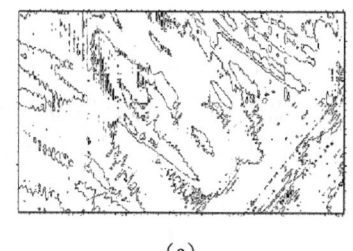

(a)　　　　　　　　　　　(b)　　　　　　　　　　　(c)

图 8-1　中国海的多波束误差数据实例

8.2.1　多波束测深误差分析

在多波束测深过程中，由于仪器自噪声、海况因素、声呐参数设置不合理或者使用了较大误差的声速剖面，导致测量资料不可避免地存在假信号（噪声），造成虚假地形，从而使绘制的海底地形图与真实海底存在差异（图 8-1）。为了提高海底地形图的精度，必须消除这些假地形信号，应首先对实时采集的测深资料进行编辑或校正，剔除假信号，恢复、保留真实信息，为后处理成图做好必要的准备（李家彪，1999）。

1. 海洋噪声导致的测量粗差

噪声（即假信号或坏波束）产生的原因是多方面的，对于不同的测深系统而言，测量噪声产生的原因主要有以下几个方面（吴自银和李家彪，2000）：①海况条件不好；②人为操作失误或声呐参数设置不合理；③仪器、环境等其他原因。对测深资料进行编辑，主要是剔除因海况因素产生的噪声。测深系统对海况的依赖性很大，当海况恶劣到一定程度时，采集的资料便包含有很大的噪声成分，甚至导致测深系统不能正常工作。操作人员不熟练或声呐参数设置不合理会造成一些人为噪声，有时会导致仪器不能找到海底，使大量有效波束丢失，严重时甚至导致系统瘫痪。除了上述因素会在测量中产生不可避免的噪声以外，还有其他一些因素也会在测量中产生噪声，如测量仪器本身的自噪声、测量船的本底噪声、其他仪器发射声波的干扰、鱼群的活动、周围船舶对水体的扰动、海底底质和地形对声波的不同影响，以及近岸测量时人类的活动等，都会不同程度地产生噪声，从而给测深系统的正常测量工作带来一定的干扰和影响。

2. 声呐参数偏差导致的测量误差

探头和运动传感器的安装一般不能达到理想状态，尽管严格按照规范要求进行了横摇、纵摇、电罗经偏差和导航迟延的校正，但如果校正海区与勘测海区水深、声场差异太大，也会出现因声呐参数偏差导致的勘测误差。另外，由于海洋勘测的长期性和特殊性，如果不定期重新标定上述参数，也可能导致测量误差，而这种误差无法通过编辑方法予以剔除［图 8-1（c）］。

实际工作表明，上述声呐参数中横摇角度偏差对测量精度的影响占主导地位，该误差值的大小直接影响勘测的效率和相邻测幅的有效拼接。横摇角度偏差导致系统无法正确归位中央波束，中央波束与垂直方向有一定夹角，中央波束在垂直入射情况下的传播距离、旅行时最短，倾斜入射必然延长旅行时，系统在运算时却误认为中央波束是垂直入射的，在计算其他波束时也是按照与中央波束间的夹角关系依次计算旅行时和传播距离，最终导致勘测的海底面与实际海底面间有一定的夹角。在实际勘测时往往表现为一边波束上翘、一边波束下翘（也就是笑脸和哭脸地形），与正常地形不同的是，这种现象随航向而改变，在平坦海区表现得尤为明显，在后处理成图中往往出现沿航迹方向的条带状假地形（李家彪，1999）。在南海某深水航次中我们获取了典型的范例数据[图8-1（c）]。声呐参数误差后处理主要是校正横摇角度偏差。

3. 声速剖面误差导致的测量误差

为了定量讨论声速剖面误差对多波束勘测的影响，我们基于斯涅尔定律编写了相应的声线追踪程序MBTrv，并用该程序对同一地点、不同时间采集的两条声速剖面进行比对试验（图8-2）。980721和980802是在东海某区相近位置用同一CTD声速仪分别于1998年7月和8月采集的两条声速剖面，980721声速剖面于70m左右具有明显跃层结构，980802声速剖面呈现负梯度结构。假定海底水深是120m（便于阐述问题），波束间距是2°，最大发射开角是150°，用980721剖面采集的资料，然后用980802剖面改正，会产生严重误差（表8-10）：当波束入射角大于60°时，水深误差已大于IHO的1%精度要求，而当波束入射角等于74°时，水深误差已达到5.80%，在该情况下由不准确声速剖面带入的误差已远大于其他因素造成的误差，使测量的海底地形发生畸变。

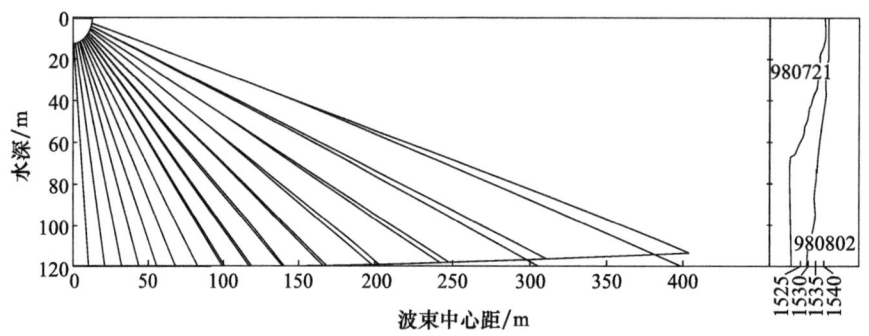

图8-2 东海某区不同声速剖面对波束时空换算的影响

影响声速改正的因素主要有3个（李家彪，1999）：表层声速变化、声速剖面跃层及其深度和换能器垂直升降运动。表层声速的变化是整个声速剖面变化中最活跃的部分。由于受到昼夜温差和季节性变化的影响，表层声速常持续发生变化，一般昼夜变化为1m/s，季节性变化可达19m/s。由于表层声速的变化最早改变波束射线路径，因此表层声速变化对波束测量精度的影响也就最大，对边缘波束更是如此。试验表明，表层声速减小时将引起勘测海底两头上翘，而表层声速增大时将引起勘测海底两头下弯，也就是俗称的"哭脸"和"笑脸"。表层声速变化越大，引起的海底畸变也越大，并且这种畸变从中央波束到边缘波束呈迅速增加趋势。在20世纪90年代的波束勘测中，很少使用表层声速计，导致大量的假地形数据。

表 8-10 不准确的声速剖面引起的测量误差

入射角 /(°)	60.0	62.0	64.0	66.0	68.0	70.0	72.0	75.0
旅行时 /s	0.153	0.162	0.173	0.185	0.199	0.216	0.236	0.259
传播距离 /m	235.5	249.7	266.1	285.8	306.7	332.3	362.8	399.3
中心距 /m	203.2	219.7	238.3	259.3	283.4	311.2	343.9	382.6
水深 /m	118.9	118.6	118.3	117.8	117.2	116.5	115.5	115.2
误差 /%	0.85	1.11	1.43	1.82	2.31	2.94	3.74	5.80

根据斯涅尔折射定律，声波在传播过程中遇声速界面（跃层）将发生折射，使各波束声线的传播路径和前进方向发生改变。跃层的强度和深度影响多波束的测量精度，跃层强度越大，声波射线偏转角度越大，波束测点的空间位置变化越大；跃层越浅，波束偏转越早，如果是递增跃层，边缘波束测点距中央波束测点的距离越远，反之两者距离越近，跃层较深，则跃层对波束偏转影响较小。对于多波束系统而言，如果跃层较浅，换能器正好处于跃层之中，在勘测过程中，由于波浪作用导致船体摇晃，换能器探头随船体运动，探头将有可能起伏于跃层之中，探头在跃层之上和跃层之下的测量结果是不同的，如果在码头或浅水区域勘测，必须考虑这种因素导致的勘测误差。

8.2.2 综合处理方法和流程

海洋噪声、声呐参数偏差和声速剖面误差等因素对多波束勘测数据的影响是一个复杂、综合、叠加作用的过程，因此，针对不同的误差源，首先应采取相应的校正措施分别按步骤处理，最终以综合可视化的校正方法提高采集数据的质量。

1. 多波束测深数据编辑基本方法

多波束测深数据编辑的方法多种多样，不同的多波束测深系统，其编辑方法也不相同，但总的编辑思路是一致的。编辑的对象一般是水深值，有的软件也可以对水深点的坐标进行编辑，用于消除 GNSS 定位造成的位置误差。这里仅探讨如何对水深值进行编辑。编辑方法主要分为计算机自动识别、人工识别两种，其计算方法分别为曲面拟合法、投影法（吴自银和李家彪，2000）。目前，大多数多波束测深系统采取人工识别的方法进行编辑，有些多波束编辑软件也具有计算机自动识别功能。

（1）曲面拟合法

海底地形一般是连续变化的，而多波束测量是全覆盖的高精度测量，测量的资料能反映海底地形的全貌。根据这一特点，我们可以用一定的曲面拟合海底面，超出曲面一定范围的数据点称为跃点,应该剔除掉。曲面拟合常用的计算方法有 Bezier 方法、B 样条方法、最小二乘法拟合等。

(2)投影法

因为采集的水深数据是三维的,对测线进行编辑时,首先必须把水深数据投影到三视图平面上,然后才能进行编辑工作。投影方式主要有以下几种(吴自银和李家彪,2000):①沿测线前进方向投影;②正交测线方向投影;③垂直正投影。如果同时对多条测线进行编辑,一般的编辑软件采取的方法是垂直正投影。为了进一步提高编辑效果,在垂直正投影的基础上,还可以用"水深分层法"和"相邻波束及相邻测线对比编辑"的方法进行编辑。在上述方法编辑的过程中,还要自始至终贯穿"参考地形变化趋势"的编辑原则和方法。

2. 声呐参数后处理改正基本方法

非海洋噪声因素导致的测量误差不能通过编辑方法彻底剔除,需分析造成误差的原因,通过相应方法予以校正。声呐参数偏差导致的测量误差往往与海洋噪声导致的误差有明显不同,其中以横摇角度偏差导致的测量误差最为明显。横摇偏差角的存在会导致实测地形沿航迹方向与真实海底存在一定的夹角(在实测监视屏上常表现为波束脚印连线呈倾斜翘起状态),测量海底与真实海底以中央波束为轴呈斜交状,严重时导致在平坦海区勘测的海底地形出现沿航迹方向的条带状假地形,在进行声速校正或后处理成图前必须校正这种误差。

在勘测前要严格按照规范进行参数校正,勘测过程中也要严格按照要求,理论上测量结果应该满足精度要求,但由于多波束勘测的长期性和特殊性,测量结果受外界影响甚大,如恶劣海况导致运动传感器不能及时补偿船姿、航次勘测末期船载油水的大量减少导致船姿改变、在敏感海区勘测不能定期校正声呐参数等。多年的实测工作表明,长期勘测中常有若干海区测量效果较差(图8-1),而重新测量将投入大批经费,因此在室内后处理中采取一定的补救措施显得非常重要。

勘测前横摇偏差角的校正方法一般是:选择平坦海区(水深一般在20~100m)布设三条往返测线(测线长度一般是水深的20倍),勘测船以5kn左右速度全开角发射、往返径直穿过每条测线,然后编辑每条测线并进行潮位、吃水改正,最后以每条往返测线为一组进行数学统计运算,求取左、右舷横摇偏差角度(图8-3)。其他声呐参数一般选择典型海底目标物(如沉船、管线、锚沟等),布设一条往返测线,根据具体要求设置不同的发射开角和速度穿过目标物,用目标识别、对比方法校正相应的声呐参数,但如果勘测后的数据发现有声呐参数偏差问题,如何在已勘测数据基础上消除声呐参数造成的误差国内还少见有效的研究,国外也未见相应的商用软件。我们采取的策略是(图8-4),选择一块已勘测的较平坦海区,将波束点(脚印)沿航迹方向叠加投影,假定海底是一微倾斜平面,则投影结果必然是以中央波束为中轴的近似正弦波状图形[图8-1(c)],计算出每个扇区与其相邻测线相应扇区中央波束连线与水平线的夹角，然后求出这些夹角的均方根，该值即为试验海区的海底自然坡角近似值。假如试验海底是一微倾斜平面，即使声呐参数存在误差，每个多波束勘测条幅也是与海底面相交的一个倾斜平面，可以求出每条勘测条幅每个扇区（fan）的倾斜角度，然后求出每条勘测条幅上所有扇区倾角的均方根，再求出试验区相同航向勘测条幅均方根的平均值，两相向航向均方根的平均值减去先前求取的海底倾斜角度，然后求平均，该平均值理论上就是横摇偏差误差角度。

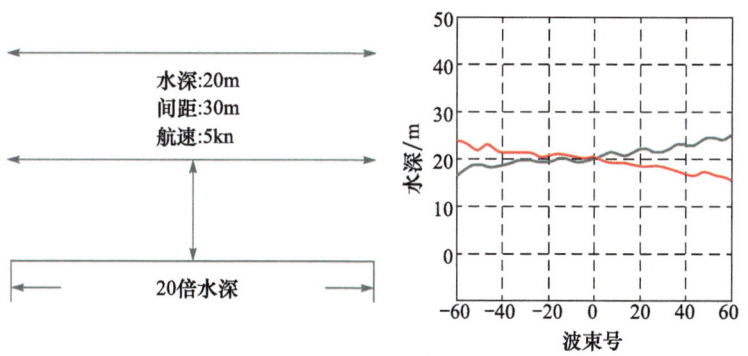

图 8-3　横摇偏差校正示意

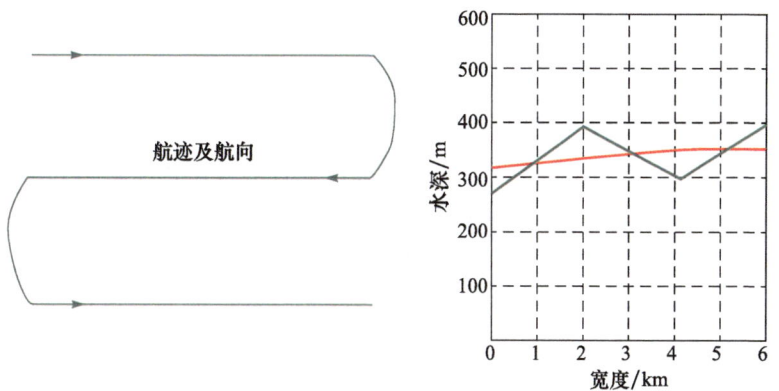

图 8-4　后处理横摇偏差校正

3. 声速后处理改正基本方法

除海洋噪声和声呐参数偏差导致的测量误差外，不准确声速剖面也是导致测量误差的一个重要因素。导致声速剖面误差的原因是多方面的，比如采集声速剖面的仪器精度不够、测量时输入的声速剖面点不能很好地拟合实际声场、测区声速测站点太稀、没有及时更新声速剖面、因海况因素导致表层声速剧变、声速跃层变化过快等。假定海水由 n 层组成，声速对测深误差的影响可由下式计算：

$$\Delta H = \sum_{i=1}^{n}(h_i - t_i c_i \cos\theta_i) = H - \sum_{i=1}^{n} t_i c_i \cos\theta_i = \sum_{i=1}^{n} t_i(C_i \cos\theta_i - c_i \cos\varphi_i) \quad (8-1)$$

式中，H 为真实水深；ΔH 为测深误差总和；h_i 为单层水深；t_i 为单层海水中声波的旅行时；C_i 为单层海水真实声速；c_i 为单层海水测量声速；θ_i 为单层海水中由真实声速计算的折射角；φ_i 为单层海水中由测量声速计算的折射角。θ_i 和 φ_i 由斯涅尔 (Snell) 公式迭代计算。

我们不能重新采集准确的声速剖面去替代误差声速剖面，但可以采取一些补救措施校正声速剖面造成的测量误差。与声呐参数偏差导致的测量误差不同之处在于，用误差声速剖面勘测的平坦海区的海底地形往往表现为边缘波束上翘或下翘，自中央至边缘波束逐渐加剧。有两套方案可以改善由不准确声速剖面造成的测量误差：①重新拟合最佳声速剖面；②重构等效声速剖面法。

（1）重新拟合最佳声速剖面

由于测深系统勘测具有时效性，一般多波束系统只能用有限个声速点去近似拟合实际声场（如 SeaBeam 多波束系统在测量时最多可输入 30 个声速值），因此，声速剖面点的选取非常重要，选择的声速点一般应该是声速剖面线的拐点和特征点，否则由选取的声速剖面点构成的拟合曲线不能代表实测声速剖面，则必然导致勘测误差。尤其是在声场复杂的深水海区，往往用有限个点很难准确拟合实际声速剖面，在长期勘测中如果不能定期加测声速剖面，将必然导致测量误差的产生，在恶劣海况条件下勘测的多波束资料包含更多的噪声成分，在后处理过程中应采取一定的补救措施。我们采取的方法是，从实测的声速剖面重新挑选特征点拟合声速剖面（详见 8.4 节），使其达到最佳拟合效果，用新拟合的声速剖面重新计算平坦试验区，并根据水深剩余值来评估并调整声速剖面。考虑到测量声速剖面的仪器本身也可能有一定的系统误差，所以需对其进行一些处理，如滞后订正、盐度和声速计算及噪声平滑等。合适声速计算公式的选取也是很重要的因素，公认准确的声速计算公式是 Wilson 公式，Medwin 公式也很常用，此外，相对简单的声速计算公式有 Leroy 公式及 Frye 和 Pugh 给出的公式。如果用求取的最佳拟合声速剖面重新计算平坦试验区海底地形仍未能得到有效改善，则需采取直接校正方法。

（2）重构等效声速剖面法

基于原始 SVP 探测数据集，分析多点 SVP 时空分布的合理性，通过数据预计处理效果来检查 SVP，显著特征应忠于原始 SVP，并基于时序、空序和可调模式来重构 SVP，从而有效解决海底地形地貌探测和处理中的假地形问题。

按时序构建 SVP：以时序优先，顾及空间分布的原则来重构 SVP。当测量数据的时间 t 不被 SVP 采集的时间 T 所包含时，以距离测量时间 t 最近的 SVP 的特征为基本依据，重新构建一个新的 SVP。通过海底地形的重绘来检查所构建 SVP 的合理性，并通过人机交互模式调整新构建的 SVP 的数据点，直至假地形消失。

按空间分布重构 SVP：当测量数据的时间 t 完全被 SVP 采集的时间 T 所包含，但 SVP 在空间上分布不合理时，根据测量数据的时间 t，查询在时间和空间上距离最近的 SVP，通过时间内插方式形成新的 SVP，并通过地形预成图来判断新 SVP 的合理性。

如假地形存在，通过人机交互模式重新调整 SVP。

新增加可调 SVP：当通过时序和空序方法构建的 SVP 均不能有效解决沿航迹方向的条带假地形时，要检查其他参数的合理性，重点是横摇和潮位，如果均不存在问题，说明测区声速时空变化非常剧烈。而测量的 SVP 太过于稀疏，无法控制测区，需要新增一个结构简单的等效 SVP 来处理测量数据，该 SVP 应以测量的 SVP 为原型，保留原 SVP 的最大拐点，包括在换能器附近的拐点和声道拐点，从而形成一个新的 SVP，并通过地形预成图以检查新增 SVP 的合理性，进一步通过调节最大拐点间的其他数据点，直至沿航迹方向的假地形消失。

Yang 等（2007）提出一种三层等效声速模型进行多波束数据的改正，取得了很好的效果；阳凡林等（2008）提出了浅水多波束精细处理方法，也获得了很好的实际应用效果。

4. 误差数据综合改正基本流程

高精度测深系统勘测数据误差是多种因素综合作用、叠加的结果，依靠单一方法很难彻底解决勘测中出现的质量问题，需对勘测数据的误差源进行全面分析，然后综合多种处理方法，并通过人机交互的方式多次反馈处理（图 8-5）。首先，导入试验区测深数据（有条带状假地形特征），通过拟合法或投影法对测深数据进行初步编辑，剔除由海洋噪声导致的误差波束点；然后，分析是否有声呐参数误差，如果有则用沿航迹投影波束点的方法求取声呐参数偏差；最后，用较准确的声呐参数去校正试验数据，并重新精细编辑，剔除被系统误差掩盖的海洋噪声数据。如果没有声呐参数误差，则进一步分析是否有声速剖面误差问题，如果存在声速剖面误差，则用折射法、重构 SVP 法进一步校正，并对校正后的数据重新编辑。由系统参数偏差和声速剖面误差导致的测深数据误差往往交织在一起，因此，声呐参数校正和声速改正需要根据反馈的校正结果进行多次调整，直至试验区数据能够反映真实海底地形，达到 IHO 1% 的精度要求。

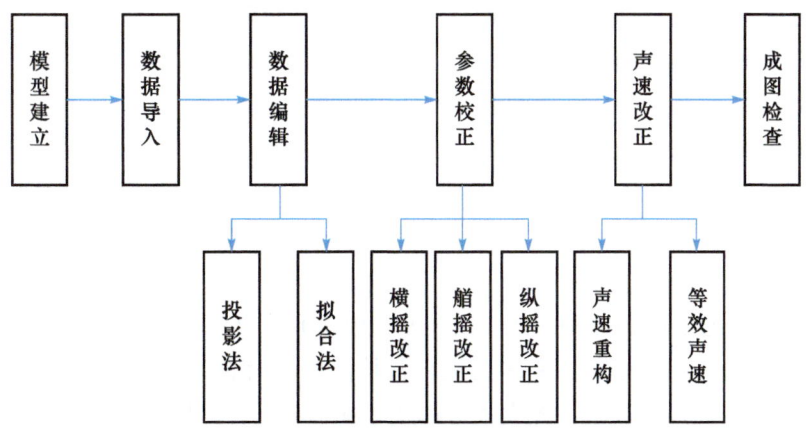

图 8-5 误差测深数据精细处理流程

8.3 基于 CUBE 算法的多波束异常数据滤波方法

8.3.1 概述

多波束测深数据包括三类主要误差：系统误差（systematic errors）、异常值（outliers）和随机误差（random error）（Lucieer et al., 2015）。系统误差（如换能器安装偏角误差、潮位误差、声速剖面误差等）可以通过相应的系统误差处理算法消除；异常值由多波束测深系统解算假海底信号造成，如水体中的目标物、接收的旁瓣反射等，需通过人工或者自动算法识别并剔除；随机误差也叫随机不确定度（stochastic uncertainties），是由无法预测的不确定因素干扰而产生的水深测量误差。

大量的测量误差将极大地加大后期处理的难度和成本。第一代商业多波束测深系统只有 16 个波束 (Harold,1980)，即每次发射获取垂直航迹线方向 16 个测深点（soundings）信息，随着计算机、新材料和新工艺的广泛使用及新技术（如 multiple-ping 技术）的引入，最新一代的多波束系统的波束数高达上千个 (Maritime, 2013)，导致测深数据量剧增。这种情况在浅水区作业时显得尤其严重，单波束测深仪每小时可产生数万个测深点，而新一代多波束测深系统每小时可产生上千万，甚至上亿数量级的测深点。传统的人机交互式处理方法来源于单波束数据处理技术，面对海量数据，该方法不但耗时费力，还会带入人为的主观因素。

为了克服传统人工处理方法的弊端，国内外学者进行了大量的研究。最简单的方法是使用深度和波束角阈值门限对数据进行自动滤波。Guenther 和 Green（1982）最早提出了一种计算机自动检测异常值的 COP(conibined offline processing，COP) 算法，结合双程时间和斜距信息，对测深点邻域进行选择，并最终与邻域数据的标准差和方差比较来检测异常值。20 世纪 90 年代后，测深异常的自动检测算法研究逐渐增多，由于测深数据的无规则性，需要有一种随机性的描述，因此很多学者提出了大量基于统计学的算法。Ware 等（1991）提出了一种基于加权移动平均进行深度滤波的方法，采用 2 倍标准差对区域内的测深点进行异常值检测。Shaw 和 Arnold（1993）使用两种方法来处理数据，一种是将测深数据看作时间序列观测值，使用 AR 模型定位异常数据；另一种是通过一个具有弱表面的模型表示测深数据，采用从粗到精的全局优化算法寻求稳定的海底表面。Eeg（1995）和 Mitchell（1996）利用拟合曲面计算局部区域数据的标准差，将区域内的测深点值和标准差进行比较，从而确定异常值。Du 等（1996）通过估计测深值的分布密度和直方图来确定异常值，并构建了自动处理流程，能够模拟人工数据处理的过程。Bourillet 等（1996）结合四分位数法、坡度门限滤波法和 COP 法，开发了 TRISMUS 多波束异常检测的处理模块。Lirakis 和 Bongiovanni（2000）提出了多通道滤波法，先在条带模式下处理数据，然后将数据转换成地理坐标模式，对每个测深点标以类别属性，并通过多次检测来转换这些属性，该方法已整合到 PFM 处理系统中。Mann 等（2001）提出采用非线性信号处理技术——中值滤波法剔除异常值。Kammerer 等（2001）通过检测多波束图像和测深值之间的关系，提出以多波束声呐影像增强 SHOM 所用算法的可靠性。Hou 等（2001）利用连续 60 pings 测深数据的全局和局部方差估计进行异常值检测。Canepa 等（2003）利用水深数据构建三角网图，从而拟合出一个光滑表面，以此来定位异常值，并可成图显示，加大了算法效果的直观性。Debese（2007）在测深数据集的时空特性和统计特性基础上，动态估计建立局部海底模型进行测深数据清理。Bjørke 和 Nilsen（2009）提出一种基于平均内插细分方法的异常值检测方法，其通过计算栅格块内测深点的平均深度拟合趋势面，并通过计算残差快速检测异常值。

以上方法都通过一定的准则，将一些测深点标记为"保留"，另一些测深点标识为"剔除"，可以说这些方法都基于测深点分类。而 CUBE（combined uncertainty and bathymetry estimator, CUBE）算法与这些方法的最大区别在于，其将算法聚焦于最终的连续水深曲面 (Calder and Mayer, 2003)。每个测深点都带有测量不确定度（Uncertainty），通过大量的带有测量不确定度的测深点来确定水深曲面上任意位置的最佳水深值和不确定度估算。

CUBE 算法在 2000 年由新罕布什尔大学（University of New Hampshire）的 B. R. Calder 博士和 L. A. Mayer 博士共同提出。之后引入 Hare-Godin-Mayer（HGM）多波束测深点不确定度估计模型（Calder，2001），以及多水深假设追踪和模型干预（Calder，2003）。2001 年的美国海道测量会议（US Hydrographic Conference）上首次公布 (Calder and Mayer, 2001; Mallace and Robertson, 2007) 了该算法，并与人工数据处理的精度和效率进行了对比（Calder and Smith, 2004），结果表明，该算法在保证多波束数据处理精度的前提下，显著提高了数据处理效率。目前，该算法被多家多波束数据处理软件采用，如 CARIS，QPS Fledermaus，QPS Qimera，Kongsberg Simrad，Reson，Triton ISIS，HyPack，Geocap Seafloor 和 IFREMER CARAIBES。

由于该算法在处理多波束数据上具有可靠性和高效性等优点，其逐渐引起了世界各国海道测量部门的重视。NOAA 下属的海岸调查办公室最早将 CUBE 算法应用到外业数据处理流程中（Calder and Smith, 2004），测量人员以多年来获得的外业调查数据为基础，对算法自动滤波功能的完整性、处理效率和格网点分辨率选择等方面做了相应的研究，肯定了 CUBE 算法在多波束数据自动处理中的作用，并于 2012 年将该算法引入其标准外业程序手册（NOAA, 2012）。英国海道测量局下属的水深数据中心（Bathymetric Data Centre, UKHO）也对 CUBE 算法进行了评估，表明使用传统处理流程得到的浅点偏移（Shoal biased）曲面略浅于 CUBE 曲面，但这种差别主要是由浅点测深数据集中的异常值造成的，CUBE 水深曲面比浅点偏移水深曲面更适用于海道测量部门（Howlett, 2010）。智利海道测量办公室（Chilean Hydrographic Office）的 Miguel E. Vasquez 通过调试算法中的 4 个参数（水平不确定度传播比例系数、捕捉距离比例系数、最小捕捉距离、估计偏移值），认为后 3 个参数对实验区水深格网的影响最明显，并将优化后的参数应用到 Atlas FANSWEEP 20（200kHz）和 HYDROSWEEP MD2（50kHz）两型多波束数据处理中，结果表明，使用新的 CUBE 算法配置参数比默认参数更适合海底地形崎岖区域（Vásquez, 2007）。英国 NetSurvey 海道测量公司探讨了 CUBE 算法的水深假设过滤方法，表明如果算法自动选择的水深假设出现错误时，需要人工干预选择正确的水深假设（Mallace and Gee, 2005; Mallace and Robertson, 2007）。韩国海事安全研究中心（Maritime Security Research Center, KIOST）对比了 24 个人工处理和 CUBE 算法自动处理后的测深数据集，表明 CUBE 算法在处理 EM3002 型多波束数据时具有高效性（Park et al., 2013）。

本节详细阐述了 CUBE 算法的原理、数学模型和关键步骤，进而总结了基于 CUBE 算法的多波束数据处理流程：将 CUBE 算法和曲面滤波（surface filter）相结合，通过 CUBE 曲面建立、水深假设编辑、CUBE 曲面更新、滤波、最终水深格网生成、成果输出完成多波束数据的高效处理。使用实测数据进行验证，表明该方法在保证最终水深数据成果精度的前提下，极大地提高了多波束数据处理效率。

8.3.2 CUBE 算法的基本原理

CUBE 算法的首要目标是从包含异常值的测深数据中获取尽可能多的有效信息，确定调查区域任意位置的水深值估计和相应的测量不确定度估计。图 8-6 为 CUBE 算法的流程图，可以概括为以下 8 个步骤：

1）使用 HGM 模型计算每个测深点的水平和垂直（水深）不确定度。
2）确定每个测深点的影响半径（radius of influence）。
3）确定每个格网点的捕捉半径（radius of capture）。
4）通过不确定度传播算法，将测深点的不确定度传递到相应的格网点。
5）将测深点插入到水深队列（queue）：①如果队列已满，从队列中提取水深值位于最中间的那个测深点；②如果队列未满，继续向队列插入测深点，并以水深值由小到大排列。
6）寻找当前测深点作用的格网点内的最合适水深假设（hypothesis）：①如果格网点没有水深假设，则产生当前格网点第一个水深假设；②如果格网点内已有水深假设，则计算贝叶斯系数（Bayes factor），并比较长度阈值（length threshold），如果通过，则运行卡尔曼滤波（Kalman filtering）更新水深假设，如果不通过，则创建新的水深假设。
7）当所有测深点都参与到上述运算中后，计算格网点内每个水深假设的假设强度（hypothesis strength）。
8）使用 4 种消歧（disambiguation）算法的任意一种，确定每个格网点的最佳水深假设。

八大步骤的详细介绍如下。

步骤 1　使用 HGM 模型计算不确定度

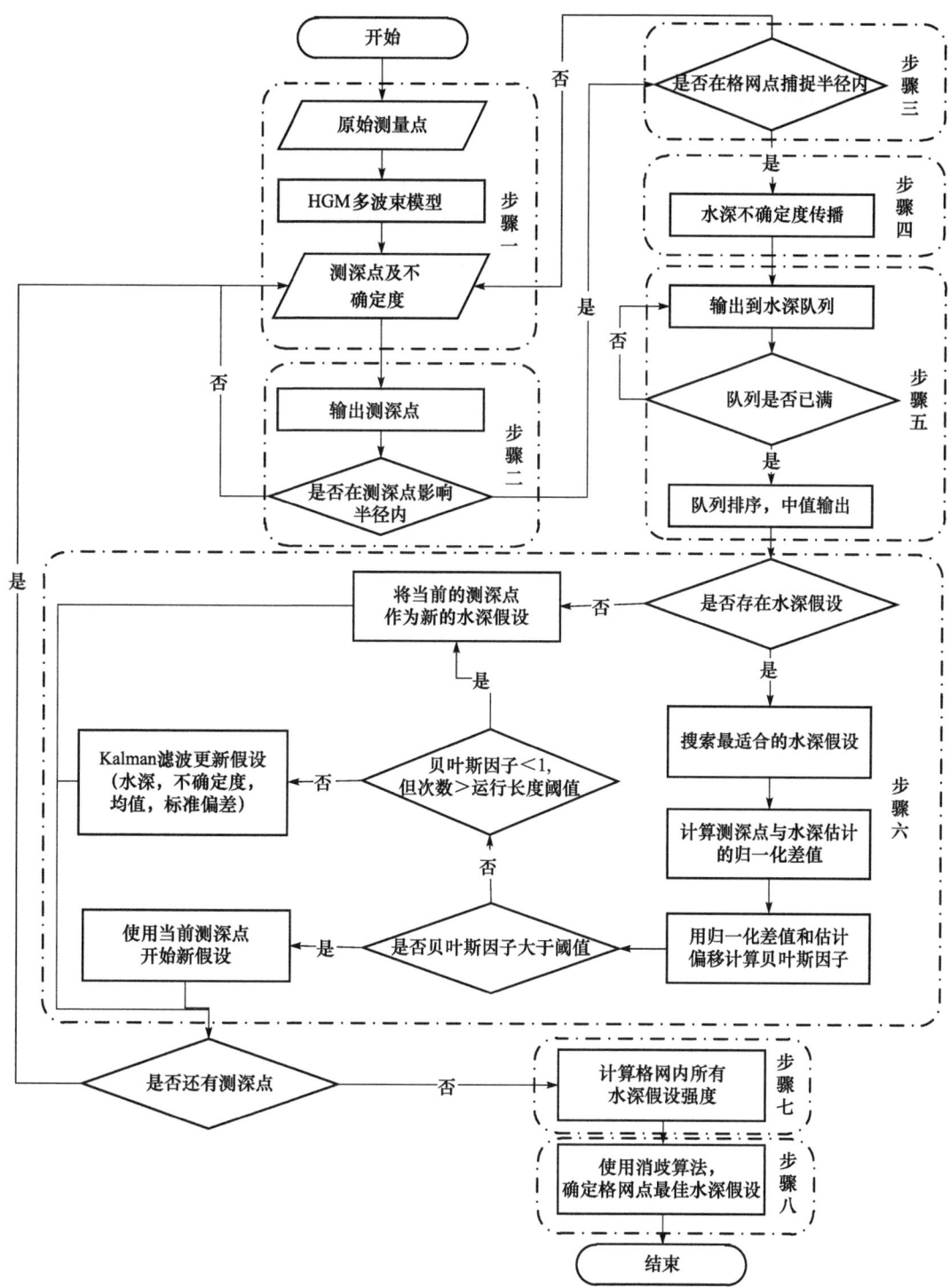

图 8-6 CUBE 算法单格网点运算流程图

多波束测深点原始的斜距-角度关系转换到水平偏移和深度是一个相对简单的过程。以测深点深度 d 为例,已知波束到达角度 θ、斜距 r、瞬时纵摇值 P、瞬时横摇值

R，则

$$d=r\cos P\cos(\theta+R) \quad (8\text{-}2)$$

在实际情况下，还需要进行声速改正、潮位改正、换能器安装角度和位置补偿等改正。如图 8-7 所示，如果获取了每项测量的误差（不确定度），则通过深度 d 与这些测量之间的关系公式建立前向误差（不确定度）传播预测模型，最终得出测深点深度方向 d 的误差（不确定度），类似地也可以得到水平方向 h 的误差（不确定度），这就是 HGM 模型的基本思想。该模型最早于 1995 年提出（Hare，1995），最新版本的模型发表在 2001 年的美国海军海洋办公室的技术报告中（Hare，2001）。模型主要分为两个部分，一部分整合了多波束测深系统的辅助传感器（如 SVP、VRU、GNSS 等）部分测量引入的测量误差（不确定度），称其为系统模型（System model）；另一部分则面向多波束声呐测量引入的测量误差（不确定度），称其为设备模型（Device model）。

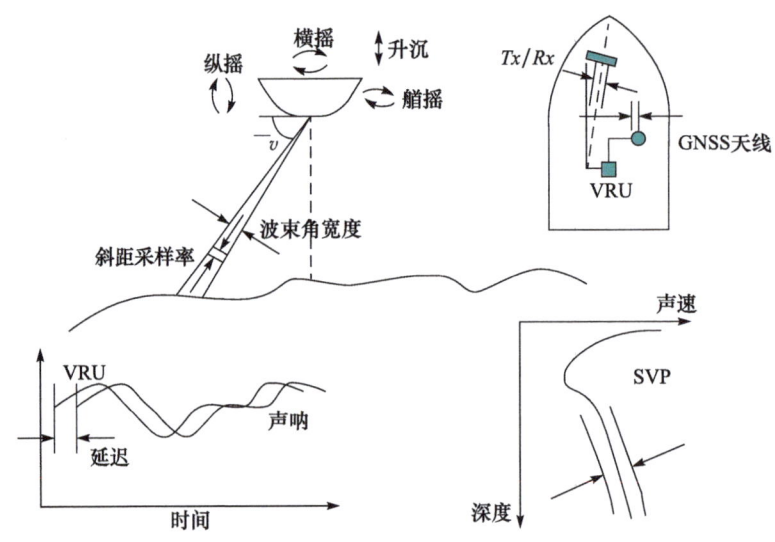

图 8-7 多波束测深各项误差（不确定度）来源示意图

HGM 模型是目前最常用的多波束测深点不确定度计算模型，该模型为水深数据提供了量化的一阶近似测量不确定度。但它自身也存在一些局限性：①为了简化计算，模型忽略了各测量误差之间的相关性；②其设备模型只适用于特定的多波束声呐；③其对声速时空变化引入的测量不确定度过于简化；④模型有大量可调节的参数，且许多参数在实际应用中往往难以确定，需通过人为主观给定。CUBE 算法需要 HGM 模型为每个测深点提供初始的水平和垂直不确定度。

步骤 2　确定每个测深点的影响半径

CUBE 算法与其他格网化算法（反距离加权算法、克里金插值法等）的主要区别之一就是其需要计算两个影响半径，首先介绍第一个半径——测深点的影响半径。

当测深点参与到格网点计算时，首先需要确定每个测深点的影响半径，使用如下公式计算：

$$r = \left[\text{res} \times \left(\frac{\sigma_{\text{VertMax}}^2}{\sigma_{\text{vert}}^2} - 1 \right)^{\frac{1}{\text{DistExp}}} \right] - 2.925 \times \sigma_{\text{hz}}, \quad \text{res} < r < 2.925 \times \sigma_{\text{hz}} \quad (8\text{-}3)$$

式中，r 为测深点的影响半径（m）；res 为格网分辨率，即格网间距（m）；$\sigma_{\text{VertMax}}^2$ 为由用户选择的 IHO S-44 测量等级所确定的最大允许方差，即 $\frac{a^2 + (b \times d)^2}{1.96^2}$，其中 a 和 b 由选择的测量等级确定，d 为测深点的水深值（IHO, 2008）；σ_{vert} 为测深点的垂直不确定度；σ_{hz} 为测深点的水平不确定度；DistExp 为用户自定义的不确定度随距离增加而增大的比例系数。该值越大，表示不确定度随距离增长得越快。1<DistExp<10，默认值为 2。

步骤 3　确定每个格网点的捕捉半径

第二个影响半径为格网点的影响半径，为了与前面的影响半径进行区分，使用捕捉半径来表述。该值可以通过以下公式计算得到：

$$\text{CaptDist} = \text{MAX}\left(\frac{\text{CaptureDistScale}}{100} \times \text{EstimatedNodalDepth}, \text{CapDistMin} \right) \quad (8\text{-}4)$$

式中，CaptDist 为格网点捕捉半径；CaptureDistScale 为捕捉距离比例系数，即使用预测格网点水深值的某一百分比来限制格网点捕捉范围，值范围为 1~100，默认值为 5；Estimated Nodal Depth 为格网点期望水深值 CapDistMin 为最小捕捉距离，以 m 为单位确定格网点的最小捕捉半径，取值范围为 0~100，默认值为 0.5。

每个测深点需要同时满足两个条件才能参与相应格网点计算。如图 8-8 所示，格网点 1 和 2 都位于该测深点的影响半径内，但格网点 1 和测深点的距离超过了格网点 1 的捕捉半径，则该测深点不参与格网点 1 的计算；同理，格网点 2 和测深点的距离在格网点 2 的捕捉半径内，则该测深点参与格网点 2 的计算。

步骤 4　不确定度传播

由于要计算的格网点不包含水平维度上的误差，算法需要将包含在每个测深点上的 3 个维度不确定度（二维的水平不确定度和一维的垂直不确定）传播，并融合成格网点处一维的垂直不确定度（图 8-8）。通过式（8-5）完成测深点三维不确定的降维和传播。

$$\sigma_p^2 = \sigma_{\text{vert}}^2 \times \left[1 + \left(\frac{\text{dist} + \text{hes} \times \sigma_{\text{hz}}}{\text{res}} \right)^{\text{DistExp}} \right] \quad (8\text{-}5)$$

式中，σ_p^2 为每个测深点传播到格网点后的垂直不确定度的平方；σ_{vert} 为测深点的垂直不确定度（m）；σ_{hz} 为测深点的水平不确定度（m）；res 为格网分辨率（m）；hes 为水平不确定度传播比例系数，0<hes<10，默认值为 2.95，即 99% 的置信区间；DistExp 为用户自定义的不确定度随距离增加而增大的比例系数。

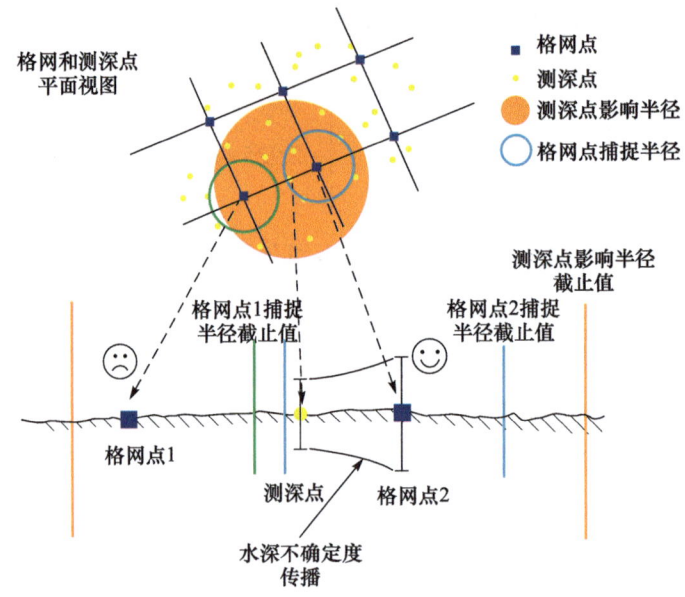

图 8-8　CUBE 算法两个影响半径示意图

步骤 5　测深点队列排序和中值输出

如图 8-9 所示，队列的用途是将测深点以 Z 值为参考，由小到大进行排列，并提取队列中间的那个测深点输出。队列长度（queue length）可根据用户需要进行更改，其调节范围为（3,101），且必须为奇数，默认值为 11。将测深点依次插入队列，当队列满时，输出队列中间位置的测深点参与下一步运算，并继续向队列插入新的测深点。

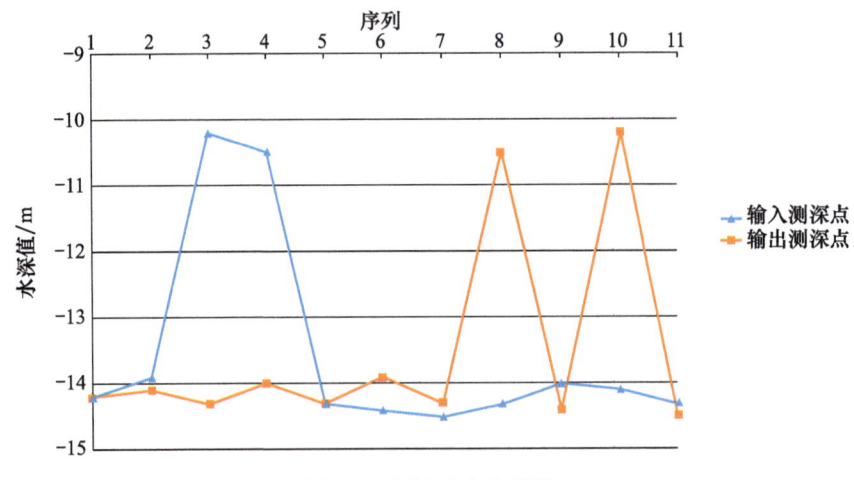

图 8-9　测深点中值滤波

最初始版本的 CUBE 算法并不支持单格网点多水深假设，通过队列可以将异常值延迟输出到下一步的格网点运算，使得格网点水深估算更加准确，因此队列排序在此版本中非常重要（Calder，2003）。最新版本的CUBE算法引入了单格网点多水深假设，输入的测深异常值将通过建立新的水深估计与正常值孤立开来，起到了良好的抗噪效果，因此队列排序在此版本中变得不那么重要。

步骤6　网格点水深假设的建立与更新

如图8-10（步骤4）所示，格网点水深假设的建立与更新是CUBE算法的核心内容，共涉及6个关键步骤，下面详细阐述每个步骤涉及的原理与公式。

a. 最适合水深假设选择

首先，需要确定与测深点相关的网格点处是否已经存在水深假设，如果没有，则直接使用当前的测深点建立新的水深假设［图8-10（a）］。

如果有，算法通过计算格网点上所有水深假设和当前测深点之间的差值确定最接近测深点的水深假设，称其为最适合水深假设［图8-10（b）］。如果存在多个最接近的水深假设，则选择最后一个假设（Calder and Mayer，2003）。

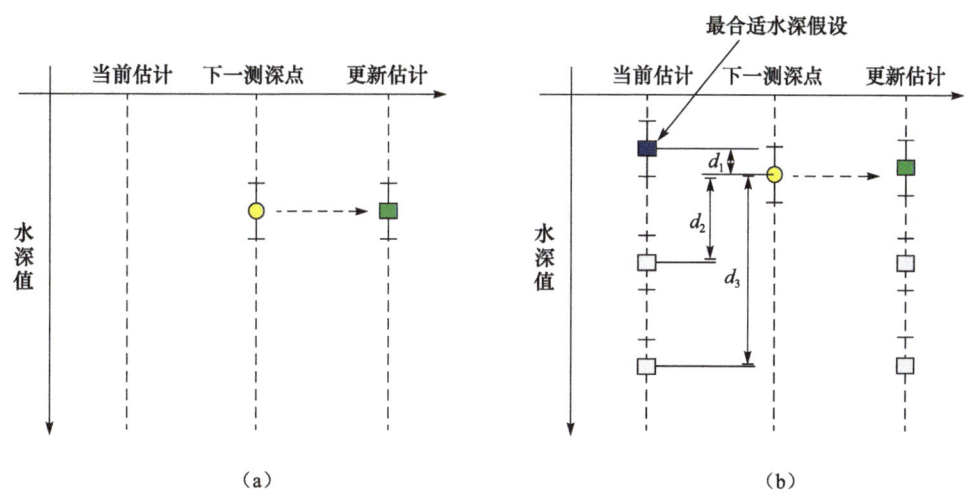

图8-10　最适合水深假设选择

b. 计算测深点和最适合水深假设的归一化差值

使用式（8-6）计算两者之间的差值，并将其归一化到标准正态分布函数上，得到的结果称为归一化差值。归一化差值将极大地简化之后的计算过程（CARIS，2013）。

$$e_n = \frac{x - \hat{x}}{\sqrt{\hat{\sigma}^2 + \sigma_{vert}^2}} \tag{8-6}$$

式中，e_n为归一化差值；x为测深点水深（m）；$\hat{x}$为水深假设估计值（m）；$\hat{\sigma}^2$为水深假设标准差估计值（m²）；σ_{vert}^2为测深点垂直不确定度方差（m²）。

c. 计算贝叶斯因子

CUBE算法使用贝叶斯推理（Bayesian inference）来判断测深点能否被最适合水深假设吸收。首先，建立CUBE算法内使用的贝叶斯表达式。贝叶斯定理如式（8-7）所示：

$$P(H_K|D) = P(D|H_K)\frac{P(D|H_K)P(H_K)}{P(D)} \tag{8-7}$$

式中，$P(H_K)$ 为假设 'K' 的概率，因为它是在观测数据之前得到的概率假设，所以其也称为先验概率；$P(H_K|D)$ 为已知 D 后，假设 'K' 的概率，因为它是在得到观测数据之后得到的概率假设，所以其也称为后验概率；$P(D|H_K)$ 为已知假设 'K' 发生后 D 的条件概率，其也被称为似然函数；$P(D)$ 为 D 的先验概率或边缘概率，也作标准化常量（normalized constant）。

对于 CUBE 算法来说，这里的 $P(H_K)$ 指的是未考虑新测深点的假设概率，$P(H_K|D)$ 是考虑了新测深点后的假设概率。这里提到的假设并不是网格点内的水深假设，而是要测试的一个统计学上的假设。H_0 指的是要测试的零假设（null hypothesis），而 H_1 是与 H_0 进行对比的另外一个假设。

H_0 指当前被测试的测深点和最合适水深假设差别不大，该测深点可以被最合适水深假设吸收和更新。

H_1 指当前被测试的测深点和最合适水深假设差别显著，需建立新的水深假设跟踪。

使用如下公式计算这两个后验概率的比值。

$$\frac{P(H_0|D)}{P(H_1|D)} = \frac{\dfrac{P(D|H_0)P(H_0)}{P(D)}}{\dfrac{P(D|H_1)P(H_1)}{P(D)}} = \frac{P(D|H_0)P(H_0)}{P(D|H_1)P(H_1)} \tag{8-8}$$

$$\frac{P(H_0|D)}{P(H_1|D)} = \frac{P(D|H_0)}{P(D|H_1)} \times \frac{P(H_0)}{P(H_1)} \tag{8-9}$$

后验概率（posterior odds）= 贝叶斯因子 × 先验概率（prior odds） （8-10）

由上述推论可知，只需求出贝叶斯因子，即可将先验概率和后验概率联系起来。测深点和水深假设之间的差值符合高斯正态分布，而式（8-6）已经求出了两者之间的归一化差值。可将测深点和水深假设之间差值的概率分布表示成以 0 为均数、以 1 为标准差的标准正态分布。

检验统计量 x 的正态分布可以表示为

$$N(x;\mu,\sigma^2) = \frac{1}{\sqrt{2\pi\sigma^2}}\exp\left[-\frac{1}{2}\times\frac{(x-\mu)^2}{\sigma^2}\right] \tag{8-11}$$

由于检验统计量 x 已归一化为标准正态分布，即 $\mu=0$, $\sigma^2=1$，则上式可简化为

$$N(x;0,1) = \frac{1}{\sqrt{2\pi}}\exp\left(-\frac{x^2}{2}\right) \tag{8-12}$$

这里的检验统计量 x 即为测深点和水深假设之间的差值，也就是之前在式（8-6）中提出的 e_n。假设 e_n 为正值，贝叶斯因子 B_n 可以用如下公式计算：

$$B_n = \frac{P(D|H_0)}{P(D|H_1)} = \frac{\frac{1}{\sqrt{2\pi}}\exp\left(-\frac{e_n^2}{2}\right)}{\frac{1}{\sqrt{2\pi}}\exp\left[-\frac{(e_n-h)^2}{2}\right]} = \exp\left[-\frac{e_n}{2} + \frac{(e_n-h)^2}{2}\right] = \exp\left(\frac{h^2 - 2he_n}{2}\right) \quad (8\text{-}13)$$

同理，可得当 e_n 为负值时的贝叶斯因子计算公式，综上所述可得

$$B_n = \begin{cases} \exp\left(\dfrac{h^2 - 2he_n}{2}\right) & e_n \geqslant 0 \\ \exp\left(\dfrac{h^2 + 2he_n}{2}\right) & e_n < 0 \end{cases} \quad (8\text{-}14)$$

式中，h 为估计偏移值（estimate offset value），用于描述垂直方向偏差的显著性水平。该值的范围为（0.1,10），默认值为4.0。增加这个值，CUBE算法建立水深假设将减少；减小这个值，CUBE算法建立的水深假设将增多。

d. 贝叶斯因子阈值（Bayes factor threshold）触发机制

当计算得到的贝叶斯因子 B_n 较大时，意味着 $D|H_0$ 要高于 $D|H_1$，B_n 较小时则正好相反。需要给定一个阈值，即当 B_n 大于该阈值时，测深点可被水深假设吸收，当 B_n 小于该阈值时，创建一个新的水深假设。该阈值范围为 0.001~10，默认值为 0.135。增大这个值，CUBE算法建立的水深假设将减少。

e. 运行长度阈值（run length threshold）触发机制

若连续多个参与计算的测深点的贝叶斯因子略小于1，但大于贝叶斯因子阈值，虽然不至于触发创建新水深假设的条件，但如果连续样本测深点的个数大于运行长度阈值，则将强制创建一个新的水深假设。该阈值范围为 1~10，默认值为 5。增大这个值，CUBE算法建立的水深假设将变少。

f. 使用卡尔曼滤波更新最合适水深假设

当测深点通过上述步骤最终被最合适水深假设吸收后，CUBE算法并不使用以测深点不确定度的倒数作为权值，将所有参与当前最合适水深假设构建的测深点加权求和平均获取水深值的方法，而是使用卡尔曼滤波方法。作为一种递归方法，卡尔曼滤波只要获知上一时刻状态的估计值（最合适水深估计）及当前状态的观测值（测深点）就可以计算出当前状态的最佳估计值，因此不需要记录观测或估计的历史信息，大大减少了计算负担。

图8-11为使用递归卡尔曼滤波更新水深假设流程图，如果正在处理的是动态数据（即随时间变化），流程图中的稀释因子（dilute）可用于"冲淡"当前方差估计对之后计算的影响，但海底水深是静态的数据（至少在短期内），因此认为过程噪声（Q）为零，则稀释因子为1。图8-12为在使用卡尔曼滤波后，测深点对水深假设更新的示意

图，由于测深点与当前水深假设相比，具有较大的水深不确定度，因此更新后的水深假设主要受当前水深假设的影响。

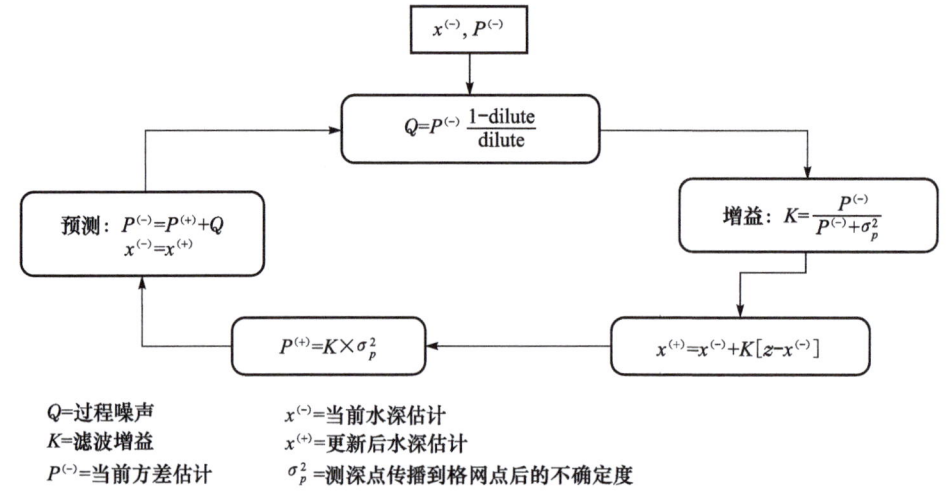

图 8-11 CUBE 算法卡尔曼滤波流程图

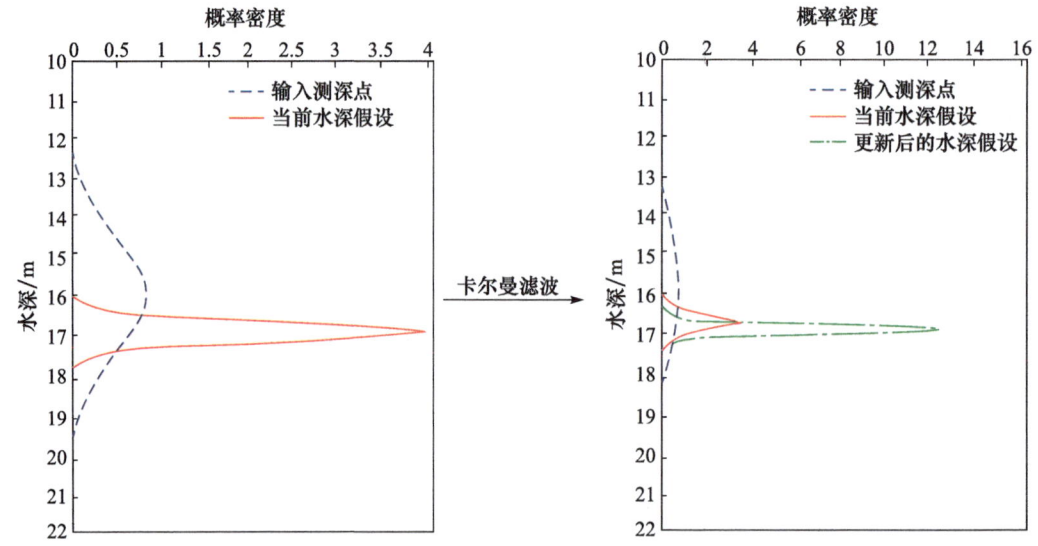

图 8-12 水深假设更新过程

步骤 7 计算每个水深假设强度

在完成格网点上所有水深假设构建后，CUBE 算法使用水深假设强度 σ_{stren} 量化这些水深假设的可靠程度。通过将格网点内的水深假设按包含的测深点数量由大到小排列，使用公式：

$$\sigma_{stren} = 5 - \frac{\varepsilon_{current}}{\varepsilon_{next}} \tag{8-15}$$

式中，σ_{stren} 为水深假设强度，$0<\sigma_{\text{stren}}<5$；$\varepsilon_{\text{current}}$ 为当前水深假设包含的测深点数量；$\varepsilon_{\text{next}}$ 为序列内当前假设的下一个水深假设包含的测深点数量。

由此可见，σ_{stren} 值越小，该水深假设强度越大。

步骤 8 使用消歧算法确定每个格网点的最佳水深假设

对于有多个水深假设的格网点，CUBE 算法使用以下 4 种消歧算法确定每个格网点的最佳水深假设。

a. "测深点密度（density）"消歧算法：选择包含测深点最多的水深假设作为格网点的最佳水深假设，该方法是最简单、运算速度最快的方法，但当遇到连续脉冲状异常（burst-mode blunders）时，该方法会失效。

b. "局部相关（locale）"消歧算法：该方法鲁棒性较强。主要分为 3 个步骤：①首先需要确定邻域搜索范围，由自定义参数"邻域范围"（local radius）确定；②过滤掉不合适的邻域格网，通过比较邻域内每个格网点的最可能水深假设（即包含测深点最多的假设）的假设强度与自定义参数"邻域强度阈值"（locale strength maximum，默认值为 2.5），若前者大于后者，则此邻域格网点不参与下一步计算；③计算邻域格网点平均水深值，并与当前格网点内所有水深假设做对比，两者最接近的假设即为当前格网点的最佳水深假设。

c. "测深点密度和局部相关"（density and locale）混合消歧算法：该方法是目前最常用的方法。首先，比较每个格网点的最可能水深假设（即包含测深点最多的假设）的假设强度与用户自定义参数"测深点密度法假设强度截止值"（density strength cutoff，默认值为 2）的大小关系，若前者小于等于后者，则该水深假设为此格网点的最佳水深假设；若不是，则切换到"局部相关"（locale）消歧算法。

d. "初始化水深曲面"（initialization surface）消歧算法：选择与参考水深曲面最接近的水深假设为每个格网点的最佳水深假设。

8.3.3 处理流程与实验分析

1. 实验数据

2016 年 7 月我们在台湾浅滩执行地形地貌与水文观测综合航次，使用多波束测深系统和 ADCP 进行同步观测。多波束测深系统采集设备和相应的精度见表 8-11。本实验数据调查历时 3h 13min，数据在采集过程中经过系统安装误差改正和实时声速改正，并在后期进行了潮位改正。图 8-13 为传统人工编辑测深数据后得到的测区海底地形图，该区域水深为 15～40m，其西侧发育有大量的沙波，按沙波的尺度可分为主级沙波（平均波长 500m，平均波高 10m）和次级沙波（平均波长 30m，平均波高 2.5m）；东侧为一冲刷槽，地形相对平坦。多波束测线间距约为 110m，由于该区域水深变化剧烈，而多波束的覆盖宽度与水深成正比，导致水浅的沙波波峰处由于条带覆盖宽度不够而出现大量的数据空白区（hole）。

表 8-11 外业调查设备及相应精度

设备类型	仪器型号	厂商提供精度	HGM 模型设置	备注说明
多波束测深仪	Reson Seabat 7125 FP4	理论深度精度：6mm	Reson Seabat 7125(400kHz 512beams)	HGM 设备模型
导航定位	NavCom SF-3050	<0.1m RMS	0.1	实时 StarFire 差分精度
航向	IXBlue Octans Ⅲ	±0.1° RMS	0.1	光纤罗经
升沉		5cm 或量程 5%	Heave: 0.05m, Heave Amplitude: 5%	
横纵摇		±0.01° RMS	0.01	
潮位	RBRduo T.D|tide	全量程 5%	Measure: 0.02m Zoning: 0.05m	
表层声速	RESON SVP 70	±0.05m/s	Surface: 0.05	
声速剖面仪	RBRconcerto C.T.D	±0.5m/s	Measured: 0.5	使用 Chen-Millero 公式推算

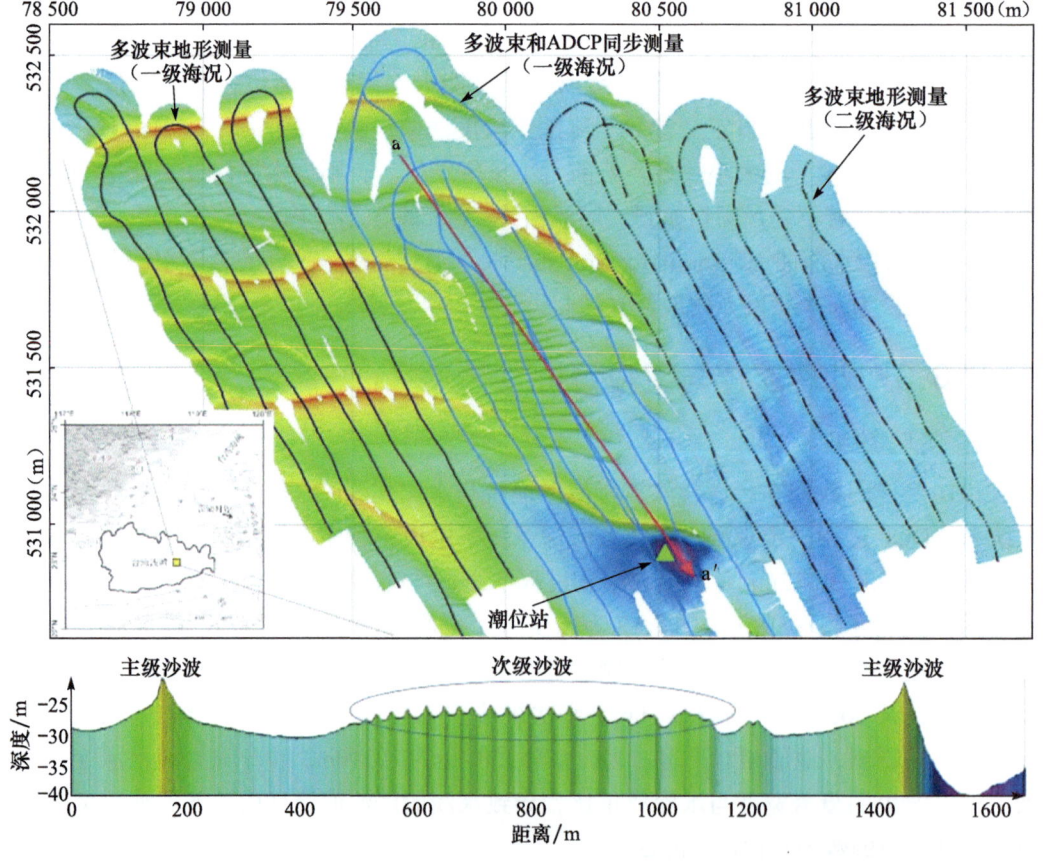

图 8-13 台湾浅滩浅水试验区测线分布及海底地形图

2. 基于 CUBE 算法的浅水多波束数据高效精细处理流程

基于 CUBE 算法的浅水多波束数据高效精细处理流程图如图 8-14 所示，原始数据经过解码转换后，使用 HGM 模型，结合各传感器测量误差估计和多波束声呐模型计算各测深点的总传播不确定度值（total propagated uncertainty，TPU），并使用 CUBE 算法生成 CUBE 水深曲面，综合 CUBE 曲面的水深，以及假设数量、假设强度和不确定度等辅助信息对 CUBE 曲面进行水深假设编辑，编辑完成后更新 CUBE 曲面，并使用新的 CUBE 水深曲面对测深点进行滤波，再使用常规多波束网格化算法生成最终的水深曲面，最终得到测区数字水深模型、等深线、水深点等成果数据。

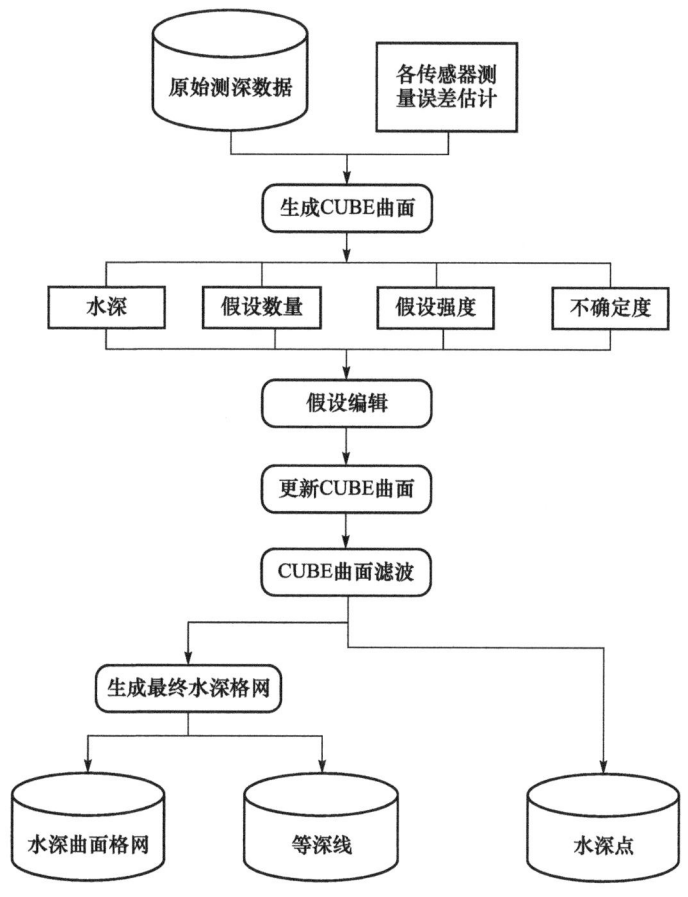

图 8-14　基于 CUBE 算法的浅水多波束数据高效精细处理流程图

8.3.4　结果与讨论

各个测深点的 TPU 属性包括水平传播不确定度估计和垂直传播不确定度估计。如图 8-15 所示，统计了 2×10^6 个测深点，表明其垂直不确定度主要由潮位测量和升沉传感器测量误差引入，而测深点水平不确定度主要由定位和航行传感器测量误差引入。

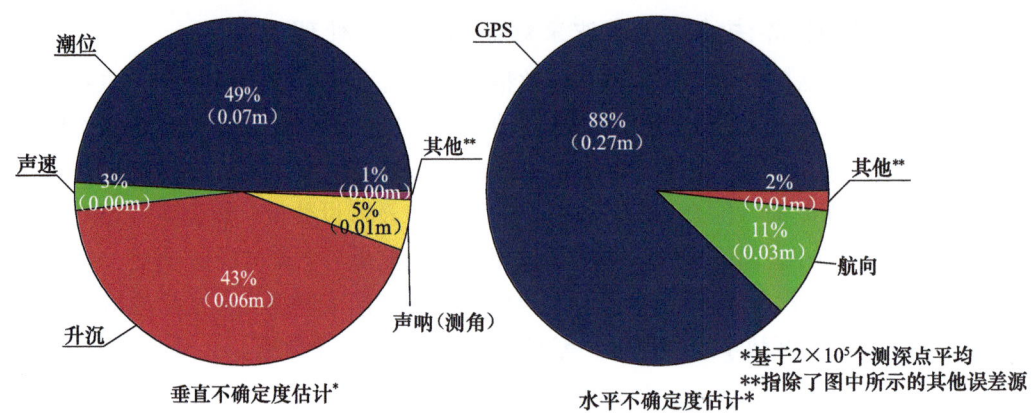

图 8-15 测深点 TPU 分析

曲面格网的分辨率是 CUBE 算法重要参数之一。本实验区共有 4.04×10^7 个多波束测深点，分布在面积为 3.72km^2 的覆盖区上，相当于每平方米有 10.8 个有效测深点，选择格网分辨率为 1m，这样既能捕捉海底微地形地貌特征，也能满足 CUBE 算法推荐的每个格网点不少于 8 个测深点的要求。

表 8-12 CUBE 参数

格网分辨率（res）	1m	最小捕捉距离（CapDistMin）	0.5
最大允许标准差（VertMax）	a=0.25, b=0.0075	水平不确定度传播比例系数（hes）	2.95
不确定度距离增长系数（DistExp）	2.0	估计偏移值（h）	4.0
捕捉距离比例系数（CaptureDistScale）	5.0	消歧方法	混合消歧法

按表 8-12 参数设置，使用 CUBE 算法生成首次水深曲面。如图 8-16（a）和图 8-16（d）所示，原始测深数据集内包含有大量异常值，但算法对大部分区域海底地形的构建非常准确。个别区域存在明显的水深异常，是由于连续脉冲状异常值较多，数据的"信噪比"较低，使得消歧算法无法准确判断的海底地形，这些区域需要进行人工假设编辑。图 8-16（b）为水深假设数量分布图，大部分平坦地形区域单个格网只有 1 个水深假设，表明算法在这些区域执行效果非常好，而在地形变化较为剧烈的沙波区，尤其是在沙波波峰处，单个格网存在多个水深假设，且假设的强度较低 [图 8-16（c）]，这是由于 CUBE 算法在测深点不确定度传播这一步中，假设测深点附近一定范围内的水深不变，使用零阶预测进行水深值及不确定度传播 (Calder and Mayer, 2001)，而沙波区水深变化大，较小的距离内水深点的值差异较大，将这些水深值差异较大的测深点传播到同一格网点内，将建立多个水深假设，CUBE 算法在地形崎岖区工作效果不理想是该算法不可避免的缺点（Calder and Mayer, 2003），可以通过调节与测深点吸收相关的算法参数来进行适当弥补。测区中部存在垂直于航迹线的多水深假设异常区，按一定间隔规则地出现，为 ADCP 工作（ping）时对多波束测深仪的干扰信号造成的异常信息 [图 8-13 和图 8-16（b）]。由于这些异常点较稀疏，

其构成的水深假设在并没有消歧算法选中为最佳水深假设,因此在地形图上没有表现出水深异常[图 8-16(a)],表明 CUBE 算法具有良好的抗差性。由于恶劣海况导致安装杆抖动引起的沙波状假地形呈现沿航迹线左右舷对称分布,且越远离中央波束,这种现象就越明显[图 8-13 和图 8-16(a)],目前此异常导致的数据精度下降问题还没有较好的解决办法。

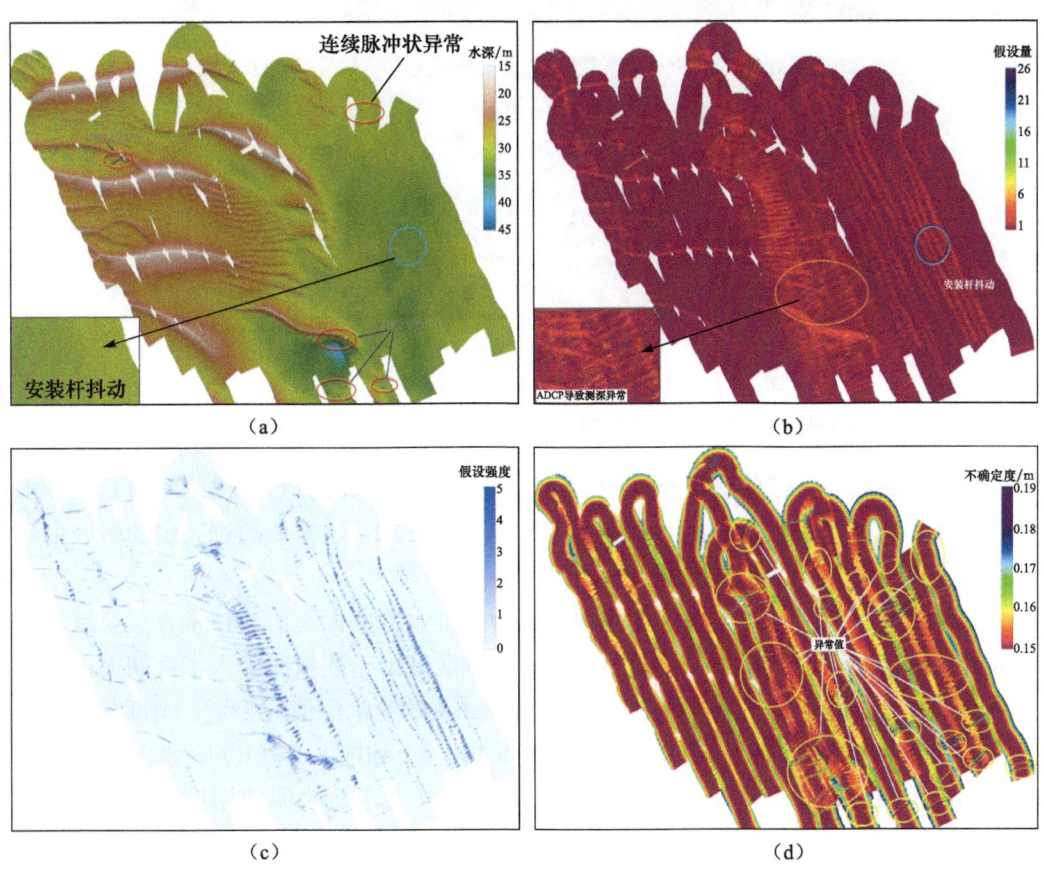

图 8-16　CUBE 水深曲面及辅助数据信息
(a)水深;(b)水深假设数量;(c)水深假设强度;(d)格网点水深不确实度

结合多个 CUBE 水深曲面及假设数量、假设强度和不确定度等辅助信息,快速识别并定位异常水深区域,只需对算法无法自动正确选择水深假设的区域进行编辑[图 8-17(a)和图 8-17(b)],大大减少了人工编辑强度,有效提高了多波束处理的效率。更新后的 CUBE 曲面如图 8-17(c)和图 8-17(d)所示,此时正确的水深假设被 CUBE 算法选中。

以编辑后的 CUBE 曲面为水深曲面基准,应用曲面自动滤波功能,通过在水深曲面上下一定范围内建立滤波窗口,使用一定比例的水深假设不确定度或标准差定义窗口大小。位于滤波窗口内的测深点将保留,而位于滤波窗口外的测深点被剔除

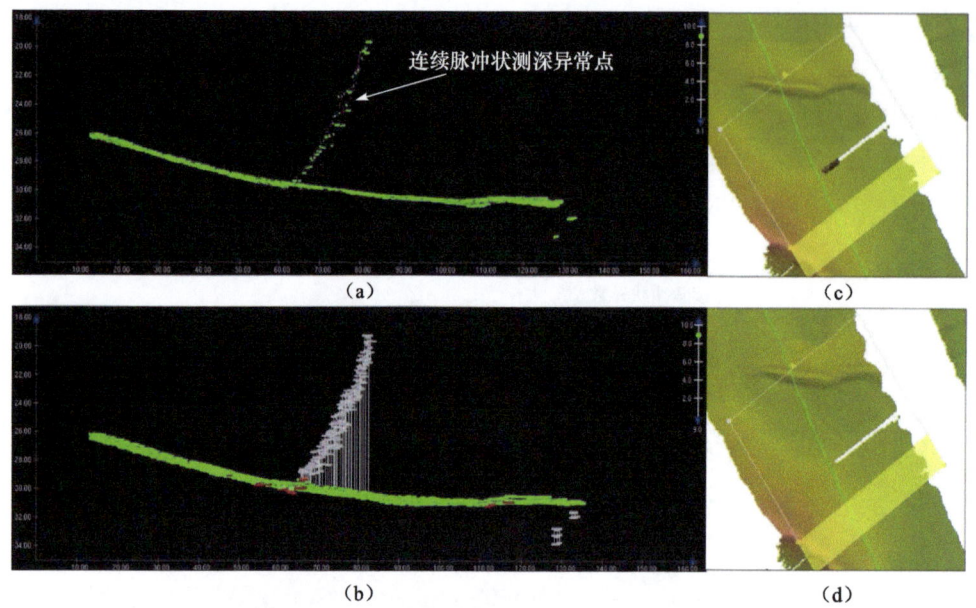

图 8-17 CUBE 水深曲面水深假设编辑矫正及效果

(a) 水深假设编辑前；(b) 水深假设编辑后；(c) 原始 CUBE 曲面；(d) 更新后 CUBE 曲面

（图 8-18）。滤波后保留的测深点即为"干净"的最终成果测深点。但此时的 CUBE 水深曲面还不能直接用于最终的水深模型（NOAA，2012），还需要通过一定的多波束数据格网化算法建立最终水深曲面。

以传统人工编辑测深点生成的水深曲面为基准水深曲面，对该技术方法获取的水深曲面精度求差以评估精度。结果显示，除个别区域由于测量时引入了后期无法改正的测量误差（安装杆晃动）导致差值为 10~20cm（约为水深值的 1%），大部分区域两者之间小于 3cm（约为水深值的 0.1%）[图 8-19（a）和图 8-19（b）]。水深差值统计直方图显示两者相吻合的概率高达 98.95%[图 8-19（c）]，表明使用该方法能达到传统人工处理多波束数据的效果。

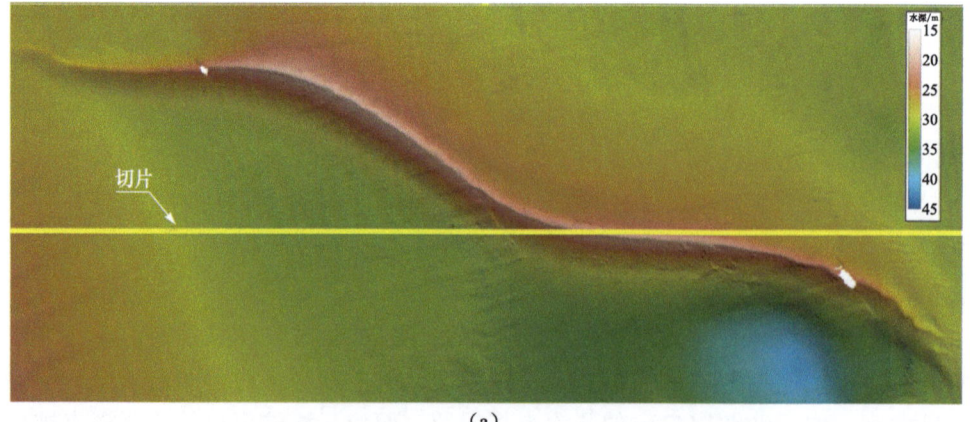

(a)

第 8 章 多波束探测数据处理技术与方法 203

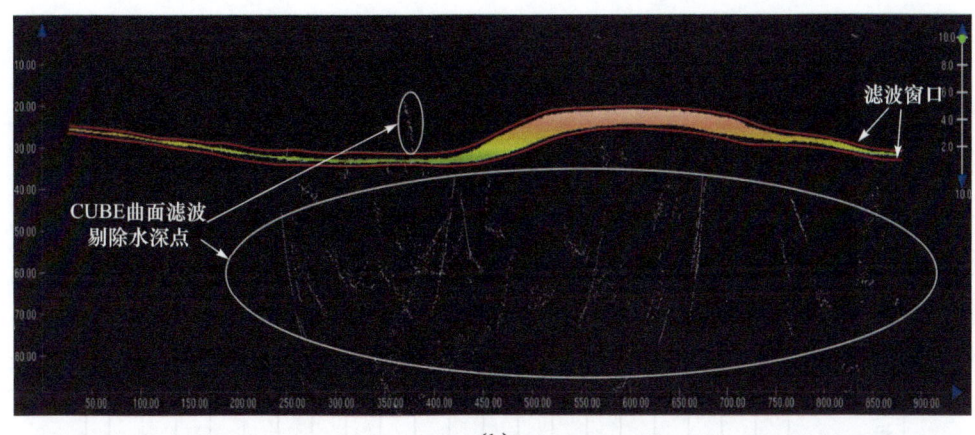

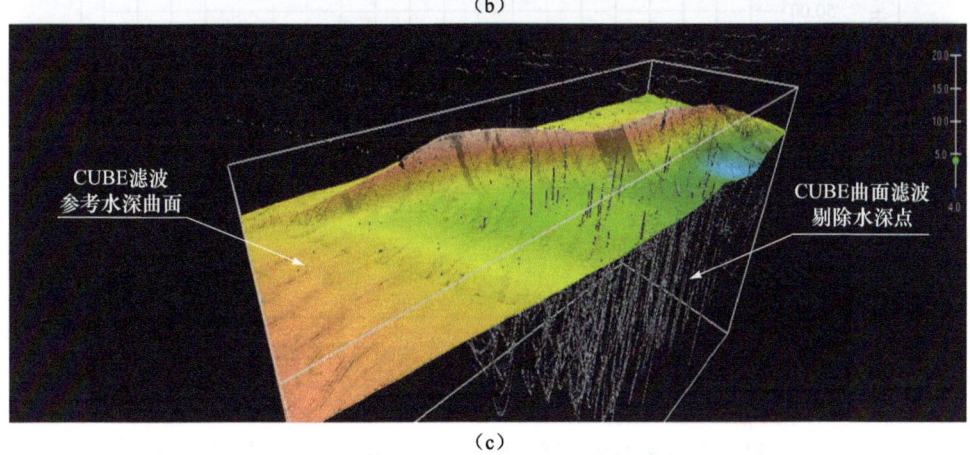

图 8-18 CUBE 曲面滤波

（a）CUBE 曲面平面视图；（b）CUBE 曲面切片视图；（c）CUBE 曲面 3D 视图

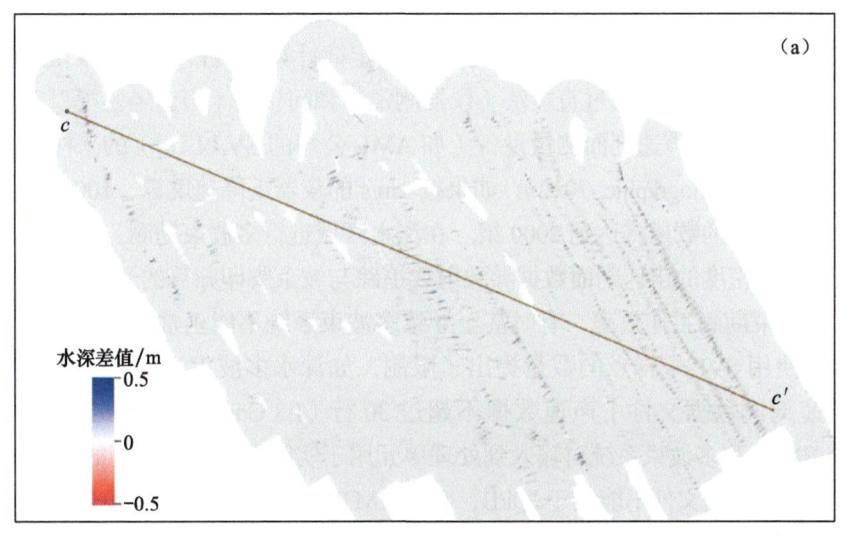

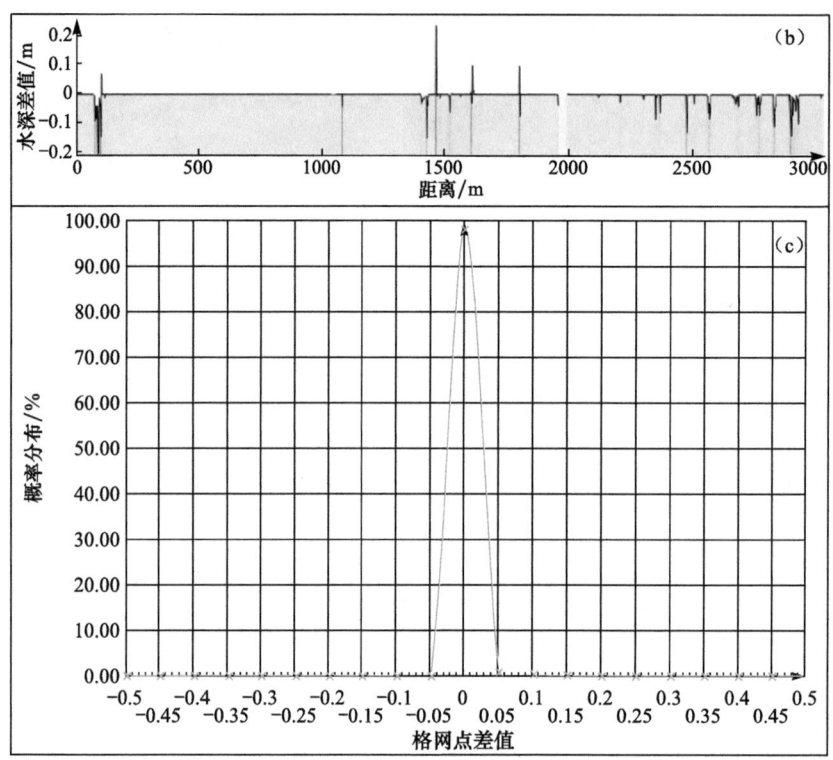

图 8-19 CUBE 曲面与手工编辑曲面差异

8.4 基于 MOV 的声速剖面快速精简方法

声速剖面（sound velocity profile, SVP）是实现多波束地形勘测必需的基本参数。多波束系统采用定向发射一组声波，接收其双程反射或散射时间，并通过声速剖面（sound velocity profile, SVP）结构，基于斯涅尔定律计算探测目标的水深和坐标（李家彪，1999）。声速剖面一般通过直接法（仪器测定）和间接法（声速经验模型）确定（赵建虎，2002）。目前，声速剖面测量设备（如 AML 公司的 SV PLUS）的采样率普遍可达到 20Hz（AML Oceanographic, 2012），如果按 1m/s 的仪器下降速度算，100m 水深所采集的声速剖面数据点的数量将达到 2000 组。在深水区域进行多波束勘测，SVP 数据量将非常庞大。高采样密度的声速剖面数据导致射线追踪与波束脚印归算的运算时间大幅增加，从而降低多波束勘测工作效率，有时甚至导致多波束系统不能正常运行。很多多波束测深系统对所使用 SVP 采样点的数量提出了限制，如深水多波束测深系统 SeaBeam 2112 就限制声速剖面数据文件中声速数据不超过 30 行（L3 Communications, 1998）；又如，Kongsberg EM 系列多波束系统对输入到处理单元用于实时射线追踪计算的 SVP 文件进行限制，要求声速剖面文件不能大于 30kB，对于 EM 710、EM 302 和 EM 122，最大采用数据点数量不超过 1000 组，对于更老型号的系统，则不超过 570 组（Kongsberg Maritime,

2010）。为了提升多波束勘测与数据处理的时效性，必须筛除原始声速剖面中的冗余点，同时需要评估和控制精简后的声速剖面所带来的误差。

在多波束勘测过程中，多采取人工方法挑选声速剖面特征点，但人工方法挑选的 SVP 精度难以评估，也易遗漏 SVP 的特征点，同时效率也非常低。Beaudoin 等（2011）提出了新的方法，通过选定一定深度值大小的窗口，对声速数据进行滑动平均后，将所求的平均声速值作为窗口中心位置深度所对应的声速值，但此方法可能会遗漏原始声速剖面的特征点。在多波束数据后处理中，近年来发展了一种基于等效声速模型的改正方法，如 Geng 和 Li（1999）、Kammerer（2000）、赵建虎（2002）、丁继胜等（2004）、Yang 等（2007）、阳凡林（2008）先后提出了多种等效声速模型或改进方法，有些模型已在假地形数据改正处理中得到很好的应用。但等效声速模型方法完全抛弃了实测声速剖面数据，易导致在水深变化剧烈的复杂海底地形区改正效果不佳，同时由于多波束测深误差的复杂性和多源性，该方法也易掩盖其他非声速剖面造成的误差。因此，既要精简声速剖面以提升工作效率，又要忠实于原始声速剖面以避免对多波束实测数据误差多来源的掩盖，是值得深入研究的问题。

为解决原始声速剖面快速精简问题，这里提出了基于声速最大偏移量法（maximum offset of sound velocity，MOV）的 SVP 精简与评估方法。该方法建立在实测声速剖面数据基础上，对道格拉斯 - 普克（Douglas-Peucker）算法进行改进，通过计算声速维度上的最大距离，判断声速采样点的取舍，完成精简声速剖面数据的处理。为了评估精简后的声速剖面精度，基于实测声速剖面，采用射线追踪法和误差百分比分析法评估精简前后的声速剖面对测深精度的影响。经过此算法处理后的声速剖面，不仅能够保证射线追踪后的波束脚印精度，还能大幅减少计算时间，有效地提升外业调查和内业数据处理的工作效率，在工程应用上具有重要的实际应用价值。

8.4.1 方法与模块

1. 改进的 D-P 算法

（1）D-P 算法

D-P 简化算法是一种用于计算机图形显示方面，对高度复杂的多段线对象进行线简化常用的方法（Douglas et al., 2004；吴自银等，2014；Wu et al., 2017）。该算法的基本思想如图 8-20（a）所示，首先确定该算法的唯一阈值参数 Q（单位为 m），然后连接线段首尾两个端点 P_1 和 P_n，依次计算线段内其余各点 P_i 到这条直线的垂直距离 S_i，找出其中的最大垂直距离 $S_{i\max}$，比较 Q 和 $S_{i\max}$ 的大小，S_i 计算公式为

$$S_i = \mathrm{abs}\left[\frac{(P_{nx}-P_{1x})\times(P_{1y}-P_{iy})-(P_{1x}-P_{ix})\times(P_{ny}-P_{1y})}{\sqrt{(P_{nx}-P_{1x})^2+(P_{ny}-P_{1y})^2}}\right] \quad (8-16)$$

若 $S_{i\max} \leqslant Q$，则删除首尾两点以外的所有点，结束；若 $S_{i\max} > Q$，则保留此点 P_i，

从 P_i 处将线段分为两个部分；分别连接 P_1 和 P_i，以及 P_i 和 P_n，同式（8-16）对这两段重复计算垂距，检查最大垂直距离 S_{jmax} 和 S_{kmax} 是否大于 Q；重复迭代上述过程，直到所有点到线段的垂直距离 $S_i \leqslant Q$，完成线简化运算。

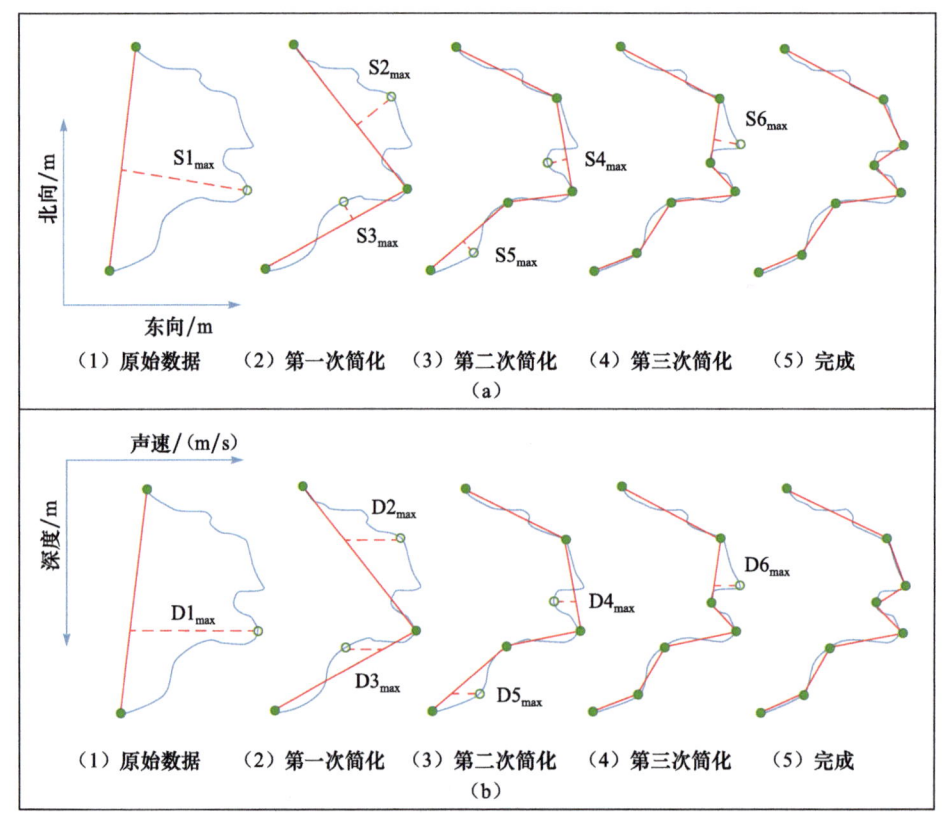

图 8-20　改进前后的 D-P 算法示意图

（2）改进后的 MOV 方法

D-P 算法是为两个坐标轴上单位相同的二维线性对象简化所设计的，但对于声速剖面数据，其横坐标为声速，单位为 m/s，纵坐标为深度，单位为 m。在该种情况下，D-P 算法所依赖的基本物理模型与数学模型已经发生变化，无法计算距离，不可直接用于 SVP 的精简。

本文在 D-P 算法的基础上进行了改进，由距离计算改变为声速维的最大偏移量计算。如图 8-20(b) 所示，对于给定的阈值参数 T（单位为 m/s），连接剖面首尾两个数据点 P_1 和 P_n，依次计算线段内其余各点 P_i 到这条直线在声速维度上的距离 D_i，找出最大距离 D_{imax}，比较 T 和 D_{imax} 的大小，D_i 的计算公式为

$$D_i = \mathrm{abs}\left[\frac{(P_{isv} - P_{1sv}) \times (P_{ndep} - P_{1dep})}{\sqrt{P_{nsv} - P_{1sv}}} + P_{1dep} - P_{1dep}\right] \tag{8-17}$$

其余步骤同上所述的 D-P 算法，直到没有多余的点被舍弃，完成声速剖面数据的精简。该方法中阈值参数 T 的智能选取是关键步骤。

因此，本章所改进的 D-P 算法适用于二维坐标系不同维度的曲线简化，就 SVP 精简而言，可称其为 MOV。显然这种方法可扩展到其他类似的二维曲线简化问题。

2. 方法基本模块构成

如何判断精简后的 SVP 是否符合精度要求？本章的研究可分解为两个问题：SVP 的精简问题，以及精简后的 SVP 对于多波束测深和数据处理精度的分析问题。基于此，该方法可分解为两大模块：精简模块和评估模块（图 8-21）。

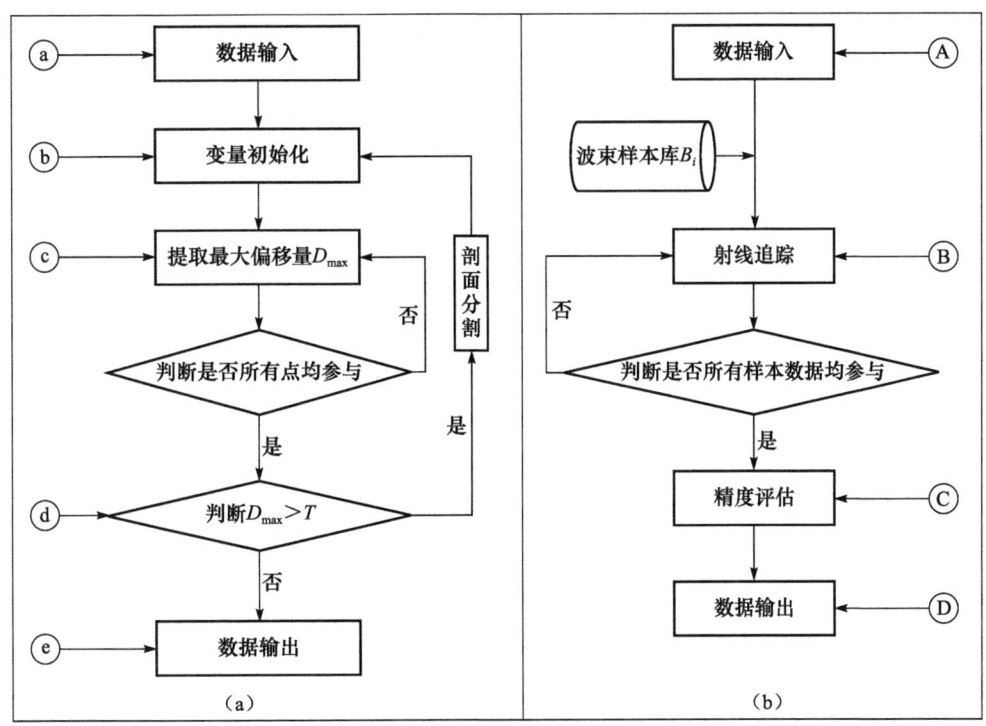

图 8-21 （a）精简模块和（b）评估模块

（1）精简模块

精简模块用于声速剖面的精简，其核心是上文所述的 MOV 算法，其主要实现步骤如下。

1）数据输入：输入原始声速剖面点数据集 V_{orig} 和阈值参数 T。

2）变量初始化：初始化存储精简声速剖面点数据集的变量 V_{simp} 和其他变量。

3）提取声速最大偏移：使用循环算法和式（8-17）获取最大偏移量值 D_{max} 和所对应的声速点数据 P_k。

4）剖面线段切割：判断 D_{max} 和 T 的大小，若 $D_{max} \leqslant T$，转至步骤 5）；若 $D_{max} >$

T，保存 P_k 至 V_{simp}，将剖面线段在 P_k 处分为两段，并分别返回步骤 3）。

5）数据输出：将 V_{orig} 中的起始和终止声速点数据保存到 V_{simp}，并输出 V_{orig} 和 V_{simp}。

（2）评估模块

评估模块是用于评估精简前后的声速剖面对波束脚印精度的影响，其核心是射线追踪法和误差分析法，该模块主要体现在四大步骤。

1）数据输入：输入原始声速剖面点数据集 V_{orig} 和精简声速剖面点数据集 V_{simp}。

2）射线追踪：使用循环算法和层内常梯度射线追踪算法，计算波束样本数据库中的波束 B_i（$i \in [1, n]$）在原始声速剖面 V_{orig} 下对应的脚印位置坐标 F_{iorig}（$i \in [1, n]$）和在精简声速剖面 V_{simp} 下对应的脚印位置坐标 F_{isimp}（$i \in [1, n]$）；并计算其在水平位移方向的误差百分比 ε_{ihori}（$i \in [1, n]$）和深度方向的误差百分比 ε_{idepth}（$i \in [1, n]$）。

3）精度评定：计算所有波束脚印在水平位移方向的平均误差百分比和方差百分比 μ_{hori}、σ_{hori}，以及其在深度方向的平均误差百分比和方差百分比 μ_{depth}、σ_{depth}。

4）数据输出：输出精简后的声速剖面 V_{simp}，以及精度评估数据 σ_{hori} 和 σ_{dept}。

8.4.2 关键技术问题研究

1. 阈值对 SVP 精简的影响及计算区间的自动搜索

SVP 精简问题的核心在于算法阈值的自动选择。为研究该问题，从实测的 SVP 数据集中任选一实测声速剖面，分析在不同阈值大小下，该算法对声速剖面的精简情况。

图 8-22 中红色实线代表原始声速剖面，绿色实线代表精简后的声速剖面。当选取一个较小的阈值，如 0.05m/s 时，精简后的声速剖面数据点的数量从 214 个下降到 21 个，精简率达 90.19%，原始和精简后声速剖面的相关系数为 0.99999，表明此时精简后的剖面能很好地保留原始剖面的主要特征（表 8-13）；当阈值增大一倍，即 0.1m/s 时，精简后的声速剖面数据点数减少了将近一半，精简率为 94.86%，原始和精简后数据的相关系数为 0.99994，表明精简后的剖面较好地保留原始剖面的主要特征（表 8-13）；随着阈值的继续增大，声速剖面数据点数量不断减少；当阈值为 0.25m/s 时，精简剖面的点数又减少了 3 个，精简速度明显放缓，精简率为 96.26%，相关系数相应地下降为 0.99992（表 8-13）；当阈值取 0.5m/s 时，算法对原始声速剖面数据的精简速率继续放缓，为 97.66%，剖面底部被精简为一条直线，原始数据细节特征在快速消失，相关系数快速下降为 0.99904（表 8-13）；当阈值增大到 1.0m/s 时，原始剖面进一步精简为 4 个特征点，精简率为 98.13%，相关系数为 0.99864（表 8-13）；当阈值取 3.0m/s 时，声速剖面精简率高达 98.60%，相关系数急速下降为 0.95315，声速剖面被简化为二层水层模型，原始剖面特征已基本消失（表 8-13）；试验中，随着阈值的继续增大，最终精简剖面将只保留原始剖面起点和终点，对应的最大剖面简化率为 99.07%，相关系数减为最小的 0.83457。

由上述实例分析可以看出，阈值的选取对于声速剖面的精简和保真至关重要。

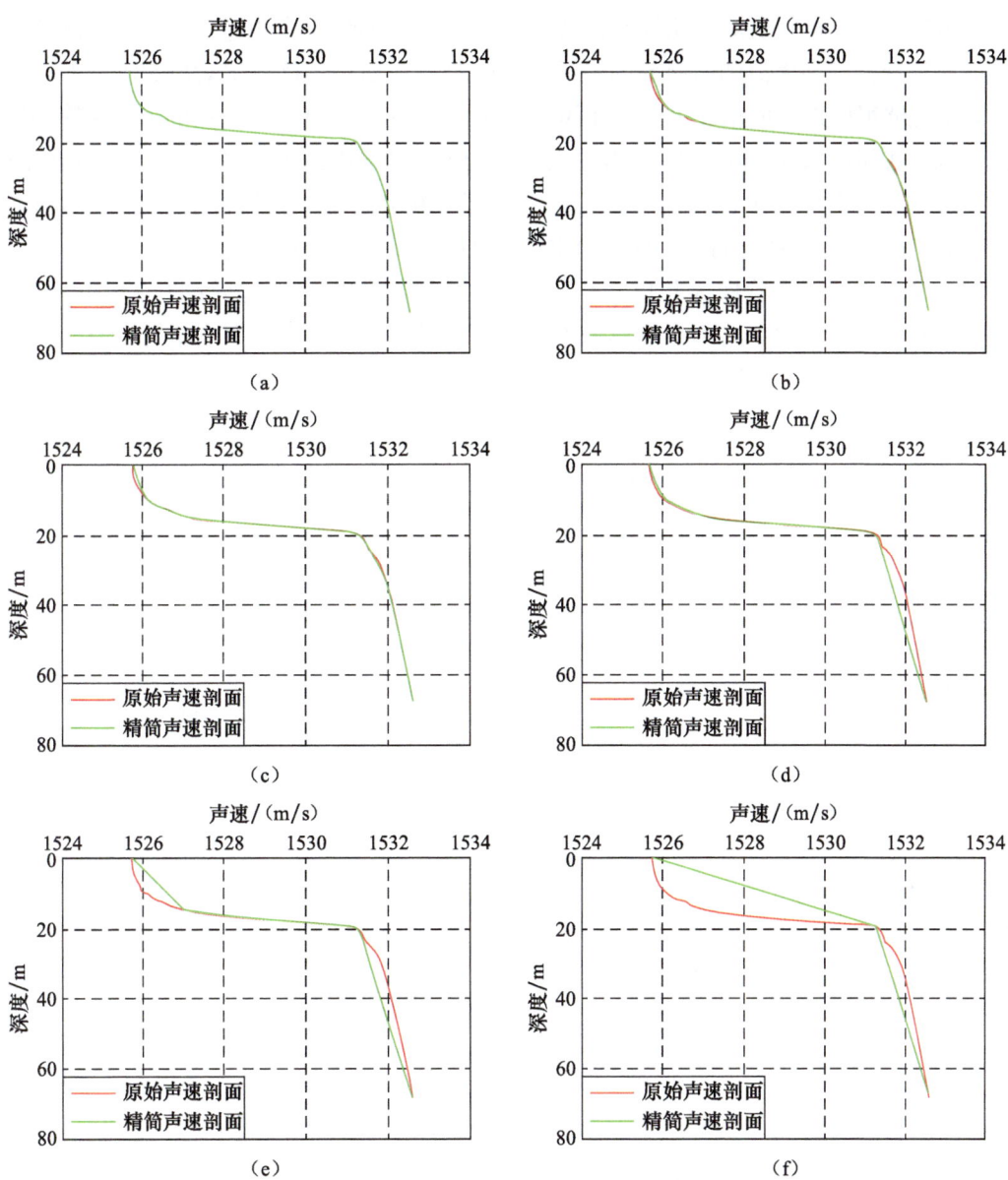

图 8-22　不同阈值下声速剖面简化情况

（a）阈值 =0.05m/s；（b）阈值 =0.1m/s；（c）阈值 =0.25m/s；（d）阈值 =0.5m/s；（e）阈值 =1m/s；（f）阈值 =3m/s

表 8-13　不同阈值下声速剖面简化情况统计

阈值 T/(m/s)	原始剖面点数 n_{orig}	精简剖面点数 n_{simp}	精简率 /%	剖面相关系数 r
0.05	214	21	90.19	0.99999
0.1	214	11	94.86	0.99994
0.25	214	8	96.26	0.99992
0.5	214	5	97.66	0.99904
1.0	214	4	98.13	0.99864
3.0	214	3	98.60	0.95315

为进一步分析阈值对声速剖面精简的影响，将实测的 11 个声速剖面按不同阈值进行精简处理，得到阈值和精简率的关系图。如图 8-23 所示，该算法对所有类型的声速剖面都能够很好地完成精简工作；在阈值取 0.02m/s 时，该算法对剖面的平均精简率约为 60%；在阈值取 0.12m/s 时，该算法对剖面的平均精简率约为 82%；在阈值取 0.22m/s 时，该算法对剖面的平均精简率约为 90%，即 100 个数据点只保留 10 个；在阈值取 0.50m/s 时，该算法对剖面的平均精简率约为 93%，此后简化曲线逐渐趋向于平行；图中所有简化率曲线呈阶梯状上升，表明该算法对数据的精简是不连续的。当阈值超过某一个数值时，简化率将不会继续增大，这个临界值，即剖面数据点精简为原始剖面的起点和终点，此时的简化率为 $2/n$（n 为原始声速剖面点数）。

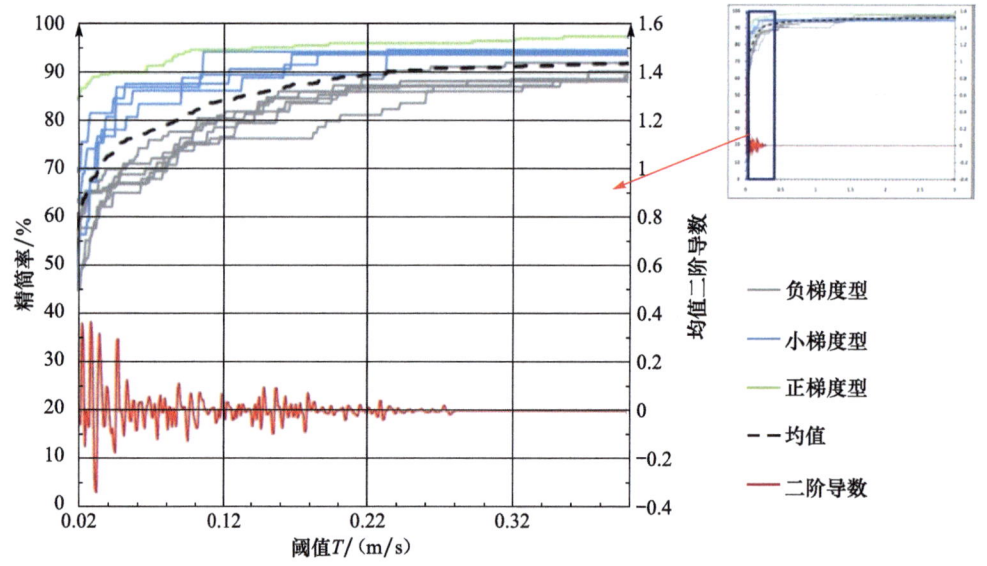

图 8-23　阈值 - 声速剖面简化 - 均值二阶导数

图中红色实线对 11 个声速剖面精简率均值（图 8-23 黑色虚线）的梯度再求导数，即二阶导数。当阈值为 0.04m/s，二阶导数的值突然减小到 0.1 左右；当阈值为 0.18m/s 时，此后二阶导数的值逐渐趋近于零。由此可见，针对一个特定的 SVP 进行精简，其阈值存在一个区间 $[T_1, T_2]$，T_1 和 T_2 就是 SVP 精简率梯度发生突变的位置。

2. 精简后的 SVP 精度分析

在精简后的 SVP 被使用之前，有两个问题必须理清，首先是精简后的声速剖面是否会影响最终声速折射改正，其次是阈值的大小与测深数据精度的关系。由于多波束系统是一个由众多子系统组成的复杂系统，导致其误差具有多源性，如果直接使用原始多波束数据，采用构建精简前后地形对比度的方法进行评估难免会引入其他误差源。为了解决该问题，我们使用误差百分比分析法评估精简后的声速剖面数据对水深数据精度所造成的影响。

如图 8-24 所示，为快捷评估声速剖面对于测深的影响，假设水深数据由水平位移方向的值和与其对应的深度方向的值构成，分别使用原始声速剖面和精简后的声速剖面，采用层内常梯度射线追踪算法对同一波束进行波束脚印归算对比，分析两个波束脚印在水平位移方向和垂直方向的误差百分比（假设原始声速剖面对应的波束脚印是正确的）。由于声速剖面的准确性对边缘波束的影响较大，为了消除入射角度对水深误差的影响，本章所选波束样本库的波束，其入射角范围均在 60°±1° 范围内。对于某一确定的阈值，本方法的实现步骤如下。

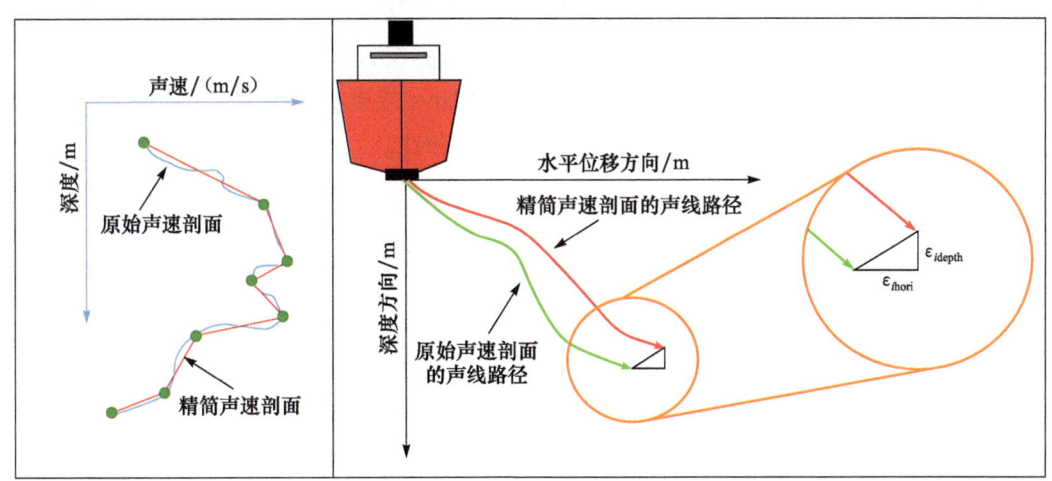

图 8-24　误差百分比分析法示意图

1）从坐标原点出发，分别使用原始声速剖面 V_{orig} 和精简后的声速剖面 V_{simp}，对波束样本库中同一波束 B_i（$i \in [1, n]$）进行射线跟踪，得到波束脚印 $F_{i\text{orig}}$ 和 $F_{i\text{simp}}$（$i \in [1, n]$）；使用式（8-18），计算这两个脚印在水平位移方向和深度方向的误差百分比 $\varepsilon_{i\text{hori}}$ 和 $\varepsilon_{i\text{depth}}$（$i \in [1, n]$）。

$$\begin{cases} \varepsilon_{i\text{hori}} = 100\% \times \dfrac{(F_{i\text{orig}_{\text{hori}}} - F_{i\text{simp}_{\text{hori}}})}{F_{i\text{orig}_{\text{hori}}}} \\ \varepsilon_{i\text{hori}} = 100\% \times \dfrac{(F_{i\text{orig}_{\text{depth}}} - F_{i\text{simp}_{\text{depth}}})}{F_{i\text{orig}_{\text{depth}}}} \end{cases} (i \in [1, n]) \quad (8\text{-}18)$$

2）使用式（8-19）和式（8-20），计算该阈值下水平位移方向的平均误差百分比 μ_{hori}、标准差百分比 σ_{hori}，以及深度方向的平均误差百分比 μ_{depth}、标准差百分比 σ_{depth}。

$$\begin{cases} \mu_{\text{hori}} = \dfrac{\sum\limits_{i=1}^{n} \varepsilon_{i\text{hori}}}{n} \\ \sigma_{\text{hori}} = \sqrt{\dfrac{1}{n} \sum\limits_{i=1}^{n} (\varepsilon_{i\text{hori}} - \mu_{\text{hori}})^2} \end{cases} (i \in [1, n]) \quad (8\text{-}19)$$

$$\begin{cases} \mu_{\text{depth}} = \dfrac{\sum\limits_{i=1}^{n} \varepsilon_{i\,\text{depth}}}{n} \\ \sigma_{\text{depth}} = \sqrt{\dfrac{1}{n}\sum\limits_{i=1}^{n}\left(\varepsilon_{i\,\text{depth}} - \mu_{\text{depth}}\right)^2} \end{cases} (i \in [1, n]) \tag{8-20}$$

表 8-14 为对所有实测声速剖面在选取不同阈值精简后，产生的误差百分比均值统计的结果。由于阈值的增加导致不断精简的声速剖面，使得水深数据（水平位移方向和深度方向）的标准误差百分比不断增大。但水平位移方向和深度方向的平均误差百分比 μ_{hori} 和 μ_{depth} 变化并不强烈，这是由于在大量数据统计的情况下，绝对值相同的正负平均误差百分比相互抵消的结果。当阈值为 0.01m/s 或更小时，相应精简后的声速剖面进行波束脚印归算几乎不产生任何水深标准差百分比。

表 8-14 阈值和水深数据误差百分比的关系

阈值 T/(m/s)	精简率均值/%	水平位移方向		深度方向	
		μ_{hori}/%	σ_{hori}/%	μ_{depth}/%	σ_{depth}/%
0.01	44.2	0.00	0.00	0.00	0.00
0.05	76.1	0.00	0.01	0.00	0.01
0.1	82.1	0.00	0.02	0.00	0.02
0.25	90.0	0.00	0.05	0.00	0.05
0.5	93.4	0.00	0.10	0.00	0.10
0.75	94.1	0.00	0.15	0.00	0.15
1	94.3	−0.01	0.20	−0.01	0.19
2	95.3	0.01	0.41	0.01	0.43
3	96.1	0.01	0.51	0.01	0.49
4	96.2	0.02	0.6	0.02	0.61
5	96.3	0.02	0.68	0.03	0.70
6	96.4	0.03	0.75	0.03	0.76
7	96.5	0.02	0.77	0.02	0.78
8	96.5	0.02	0.77	0.02	0.78

如表 8-14 和图 8-25 所示，当阈值 $T \in [0, 1]$ 时，随着阈值增大，阈值和水深数据的标准差百分比呈线性关系，其斜率为 0.2；当阈值 $T \in [1, 7]$ 时，随着阈值增大，阈值和水深数据的标准差百分比呈非线性关系；当阈值大于 7m/s 时，曲线的斜率为零，此时，SVP 已经简化为首尾两点的最简化模型。

IHO 对水深测量的标准为，水深大于 30m 时，水深误差百分比必须控制在 1% 以内，但是在实际测量情况下，只有 0.3%~0.5% 的水深误差百分比可以被分配给声速剖面折射误差和波束指向角误差（Dinn et al., 1995）。上述试验证明，随着阈值增大（图 8-25），剖面不断精简，其导致水深误差百分比随之增大，因此 SVP 的精简必须符合一定的要求。基于此，根据实验结果，本章建议对于 SVP 误差所带来的水深误差百分比可控制在 0.1%，并以此为标准来精简原始 SVP。

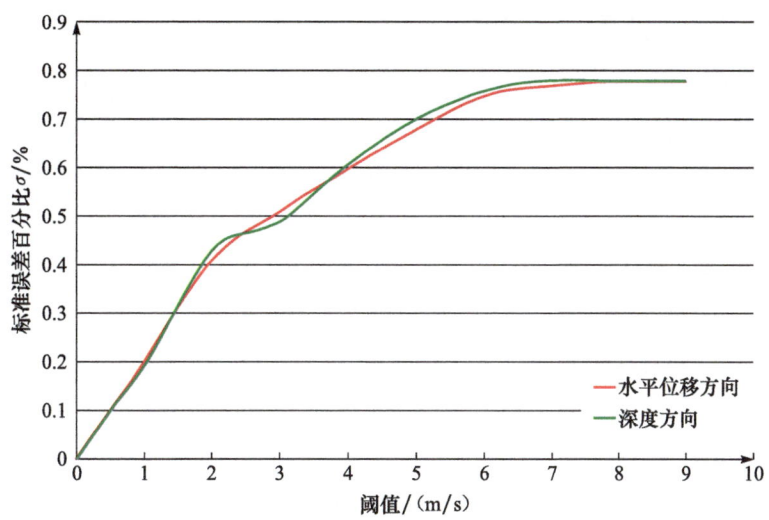

图 8-25 阈值 - 水深标准误差百分比

3. 声速剖面自动精简与寻优

通过上述分析可知，SVP 精简和评估是两个有密切联系的算法过程。由精简模块产生一个精简后的 SVP，然后由评估模块进行评估，以判断是否符合精度要求，如此往复，直至获取满足要求的 SVP。但如何对方法的核心参量阈值进行限定和自动筛选是降低运算量的关键。

基于上述考虑，提出如下 SVP 自动精简与评估流程（图 8-26）：① 输入原始的 SVP_{in}；② 调入精简模块，通过 D-P 算法获取阈值 T 的区间 $[T_1,T_2]$，设置阈值 T 的初始值为 T_1，该步骤的目的在于减少程序运算量，将阈值的计算范围进行限定；③ 再次调入精简模块，根

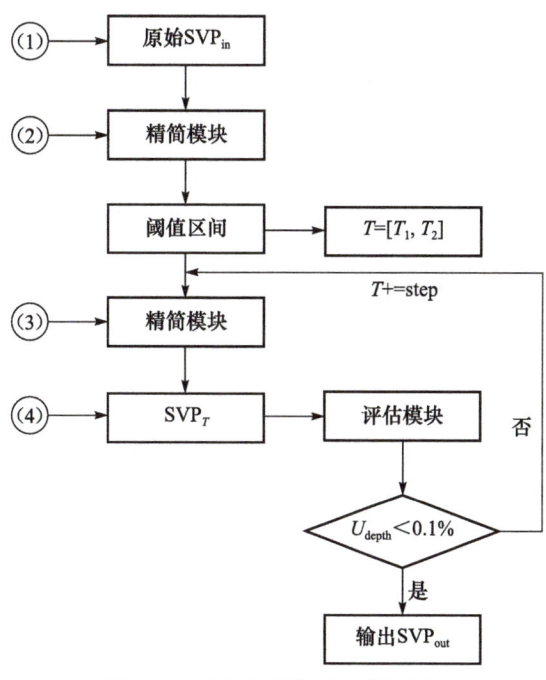

图 8-26 声速剖面自动寻优过程图

据阈值 T 计算一个中间结果的 SVP_T；④ 调入评估模块，导入 SVP_T，使用射线法评估水深标准差百分比 σ_{depth} 是否小于 0.1%，满足则输出结果，否则按步长 step 自动调整 T，并返回步骤③，直至计算出符合要求的 SVP_{out}；计算步长值 step 可由外部输入，也可由程序自动根据阈值区间计算。

该流程以阈值的自动选取为纽带，将精简模块与评估模块结合在一起，最终自动实现实测 SVP 的自动寻优过程。

8.4.3 数据处理时效对比分析

为了检验精简前后的声速剖面对数据处理效率的影响,基于实测的多波束测深数据,使用精简前后的 SVP 进行数据处理对比,以进行时效分析。

参与试验的多波束探测设备为 SeaBeam 1180 多波束测深系统,所采集的水深区间为 40~50m,与声速剖面同步勘测。我们共选取了 40 个多波束数据文件,测线长度为 498km,数据量为 390MB,原始数据点数 (Beam) 为 5.83×10^6 个。从三种类型的声速剖面中各选取 1 个声速剖面,按不同阈值大小,以水深标准误差百分比 σ_{depth} 小于 0.1% 为条件进行精简,获得精简后的声速剖面。

参与试验的多波束处理软件为 Caris HIPS 7.1,使用该软件中的声速改正模块对不同声速剖面数据进行声线追踪,并统计运算时间。

如图 8-27 所示,当阈值为 0,即使用原始声速剖面时,声线追踪所需的时间为 58s;随着阈值不断增大,剖面精简率不断提高,相应声线追踪所需的时间不断减少,且呈现非线性下降的趋势;当精简率为 90% 时,声线追踪所需的时间为 17s。

由此可见,使用本章方法所精简的声速剖面在保证数据精度的前提下,能大幅减少数据后处理的运算时间,当精简率为 90% 时,数据处理的工作效率提升了 3.41 倍,工作效率显著提升,表明本章方法对于多波束探测与数据处理具有重要的工程应用价值。

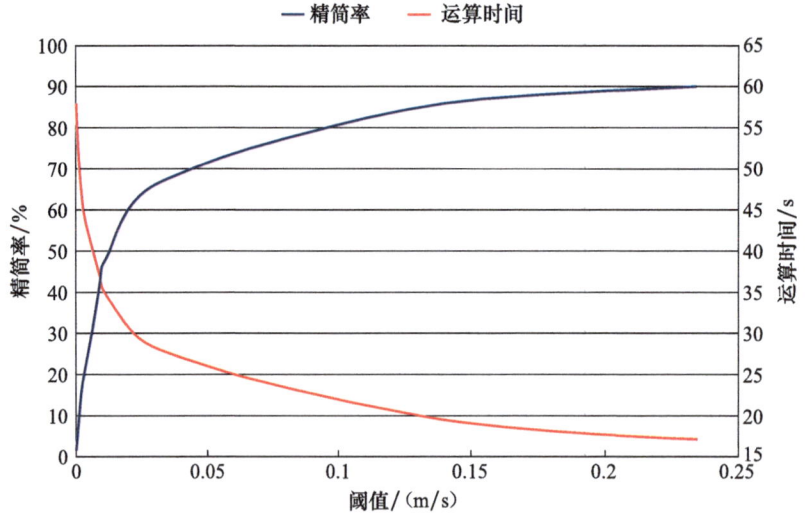

图 8-27 阈值与精简率和运算时间的关系

8.5 基于等效声速的多波束测深折射误差改正方法

声波在水中传播的速度——声速的准确性对测深精度有重要影响。声波在水中传播是不均匀的,声速与水介质的温度、盐度和压力相关,因而水中各点处的声速往往并不相等。水下测量设备采用的声波一般为高频声波,其在水中的传播轨迹可看作为声射线(简称声线),遵循 Snell 法则。如果水介质的温度、盐度和压力发生变化,入射角不为零的声线在水中的传播速度和传播方向也会随之变化。单波束测深仪采用垂直发射接收波束的工作方式,其声线传播方向基本不变,仅含距离误差的影响,因此受声速误差的影响较小;多波束测深仪各波束具有不同的入射角,如声速存在误差,除中央波束外,其他各波束将受到声线折射和距离误差的双重影响,离中央波束越远,声线折射弯曲程度越大(李家彪,1999)。由于单波束测深声速改正可看作为多波束测深声速改正的一个特例,故本节主要介绍基于等效声速剖面的多波束测深折射误差的处理。

在多波束测深时,为了对波束准确归位,要求实测声速剖面(SVP)。然而,某位置的声速剖面常常应用到一片,区域进行波束归位计算,即存在声速剖面以点代面的情况,这将引入代替误差。实际多波束作业时,为了提高效率,常常要求有大的条带覆盖宽度。然而对于大覆盖宽度的边缘波束,由于掠射角很小,对声速剖面的精度要求非常高,微小的误差就会给波束归位带来较大的误差,高达数米,这在浅水多波束测量中比较常见。这种声速剖面代替引起的误差对于边缘波束,很多情况下将超出 IHO 规范的精度要求,必须采取一定的措施进行处理。类似于潮汐误差,声速剖面误差对测深的影响可分为三种:声速剖面测量误差、声速模型误差和声速代替误差,前两种误差比较小,最后一种情况对水深影响最大。下面分别叙述声速对多波束测深的影响及基于等效声速剖面的多波束测深折射误差改正方法。

8.5.1 声速对多波束系统的影响

声波在水中的传播满足 Snell 法则,介质声速的变化直接影响多波束测深系统的波束传播路径,决定着实际的声线轨迹,从而影响波束的最终位置。声线折射对波束归位的影响有两个方面:首先是换能器波束导向的影响,如果波束角不是预定的角 θ,则其会对该波束声线带来一定的偏转;其次,当声波在水中传播时,由于不同水层的温度、盐度、密度等不同,声波传播速度也不同,声线轨迹会发生变化。

1. 声速对多波束系统波束导向的影响

换能器处于表层海水中,由于平面阵换能器波束预形成时需预知表层声速,因此表层声速影响该类换能器波束的形成指向。波束的实际指向角 θ 是该类换能器表面的实际声速或真实声速 c_{a_0} 和测量声速 c_{m_0} 的函数。波束生成器根据测量的声速值 c_{m_0} 确定换能器阵列中每个波束的相位延迟 φ,以控制对应的波束指向。波束指向角误差(Dinn,1995):

$$\Delta\theta = \frac{\Delta c_{a_0}}{c_{a_0}}\tan(\theta - \beta - \rho) \quad (8\text{-}21)$$

式中，Δc_{a_0} 为 c_{a_0} 的误差；ρ 为横摇角；β 为换能器安装角。式（8-21）表明，波束指向角误差 $\Delta\theta$ 既是换能器表面声速误差 Δc_{a_0} 的函数，也是所需的波束指向角的函数，还与横摇角和换能器安装角有关。显然，表层受风、日等因素的影响，其温度和盐度有较大的变化，对波束指向的影响较为严重。对于一个平面型的换能器，在波束指向角为 $75°$、换能器表面声速误差 $\Delta c_{a_0}=1\text{m/s}$ 时，指向角误差达到 $0.014°$。对于曲面换能器，通常未进行接收波束导向，则不考虑表面声速误差的影响。

2. 声速对多波束系统声线传播的影响

由于声速在水平范围内变化很小，主要在垂直范围内变化，因此通常不考虑声速在水平层的变化。这样若已知测点附近的 SVP，则可根据 Snell 法则由声线跟踪法求解水深和平面位置。

声线跟踪是利用声速剖面逐层叠加声线的位置，从而计算声线的水底投射点（又称波束脚印）在船体坐标系下坐标的一种声速改正方法。声线跟踪通常将声速剖面 $N+1$ 个采样点中相邻的两个声速采样点间的水层划分为一层，则声线传播经历的整个水柱可看作由 N 个水层叠加而成，若求得声线在每层的垂直位移和水平位移，通过叠加即可求得波束经历整个水柱的垂直位移和水平位移。声速在层内的变化一般分两种情况，当假设层内声速为常值时，声线的传播轨迹为一条直线，声线跟踪的计算过程相对简单，但相邻层的交界处声速会发生突变；当假设层内声速为常梯度变化时，声线的传播轨迹为一条弧线，更符合声线在水下的真实变化。

（1）基于层内常声速的声线跟踪

假设声速在第 i 层内以常速传播，层 i 上、下界面处的深度分别为 z_i 和 z_{i+1}，层厚度为 Δz_i，θ_i 和 C_i 分别为第 i 层的波束入射角和声速，如图 8-28 所示。

根据 Snell 法则，$\sin\theta_i/C_i=P$，则波束在层内的水平位移 y_i 和传播时间 t_i 分别为

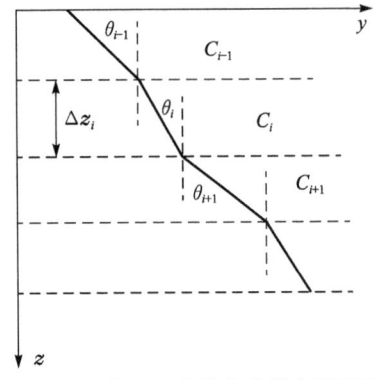

图 8-28 基于层内常声速的声线跟踪

$$\begin{cases} y_i = \Delta z_i \tan\theta_i = \Delta z_i \dfrac{\sin\theta_i}{\cos\theta_i} = \dfrac{pC_i\Delta z_i}{[1-(pC_i)^2]^{1/2}} \\ t_i = \dfrac{\Delta z_i / \cos\theta_i}{C_i} = \dfrac{\Delta z_i}{C_i[1-(pC_i)^2]^{1/2}} \end{cases} \quad (8\text{-}22)$$

波束经历整个水柱的传播水平距离 y 和传播时间 t 为

$$\begin{cases} y = \sum_{i=1}^{N} \dfrac{pC_i\Delta z_i}{[1-(pC_i)^2]^{1/2}} \\ t = \sum_{i=1}^{N} \dfrac{\Delta z_i}{C_i[1-(pC_i)^2]^{1/2}} \end{cases} \quad (8\text{-}23)$$

如果入射角为 0，即单波束测深时，则 $y=0$，$t = \sum_{i=1}^{N} \dfrac{\Delta z_i}{C_i}$。

（2）基于层内常梯度的声线跟踪

假设声速在层 i 内以常梯度 g_i 变化，其他假设与层内常声速的声线跟踪类似，则波束（初始入射角不为0）在层内的实际传播轨迹为一连续的、曲率半径为 R_i 的弧段（图 8-29，刘伯胜和雷家煜，2010）：

$$R_i = -1/|pg_i| \tag{8-24}$$

其中，

$$g_i = \frac{C_{i+1} - C_i}{z_{i+1} - z_i} \tag{8-25}$$

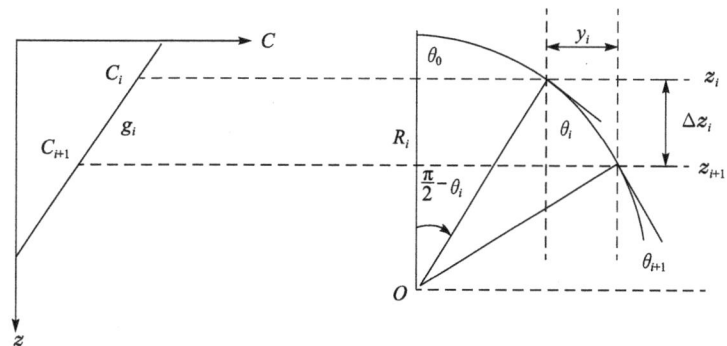

图 8-29 基于层内常梯度的声线跟踪

波束在该层经历的水平位移 y_i 和弧线长度 S_i 为

$$\begin{cases} y_i = R_i(\cos\theta_{i+1} - \cos\theta_i) \\ S_i = R_i(\theta_i - \theta_{i+1}) \end{cases} \tag{8-26}$$

由 Snell 法则可得 $\cos\theta_i = \sqrt{1-(pC_i)^2}$，$\theta_i = \arcsin(pC_i)$，则第 i 层内声线的水平位移 y_i 和时间 t_i 为

$$\begin{cases} y_i = \dfrac{[1-(pC_i)^2]^{1/2} - [1-p(C_i+g_i\Delta z_i)^2]^{1/2}}{pg_i} \\ t_i = \dfrac{S_i}{C_{H_i}} = \dfrac{R_i(\theta_i - \theta_{i+1})}{C_{H_i}} = \dfrac{\theta_{i+1}-\theta_i}{pg_i^2\Delta z_i}\ln\left(\dfrac{C_{i+1}}{C_i}\right) \\ \quad = \dfrac{\arcsin[p(C_i+g_i\Delta z_i)] - \arcsin(pC_i)}{pg_i^2\Delta z_i}\ln\left(1+\dfrac{g_i\Delta z_i}{C_i}\right) \end{cases} \tag{8-27}$$

式中，C_{H_i} 为层 i 内的调和（harmonic）平均声速：

$$C_{H_i} = \Delta z_i \left[\frac{1}{g_i}\ln\left(\frac{C_{i+1}}{C_i}\right)\right]^{-1} \tag{8-28}$$

如果入射角为 0，则声波在每层内的传播轨迹为直线，竖直向下，每层内的传播时

间为

$$t_i = \frac{\Delta z_i}{C_{H_i}} = \frac{1}{g_i}\ln\frac{C_{i+1}}{C_i} \quad (8\text{-}29)$$

由上述可知，声速剖面的准确性直接影响声线跟踪的精度，因此，在进行声线跟踪时所采用的声速剖面必须能够真实地反映测量水域水下声速的变化特性，遇到水域环境变化复杂的情况，应当加密声速剖面采样站、减小声速断面采样点间的层间隔。实际声线跟踪时还应考虑测船姿态变化对波束入射角的影响。

（3）等效声速断面

计算波束脚印位置时，可以寻找到一个简单的常梯度声速断面代替实际复杂的声速断面，波束的归位计算结果相同（图 8-30），前提条件是波束历经时具有相同传播时间、表层声速 C_0、断面声线积分面积（Geng and Li, 1999）。

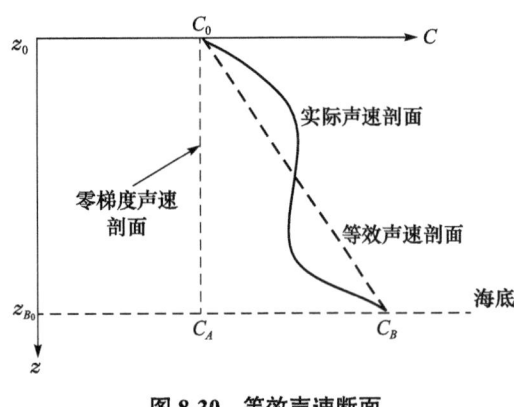

图 8-30 等效声速断面

8.5.2 三层常梯度等效声速剖面模型

多波束测量时，声速代替误差是不可避免的，特别是在河口地带，即使进行了 SVP 内插，仍存在一定的折射误差（Clarke, 2003）。为了尽可能提高海底地形测量质量，必须采用后处理方法对多波束折射误差进行改正。New Brunswick 大学海洋测绘研究组对折射现象进行了深入研究（Kammerer, 2000; Beaudoin et al., 2004），并开发了相应的软件后处理模块；赵建虎（2002）详细研究了面积差改正方法。丁继胜等（2004）对等效声速剖面进行了深入研究，更多集中在声线跟踪算法；国内相关研究者主要研究了声速对多波束测深数据的影响，以及如何提高、反演声速剖面的质量和方法（周士弘等, 1999; 何高文和刘方兰, 2000; 周丰年等, 2001; 齐娜和田坦, 2003; 隋波等, 2004）。为此，需要一种后处理的声速误差改正模型，能较好地解决声速代替误差或声速剖面不准确带来的影响。

多波束测量中声线折射误差主要是由 SVP 不准确引起的。真实的 SVP 是未知的，也是复杂的，但联想到等效 SVP，这似乎为解决折射误差带来了新的思路。为了保证 100% 的覆盖，通常多波束相邻条带具有一定的重复覆盖区。在横摇安装误差及潮汐改正无误后，如果不存在声线折射误差，重复覆盖区水深一定完好地叠合在一起。为此，利用等效声速剖面对波束归位一致的原理，构建常梯度等效声速模型，以相邻条带重叠区水深差的平方和最小为准则搜索确定模型参数，实现每个波束的声线折射误差后处理改正。

为避免较大的地形幅度变化的影响，在改正算法实施前，根据水深区间将每个测线的数据沿航向分成多段，如图 8-31 所示，bb' 为第一条带的航迹线，aa' 和 dd' 分别为该条带边缘；cc' 为第二条带的覆盖边缘线，其与 dd' 所夹的区域即为重叠覆盖区；横线之间为分块区，如 mm' 和 nn' 之间为待处理的分段子区域。然后将每段（子区域）数据沿航向方向垂直正投影至二维平面，横坐标表示波束侧向距，纵坐标表示水深，如图 8-32 所示。

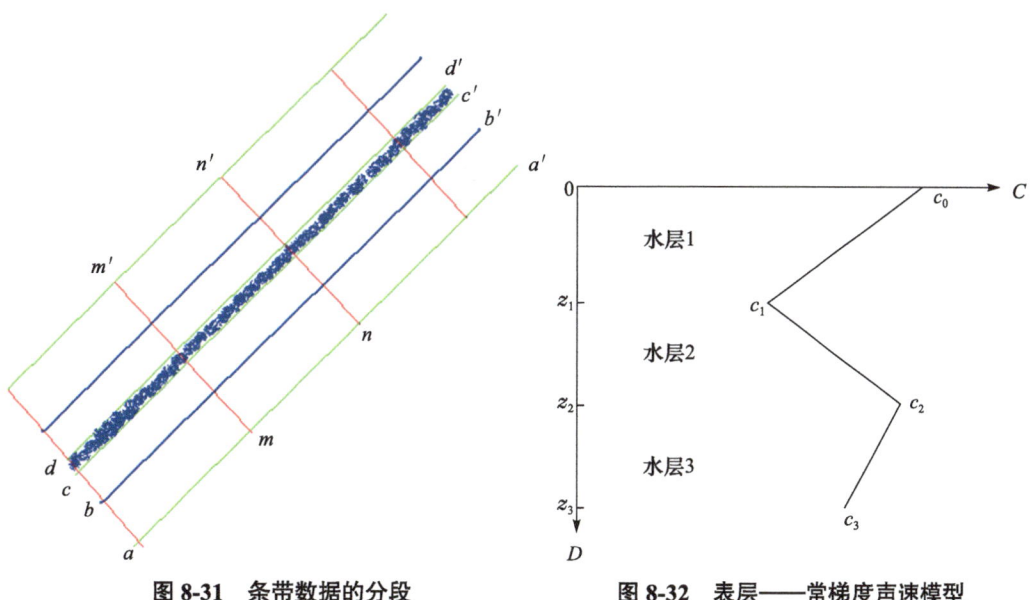

图 8-31　条带数据的分段　　　　图 8-32　表层——常梯度声速模型

构建的三层常梯度等效声速模型由 3 个常梯度水层（图 8-32）组成，包含 7 个参数，即表层声速 c_0、第 1 层与第 2 层交界处声速 c_1、第 2 层与第 3 层交界处声速 c_2、最底部声速 c_3，以及第 1、2、3 层底部水深 z_1、z_2、z_3。对于第 3 层，设定与测量的 SVP 最后一个水层保持一致，这是因为近水底声速稳定变化，声速测量值比较准确，则 z_2、c_2 已知，c_3 根据观测时间也可以计算出，而 z_3 为所求值。由等效声速剖面的原理可知，只要 c_0、断面面积和传播时间与真实 SSP 的相同时，波束归位相同。传播时间是观测数据，涉及硬件，如果不准确将无法通过后处理方法改正，这不是本书讨论的范围。只要在保证 c_0 准确的前提下，断面面积在一个包含真实值的连续范围内变动，则此模型就是合理的。因此，取第 1 层与第 2 层的厚度相同，则 z_1 也已知。只要合理调整 c_0、c_1，可等效于任何实际复杂的 SSP，模型结构简单，容易计算，只有两个模型参数，也使实际搜索时间大为缩短。

通常多波束测深系统观测数据包括旅行时 t 和到达角 θ，根据等效模型即可求出给定参数下的波束侧向距 y 和水深 z。采用文献（Kammerer，2000）介绍的 Fibonacci 算法来搜索声速梯度 g。声速梯度 g 的范围定为 [-1.732, 1.732]，相当于声速与竖直轴的夹角在 [-60°, 60°] 间变化，表层声速 c_0 在 [1450, 1550] 间变化。参数取值区间相当大，以保证囊括任何实际 SVP 所围的面积。

不少多波束测深系统提供了表层声速仪,因此,这些多波束表层声速是已知的。对于未提供表层声速仪的,根据式(8-21)施加表层声速改正。波束侧向距根据变化后的声速剖面采用式(8-27)计算,由于波束水深 z_i 未知,因此需迭代求解。

声速梯度 g 搜索结束的准则为

$$d_{\min} = \min \sum \left(z_i^1 - z_i^2 \right)^2 \tag{8-30}$$

式中,上标表示条带号。值得注意的是,根据式(8-30)为准则进行搜索,虽然使重复覆盖区达到了基本重合,但有时会出现水深整体偏移的情况,这可以通过控制中央波束水深来解决。通常中央波束受折射的影响较小,调整后的中央波束水深应该与原水深相差不大。虽然中央波束变形小,但也存在变形,大小与声速误差大小有关。为此,在使用搜索后的模型进行波束归位后,提出第 2 个水深调整控制准则(阳凡林等,2009):

$$z_{\mathrm{adj}} = z_{\mathrm{raf}} \left(1 \pm \frac{k \cdot d_{\mathrm{edge}}}{l} \right) \tag{8-31}$$

式中,z_{adj}、z_{raf} 为调整后和调整前中央波束的水深;k 为根据模拟结果设置的常数,根据大量的模拟数据的实验结果可保守地取为 0.8;d_{edge} 为条带边缘处与相邻条带的水深差;l 为条带宽度;± 取法与波束弯曲的方向有关,向上弯曲取负号,向下弯曲则取正号。然后其他波束根据调整后的中央波束计算得

$$z_{i,\mathrm{adj}} = z_{j,\mathrm{raf}} + z_{\mathrm{adj}} - z_{\mathrm{raf}} \tag{8-32}$$

式中,$z_{i,\mathrm{adj}}$ 和 z_{raf} 分别为第 i 个波束调整后和调整前的水深。重新计算每个波束的侧向距 y_i,得到折射改正结果。

$$y_{i,\mathrm{adj}} = \frac{y_{i,\mathrm{raf}} \cdot z_{i,\mathrm{adj}}}{z_{i,\mathrm{raf}}} \tag{8-33}$$

式中,$y_{i,\mathrm{adj}}$ 和 $y_{i,\mathrm{raf}}$ 分别为第 i 个波束调整后和调整前的波束侧向距。

受系统固有的特性影响,多波束边缘波束往往质量较差,即使经过前面几项改正,仍不可能完全消除边缘波束所有误差的影响,因此重叠区多余的边缘波束应删除。通过每两两相邻条带覆盖的平面位置,计算出相邻条带重叠区中心线,以此为标准线,将每相邻条带超过标准线多余的边缘波束自动删除。

至此过程,水深精度可达到水深 1% 的水平,虽然可满足 IHO 的精度要求,但仍存在微小系统残差,影响数据的美观。解决的办法是,将横摇、声线折射改正后的数据格网化时,对应的波束号也格网化,利用格网化的波束号在水深格网每行(垂直于航向)搜索中央波束和边缘波束位置,根据相邻条带水深差线性微调格网水深,得到改正后的精细格网水深数据:

$$z_{i,d} = z_i - d \cdot s_i / s \tag{8-34}$$

式中，z_i 和 $z_{i,d}$ 分别为调整前后的格网点水深（潮汐、横摇、声线折射等改正已完成）；i 为从某条带中间波束位置到该条带边缘的格网点序号；d 为格网中相邻条带边缘点水深差；s_i 为格网点到该条带中央波束的距离；s 为该条带最边缘点到中央波束的位置。

8.5.3 多波束实测数据折射误差处理

实测数据来自于 2005 年南海某区域，共有 42 个条带 [图 8-33(a)]，采用的是 SeaBeam2100 多波束系统，最大水深约 6500m，最小水深约 350m。为了说明问题，抽取其中 7 个条带 [图 8-34（a）] 详细展示处理过程（图 8-33 东北角多边形区域）。在异常数据剔除后，选择一处平坦区域的多个相邻条带数据计算换能器横摇安装校准后的残差，图 8-35（a）的 V 字形特征说明换能器横摇安装校准不彻底，通过调整横摇安装角值，可使 V 字形消失 [图 8-35（b）]，得到调整值 23′。接着，根据水深区间对每相邻的两个条带进行分区，图 8-36 显示的是图 8-34 最左边两条带的分区。然后将相邻条带各区域数据分别沿航向进行垂直正投影，进行声线折射改正。从图 8-35(b) 中可看出，有较大的声线折射误差存在，使得每条带海底地形略向上弯曲。改正后的结果见图 8-35（c），可见已消除了这种弯曲假象。然后自动搜索多余的边缘波束数据并删除 [图 8-35（d）]，接着生成规则的格网数据。最后进行格网微调，得到最终的处理结果，实现条带数据的拼接 [图 8-33（b）和图 8-34（b）]。

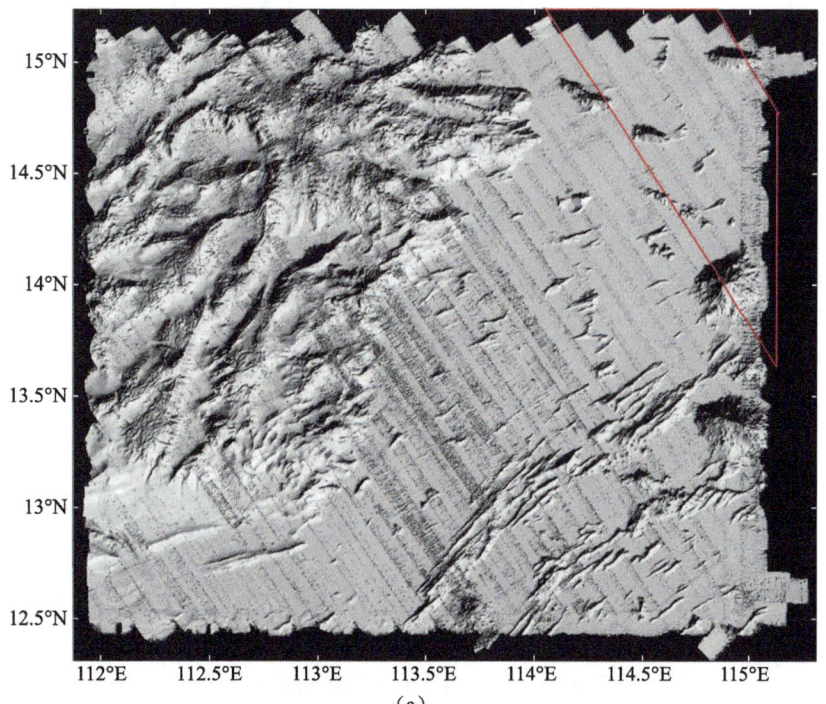

(a)

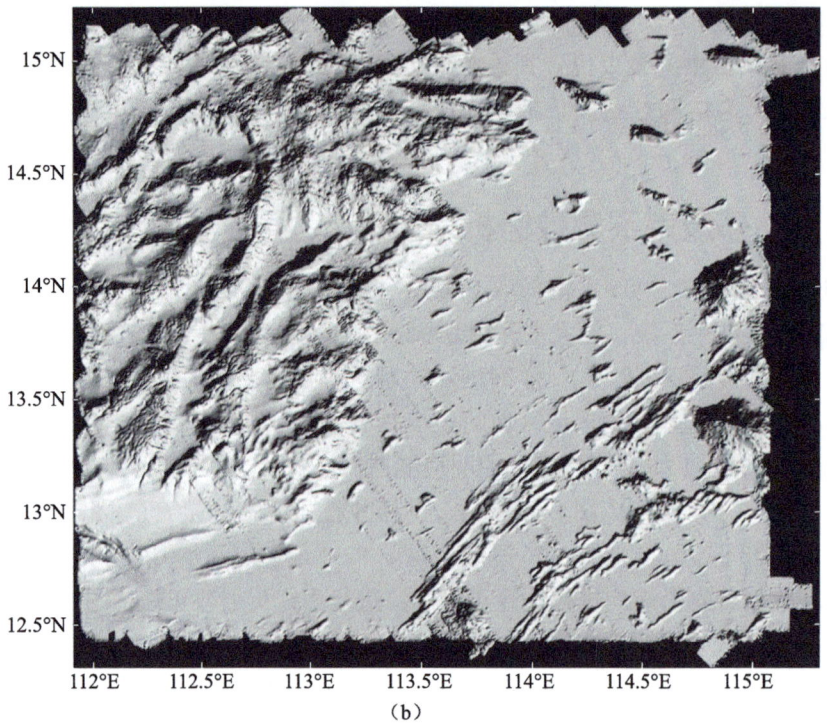

(b)

图 8-33　原始数据光照地形

(a) 处理前；(b) 处理后

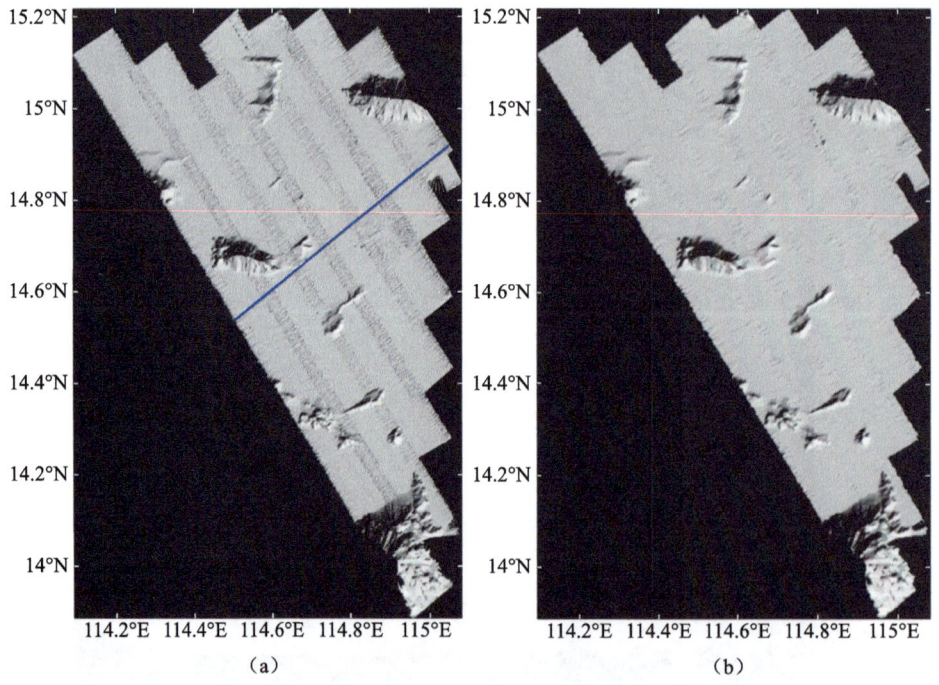

(a)　　　　　　　　　　　　　　(b)

图 8-34　抽取的 7 个条带的光照地形

(a) 处理前；(b) 处理后

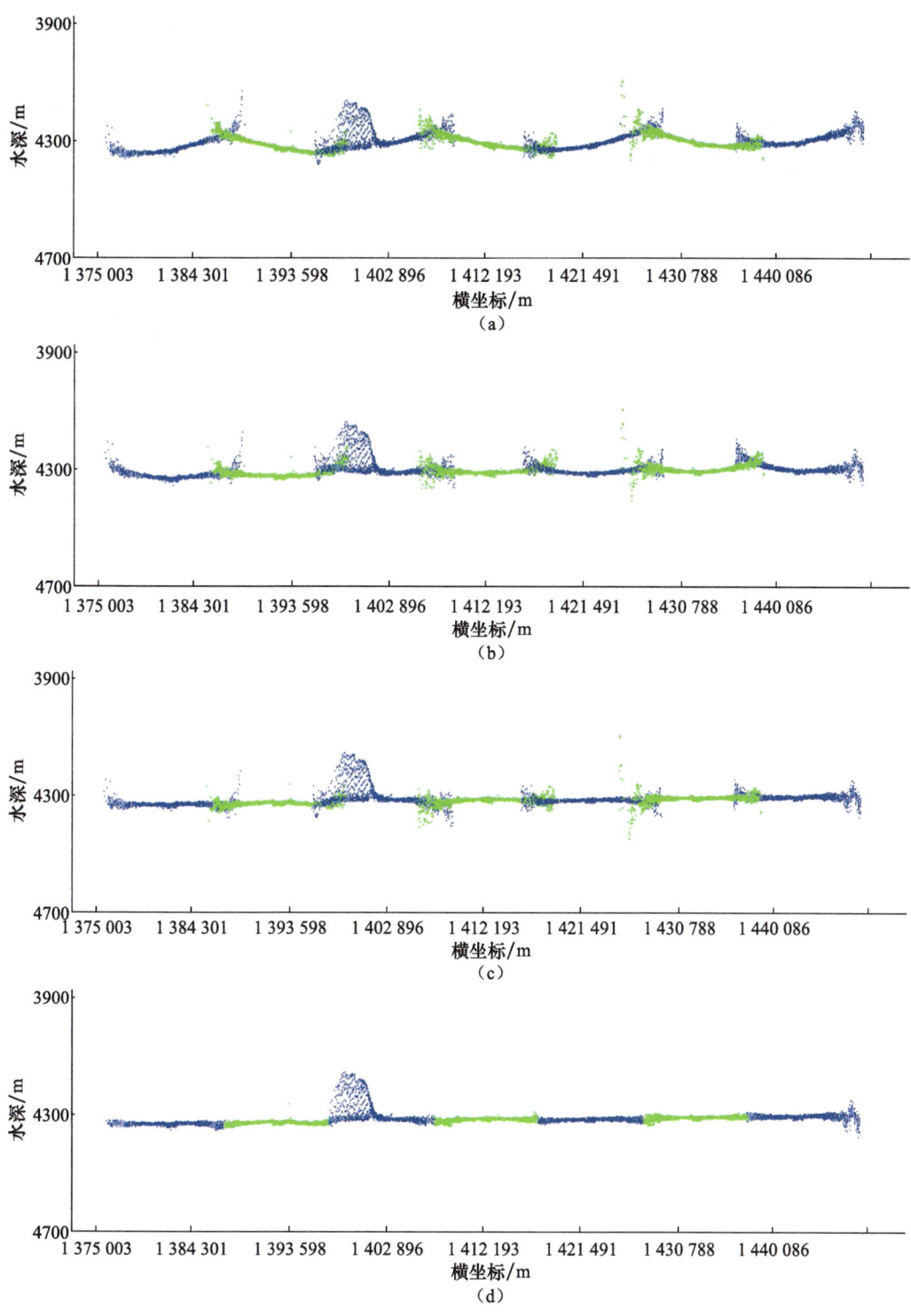

图 8-35 7 个条带剖面图

(a) 原始值;(b) 横摇安装残差移除后;(c) 声线折射改正后;(d) 多余边缘波束删除后

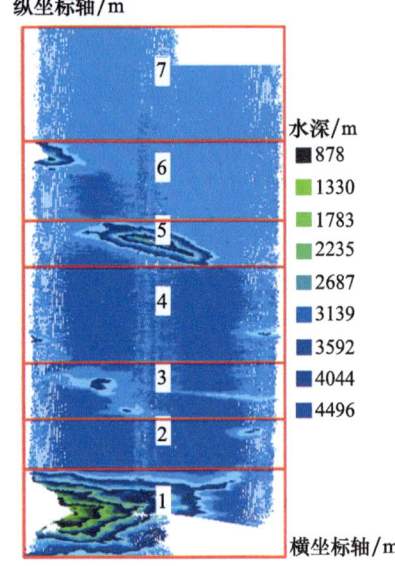

图 8-36　条带数据的分区（图 8-34 中左边 2 个条带）

对比图 8-33（a）和图 8-33（b），以及图 8-35（a）和图 8-35（d），相邻条带的接合处已经有了较大改善，改正结果还存在少量小误差，这是因为测量时实际测线方向混乱，海底地形变化剧烈，很难完全消除。

通过数据处理结果可见，横摇参数校准不完善会极大地影响声线折射的改正结果，在改正实施前必须确认无误。将平坦海区多条平行测线数据垂直正投影，可以明显发现横摇残差的存在，从而计算出横摇残差；按水深区间对条带数据进行分区处理，可有效去除地形变动幅度大的情况下掩盖的系统误差。采用三层常梯度等效声速模型进行声速后处理改正，物理意义明确、切实可行、后处理速度较快，对于多波束测量研究有一定的意义。

8.6　多波束反向散射与水柱数据处理方法

多波束和侧扫声呐系统是海底地形地貌探测最常用的工具。前者主要用于测深，也可以实现地貌成像；后者主要用于地貌成像，一些相干型声呐也可以实现测深。前者测深精度高，但其成像分辨率比侧扫声呐系统低。

8.6.1　多波束声呐散射成像原理

多波束声呐（multibeam sonar，当用于成像时，习惯上将多波束测深系统称为多波束声呐）不仅可以通过测得的水深绘制高分辨率海底地形图，还可以利用海底反向散射强度绘制海底声呐图像，其在分析和解释海底地貌中扮演着十分重要的角色，可利用其反演海底底质特性，探测和识别水下目标，如鱼群行为定性描述、船只的避障、海底目标探测等（Clarke，2006）。目前，多波束海底成像有以下几种方法。

1. 平均声强方式

每个接收的窄波束只取一个声强值或平均声强值，这种方式获取的声强个数与水深个数相同。

2. 伪侧扫成像方式

多波束形成独立于测深的两个额外的宽波束，对宽波束覆盖扇面内的幅度时间序列进行采样，称为伪侧扫成像（pseudo-sidescan imagery）（刘晓等，2012）。

多波束与侧扫声呐均能获得回波的反向散射强度,从而形成海底声学图像,从这点来说,两者具有较大的相似性,但从图像变形大小和分辨率高低来说,它们又有较大的不同。侧扫声呐通常分辨率更高,且采用拖曳式时,其换能器阵列是靠近海底的,这样入射角大,能使物体投射产生较大的阴影,因此侧扫声呐比多波束声呐更易于物体的识别;而多波束换能器通常与船固定安装,换能器距海底较高,使得声呐图像变形较小,但也会引起分辨率降低。

3. 片段法

对每个接收到的窄波束都进行幅度-时间序列采样,得到多个强度值,具有较高的分辨率。

回波强度采样时,测量对象仍是海底的波束脚印。对于深度测量,探测的仅是代表波束脚印中心处的平均往返时间或相位变化,是一个波束在声传播区内到海底的平均斜距;而对于声呐图像,探测的是一个反向散射强度的时序观测量,每一个时序观测量相对于波束脚印要小得多,单位时间内,时序采样的个数是测深采样的几倍或十几倍(视声呐图像的分辨率而定)。每个时序采样仍然是球形面的发射波束模式与环形面的接收波束模式在 $[t, t+dt]$(对于连续波 CW, dt 为脉冲宽度)时间段内形成的交界面,其工作原理如图 8-37(多波束技术组,1999)所示。

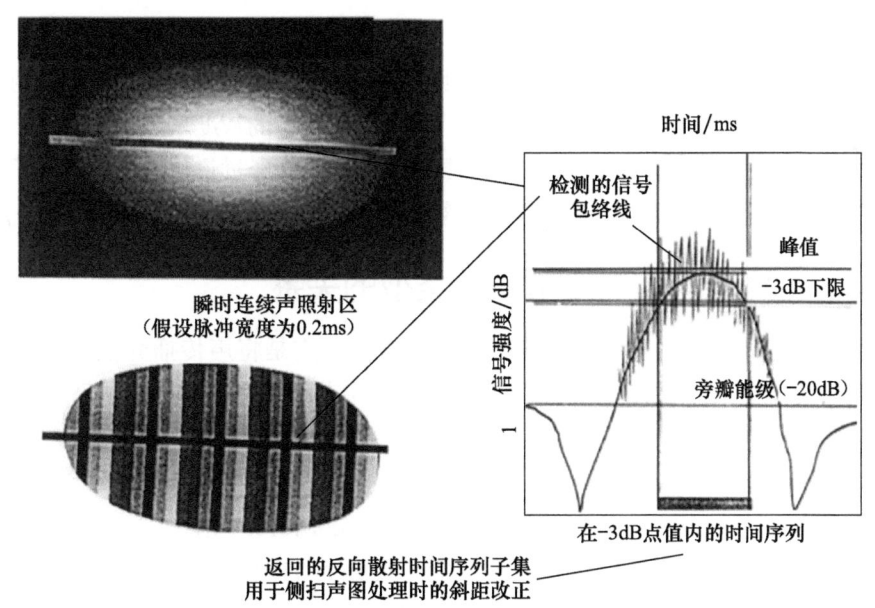

图 8-37　单个波束脚印内的声呐图像时序采样原理图(多波束技术组,1999)

多波束每完成一次测量,其便在扇面与海底的交线上形成一组回波强度时序观测量,经过多次测量可获得测区内不同位置的回波强度。为了绘制声呐图像,声强必须从时间序列转化为横向距离序列。多波束在测定回波强度的同时,也获得了波束的往返时间和到达角,利用声线改正容易进行波束的斜距改正,再进行内插即可获得每个波束内的时序采样点的横向水平距离和深度。

多波束片段法与前两种方法相比，避免了声强数据与测深数据的融合问题，能同时获得高信噪比与高分辨率的声呐图像，因此应用更为广泛。每个波束内除主轴方向外，其他强度样本的空间位置是通过假设波束内为平坦海底情况下内插得到的，而这种不准确的假设可能使得强度数据与其空间位置数据不能准确融合，在地形复杂变化下更为明显。

4. 相干成像方式

类似于相干多波束测深原理，对每个接收的窄波束输出信号经采样、相干处理，估计各个海底检测点的到达角，从而得到空间位置和回波强度，并根据实际水声环境和角度的影响对成像数据进行修正，得到具有良好空间分辨率的海底图像。最终获得的海底声图像的分辨率必然要高于前几种方法。集水深测量和高分辨率成像两种技术于一体的测深侧扫声呐就是基于该方法设计而成的。

5. 多波束SAS逐点成像法

这种方法基于多波束测深和合成孔径声呐（SAS）技术原理，在每一个航向位置向海底发射信号，声呐接收侧向距离方向上经处理后的回波信号，对每一个波束输出信号进行合成孔径处理后可得到航向上具有高分辨率的波束，并可得到更多的目标信息和更好效果的海底图像（姚永红，2011）。

声呐获得回波强度后，还需将其量化成图像来表达。声照区的回波强度通过一定的灰度水平量化来形成声呐灰度图像，反映了回波强度水平，也反映了海底沉积物的物理属性。回波强度向灰度级转换实际上是将回波强度同描述图像的灰度量级对应起来，实现回波强度的量化。量化的方法较多，一般根据具体情况而定。经过量化后，便形成了声呐图像。图像中的每个像素可用两组量确定，即像素的位置(i,j)和对应的灰度$f(i,j)$。

8.6.2 声波回波强度与底质类型的关系

声波从发射到接收的整个过程构成了声呐方程，它是将声传播介质、目标、背景干扰和声呐设备参数综合在一起的关系式。利用声呐方程可以设计声呐系统的工作参数，并对系统检测能力进行估算（秦臻，1984），还能反映海底类型的变化，因而它具有解释海底地貌特征的作用。

假设声波的发出强度为 SL（发射声源级，source level）；换能器接收指向性指数为 DI（directivity index）；传播过程中产生的能量损失为 TL（transmission loss）；海洋噪声对声能造成的损失为 NL（noise level）；遇到目标产生的反向散射或反射信号的能级为 BS；回收信号的能级为 EL（excess level），可认为是声照区无限多个点反射器反射能量的和（Hellequin,1998）。则上述过程的回波强度变化可以通过声呐方程式来描述：

$$EL = SL - 2TL + BS - NL + DI \quad (dB) \tag{8-35}$$

根据声呐方程式，发射波束与海底的直接作用体现在 BS 项上，可理解为海底介质对声波反射和散射能力的一种反映。反向散射强度 BS 取决于海底底质类型、地形条件

和波束在水底的投射面积 AE，它可表达为

$$BS=BS_B + 10\lg AE \tag{8-36}$$

根据式（8-35）和式（8-36），BS_B 可表达为

$$BS_B =EL-SL+2TL+NL-DL-10\lg AE \tag{8-37}$$

只要能够准确获得式（8-37）右边各项，便可获得 BS_B，再根据其与海底物质的关系，则可以反演海底不同底质类型的区域分布，即海底底质分类。BS_B 不仅与海底类型有关，还与波束的入射角有关。图 8-38 显示了实测的海底不同底质的平均反向散射强度随入射角的变化（金绍华等，2014）。

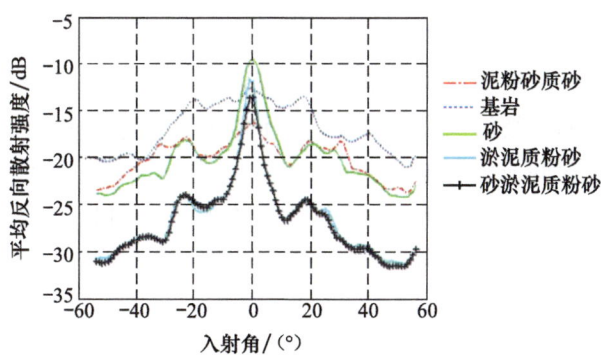

图 8-38　平均反向散射强度随入射角的变化

声学底质分类通过遥测海底沉积物的声学特性（如反射系数、声速、衰减、散射等）来了解其物理特性（如底质类型、粒度大小等），它具有工作效率高，获取资料连续、丰富等特点，为海底底质分类提供了一种迅速而可靠的方法。多波束声呐不仅能获取高精度的水深数据，还能同时获得高分辨率的海底反向散射强度数据。多波束声呐图像具有高精度的几何位置和海底反向散射属性，因此利用多波束进行底质分类具有较大的优势。

回波强度是目标或底质类型、声波束频率和入射角的函数。不同的底质类型（基岩、砾石、砂、泥等），由于其粒度大小、孔隙度、密度等物理属性不同，即使是对相同入射方向和强度的声波信号也会产生不同的反向散射强度（或振幅）回波信号。它依赖于声波入射角、海底粗糙度、沉积物的声学参数（如密度、声速、衰减、散射等），以及声波在水体中的传播状况，反映了海底不同底质类型特征（唐秋华等，2009）。由此可见，反向散射强度和底质类型之间具有一定的对应关系。但是，基于不同区域的同一种沉积物，由于其含水量、密度和力学强度等物理特性，以及海底沉积环境不相同，其会产生不同的反向散射强度，因此并不能简单地通过建立反向散射强度与底质类型的关系进行海底底质分类。

8.6.3　多波束水柱数据处理及应用

多波束声呐水柱影像反映了声波穿透区整个水体中目标物的反射或散射信息，在水下目标探测中应用广泛（阳凡林等，2013；丁继胜等，2014）。在探测沉船（Clarke,

2006)、航道碍航物(Auke,2010)、水雷和潜艇等民用和军事目标,监测海底热液喷口、气层泄露(Elhegzy,2012)、海洋内波(Clarke,2006)等海洋环境活动中有重要作用和应用前景。

随着多波束技术研究和硬件设备的发展,大部分多波束系统拥有记录水柱数据的能力。国外研究者开始发掘其中的重要价值,Clarke等(2006)提出使用多波束水柱数据精化沉船的最浅深度;Auke(2010)使用水柱数据分析沉船桅杆等目标的成像能力;Marques(2012)的研究表明,多波束水柱影像可识别和精确定位海水中的悬浮目标,用于海洋学研究、海事搜救和打捞、军事应用,以及地质活动跟踪。

1. 水柱影像成像原理

多波束声呐工作时,换能器发射阵列持续发射声波,声波从水体至海底经反向散射后,再由接收换能器对回波信号进行接收。对于传统的深度测量,其仅探测代表波束脚印中心处的平均往返时间或相位变化;而水柱数据则是采集沿探测波束方向上反向散射强度的时序观测量,其采样个数是同时水深测量的成百上千倍。在不考虑声速、水深环境、海底起伏等因素下,随着测船的行进,每条测线可获得一个三角柱体(图8-39)。

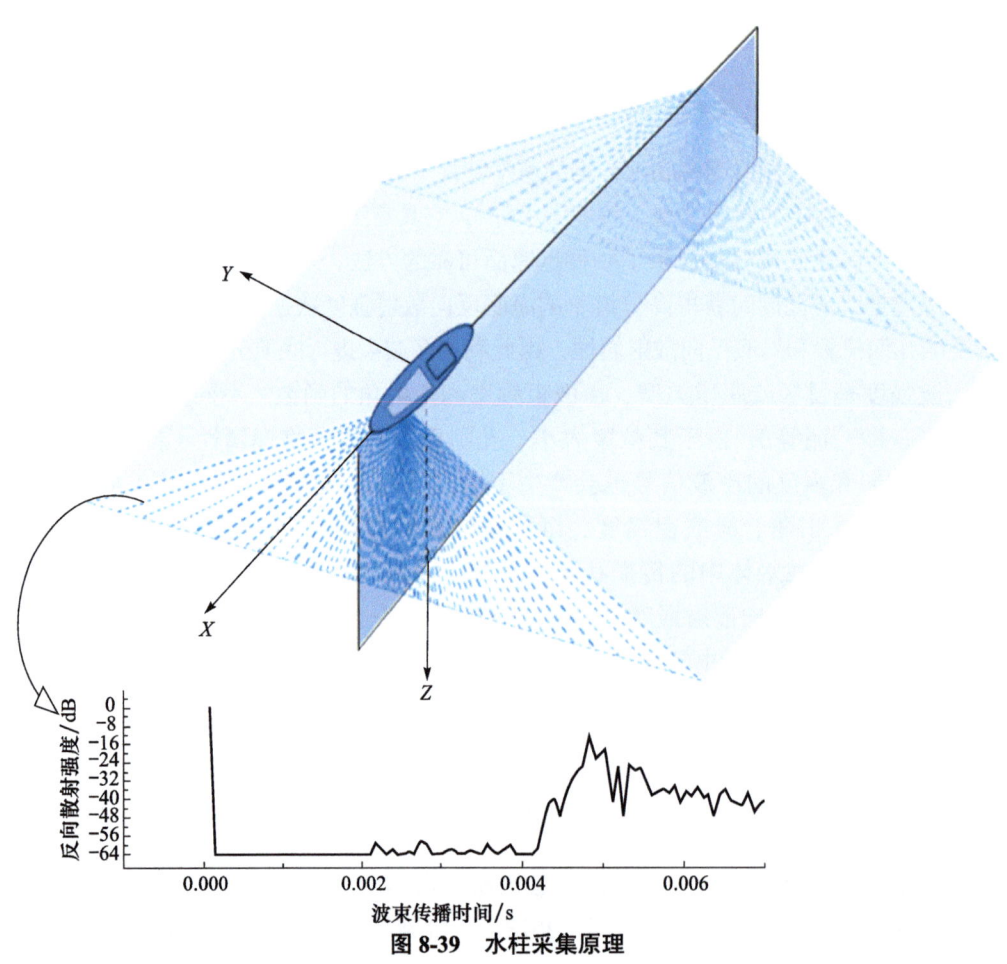

图8-39 水柱采集原理

水柱数据为等时间采样模式采集，仪器设定的脉冲宽度和采样频率决定当前水深环境下每个波束序列采样点的个数，结合声波在水中的传播速度和波束入射角可以计算当前采样点在换能器坐标系下的位置：

$$R = \frac{n \cdot C}{f} \quad (8\text{-}38)$$

式中，R 是当前采样点到换能器的距离；n 为单个波束采样点序号；C 为声波在海水中的传播速度；f 为采样点的采样频率。

水柱影像显示方式一般有三种，分别为航向显示、垂向和波束阵列显示。

（1）航向显示

水柱影像航向图将沿航迹线的反向散射强度数据进行堆叠显示（图 8-40），横坐标 X 轴为航向，纵坐标 Z 轴竖直指向海底，构成二维平面。当测船沿测线方向连续采样时，将采集到的所有水柱采样点按照其位置和反向散射强度大小投影至 X 轴和 Z 轴组成的平面上，即生成水柱影像航向图。利用该图可查看当前测线一段时间内水柱内部的变化。

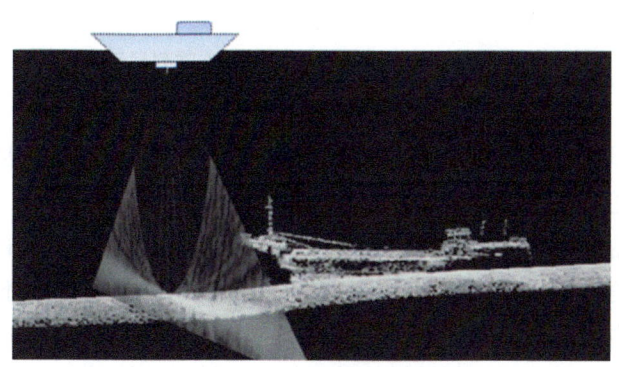

图 8-40　航向堆叠图

（2）垂向和波束阵列显示

水柱影像垂向图［图 8-41（a）］用来查看每个发射接收周期（ping）下海面到海底的全部反向散射强度信息，横坐标 Y 轴垂直于航向指向测船右舷方向，纵坐标 Z 轴竖直指向海底，构成二维平面。在某一瞬时时刻下，将该 ping 接收到的反向散射强度数据根据成像原理展绘至 YZ 平面上即生成水柱影像垂向图。波束阵列图是将所有波束上的采样点按照波束角大小依次排列生成的二维影像［图 8-41（b）］，利用它可以方便查看各波束间的反向散射强度变化特征。

2. 图像插值和灰度变换

多波束水柱数据采集时获得的水柱信息从海面至海底并不均匀，换能器处信息密集，距换能器越远，信息越稀疏，在形成图像时，需采用图像插值技术；另外，由于设备参数、海洋环境等因素的变化，获得的反向散射强度可能并未准确反映目标特性，

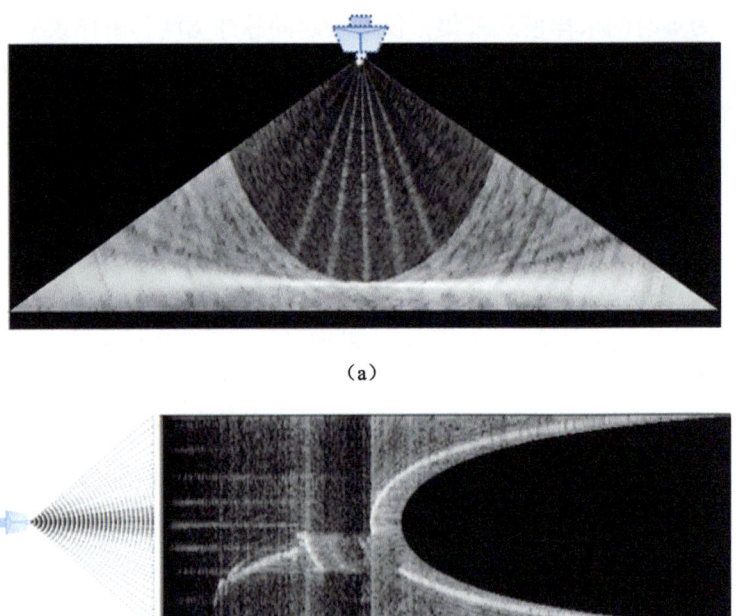

图 8-41 水柱影像垂向图和波束阵列显示

（a）水柱影像垂向图；（b）水柱影像波束阵列图

直接对反向散射强度量化成图像时会出现图像灰度不均衡的现象，因此需进行图像灰度变换，使图像更为合理、清晰地反映水体真实状况。

在采集的原始水柱文件中，反向散射强度数据是按照波束角和采样点号依次排列的，当归算到直角坐标系时，波束边缘间出现空值，导致影像显示不完整，因此，需对在波束角范围内的反向散射强度空值点进行插值。一般可采用邻域插值实现水柱原始图像内插，图 8-42 显示了八邻域插值前后细节区域对比效果。

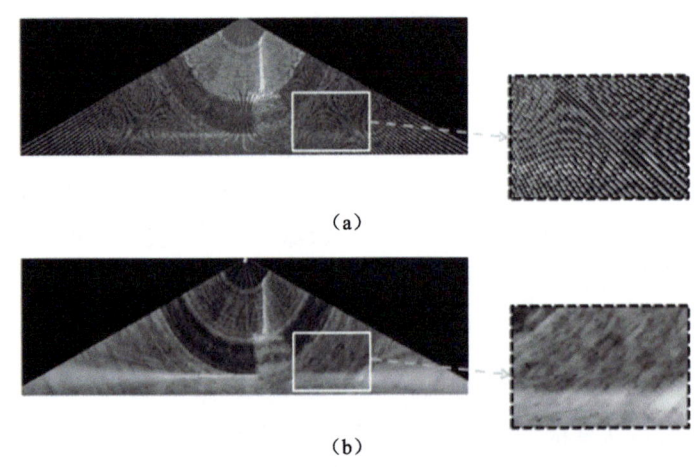

图 8-42 插值前后对比

（a）插值前；（b）插值后

对于多波束水柱数据，将反向散射强度量化为灰度时，可通过对原始图像进行灰度变换，使图像显示效果更佳。均衡化处理后的图像纹理更加清晰，特征更加明显，其灰度几乎覆盖了整个灰度级，使得图像对比度增强。通过实验，直方图均衡灰度变换方法对水柱二维影像处理有较好的效果。图 8-43 为对图 8-42 中目标区域进行多种变换后的效果图。

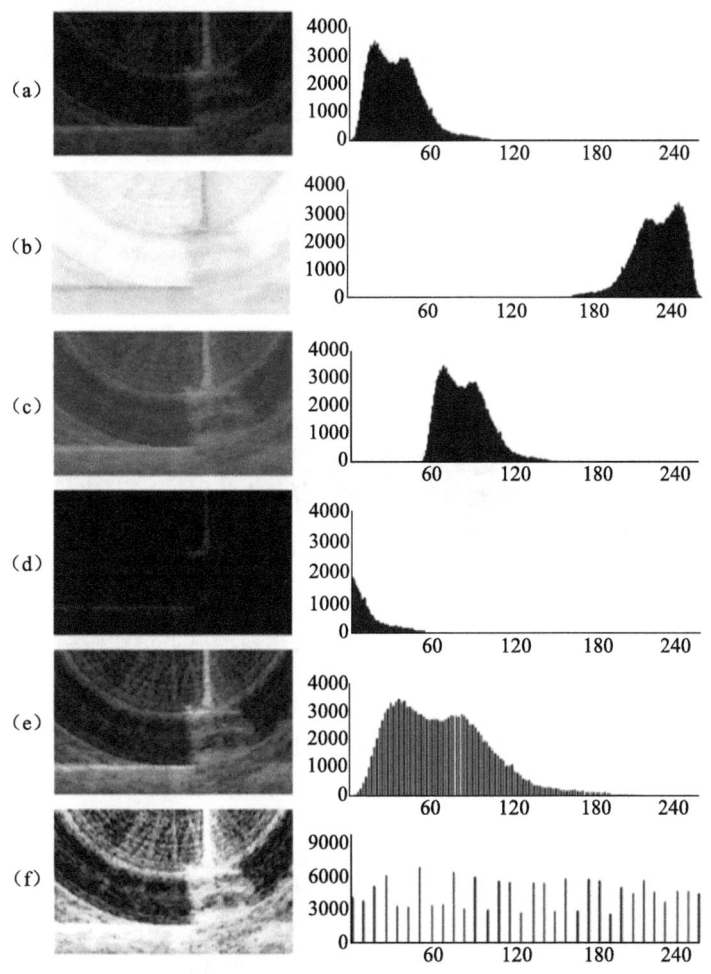

图 8-43　灰度变换及其直方图

（a）原始图像；（b）灰度倒置；（c）变亮；（d）变暗；（e）线性变化；（f）直方图均衡

3. 实例分析

MV G.B. Church 货船，长 54m，甲板上绳索齐全，桅杆、吊架基本完好，于 1991 年沉没在水深为 24~27m 的海区。沉没前有拍照记录，因此其突起物大小、特征和位置均有据可查。实验多波束设备型号为 EM3002，同时采集水深数据和水柱数据。

在水柱航向显示图（图 8-44）中可以发现有疑似沉船的明显目标物存在。对图像进行滤波、均衡化后（图8-45）得到更为清晰的水柱影像图，可基本判断目标形状大小和深度信息。由于航向图是对所有波束反向散射强度的堆叠视图，可能会掩盖水体中的其他信息，因此需要利用垂向显示图（图8-46）进行辅助判断分析。

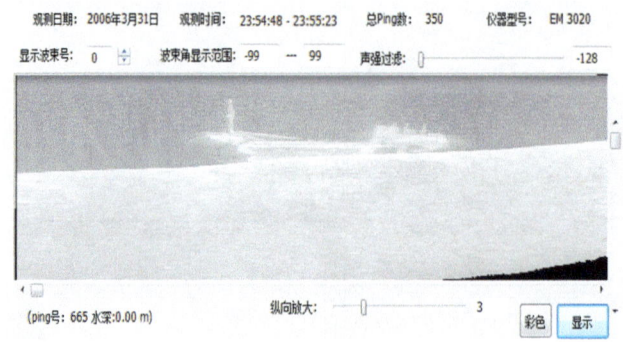

图 8-44　航向显示

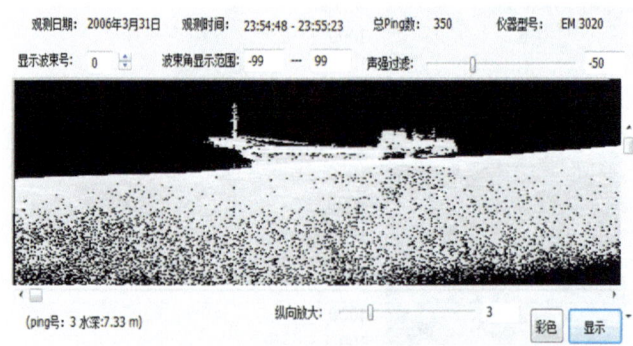

图 8-45　航向显示（滤波均衡化后）

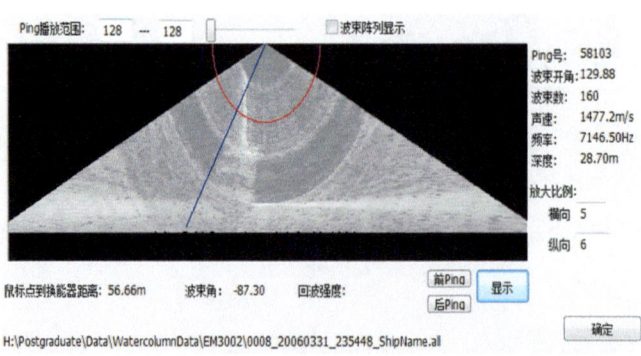

图 8-46　桅杆处的垂向显示

在航向图中选择桅杆所在ping进行垂向显示，可查看其当前ping信息（波束开角、波束数、声速、频率等）。在垂向图中不仅可以清晰地看到目标物存在，还可以观察到由第一回波产生的最小范围曲线，以及目标物共范围曲线上的反向散射强度异常。与此同时，可较为准确地确定桅杆最浅点的深度值约为 4.1m。

底跟踪（图 8-47）中的测点记录显示了多波束测深得到的海底位置。此时，由于桅杆过为细小，测深采样点很少，测深得到的海底地形将忽略其存在，因此会给航道安全带来一定的隐患。

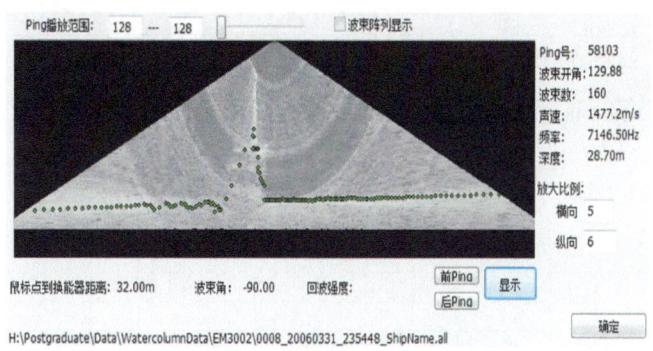

图 8-47 底跟踪模式得到的海底

在波束阵列图（图 8-48）中，我们可以看到多种平行的系统噪声现象，其主要是由波束电子噪声、扇区边界不连续引起的。

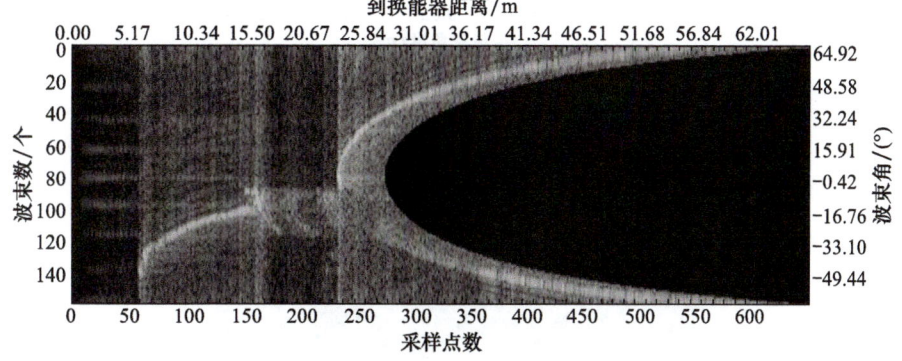

图 8-48 波束阵列图显示

在垂向显示图（图 8-46）中选定波束角和距离，即生成该波束的旅行时间序列图（图 8-49）和全波束的角度序列图（图 8-50）。观察时间序列图，第一个强峰值（5.5ms）就是桅杆位置，在 19.1ms 处则是海底。观察角度序列图，波束角 -22° 位置处有峰值存在，此位置即桅杆所在的波束角度。

对实验区水深数据进行三维成图［图 8-51（a）］，图像中能清晰观察到船体轮廓信息，但由于自动底跟踪算法的固有缺陷，仅依靠水深数据并不能揭示桅杆的存在。而水柱影像航向图［图 8-51（b）］和水柱影像垂向图［图 8-51（c）］可以清晰观察到沉船及其桅杆甚至绳索的形状、大小信息。

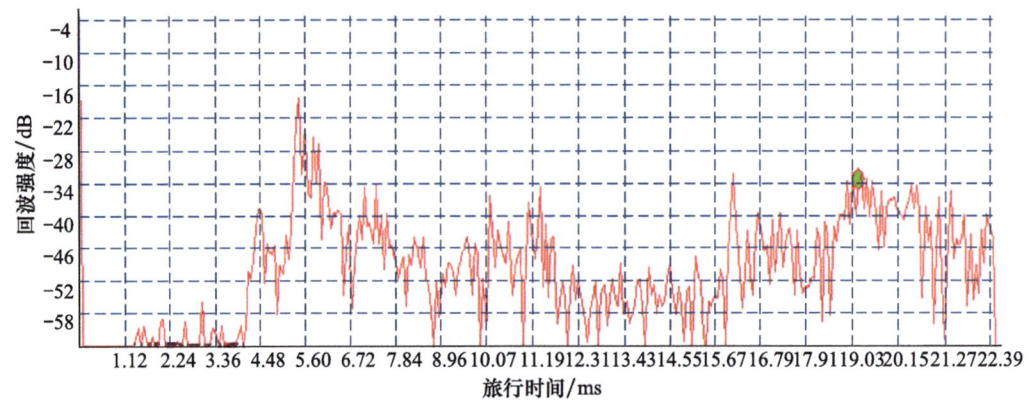

图 8-49　选定波束时间序列

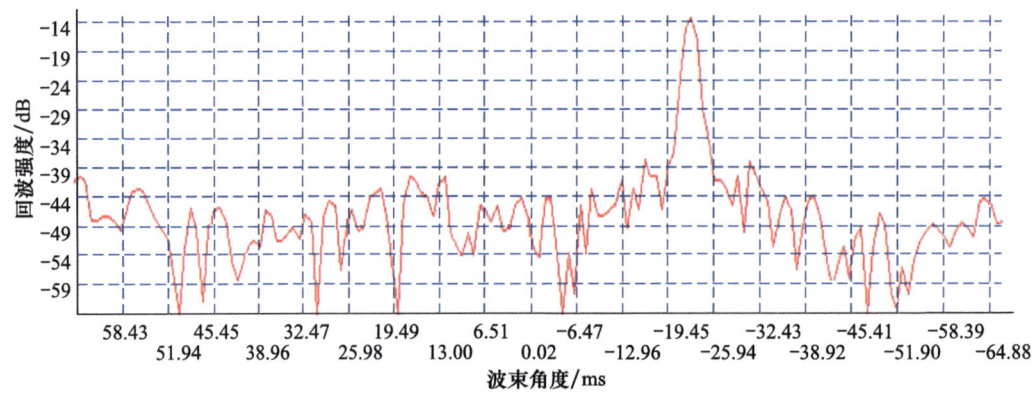

图 8-50　选定距离角度序列

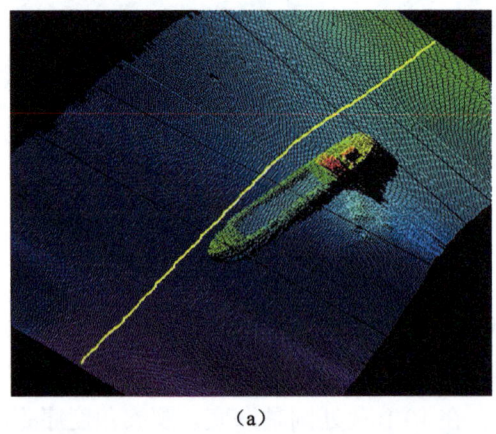

（a）

（b）

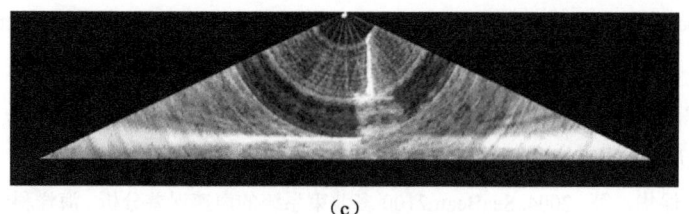

(c)

图 8-51　航向及垂向水柱影像图

（a）水深图；（b）水柱影像航向图；（c）水柱影像垂向图

沉船实例分析表明，多波束水柱数据相对于测深数据具有更为详尽的细节记录和重现能力。水柱航向显示图可以查看水柱各波束或航向剖面的时间序列变化，而垂向显示图则可以对选定位置特征详细查看，对目标物角度和距离进行分析判断。多波束水深信息结合水柱信息，可在一定程度上实现对目标细节的三维重现，多波束水柱信息具有巨大的应用潜力。

参 考 文 献

巴兰金，鲍李所夫.1984.大陆架地形测量手段与方法.天津：中国人民解放军海军司令部航海保证部.

陈非凡.1998.多波束条带测深技术的研究.海洋技术，17（2）：1-5.

陈非凡.1999.多波束条带测深仪的动态测量误差评估.海洋技术，18（1）：42-45.

丁继胜，董立峰，唐秋华，等.2014.高分辨率多波束声呐系统海底目标物检测技术.海洋测绘，34（5）：62-64.

丁继胜，周兴华，唐秋华，等.2004.基于等效声速剖面法的多波束测深系统声线折射改正技术.海洋测绘，24（6）：27-29.

多波束技术组.1999.浅水多波束勘测技术研究.青岛：国家海洋局第一海洋研究所.

何高文，刘方兰.2000.多波束测深系统声速校正.海洋地质与第四纪地质，20（4）：109-113.

何义斌，吴书帮，谢洪燕，等.2004.多波束异常测深数据检测方法实践.测绘科学，29（1）：50-52.

黄谟涛，翟国君，欧阳永忠，等.2001.多波束与单波束测深数据的融合处理技术.测绘学报，30（4）：299-303.

黄贤源，翟国君，隋立芬，等.2001.LS-SVM算法中优化训练样本对测深异常值剔除的影响.测绘学报，40（1）：22-27.

金绍华，肖付民，边刚，等.2014.利用多波束反向散射强度角度响应曲线的底质特征参数提取算法.武汉大学学报（信息科学版），39（12）：1493-1498.

金翔龙.2004.海洋地球物理技术的发展.华东理工学院学报，27（1）：6-13.

李家彪.1999.多波束勘测原理技术和方法.北京：海洋出版社.

刘伯胜，雷家煜.2010.水声学原理.哈尔滨：哈尔滨工程大学出版社.

刘晓,李海森,周天,等.2012.基于多子阵检测法的多波束海底成像技术.哈尔滨工程大学学报,33(2):197-202.

齐娜,田坦.2003.多波束条带测深中的声线跟踪技术.哈尔滨工程大学学报,24(3):245-248.

秦臻.1984.海洋开发与水声技术.北京:测绘出版社.

隋波,郑彦鹏,刘保华,等.2004.SeaBeam2100多波束系统的声速误差分析.海洋科学进展,22(1):77-84.

唐秋华,刘保华,陈永奇,等.2009.基于改进BP神经网络的海底底质分类.海洋测绘,29(5):40-43.

王德刚,叶银灿.2008.CUBE算法及其在多波束数据处理中的应用.海洋学研究,26(2):82-88.

王海栋,柴洪洲,王敏.2011.多波束测深数据的抗差Kriging拟合.测绘学报,40(2):238-248.

王英,李家彪,韩喜球,等.2001.地形坡度对多金属结核分布的控制作用.海洋学报,23(1):60-65.

吴自银,金翔龙,高金耀,等.2003.地形地貌多源数据综合成图关键技术.海洋学报,25(增刊):143-148.

吴自银,李家彪.2000.多波束勘测的数据编辑方法.海洋通报,19(3):74-78.

吴自银,李家彪,阳凡林,等.2014.一种大陆坡脚点自动识别与综合判断方法.测绘学报,43(2):170-177.

阳凡林,韩李涛,王瑞富,等.2013.多波束声呐水柱影像探测中底层水域目标的研究进展.山东科技大学学报(自然科学版),32(6):75-82.

阳凡林,李家彪,吴自银,等.2008.浅水多波束勘测数据精细处理方法.测绘学报,37(4):444-457.

阳凡林,李家彪,吴自银,等.2009.多波束测深瞬时姿态误差的改正方法.测绘学报,38(5):450-456.

阳凡林,刘经南,赵铁虎.2004.多波束测深数据的异常检测和滤波.武汉大学学报信息科学版,29(1):80-83.

姚永红.2011.多波束合成孔径声呐成像技术研究.哈尔滨:哈尔滨工程大学.

张红梅,赵建虎.2009.精密多波束测量中GPS高程误差的综合修正法.测绘学报,38(1):22-27.

张立华,贾帅东,元建胜,等.2012.一种基于不确定度的水深控浅方法.测绘学报,41(2):184-190.

赵建虎,刘经南.2002.精密多波束测深系统位置修正方法研究.武汉大学学报(信息科学版),27(5):473-477.

赵建虎.2002.多波束深度及图像数据处理方法研究.武汉:武汉大学.

周丰年,赵建虎,周才扬.2001.多波束测深系统最优声速公式的确定.台湾海峡,20(4):411-419.

周士弘,张茂有,周曰鹏.1999.海洋声速场的经验正交函数描述及声速剖面预报.海洋通报,18(5):27-34.

朱庆,李德仁.1998.多波束测深数据的误差处理与分析.武汉测绘科技大学学报,23(1):1-4.

朱维庆，魏建江. 1986. 多波束测深声呐的随机误差模型. 海洋技术，2: 98-104.

Alexandro D, Moustier C. 1998. Adaptive noise canceling applied to SeaBeam side lobe interference rejection. IEEE Journal of Oceanic Engineering, 13(2): 70-76.

AML Oceanographic.2012. SV Plus V2. Sound Velocity Profiling Standard.http://www.amloceanographic.com/core/media/media.nl/id.241/c.1068955/.f?h=1160b7b6a2b58dc8e2de.

Auke V. 2010. Mast tracking capability of EM3002D using water column imaging.Fredericton: University of New Brunswick, 37- 150.

Beaudoin J D, Hughes Clarke J E, Bartlett J E. 2004. Application of Surface Sound Speed Measurements in Post-Processing for Multi-Sector Multibeam Echosounders.Fredericton: University of New Brunswick.

Beaudoin J, Smyth S, Furlong A. 2011. streamlining sound speed profile pre-processing: case studies and field trials. US Hydrographic Conference, 25-28.

Bjorke J, Nilsen S .2009. Fast trend extraction and identification of spikes in bathymetric data.Computers & Geosciences, 35(6): 1061-1071.

Bourillet J F, Edy C, Rambert F, et al. 1996. Swath mapping system processing: bathymetry and cartography. Marine Geophysical Researches, 18(2-4): 487-506.

Calder B R, Mayer L A. 2002. Automatic processing of high-rate,high-density multibeam echosounder data . Geochem, Geophys, Geosyst, 4(6): 24-48.

Calder B R, Smith S M. 2004. A time comparison of computer-assisted and manual bathymetric processing . Hydro Review, 5(1): 10-23.

Calder B R. 2003. Automatic statistical processing of multibeam echosounder data . Int Hydro Review, 4(1): 53-68.

Calder B, Mayer L. 2001. Robust automatic multibeam bathymetric processing.Virginia: in US Hydrographic Conference.

Calder B, Mayer L. 2003. Automatic processing of high-rate, high-density multibeam echosounder data. Geochemistry, Geophysics, Geosystems, 4(6): 1-22.

Calder B, Smith S. 2004. A time comparison of computer-assisted and manual bathymetric processing. International hydrographic review, 5(1): 10-23.

Calder B, Mayer L. 2002. On the effect of random errors in gridded bathymetric compilations. Journal of Geophysical Reseach, 107(12): 1-11.

Calder B. 2003. Automatic statistical processing of multibeam echosounder data. International Hydrographic Review, 4(1): 53-68.

Calder, B. 2001. Automatic processing of bathymetric data from multibeam echosounders. Virginia: in US Hydrographic Conference.

Canepa G, Bergem O, Pace N G. 2003. A new algorithm for automatic processing of bathymetric data. IEEE

Journal of Oceanic Engineering, 28(1): 62-77.

Cartwright D S, Hughes Clarke J E. 2002. Multibeam surveys of the Frazer River Delta, coping with an extreme refraction environment. Fredericton: University of New Brunswick.

Clarke J E, Brucker S, Czotter K. 2006a. Improved definition of wreck superstructure using multibeam water column imaging . Journal of the Canadian Hydrographic Association, 68:1-2.

Clarke J E, Lamplugh M, Czotter K. 2006b. Multibeam water column imaging: improved wreck least-depth determination . Halifax: Canadian Hydrographic Conference.

Clarke J E. 2006. Applications of multibeam water column imaging for hydrographic survey. The Hydrographic Journal, (4): 1-33.

Clarke J E. 2003. Dynamic motion residuals in swath sonar data: ironing out the creases. International Hydrographic Review,4(1): 6-23.

Cormen T H, Leiserson C E, Rivest R L. 1990. Introduction to Algorithms. New York: MIT Press.

David W C, Dale N C. 1996. Multibeam data processing of hydrosweep DS.Marine Geophysical Researches, 18: 631-650.

Debese N. 2007. Multibeam echosounder data cleaning through an adaptive surface-based approach. US Hydro, 7(5): 1-18.

Depner J, Hammack J. 1999. Area based editing and processing of multi- beam data. Shallow Water Survey Technologies, 5(2): 212-215.

Ding J S, Zhou X H, Tang Q H. 2004. Raytracking of multibeam echosounder system based on equivalent sound velocity profile method. Hydrographic Surveying and Charting: 24(6): 27-29.

Dinn D F,Loncarevic B D, Costello G. 1995. The Effect of Sound Velocity Errors on Multi-beam Sonar Depth Accuracy.California: Oceans'95. IEEE Conference Proceedings: 1001-1010.

Douglas D H, Peucker T K 1973. Algorithms for the reduction of the number of points required to represent a digitized line or its caricature. Cartographica: The International Journal for Geographic Information and Geovisualization, 10(2): 112-122.

Du Z, Wells D, Mayer L. 1996. An approach to automatic detection of outliers in multibeam echo sounding data. Oceanographic Literature Review, 7(43): 737-750.

Du Z,Wells D E,Mayer L A. 1996. An approach to automatic detection of outliers in multibeam echo sounding data. The Hydro journal, 7(9): 19-25.

Eeg J. 1995. On the identification of spikes in soundings. International Hydrographic Review, 72(1): 33-41.

Elhegzy H. 2012. Gas plumes analysis using multibeam EM710 water column. Fredericton:University of New Brunswick: 22-25.

Ferguson J S, Chayse D A. 1992. A generic swath-mapping data format.Marine Geodesy, 15: 129-140.

Geng X Y, Li J B. 1999. Precise multibeam acoustic bathymetry.Marine Geodesy, 22: 157-167.

Gerlach R, Carter C, Kohn R. 2000. Efficient Bayesian inference for dynamic mixture models . Statist Soc,

95(451): 819-823.

Guenther G C, Green J E. 1982. Improved depth selection in the bathymetric swath survey system (BS3) combined offline processing (COP) algorithm. National Oceanic and Atmospheric Administration, Dept. of Commerce, Rockville, MD, Tech. Rep. OTES-10.

Hare R, Godin A, Mayer L A. 1995. Accuracy estimation of Canadian swath (muitibeam) and sweep (multitransducer) sounding systems. Canadian Hydrographic Service Internal Report.

Hare R. 2011. Error budget analysis for US Naval Oceanographic Office (NAVOCEANO) hydrographic survey systems. University of Southern Mississippi, Hydrographic Science Research Center for the Naval Oceanographic Office.

Harold K. F. 1980. Multibeam bathymetric sonar: sea beam and hydro chart. Marine Geodesy, 4(2): 77-93.

Hellequin L.1998. Statistical Characterization of multibeam echosounder data. Oceans, 1: 228-233.

Hou T, Huff L, Mayer L. 2001. Automatic detection of outliers in multibeam echo sounding data, edited, pp. 1-12.

Howlett C. 2010. Considerations and advantages of accepting CUBE surfaces as survey deliverables, in NSHC 29th Conference, edited, Brest.

IHO. 1994. IHO standards for hydrographic surveys.Special Publication (4th ed.) No.44.

IHO.2008. IHO standards for hydrographic surveys, in Special Publication No. 44, edited, International Hydrographic Organization, MONACO.

Jantti T P. 1989. Trials and experimental results of ECHOS XD multibeam echo sounder.IEEE Journal of Oceanic Engineering, 14(4): 306-313.

Kammerer E, Charlot D, Guillaudeux S, et al. 2001. Comparative study of shallow water multibeam imagery for cleaning bathymetry sounding errors. Oceans, 4(4): 2124-2128.

Kammerer E. 2000. A New Method for the Removal of Refraction Artifacts in Multibeam Echosounder Systems.Fredericton: University of New Brunswick.

Kearns T A, Breman J. 2010. Bathymetry-The art and science of seafloor modeling for modern applications. Ocean Globe, 1-36.

Kongsberg Maritime A S.2010.EM Series Multibeam echo sounders Datagram Formats, Revision. http://www.ldeo.columbia.edu/res/pi/MB-System/formatdoc/EM_Datagram_Formats_RevP.pdf.［2005-10-12］.

L3 Communications. 1999. SEA BEAM 2100 Multibeam Bathymetric Survey Mapping System, External Interface Specifications.http://www.mbari.org/data/mbsystem/formatdoc/SB2100ExternalInterface.pdf.

Lingsch S C，Robinson C S. 1992. Acoustic imagery using a multibeam bathymetic system.Marine Geodesy, 15: 81-95.

Lirakis C B,Bongirvanni K P. 2000. Automated multibeam data cleaning and target detection. Proc IEEE

Oceans, 1: 719-723.

Lirakis C, Bongiovanni K. 2000. Automated multibeam data cleaning and target detection, paper presented at OCEANS 2000 MTS/IEEE Conference and Exhibition, IEEE.

Lucieer V, Huang Z, Siwabessy J. 2015. Analysing uncertainty in multibeam bathymetric data and the impact on derived seafloor attributes. Marine Geodesy, 39(1): 32-52.

Mallace D, Gee L. 2005. Multibeam processing–the end to manual editing? International hydrographic review, 6(1): 12-22.

Mallace D, Robertson P. 2007. Alternative use of CUBE: how to fit a square peg in a round hole. Hydrographic journal, 125: 9.

Mann M, Agathoklis P, Antoniou A. 2001. Automatic outlier detection in multibeam data using median filtering. Communications, Computers and signal Processing,2(2):690-693.

Marques C. 2012. Automatic mid-water target detection using multibeam water column. Fredericton:University of New Brunswick, 22-25.

Maybeck P S. 1979. Stochastic Models, Estimation and Control . London: Academic Press.

Mitchell N. 1996. Processing and analysis of Simrad multibeam sonar data. Marine Geophysical Researches, 18(6): 729-739.

NOAA. 2012. Field Procedures Manual, edited, National Oceanic and Atmospheric Administration, Office of Coast Survey.

Park Y, Jung N D, Kim J S, et al. 2013. Performance Validation of Surface Filter based on CUBE Algorithm for Eliminating Outlier in Multi Beam Echo Sounding.

Robert J U. 1983. Principles of underwater sound.3rd ed.New York:McGraw-Hill Book Company.

Shaw S, Arnold J. 1993. Automated error detection in multibeam bathymetry data.Oceans,2(2): 89-94.

Spies F N. 1987. Seafloor research and ocean technology.MTS Journal, 21(2): 5-17.

Tyce R C. 1988. SeaBeam data collection and processing development.MTS Journal, 21(2): 80-92.

Varma H P, Boundreau M. 1989. Probability of detecting errors in dense digital bathymetric data sets by using 3D graphics combined with statistical techniques. Lighthouse, 40: 31-36.

Vásquez M E. 2007. Tuning the CARIS implementation of CUBE for Patagonian Waters. Fredericton, N.B:University of New Brunswick.

Ware C, Knight W, Wells D. 1991. Memory intensive statistical algorithms for multibeam bathymetric data. Computers & Geosciences, 17(7): 985-993.

West M, Harrison J. 1997. Bayesian Forecasting and Dynamic Models . New York: Springer- Verlag Press.

Wu Z, Li J, Li S, et al. 2017. A new method to identify the foot of continental slope based on an integrated profile analysis. Marine Geophysical Research, 38(1-2): 199-207.

Yang F L, Li J B, Wu Z Y,et al. 2009. The methods of removing instantaneous attitude errors for multibeam bathymetry data.Acta Geodaetica et Cartographica Sinica, 38(5): 450-456.

Yang F L, Li J B, Wu Z Y, et al. 2008. The methods of high quality post processing for shallow multibeam data. Acta Geodaetica et Cartographica Sinica, 37(4): 444-457.

Yang F L, Li J B, Wu Z Y, et al. 2007. A post-processing method for the removal of refraction artifacts in multibeam bathymetry data. Marine Geodesy, 30: 235-247.

Zhao J H, Liu J N. 2002. Development of method in precise multibeam acoustic bathymetry. Geomatics and Information Science of Wuhan University, 27(5): 473-477.

Zhao J H. 2002. Research on multibeam depth and image processing methods. Wuhan: Wuhan University.

第 9 章 侧扫与浅地层探测数据处理技术与方法

9.1 侧扫声呐数据处理技术与方法

侧扫声呐探测按距离成像。水中探测时，换能器拖体距离海底高度与探测量程之间存在一定的比例关系，理论上量程范围大于拖体高度（一般设置在 10∶1 的范围内），成像效果才好。由此会带来声呐图像的多种变形，如严重的目标收缩、叠掩、位置偏移等几何畸变，这些畸变会使声呐图像上的目标比实际短，顶底位置倒置，声呐照射面被压缩，背面被拉长，且随目标物的坡度、距离变大而变形严重。为了正确判读声呐图像，消除仪器、水深、入水姿态等多种因素的影响，需要对原始声呐数据进行相关的处理，改正一些几何畸变，压制无关的噪声干扰，使声呐图像真实反映海底实际地貌形状与相对位置关系，还原海底地貌对声波的反向散射数据强度，为声呐图像的正确解译与底质分类提供可靠数据。

声呐图像也属于数字图像的一种，一些常规的图像处理技术也适用于声呐图像处理，如图像去噪、图像增强、图像检测、图像镶嵌处理等。另外，声呐反向散射数据属于数字信号，数字信号有一些专门的信号处理方法，如提高信噪比的增益处理、数字滤波处理等，提高分辨率的褶积处理等。侧扫声呐数据的处理方法多样，为达到不同目的，可以采用多种方法进行综合处理。

对侧扫数据进行处理，首先需要解析其数据格式。

侧扫声呐野外数据记录一般采用 XTF（eXtended Triton Format）格式（Triton Imaging Inc.，2014），该格式由美国 Triton 公司创建，以满足不同数据源的存储，如接收的原始声呐数据体、导航数据体、水深数据体等。XTF 数据格式的优点是容易扩展，可根据数据特点由用户自定义新的数据包，该格式自创立以来，已经历了不断更新，至 2014 年已发展到 X37 版本。

XTF 格式存储的数据体可以理解为一个数据池，在该数据池中，存储有野外同步接收的不同数据源，对侧扫声呐数据来说，常用的数据源有声呐反射数据、GNSS 定位数据、三维姿态数据等，这些数据源在整个数据池中相互独立，可以自由写入和访问，数据间有很强的独立性，提高了数据的写入与访问速率。

XTF 记录格式由记录文件头和各种数据包组成，这些数据包对应不同的数据源，并有各自对应的数据包定义头，如侧扫声呐数据定义头 XTFPINGHEADER、水深数据定义头 XTFBATHYHEADER 等，这些数据文件头都以二进制格式存储，方便用户快速访问和参数提取，数据包文件头后紧跟着声呐实际数据体，也以二进制格式存储，具体的 XTF 格式结构如图 9-1 所示。对于侧扫声呐数据记录文件，国际通用的商业软件都能有效识别声呐数据体，并能调用其中多个通道的侧扫数据和辅助信息，用户按需求选用有效通道数据并作后续相关处理即可。

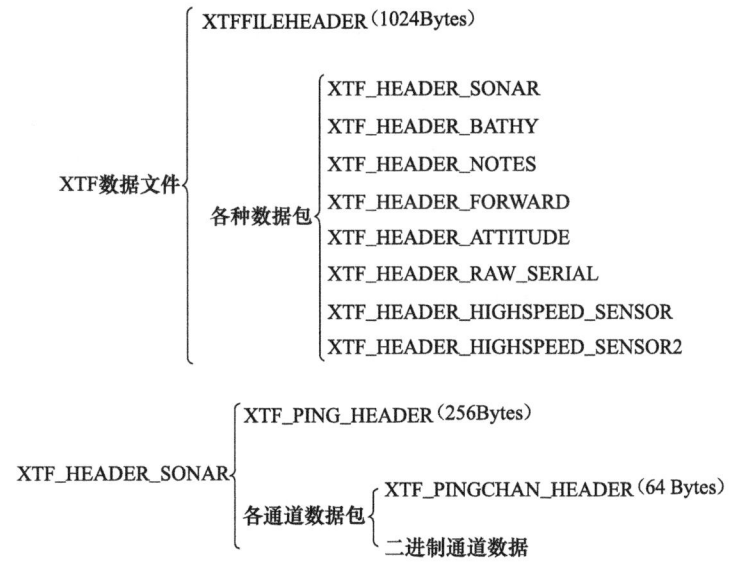

图 9-1　XTF 格式文件与侧扫声呐数据结构图（修改自马文东和熊显名，2011）

有些声呐采集系统也会将野外数据记录为 Q-MIPS 格式[①]，该格式由美国 Isis 公司创建，也是以二进制数据流的格式存储不同数据源，相对于 XTF 格式，该格式相对简单，只有文件头和紧随其后的 ping 记录组成，文件头也定义为 1024 字节，包括各种现场设置参数、导航参数等，ping 记录包括回波信号和注脚。Q-MIPS 格式相对较老，不太适应目前多传感器大容量多源数据信息的存储，因此 XTF 是目前多数系统软件记录数据的首选格式。

图 9-2 列出了侧扫声呐数据常规处理流程和相应的成果数据，其中，声呐图像常规处理包括数据能量均衡、海底追踪、水体改正、斜距改正、航速校正、航迹平滑、镶嵌成图、成果输出等。目前，侧扫

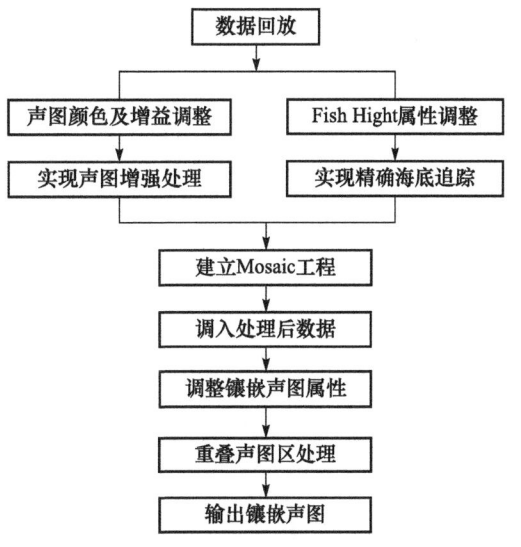

图 9-2　侧扫声呐数据处理流程（冯京等，2014）

---

① Isis corp. Q-MIPS File Format. 1998. Isis Sonar User's Manual, Volume2.

声呐处理成果一般输出为带平面坐标的 GeoTiff 图像格式,方便后续对成果的解释。

9.1.1 侧扫声呐图像处理

噪声在声学图像中一般表现为高频随机特性,其能量相对于周围像素的灰度有较大的偏差,常呈小麻点状分布。根据该特点,声呐数据噪声压制一般采用一定的数据模型进行滤波处理,可分别在邻域、空域和频域中进行,主要方法有邻域平均法、空域平滑法、频域平滑法、中值滤波法和小波去噪法等。

侧扫声呐仪器成像的主要特点是,利用声图灰度强弱的变化来反映海底目标物体的形态和性质,因此声呐图像增强处理的重点是对散射图像的灰度进行调节。侧扫声呐测量中影响声图灰度分布不均的主要因素是声图近端和远端接收回波信号的强弱,声图往往表现为近端灰度较强,远端灰度较弱,在一定程度上降低了声图的分辨率,因此在做镶嵌处理之前,需对全覆盖测区的声图灰度做均衡调节。利用时变增益(TVG)可以对灰度差异进行调整,消除因接收时间差而产生的回波信号强弱不同,从而消除声呐图像灰度不均衡的问题。通过自动时变增益和手动调节 TVG 曲线,可以实现声呐灰度图像增强处理;同时,通过调节图像的色彩分布与对比度,可以提高声呐图像的视觉效果,增强声呐图像的有效信息显示。另外,加入自动增益控制处理(AGC),可以均衡邻近信号之间的强弱差异,使信号之间的能量分布更均匀,图像显示更平滑,突出微弱信号的显示。如图 9-3 所示,上图为 TVG 和伪彩色调节处理前,下图为处理后,通过对比发现,时变增益处理后侧扫声剖面近端灰度能量得以减弱,远端显示能量明显增强,整体剖面灰度得以均衡,剖面中沙波和沙脊的连续性得到加强;下图同时通过调节色彩的分布来增强图像立体显示效果,提高声呐信号的分辨率,从而增强声呐剖面的整体视觉效果,为追踪沙波与沙脊的空间分布特征提供了有利条件。图 9-4

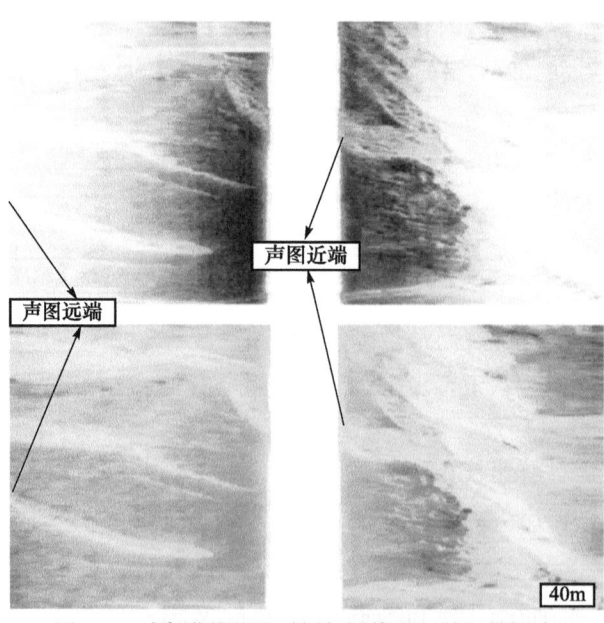

图 9-3　时变增益处理对侧扫图像显示效果的提高

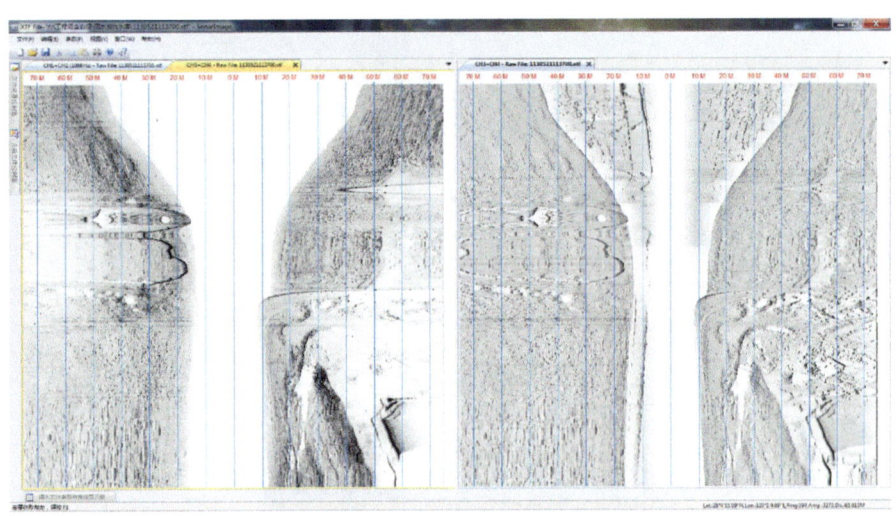

图 9-4 TVG 与 AGC 增益处理结果对比

显示了 TVG 增益与 AGC 增益间的效果对比，从图中可以看出，TVG 增益能够把剖面远端的边缘信号提升起来，使远端与近端信号间的能量级别相当，剖面灰度相近，但在地貌与底质突变处，相邻信号间的能量灰度相差还是很大，图像阴影明显，部分特征地貌被掩盖；经 AGC 增益处理后，这种差异不再存在，剖面上的阴影得以消除，剖面的整体能量特征基本一致，地貌信息基本完整展示。

侧扫声呐图像镶嵌处理前，先要完成海底线的有效追踪。图 9-5 示意了侧扫声呐探头在水中探测时的空间位置关系图，从图中可以看出声呐探头与海底面存在一定的高度，该高度称为拖鱼高度（altitude）。拖鱼高度使声波发射和接收的信号传播时间延长，回波信号图像失真，处理时必须消除该传播时间。拖鱼高度距离海底的追踪需要是通过实时追踪拖鱼距离海底面的高度，去除水体在声图中的显示，完成侧扫声呐左右两通道声图的有效拼接，图 9-6 显示了原始回波波形中海底面散射信号的有效追踪。

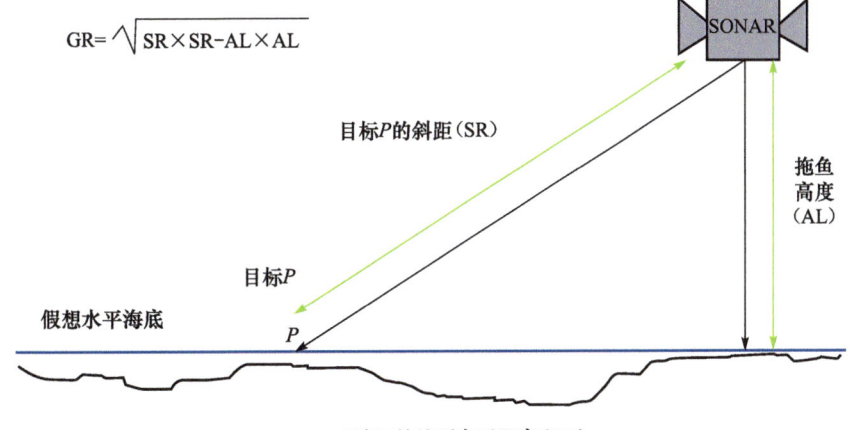

$$GR = \sqrt{SR \times SR - AL \times AL}$$

图 9-5 侧扫声呐海底线跟踪前后

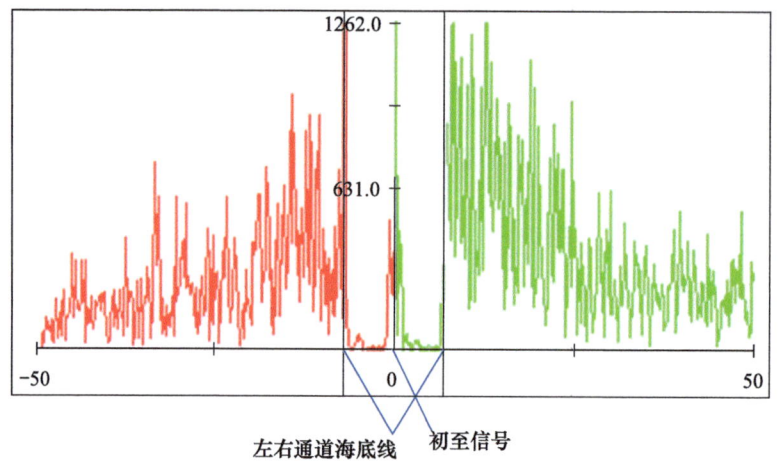

左右通道海底线　　初至信号

图 9-6　接收回波波形海底线追踪位置

在有效追踪的海底面信号与初至信号间存在一定距离，该距离就是实际拖鱼高度。实际测量过程中，拖鱼距离海底面的高度受拖曳方式、水深变化、海况等因素的影响而实时变化，需要采用软件自动追踪海底。如果海底追踪不准确，拼合左右通道声图时往往会存在较大的缝隙，导致拼合精度低。影响镶嵌声图的质量。此时，需要通过人机交互来拾取海底线才可以有效消除左右通道声图间的缝隙，提高左右通道声图的拼合度，如图 9-7 所示，利用软件自动追踪和手动交互拾取相结合的方式，可以高精度追踪声呐剖面海底线，提高侧扫左右通道声图的衔接精度，为后续侧扫声图镶嵌奠定基础。

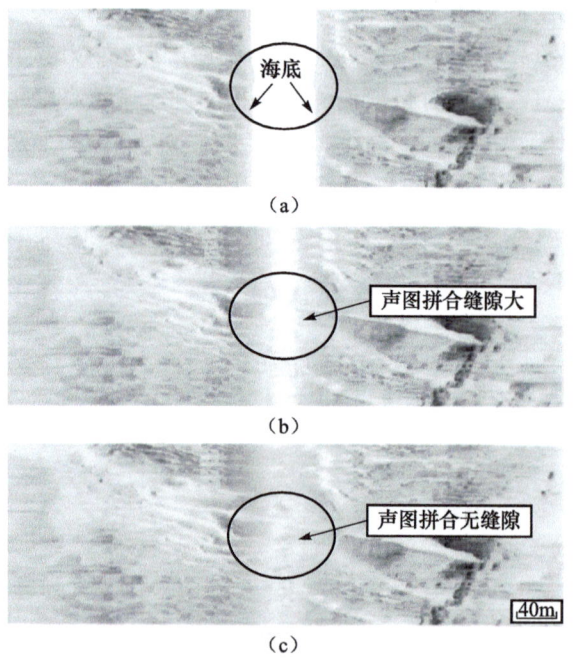

图 9-7　侧扫声呐海底线跟踪前后声图对比
（a）海底追踪前；（b）自动追踪后；（c）手动拾取海底后

另外，为保障侧扫声呐全覆盖测量，相邻测线扫测范围一般有 20% 左右的重叠区域，而重叠区域拼接痕迹处理的好坏将直接影响声呐图像镶嵌处理的效果，因此在声呐图像镶嵌前还要对重叠区域拼接痕迹进行专门处理。处理重叠区域的拼接痕迹主要对声图的穿透属性进行调整，目前不同软件采用不同的方法对穿透属性进行调整，如 SonarWiz 软件开发了 3 种方法：Cover Up、Average 和 Shine Through，CODA 软件有 Threshold Furthest、Average、Threshold Closest 三种方法。具体处理过程中需要采用不同方法对重叠区域的穿透属性进行探索性试处理，以找出最好的处理方法，压制测线间重叠区声呐图像的明显拼接痕迹，从而提高镶嵌处理的最终效果。图 9-8 显示了 SonarWiz 软件采用 Average 算法获得的多条测线镶嵌结果剖面图，图中相邻测线间的重叠区域拼接非常自然，不存在散射能量突变与测线间差异，适合镶嵌结果的解释应用。

图 9-8　某海域多条测线侧扫声呐采用平均算法镶嵌的结果

图中相邻测线重叠区域拼接痕迹基本不存在，整个镶嵌剖面散射能量分布均匀

9.1.2　斜距改正

侧扫声呐探测记录的距离是从声呐探头到所记录的每一点的倾斜距离，而不是水平距离（拖鱼航迹在海底的投影到某一目标点的实际水平距离）。斜距的存在导致不能在记录上直接测量特征点到船航迹的偏移距，必须通过计算求出。另外，斜距使目标在垂直航迹方向被压缩，压缩程度随目标距离的变化而变化：目标越靠近声呐，压缩现象越严重，较远距离上倾斜距离更接近实际水平距离，从而使目标压缩效应降低。

为了消除侧扫声呐斜距的影响，镶嵌处理前必须进行斜距改正处理，斜距改正处理的关键是声呐剖面上待测目标的水平距离计算，水平偏移距可以使用几何学中的勾股定理计算求出。斜距改正计算公式可以按照以下公式（滕惠忠，1998；邓雪清等，2002）：

$$planeRange = \sqrt{slantRange \times slantRange - fishAlt \times fishAlt} \qquad (9-1)$$

式中，planeRange 为水平距离；slantRange 为斜距，原始剖面图上显示的就是该数值；fishAlt 为声呐探头距离海底的垂直距离，经过海底准确追踪就可以获得该参数。

图 9-9 示意了计算方法原理，从图中可以看出，斜距改正就是利用直角三角形关系计算。求解计算出水平距离后，就可以对声呐剖面幅值像素点进行重新定位，并绘制相应的灰度图，从而获得反映真实水平距离的剖面图像。

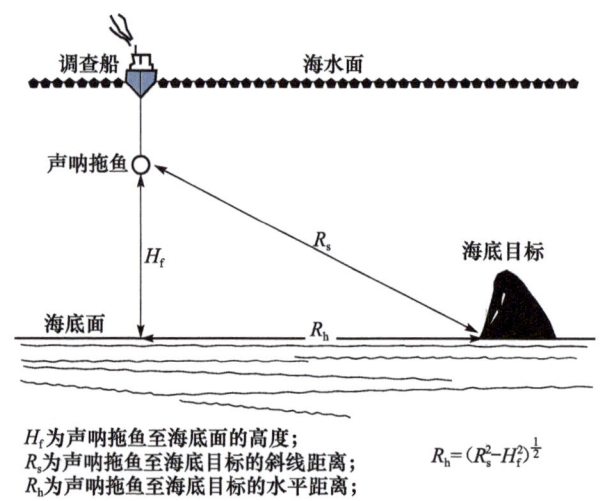

H_f 为声呐拖鱼至海底面的高度；
R_s 为声呐拖鱼至海底目标的斜线距离；
R_h 为声呐拖鱼至海底目标的水平距离；

$R_h = (R_s^2 - H_f^2)^{\frac{1}{2}}$

图 9-9 侧扫声呐原始剖面上目标物水平距离计算方法示意图（Cervenka and de Moustier，1993）

图 9-10 显示了斜距改正前和改正后的效果对比图。斜距改正前，剖面上海底目标物存在失真，且相对距离关系不准，会造成后续解释的误解；斜距改正后，剖面上海底目标物显示更清晰，目标物显示完整，图像失真小，目标大小合理，相对位置关系正确，这为后续目标的识别与提取提供了可靠的数据基础。

9.1.3 海底目标物提取与底质识别

侧扫声呐以扇形波来发射声脉冲，声波向拖鱼两侧水体传播，遇到海底或水柱中的物体时会反向散射和反射声波，而物体反射声波会阻挡声波到达海底的某些部位，阻挡程度取决于拖鱼相对海底高度和目标物高度，由此会在记录剖面上产生声学阴影区，该声学阴影一般呈暗色。声呐声学阴影比目标的直接反射能够提供更多的细节，如图 9-11 所示，图中是一艘轮船在海底投射的声学阴影，该图清楚地显示出了甲板吊杆、舰桥的上部和烟囱的声学阴影效果。

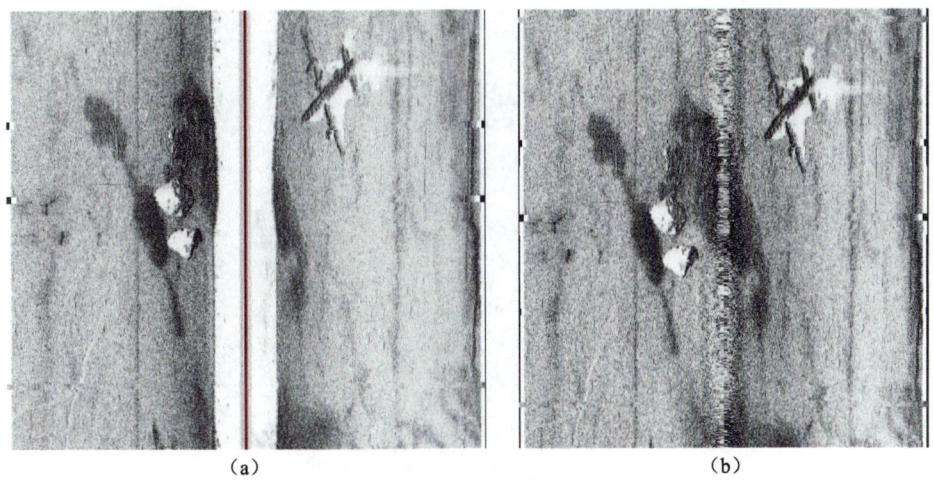

图 9-10 斜距改正前原始剖面（a）与斜距改正后实际海底地貌图（b）

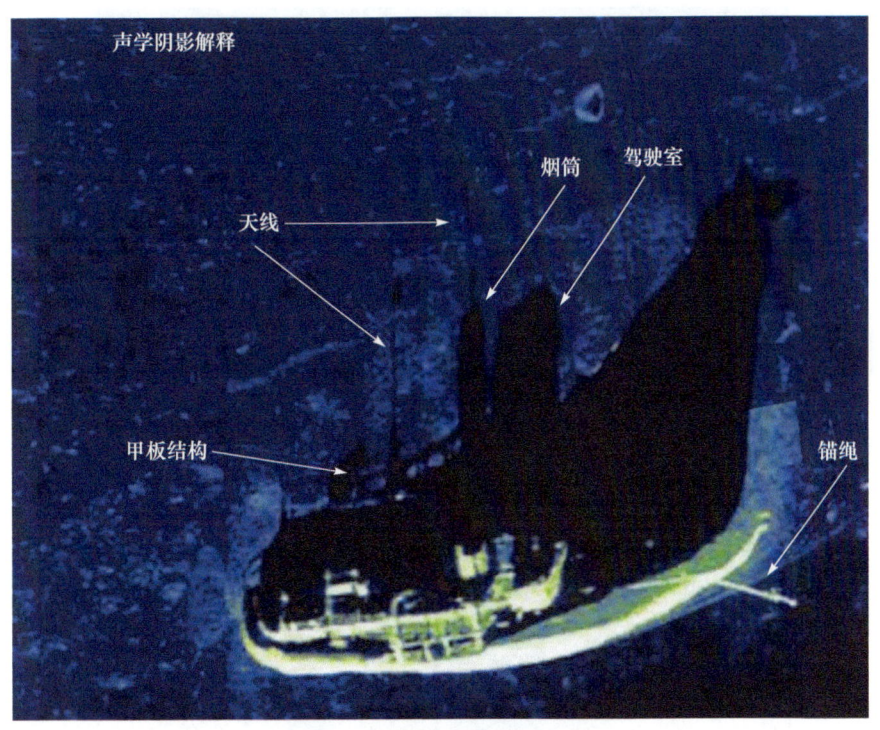

图 9-11 海底沉船的声学阴影图

侧扫声呐声学阴影与幅值变强反射的结合是我们识别海底目标物的主要依据，再利用计算机绘图中的光照技术，可以有效地识别出海底下各种地貌特征和特殊目标物，如图 9-12 中的基岩、图 9-13 中的沉船、图 9-14 中的鱼群等目标物，在如今先进的计算机绘图技术下，海底目标物的声呐反射特征非常明显，易于识别。

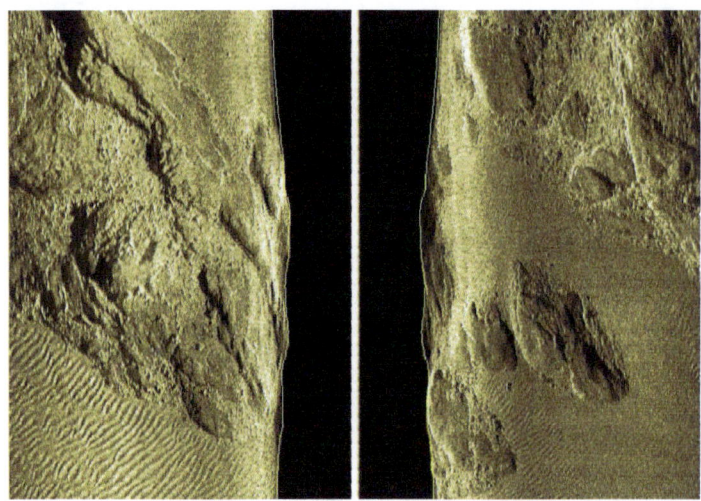

图 9-12　海底基岩侧扫图

图 9-13　沉船侧扫图

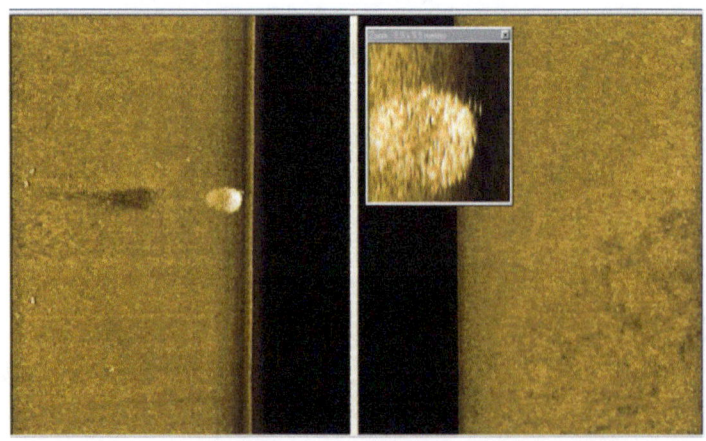

图 9-14　鱼群侧扫图

侧扫声呐是人们认知海底世界的重要工具，是海底开发和研究的重要设备。利用该技术不仅可以对水下进行高分辨率成像，还可以连续监视海底变化，对海底表层沉积物的底质类型进行声学分类（阳凡林，2003）。侧扫声呐是海底地貌特征的声学反映，凭借其图像特征，可以辨识海底不同区域底质类型的分界，在有限取样样品的验证下，还可以精确地识别出不同的底质类别，指导海底底质类型的划分，为海底底质分布研究提供极大帮助。

侧扫声呐底质分类一般采用声呐数据的反向散射强度值，该值与海底回波强度的灰度图相对应。回波强度是个复杂的物理量，它同发射频率、底质类型等多种因素有关，不同底质类型可能有相同的回波强度，直接使用单一的灰度值进行底质分类误差大。经过研究发现，不同的底质构成的纹理是不同的，纹理是海底表面结构粗糙程度的直接反映，利用它可以进行有效底质分类（熊明宽等，2014）。描述纹理的特征量有许多，如纹理的密度、纹理的方向、纹理的粗细程度等，一般使用灰度共生矩阵法来统计纹理，用不同的权矩阵对其进行加权运算可以得到一系列纹理特征统计量。能够提取图像中纹理信息的特征统计量主要有反差、熵、逆差距、灰度相关、能量、角二阶距和方差等。为了避免过分依赖于单一形式的纹理，还可以提取海底地形的分维数，其反映了地形粗糙程度。总之，侧扫声呐图像底质分类方法丰富多样，各个方法都有优缺点，实际使用需要多参数组合，并辅以实际取样样品的控制和验证，这样可以获得比较准确的分类结果。

9.2 浅地层探测数据处理技术与方法

Chirp 信号浅地层剖面探测对海底浅部地层探测具有极高的地层分辨能力，在非固结软弱地层中具有很好的穿透力，且基于 Chirp 信号振幅衰减特性，还可以研究沉积地层的底质特性（Panda et al.，1994；Stevenson et al.，2002）。线性调频 Chirp 信号具有子波可重复性好、频带宽且范围可调的优点，调制后的宽频信号经匹配滤波或互相关及包络处理后，随机噪声与海底鸣震类干扰压制效果明显，反射剖面信噪比与分辨率都能获得有效提高，因此浅剖设备在主机硬件中都设计了 DSP 硬件处理模块，完成对反射回波的匹配滤波与振幅包络处理。然而，互相关与振幅包络处理会对反射回波损失一些有效信息，如相位信息，且包络剖面会降低信号的分辨率，影响众多数字处理方法的应用，如压制多次波的预测反褶积处理、提高分辨率的 FX 域反褶积和偏移归位处理等。因此，Chirp 信号浅地层剖面精细处理前需要获得原始反射序列信号，经研究（Baradello，2014），对 Chirp 原始反射数据采用专业的处理流程，可获得更高分辨率和信噪比的反射剖面。

对于单道拖缆接收的 Boomer 与 Sparker 震源反射数据，常规处理中一般要做频率滤波处理，如常用的带通滤波、高通滤波与匹配滤波等处理；若随机干扰噪声能量比较强，有效反射信号被淹没而难以识别的话，可以借鉴多道地震处理方法使用二维F-K滤波处理技术；若探测区同时有多道地震反射数据，就可以利用多道地震数据的叠加速度谱，对浅地层剖面反射数据做叠后偏移处理，以压制剖面上的绕射波、回转波等，使反射界面正确归位，提高浅地层剖面反射数据的成像精度。与接收和发射二合一的声学换能器阵所接收的反射信号一样，单道拖缆数据在成像前还需要做常规的归一化处理、能量均衡处理。若工作时风浪比较大，导致剖面波浪状起伏明显，此时还需要做风浪改正处理。对于深水浅地层剖面数据，还需做时延改正处理。图 9-15 列出了浅地层剖面数据需要进行的相关处理模块，图中虚箭头与虚框内的处理技术专门针对单道拖缆所接收的数据，而实线箭头与方框内的处理技术对单道拖缆和换能器阵接收的数据都适用。

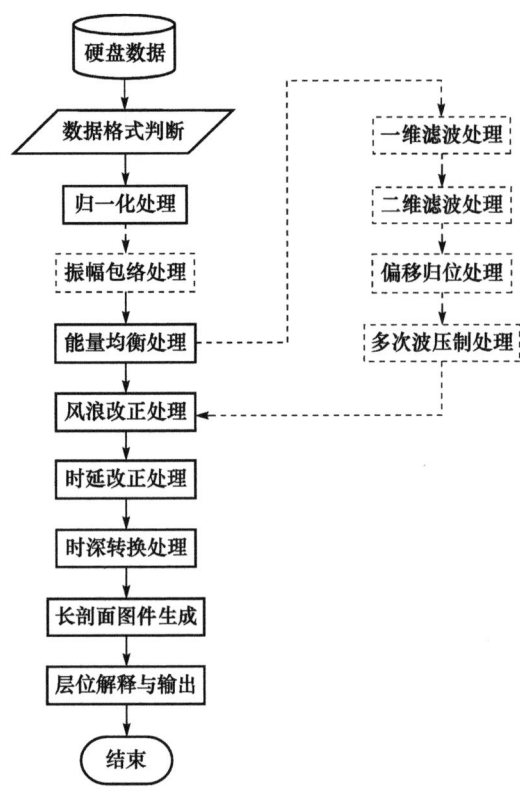

图 9-15 浅地层剖面数据常规处理流程（虚线框表示视数据特点选用）

对于浅水区浅地层剖面上存在的强能量多次波干扰，目前一般只对单道拖缆接收数据做简单的预测反褶积处理来压制。对于换能器阵接收的声波信号，若原始振幅数据包含正负波形（如 EdgeTech 公司生产的浅剖系统），其处理可以采用单道拖缆数据的所有方法模块，但有些浅地层剖面仪（如 Teledye Benthos 公司生产的 ChirpⅢ系统等）所接收的反射数据在主机 DSP 模块中做了匹配滤波和振幅包络处理，包络后反射数据不包含负振幅信号，损失了相位信息，造成很多处理方法（如频率滤波、二维滤波、反褶积处理等）都不适用，此时对资料上的多次波等干扰很难压制，为了有效压制这些干扰，处理时需要获得相关与包络处理前的反射数据，并对这些数据进行多次波压制试验性处理。

另外，对于海洋工程勘探，浅地层剖面数据的解释工作也非常重要，如反射层位的拾取（丁维凤等，2008）、特征目标的圈定等。高效、准确的拾取解释技术是浅地层剖面数据获得应用的必要手段，高效的解释技术方法也是必不可少的（丁维凤等，2012）。

9.2.1 浅地层剖面采集软件与数据格式

目前，浅地层剖面探测基本采用美国、英国、法国、德国与丹麦等国家公司生产的产品，这些产品都配备有相应的采集回放软件。各软件除兼容国际标准 SEG-Y 数据格式外，还根据硬件系统的需求，各公司定义了固定的专用数据格式。例如，

EdgeTech 公司的 JSF 格式、SyQuest 公司的 ODC 格式、Innomar 公司的 SES 格式、Knudsen 公司的 keb 格式、Kongsberg 公司 TOPAS 的 raw 格式等。有些系统记录数据也采用 SEG-Y 格式，但为满足采集系统记录其他辅助信息（如导航定位信息、涌浪改正信息、航向速度信息等）的需要，其采集系统对标准 SEG-Y 格式做了部分修改，如 GeoPro 系统的专用 SEG-Y 格式、Coda 采集系统的自定义 SEG-Y 格式等。所以，数据回放与处理过程中，需要明确记录数据的存储格式，确定记录系统所采用的数据存储格式后，在商业处理软件中人工预定义记录格式，商业软件都能自动识别并调入显示数据内容。表 9-1 列出了浅地层剖面探测几款主要商业化软件及其存储格式。

表 9-1 国际几款主要商业软件统计

公司名称	产品型号	采集软件	存储格式
ODOM Benthos	CAP 6600 ChirpⅢ	GeoAcq	SEG-Y/XTF
		SonarWiz	SEG-Y
		SB-Logger	SEG-Y
EdgeTech	3100	X-STAR Disvover-Sub-Bottom	JSF/SEG-Y
	3200		
	3300		
Innomar	SES-96	ISE	SES
	SES-2000		
GeoAcoutics	GeoChirp Ⅱ	GeoPro	GeoPro-SEGY/XTF
	GeoPulse		
Geo-Resources	Geo-Sparker	GeoSuite	SEG-Y
Kongsberg	TOPAS PS18/40/120	TOPAS	RAW
SyQuest	StrataBox	Bathy 2010	ODC/SEG-Y
	Bathy 2010P		
iXblue	DELPH	DelphSeismic	SEG-Y/XTF
Coda Octopus	DA	GeoSurvey	Coda-SEGY/cod

9.2.2 浅地层剖面探测数据后处理的主要方法

浅地层剖面探测数据后处理方法丰富多样，有针对振幅信号的处理方法，也有针对剖面图像的处理方法。图 9-15 列出了对浅地层剖面探测反射振幅信号的常规处理方法，针对反射剖面图像处理，一些软件开发了专业的图像处理方法，如灰度直方图线性与非线性变换，以及灰度均衡处理、图像高斯平滑与中值滤波和边沿细化处理等。后处理的目的在于压制剖面上的干扰噪声，以突出有效反射能量，提高浅地层剖面探测反射图像的地层分辨力。

目前，国际上比较流行的商业处理软件包括美国 Triton 公司的 SB-Interpreter 软件、美国 Chesapeake 公司的 SonarWiz 软件，美国 OIC 公司的 GeoDAS 软件等。很多商业软件将多波束数据成图、侧扫声呐数据镶嵌和浅地层剖面处理三者融合在一套系统中，以方便不同类型数据间的对比与融合。

数据处理的目的是提高浅地层剖面数据的分辨率与信噪比，提升数据剖面的质量，为后续数据剖面解释成图提供基础。针对浅地层剖面数据的特点，在实际处理过程中要选用合适的处理模块与方法参数，以达到相应的处理目的。根据实际工作经验，下面对几个主要处理问题做详细讨论。

1. 风浪改正处理方法

对于船载浅地层剖面仪，当海浪较大时，工作船会激烈摆动，带动剖面仪一起上下浮动，易造成反射剖面的波浪状起伏效应。如图9-16所示，图9-16（a）表示探测船受风浪影响处在不同高度位置，使浅地层剖面仪发射接收的声波波形位置产生错位[图9-16（b）]，此时需要进行涌浪（Swell）滤波处理。图9-17给出了实际浅地层剖面受风浪影响的结果，图9-17（a）中风浪给采集剖面带来了严重的影响，降低了剖面反射同相轴的分辨率，影响反射层位的判读与追踪，给剖面解释造成困难。风浪改正处理一般采用模型道互相关技术，以及平均滤波和中值滤波相结合的处理方法（丁维凤等，2012）。图9-17（a）和图9-17（b）为处理效果对比，风浪造成的剖面地层起伏假象得到了有效抑制。

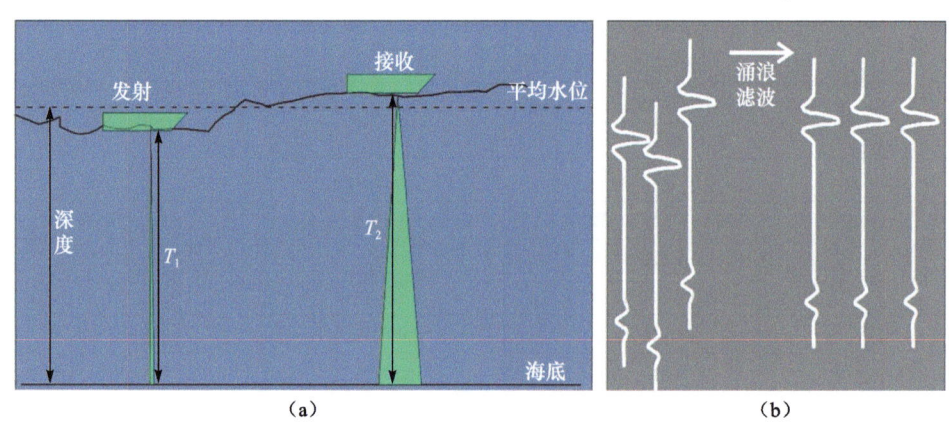

图 9-16　海上风浪对浅地层剖面探测的影响示意图

2. 深水浅地层剖面时延改正处理方法

对深水浅地层剖面数据进行时延改正处理是重点，特别是对崎岖陡峭的海底突变地形数据（丁维凤等，2015）。深水浅地层剖面数据多存储为国际通用的 SEG-Y 格式，该格式最多只能存储 $2^{15}-1=32\ 767$ 个样点数据，对于采样率为 50μs 的反射数据，只能存储 $32\ 767 \times 0.05 \approx 1638$ ms 的双程旅行时数据体，按 1500 m/s 的平均速度换算，只能记录 1228 m 深度范围内的数据体。超出该深度范围的数据，采集系统记录时会根据追踪的海底面反射位置，自动启用记录延时功能，由此避开深水采集中大部分的水体旅行时间，减少实际数据采集量，满足 SEG-Y 格式数据的存储要求。

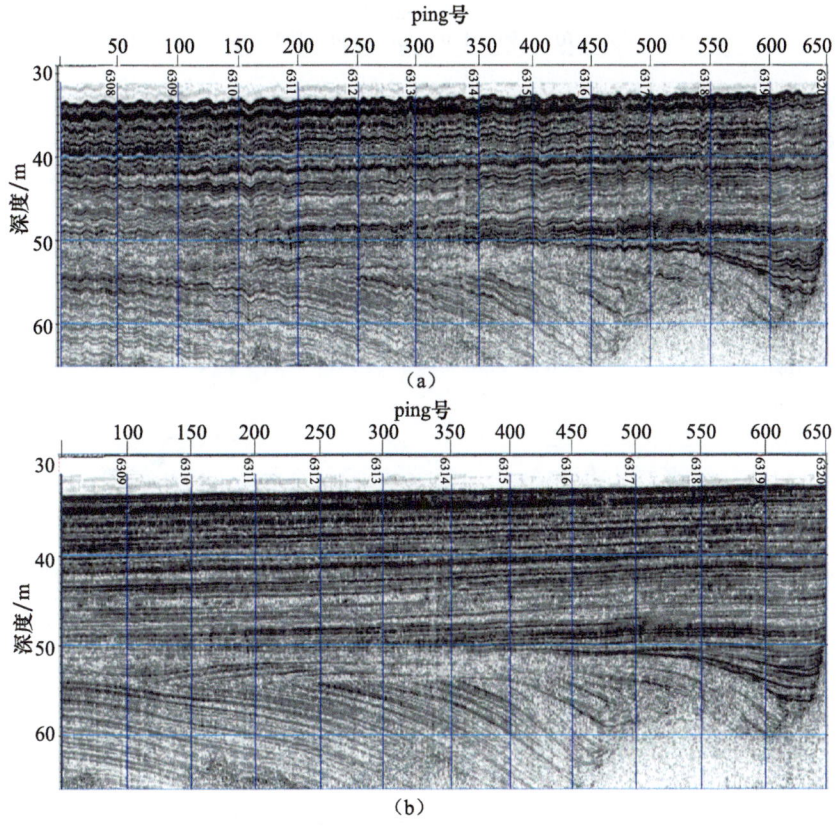

图 9-17 受风浪影响明显的浅地层剖面探测数据改正前（a）与改正后（b）对比图

记录延时后的深水浅地层剖面反射数据，若不对其做时延改正处理，其反射剖面形态与地层结构与实际地层错位，如图 9-18 所示。从原始存储的 SEG-Y 数据剖面上看，该海底地层似乎非常平坦，海底面深度范围不到 10m，而实际并非如此，此时需要对图 9-18 中的数据体做相应的时延改正处理，改正后的数据剖面如图 9-19 所示。从改正后的剖面中可以看出，实际海底面随勘探船前行方向不断变深，变化范围超过 300 m，实际海底面深度为 1425~1740m 范围，海底地形形态并非图 9-18 中所显示的平坦海底，而是剧烈突变的海底，同时，海底面及以下地层的深度数值经改正也获得了正确显示。

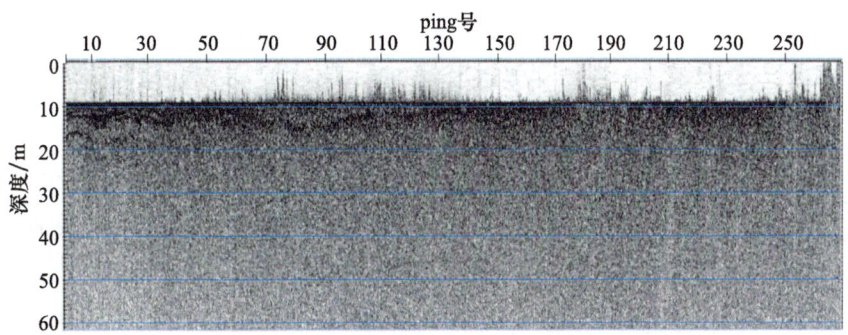

图 9-18 未做时延改正的 SEG-Y 深水浅地层剖面数据

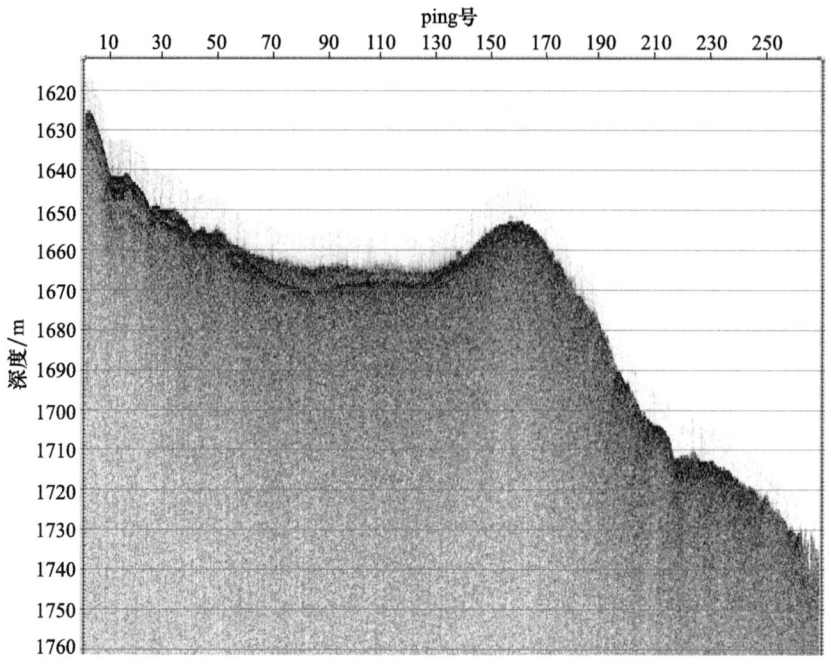

图 9-19　深水浅地层剖面数据做时延改正处理后的结果

3. Chirp 信号的原始反射数据处理

对于 Chirp 信号原始反射数据，未对其做子波互相关与振幅包络处理，反射数据包含丰富的未改造振幅与相位信息。对于原始 Chirp 信号数据，可以使用单道或多道反射数据中的处理模块，试验应用各种噪声压制与提高地层分辨率的处理方法。原始 Chirp 反射数据有效频带宽且高，包含丰富的相位信息，常规频率滤波处理可以有效应用于该数据，特别是在压制现场直流电干扰信号时，100Hz 高通滤波处理非常有效。对于浅水区的鸣震干扰，可以应用压制多次波的预测反褶积处理来消减鸣震类干扰影响；还可以应用提高反射同相轴空间连续性与纵向地层分辨率的 FX 域反褶积处理。当探测区有可靠的沉积地层速度资料时，可以应用常规的偏移归位处理，但实际探测中若没有多道地震资料，一般很难获取可靠的多个速度资料，常规偏移处理应用受限，但结合浅地层剖面数据的特点，利用其穿透深度比较浅及特征物双曲线反射特性，可以从剖面中存在的绕射波双曲线估算产生绕射波的声波速度（利用双曲线改正方法），通过估算出的绕射波声波速度，利用只需单一速度资料的 Stolt 偏移方法，可以获得绕射波有效收敛的偏移归位剖面。图 9-20 列出了 Chirp

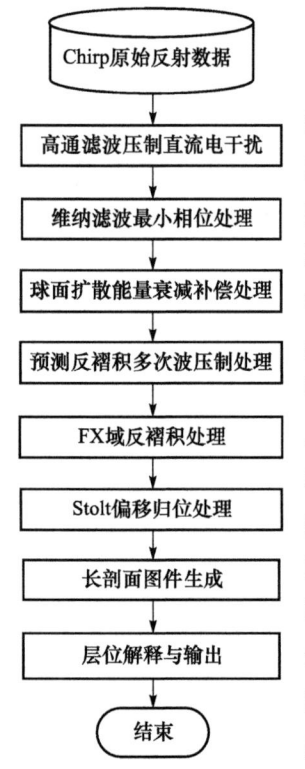

图 9-20　Chirp 信号浅地层剖面原始数据处理流程

信号原始数据剖面可以采取的有效处理流程（Baradello，2014），图 9-21 显示了原始剖面经图 9-20 中的流程处理后与包络剖面的结果对比图，从图中可以看出，原始数据经专门模块处理后，剖面的信息量非常大，反射同相轴更加丰富，地层分辨率比包络剖面要高得多，处理后的剖面对海底微细层和掩埋目标的探测会更加有效，可以更加有效地挖掘剖面中的信息。

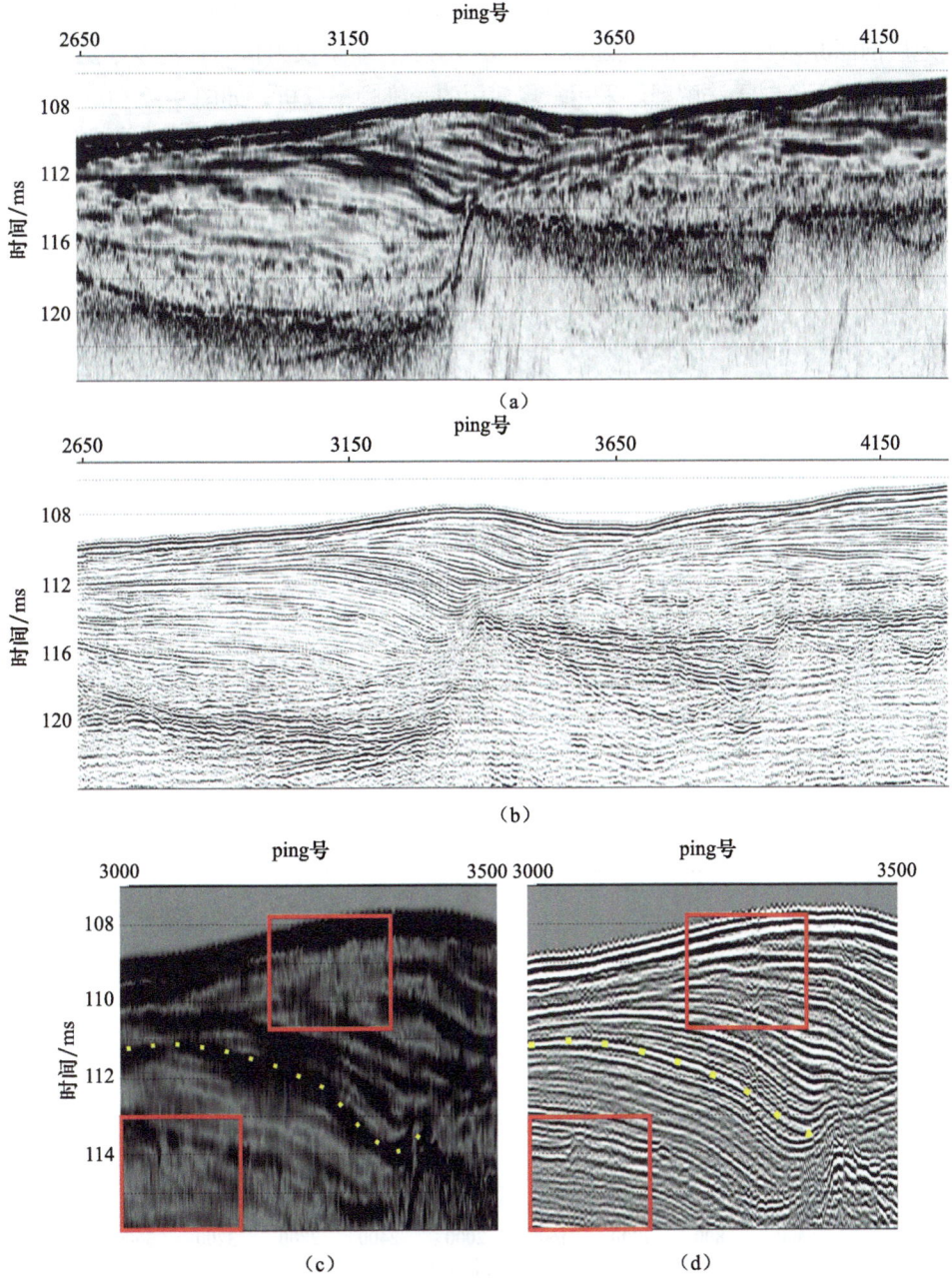

图 9-21　包络与未包络 Chirp 信号剖面处理结果对比图（引自 Baradello，2014）

未包络原始数据做了最小相位维纳滤波、FX 反褶积与 Stolt 偏移处理

4. 二维滤波处理方法

二维 F-K 滤波技术在多道地震资料处理中应用广泛,它能有效压制随机噪声与相干干扰。单道拖缆接收的浅地层剖面数据因为不存在共炮点道集记录,所以不存在波数 K 的概念,导致二维 F-K 滤波在浅地层剖面资料处理中缺乏应用。若将浅地层剖面数据的 ping 号假设为多道地震中的炮检距,生成假设的波数 K 参数,二维 F-K 滤波技术也可以应用在浅地层剖面数据处理中,且效果明显。图 9-22(a)为某海域 Sparker 震源所接收的浅地层剖面原始数据,剖面上随机干扰噪声明显,有效反射信号被淹没在随机干扰噪声中,造成剖面资料无法解释。采用常规使用的一维频率分析,如图 9-22(b)所示的对应一维频率曲线图,在频率图中可见 1900~2600Hz 范围内的高频干扰噪声频率占优势,1000Hz 以下的有效反射信号频率成分不突出。对原始剖面数据做 100~1200Hz 范围的一维频率带通滤波,得到图 9-23(a)所示的剖面效果图,该图中随机噪声还是比较明显,

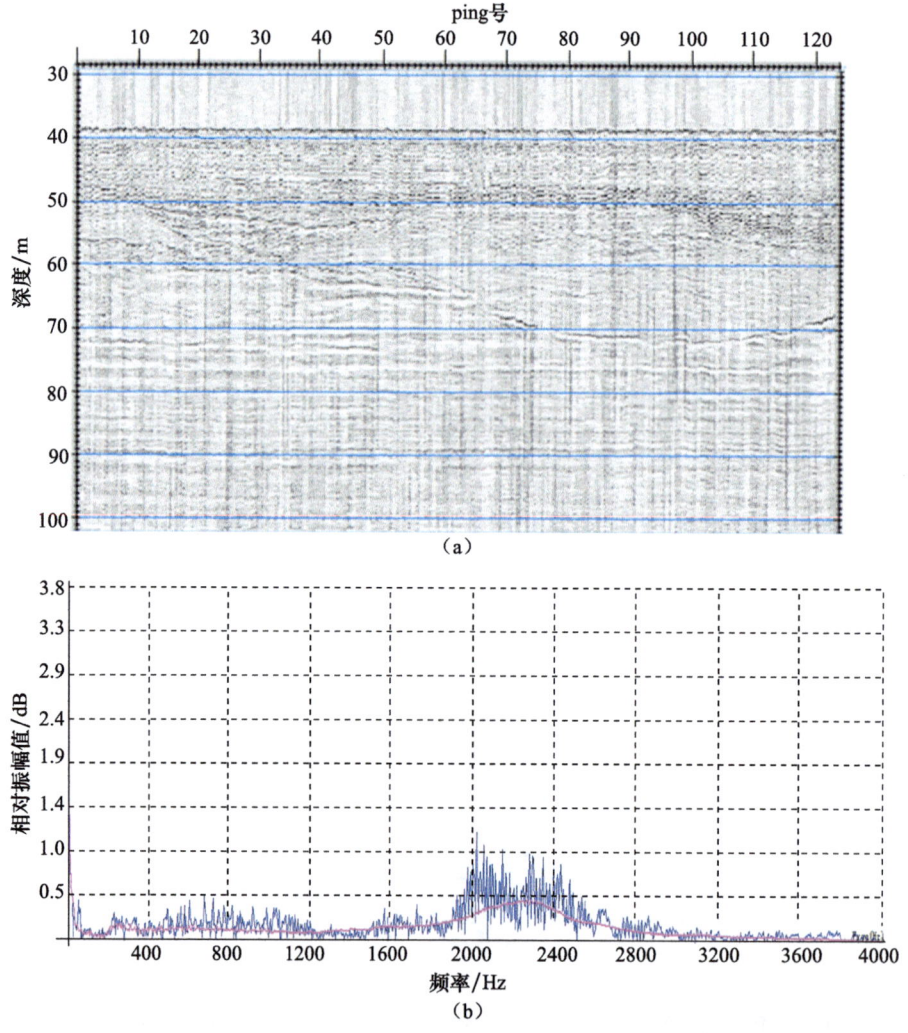

图 9-22 某海域 Sparker 震源接收的浅地层剖面原始数据及对应的一维频率曲线

有效反射与随机噪声混叠在一起。若在图9-23（a）的基础上，利用二维F-K变换处理分析，得到图9-23（b）所示的对应二维F-K频波谱图能量团，从二维频波谱图中可以看出强能量团主要集中在0Hz/km波数附近，频率范围为200~800Hz，根据有效能量团在二维谱图上的分布特点，对图9-23剖面数据中的0Hz/km范围外能量团做带状切除，并将800Hz以上的能量团都切除，之后再进行二维F-K反变换，得到图9-24所示的结果图，从图9-24中可以看出随机噪声基本被压制，有效反射同相轴连续，能量突出，说明F-K滤波在浅地层剖面数据应用明显。

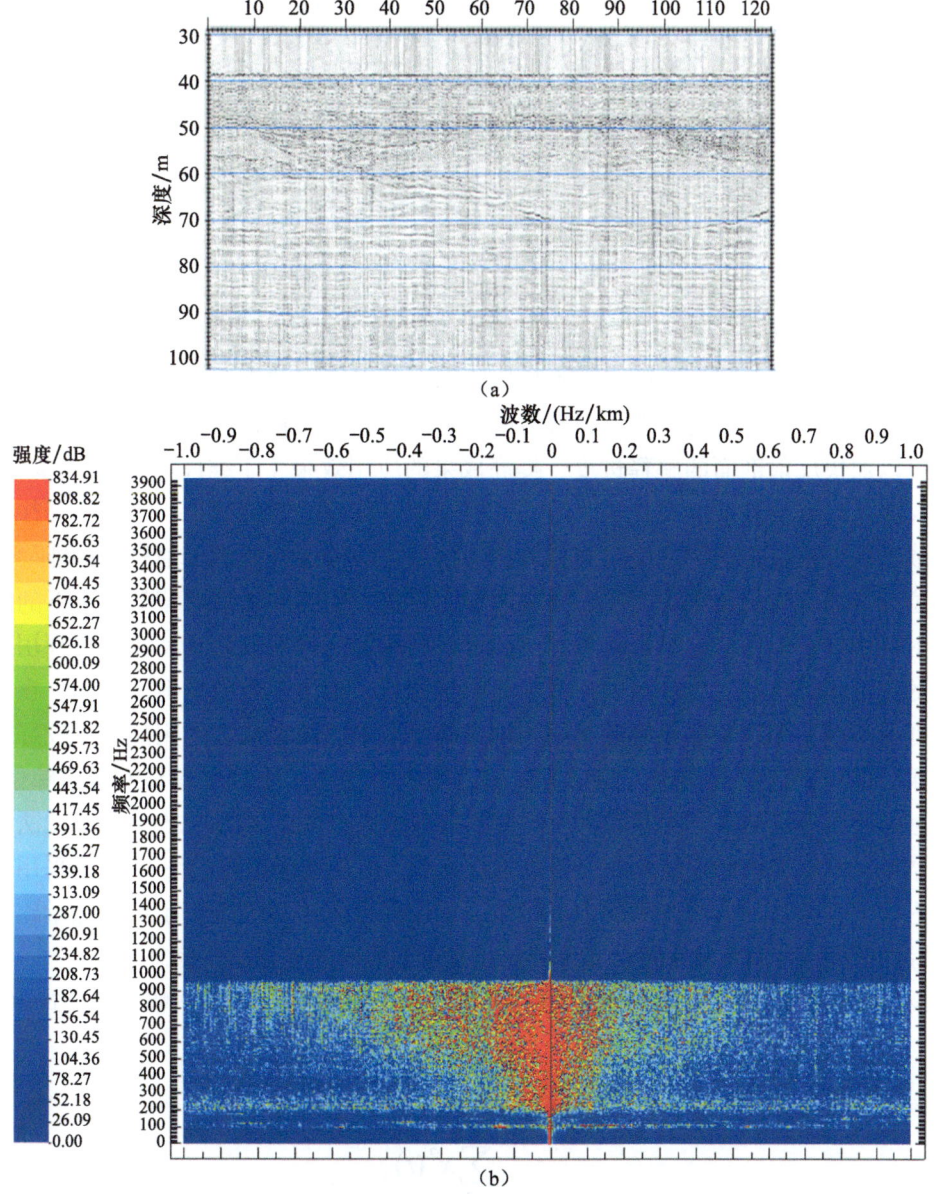

图9-23 原始数据经一维带通滤波处理后的剖面及对应的二维F-K谱图

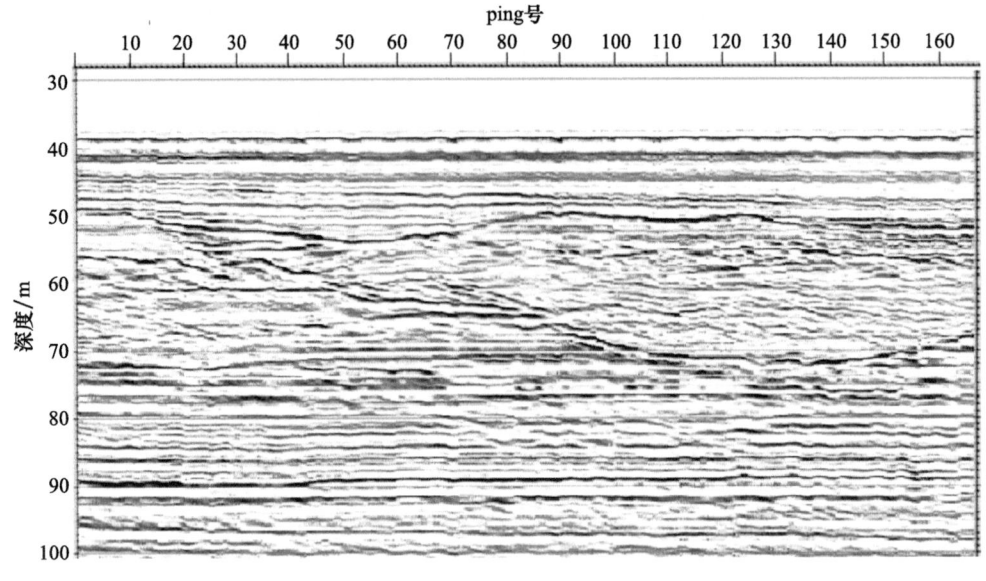

图 9-24 上图一维频率滤波处理后的剖面再经二维 F-K 滤波处理后的剖面结果

5. 浅地层剖面中地层的自动拾取方法

浅地层剖面反射同相轴拾取技术是探测剖面获得应用的重要手段，也是浅地层剖面数据处理解释中的关键步骤，高效拾取技术能够在剖面解释中获得有效的数字化成果，可以加快反射剖面的解释进度，提高成果的应用效果（丁维凤等，2012a）。然而实际探测反射资料复杂多变，单一的方法很难取得可靠的解释结果，实际解释往往需要采取多种方法综合运用。反射同相轴自动拾取方法需综合考虑反射资料的能量与波形相位等特征。能量比法利用反射资料的振幅信息，能够准确拾取背景噪声下的海底面反射同相轴，但在拾取能量相近的层间反射同相轴时效果较差。互相关法利用反射资料的波形相位特征，能够准确拾取层间能量相近、相位一致的反射同相轴。在反射界面变化平缓、无剧烈变化的反射同相轴自动拾取中，两者结合使用能取得较好的解释结果。但对于起伏变化较大的反射界面，完全用自动方法拾取容易发生追踪偏离，一般很难获得准确结果，此时需用人机交互的方法进行修改。图 9-25 为能量比法自动追踪结果，可以看出变化较大的同相轴拾取不准，出现错误追踪，图 9-26 为采用互相关与人机交互拾取的方法得到的追踪结果，采用联合方法有效改正了单一能量比法错误追踪的结果，使解释成果符合实际数据，获得了准确的反射层位信息。

反射振幅能量比法自动追踪采用滑动时窗分段比较，分段时窗振幅检测公式为

$$A_1 = \frac{\sum_{t=T_2}^{T_3} x^2(t)}{\sum_{t=T_1}^{T_2} x^2(t)} \quad (9\text{-}2)$$

式中，$x(t)$ 为记录采样值；T_1 为前一时窗起点；T_2 为前一时窗终点，也是后一时窗起点；T_3 为后一时窗终点。

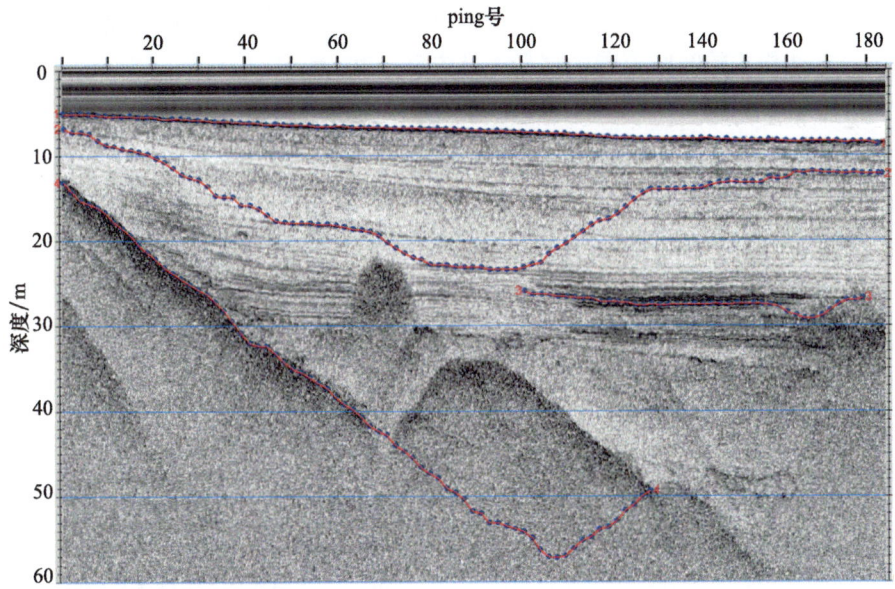

图 9-25　约束滑动时窗能量比法对反射同相轴的自动拾取结果

除第一层海底面反射同相轴正确拾取外，下面 3 个层的反射同相轴自动拾取结果都有问题

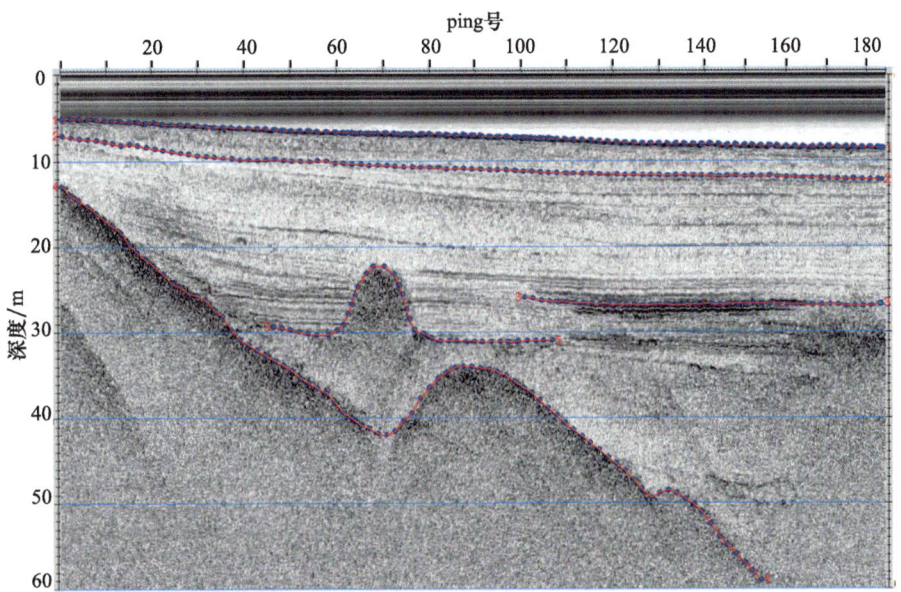

图 9-26　采用相关分析法与人机交互拾取技术对图 9-25 错误追踪解释层进行重拾取的结果

互相关自动拾取方法采用模型道与待拾取道互相关匹配算法，通过比较固定时窗内的相关系数最大值获得待拾取位置，最大相关系数计算公式如下：

$$r_{xy}(t_0) = \sum_{t=t_1}^{t_2} x_t y_{t-t_0} \tag{9-3}$$

式中，x_t 为模型参考道，该模型道一般取前面已拾取振幅值的平均值；y_{t-t_0} 为需要拾取的数据道，自动相关的时间范围由解释人员主动控制。

参 考 文 献

邓雪清，巩丹超，罗睿. 2002. 侧扫声呐图像地理编码技术研究. 海洋测绘，22（4）：14-17.

丁维凤，潘国富，苟铮慷，等. 2012a. 基于能量比与互相关法的地震剖面反射同相轴交互自动拾取研究. 海洋学报，34（3）：87-91.

丁维凤，冯霞，傅晓明，等. 2012b. 海上单道地震与浅地层剖面数据海浪改正处理研究. 海洋学报，34（4）：91-98.

丁维凤，李家彪，苏希华，等. 2015. 声学地层剖面深水探测研究与开发. 海洋学报，37（6）：70-77.

丁维凤，罗进华，来向华，等. 2008. 浅地层剖面交互拾取解释技术研究. 海洋科学，32（9）：1-6.

冯京，赵铁虎，杨源，等. 2014. 侧扫声图镶嵌技术分析. 测绘通报，（9）：66-69.

马文东，熊显名. 2011. 基于 IDL 语言实现侧扫声呐图像可视化及预处理. 微型机与应用，30（2）：41-44.

滕惠忠. 1998. 海底地貌声呐图像处理方法研究. 解放军测绘学院博士论文.

熊明宽，吴自银，李守军，等. 2014. 基于遗传小波神经网络的海底声学底质识别分类. 海洋学报，36（5）：90-97.

阳凡林. 2003. 多波束和侧扫声呐数据融合及其在海底底质分类中的应用. 武汉大学博士论文.

Baradello L. 2014. An inproved processing sequence for uncorrelated Chirp sonar data. Mar Geophycs Res, 35: 337-344.

Cervenka R , de Moustier C. 1993. Sidescan Sonar Image Processing Techniques. IEEE J. Oceanic Eng, 18(2): 108-122.

Panda S, LeBlanc L R, Schock S G. 1994. Sediment classificationbased on impedance and attenuation estimation. J Acoust SocAm, 96: 3022-3035.

Stevenson I R, McCann C, Runciman P B. 2002. An attenuation-basedsediment classification technique using Chirp sub-bottom profilerdata and laboratory acoustic analysis. Mar Geophys Res, 23: 277-298.

Triton Imaging Inc. 2014. eXtended Triton Format (XTF) Rev.37: 1-47.

第 10 章　GNSS 数据处理技术方法及应用

NMEA-0183 由美国国家海洋电子协会开发，是当前 GNSS 接收机主要使用的导航定位数据格式，也是目前 GNSS 接收机上使用最广泛的协议，大多数常见的 GNSS 接收机、GNSS 数据处理软件、导航软件都遵守或者至少兼容这个协议。NMEA-0183 协议定义的语句非常多，但是常用的，或者说兼容性最广的语句只有 $GPGGA、$GPGSA、$GPGSV、$GPRMC、$GPVTG、$GPGLL 等，目前国内多模接收机输出语句根据定位模式的差异，针对北斗定位系统增加了 $BD 前缀。

在使用 NMEA-0183 格式的文件时，其输出的是经过差分或单点定位获得的导航定位数据，只能满足基本的海洋导航定位要求，如果需要从 GNSS 观测数据开展新的研究，如厘米级潮位获取、高精度 GNSS 测浪、海洋 GNSS 水汽获取，则需要对 GNSS 的原始观测数据进行处理。本章以 GPS 为例，对相关问题展开叙述。

10.1　GNSS 的 RINEX 格式解析

GPS 数据处理所采用的观测数据来自进行野外观测的 GPS 接收机。接收机在野外进行观测时，通常将所采集的数据记录在接收机的内部存储器或可移动的存储介质中。在完成观测后，需要将数据传输到计算机中，以便进行处理分析。因此，需要使用统一的格式，以便 GPS 数据处理软件处理不同 GPS 接收机接收的数据，而 RINEX 的出现解决了 GPS 数据格式统一的问题。

接收机独立交换格式 (receiver independent exchange format, RINEX) 由瑞士伯尔尼大学天文学院的 Werner Gurtner 于 1989 年提出，是一种与接收机无关的标准数据格式，该格式采用文本文件形式存储数据，数据记录格式与接收机的制造厂商和具体型号无关。为了满足各方面的要求，RINEX 先后经历了几次格式的变化，目前应用最为普遍的是 RINEX 第二版（RINEX 2）。但是随着欧洲的 Galileo 计划、美国 GPS 的现代化、俄罗斯的 GLONASS 现代化、SBA 和 BDS 等系统的使用，RINEX 第三版应运而生。本章对第二版 RINEX 进行介绍，浅析 3.00 版本中更新的内容。

RINEX 2 是在 1990 年加拿大的渥太华举行的以利用全球定位系统进行精密定位的第二次座谈会议上提出并通过的，相比于第一版其主要增加了不同定位系统的轨道信息。在 RINEX 第二版中定义了几种不同类型的数据文件，分别用于存放不同类型的数据，他们分别是观测值文件（用于存放 GPS 观测值）、导航电文文件（用于存放 GPS 卫星导航电文）、气象数据文件（用于存放在测站处所测定的气象数据文件）、GLONASS 导航电文文件（用于存放 GLONASS 卫星导航电文文件）、GEO 导航电文文件(用于存放在增强系统中搭载有类 GPS 信号发生器的地球同步卫星（GEO）的导航电文），以及卫星和接收机钟文件（用于存放卫星和接收机时钟信息）。在本章中我们对应用比较普遍的观测值文件和导航电文文件进行介绍。

10.1.1 GPS 观测数据 RINEX 文件及格式说明

观测值文件由文件头部分和数据部分组成。文件头用于存放与整个文件有关的全局性信息，位于每个文件的最前部，其最后一个记录为"end of header"。在文件头部分，每一个记录的第 61～80 列为该行的记录标签，用于说明相应行的 1～60 列的内容。在 2.10 版本中每行的最大字符数为 80，但是在 3.00 版本中取消这种限制。文件头格式见表 10-1。

表 10-1　GPS 观测值文件的文件头节的格式说明

文件头标签 （第 61～80 列）	说明	格式
RENIX VERSION/TYPE	RENIX 格式的版本号（在本版中为 2.10）； 文件类型（在本文件中为"0"）； 观测数据所属卫星系统：（空格或 G 为 GPS，R 为 GLONASS,S 为地球同步卫星有效载荷，T 为 NNSS 子午卫星，M 为混合系统）	F9.2, 11X, A1, 19X, A1, 19X
PGM/RUN BY/DATE	创建本数据文件所采用程序的名称； 创建本数据文件单位的名称； 创建本数据文件的日期	A20, A20, A20
COMMENT	注释行	A60
MARKER NAME	天线标志的的名称（点名）	A60
MARKER NUMBER	天线标志编号（点号）	A20
OBSERVER/AGENCY	观测员姓名/观测单位名称	A20, A40
REC #/TYPE/VERS	接收机序列号、类型和版本号（接收机内部软件的版本号）	3A20
ANT #/TYPE	天线序列号及类型	2A20
APPROX POSITION XYZ	标志的近似位置（WGS84）	3F14.4
ANTENNA:DELETA H /E/N	天线高：高于标志的天线下表面高度； 天线中心相对于标志在东向和北向上的偏移量	3F14.4
WAVELENGTH FACT L1/L2	缺省的 L1 和 L2 载波的波长因子［1 表示全波，2 表示半波（载波为平方法测定），0（位于 L2 位置上）表示所用的接收机为单频仪器］； 0 或空格 说明：在缺省情况下，需要有该波长因子记录，而且此记录必须在所有与特定卫星有关的记录之前	2I6, I6

续表

文件头标签 （第61～80列）	说明	格式
WAVELENGTH FACT L1/L2	L1 和 L2 的波长因子 [1 表示模糊度为完整周数，2 表示模糊度为半周数（载波为平方方法测定），0 (L2 中）表示所用的接收机为单频仪器]； 后面所列出的具有有效因子的卫星数； PRN 列表（带有系统标识符的卫星号）。 说明：可分别说明各颗卫星的 L1 和 L2 载波观测值的波长因子。如果某颗卫星的 L1 和 / 或 L2 的波长因子与上面的缺省值不同，则可以通过该记录来加以说明，本记录是可选的。如果需要，可以有多个本记录	2I6, I6, 7 (3X, A1, I2)
#/TYPES OF OBSERV	在本数据文件中所存储的不同观测值类型的数量； 观测值类型列表； 如果超过 9 种观测值类型，则使用续行。 说明：在 RENIX 2.10 中，定义了下列观测值类型。 L1, L2：L1 和 L2 上的相位观测值； C1：采用 L1 上 C/A 码所测定的伪距； P1, P2：采用 L1、L2 上的 P 码所测定的伪距； D1, D2：L1、L2 上的多普勒频率； T1, T2：子午卫星的 150（T1）和 400MHz（T2）信号上的多普勒积分； S1, S2：接收机所给出的 L1、L2 相位观测值的原始信号强度或 SNR 值。 在反欺骗之下所采集的观测值将被转换为 "L2" 或 "P2"，并将失锁指示符的第二位置 1。 观测值的单位：载波相位为周，伪距为 m，多普勒为 Hz，子午卫星为周，SNR 等则与接收机有关	I6 9 (4X, A2) 6X, 9 (4X, A2)
INTERVAL	观测值的（历元）间隔，单位为 s	F10.3
TIME OF FIRST OBS	数据文件中第一个观测记录的时刻（4 数字年，月，日，时，分，秒）； 时间系统：GPS 表示为 GPS 时，GLO 表示为 UTC。 说明：在 GPS/GLONASS 混合文件中必须具有本时间系统字段，对于纯 GPS 文件缺省为 GPS，对于 GLONASS 文件缺省为 GLO	5I6, F13.7 5X, A3
TIME OF LAST OBS	数据文件中最后一个观测文件记录的时刻（4 数字年，月，日，小时，分，秒）； 时间系统：与 TIME OF FIRST OBS 记录相同	5I6, F13.7 5X, A3
RCV CLOCK OFFS APPL	历元时标、码伪距和载波相位是否使用实时确定出的接收机钟偏差进行了改正。1= 是，0= 否；缺省值：0= 否。 说明：如果在 "历元 / 卫星" 记录中给出了接收机的时钟偏差，则需要具有该记录	I6
LEAP SECONDS	自 1980 年 1 月 6 日以来的跳秒数，在 GPS/GLONASS 混合文件中通常需要列出此记录	I6

续表

文件头标签（第 61~80 列）	说明	格式
# OF SATELLITES	在文件中存储有观测值的卫星的数量	I6
PRN/# OF OBS	在 "#/TYPES OF OBSERV" 记录中所指的每一观测值类型所涉及的 PRN（卫星号）及观测值的数量； 如果观测值类型超过 9 个，则使用续行。 说明：对于出现在数据文件中的每一颗卫星均有一项记录	3X，A1，I2，9I6 6X，9I6
END OF HEADER	文件头节的最后一个记录	60X

在 RINEX 格式 GPS 观测值文件的数据记录节中记录了历元依次存放的观测数据或观测过程中所发生事件的信息。每个历元的数据包含两部分：第一部分为"历元/卫星或事件标志"，用于存放该观测历元时刻的时标，及在该历元所观测到卫星的数量及列表，或表明事件性质的标志，这一部分通常为该历元数据的第一行；第二部分为"观测值"，用于存放在该历元所采集到的所有观测值，这一部分紧接在"历元/卫星或事件标志"的后面，所占行数与在该历元中所观测卫星的数量有关。表 10-2 为 GPS 观测数据文件数据记录节的历元/卫星或事件标志格式说明，表 10-3 为 GPS 观测数据文件数据记录书的观测值格式说明。

表 10-2　GPS 观测数据文件数据记录节的历元/卫星或事件标志格式说明

观测值记录	说明	格式
历元/卫星或事件标志	观测历元时刻：年（2 个数字，如有需要，则前面补零），月，日，时，分，秒 历元标志：0 表示正常，1 表示在前一历元与当前历元之间发生了电源故障，>1 为事件标志 当前历元所观测到的卫星数 当前历元所观测到卫星的 PRN 列表（带卫星系统标示符的卫星号，参见表 10-1） 接收机时钟的偏差（单位为 s，为可选项） 如果卫星数超过 12 颗，则使用续行。 如果历元标记为 2~5，则有以下结论： 事件标志：2 表示天线开始移动；3 表示新设站（动态数据结束）（后面至少需要跟上 MARKER NAME 记录）；4 表示后面紧跟着的是类似于文件头的信息，用于说明观测过程中所发生的一些特殊情况；5 表示外部事件（历元时刻与观测值时标属于相同的时间框架）； "当前历元的卫星数"被用来说明紧跟在后面的记录数，即后面共有几行用于事件的描述。最大记录数为 999。 对于没有明确历元时刻的事件，历元字段可以为空。 说明：如果历元标记为 6，则表示后面为描述所探测出并已被修复周跳的记录（格式与 OBSERVATIONS 记录相同，不过，用周跳替代了观测值，LLI 和信号强度为空格或 0）。此项为可选项	1X，I2.2 4(1X,I2) F11.7 2X,I1 I3 I2(A1,I2) F12.9 32X 12(A1,I2) [2X,I1] [I3]

1）观测值格式说明中的"m"为观测值类型数。对于在文件头节的"#TYPES OF OBSERV"记录中所列出的每一观测值类型，都将按该记录所给出的排列顺序出现在本记录中。

2）由于 5 个观测值将占用 80 个字符，因此，如果观测值类型超过 5 个，则超出的观测值类型可续行列在下一记录中。

3）本记录按"历元/卫星"记录中所给出的卫星排列顺序依次列出所有卫星的观测值。

4）载波相位观测值以载波的整周数为单位，码伪距的单位为 m。当某观测值缺失时，可用 0.0 或空格表示。

5）如果相位观测值的数值超出了固定格式 F14.3 所能表示的范围，则需要将其截短到一个合理的范围内（如加上或减去 10°），并设置 LLI 标识符。

表 10-3　GPS 观测数据文件数据记录书的观测值格式说明

观测值记录	说明	格式
观测值	观测值 LLI（Loss of Lock Indicator/ 失锁标识符） 信号强度 说明：LLI 的范围为 0～7。0 或空格表示正常或未知；bit 0 置 1 表示在前一历元与当前历元之间发生了失锁，可能有周跳；bit 1 置 1 表示该卫星的波长因子与前面 WAVELENGTH FACT L1/L2 记录中的定义相反，仅对当前历元有效；bit 2 置 1 表示反欺骗（AS）下的观测值（可能会受到噪声增加的影响）。其中，bit 0 和 bit 1 仅用于相位。 在 RINEX 格式中，用 1～9 表示信号强度：1 表示可能的最小的信号强度，5 表示良好 S/N 比的阈值，9 表示可能的最大信号强度，0 或空表示未知或未给出	m(F14.3, I1, I1)

10.1.2　GPS 导航数据 RINEX 文件及格式说明

与观测值文件类似，导航数据文件也由文件头部分和数据部分组成。导航数据也叫星历数据，包含两类星历格式：GPS 广播星历和精密星历。GPS 卫星的广播星历是由全球定位系统的地面控制部分所确定和提供的，经 GPS 卫星向全球所有用户公开播发的一种预报星历。实施 SA 政策[①] 导致广播星历的精度被人为地降低至 50～100m。SA 政策取消以后，广播星历所给出的卫星的三维点位中误差为 5～7m。早期，广播星历是由分布在全球的 5 个监测站对卫星进行跟踪观测，然后将观测数据送到主控站；主控站利用采集到的数据中的 P 码观测值根据卡尔曼滤波方法估计卫星位置、速度、太阳光压系数、钟差、钟漂和漂移速度等参数，再利用这些参数推估后续时刻的卫星位置和钟差，并对这些结果进行拟合得到相应的轨道参数，最后生成导航电文进行播

---

① SA 政策：selective availability，选择可用性，美国采取的限制 GPS 定位精度的政策。

发。自从 GPS 卫星正式运行以来，广播星历的轨道精度一直在改进提高，这一方面得益于工作性能更好的新型卫星(如 Block IIR、Block IIR～M)的发射；另一方面得益于相关机构在提高广播星历轨道精度方面所采取的一系列措施，如：①降低导航电文的数据龄期；②加强卫星钟的管理；③地面跟踪站本身的位置精度的提高；④对卡尔曼滤波方法的改进。GPS 卫星的精密星历则是为满足大地测量、地球动力学研究等精密应用领域的需要而研制、生产的一种高精度的事后星历，精度达 3～5cm。目前，精度最高、使用最为广泛、最为方便的精密星历是由国际 GNSS 服务组织 IGS 提供的精密星历，该星历可免费从网上获得。下面我们对 RINEX 格式 GPS 导航电文格式进行说明，表 10-4 和表 10-5 分别为 RINEX 格式 GPS 导航电文文件头和文件数据记录节格式描述。

表 10-4　RINEX 格式 GPS 导航电文文件头和文件数据记录节格式说明

文件头标签（第 61～80 列）	说明	格式
RINEX VERSION/TYPE	RINEX 格式的版本号（在本版本中为 2.10） 文件类型（在本文件中为 "N"）	F9.2，11X A1，19X
PGM/RUN BY/DATE	创建本数据文件所采用数据的名称 创建本数据文件单位的名称 创建本数据文件的日期	A20 A20 A20
COMMENT	注释行	A60
ION ALPHA	历书中的电离层参数 A0～A3（第四子帧的第 18 页）	2X，4D12.4
ION BETA	历书中的电离层参数 B0～B3	2X，4D12.4
DELTA-UTC：A0，A1，T，W	用于计算 UTC 时间的历书参数（第 4 子帧的第 18 页）如下： A0，A1：多项式系数； T：UTC 数据的参考时刻； W：UTC 参考周数，为连续计数，不是 1024 的余数	3X，2D19.12 I9 I9
LEAP SECONDS	由于跳秒而造成的时间差	I6
END OF HEADER	文件头节的最后一个记录	60X

表 10-5　GPS 导航电文文件数据记录节格式说明

观测值记录	说明	格式
PRN 号 / 历元 / 卫星钟	卫星的 PRN 号 历元：TOC（卫星钟的参考时刻） 年（2 个数字，如果需要可补 0） 月，日，时，分 分 卫星钟的偏差 /s 卫星中的漂移 /（s/s） 卫星钟的漂移速度 /（s/s²）	I2， 1X,I2.2 4(1X,I2) F5.1 3D19.12

续表

观测值记录	说明	格式
广播轨道-1	IODE(Issue of Data, Ephemeris/ 数据、星历发布时间) C_{ri} (m) Δn (rad/s) M_0 (rad)	3X, 4D19.12
广播轨道-2	C_{uc} (rad) e 轨道偏心率 C_{us} (radians) sqrt(A) ($m^{0.5}$)	3X, 4D19.12
广播轨道-3	TOE 星历的参考时刻（GPS 周内的秒数） C_{ic} (rad) Ω (rad)（OMEGA） C_{is} (rad)	3X, 4D19.12
广播轨道-4	i_0 (rad) C_{rc} (m) ω (rad) $\dot{\Omega}$ (rad/s)（OMEGA DOT）	3X, 4D19.12
广播轨道-5	i (rad/s)（IDOT） L_2 上的码 GPS 周数（与 TOE 一同表示时间）。为连续计数，不是 1024 的余数 L_2P 码数据标记	3X, 4D19.12
广播轨道-6	卫星精度（m） 卫星健康状态（第一子帧第 3 字第 17～22 位） TGD（s） IODC 钟的数据龄期	3X, 4D19.12
广播轨道-7	电文发送时刻①[单位为 GPS 周的秒，通过交接字（HOW）中的 Z 计数得出] 拟合区间（h）②，如未知则为零 备用 备用	3X, 4D19.12

在 RINEX 格式 GPS 导航电文文件的数据记录节中，按卫星和参考时刻存放各颗卫星的时钟和轨道数据。每颗卫星一个参考时刻的数据占 8 行，第 1 行为卫星的 PRN 号和该卫星时钟的参考时刻及其改正模型参数，第 2～8 行为该卫星的广播轨道数据。由于导航电文通常每 2h 更新一次，因此，某些卫星可能会有多个不同参考时刻的数据。

10.2 GNSS 主要误差的模型改正

GPS 单点定位中使用非差分的伪距和载波相位观测值，没有通过差分来消除或削弱各种观测误差的影响，所以必须考虑并改正所有的误差项。概括起来，主要有两种途径来处理这些误差项，第一种是对于能精确模型化的误差采用模型改正，如卫星天线相位中心偏差及其变化的改正、各种潮汐负荷的影响、相对论效应等都可以采用现有的模型精确改正。第二种是对于不能精确模型化的误差加参数进行估计或使用组合观测值进行消除，例如，目前，对流层天顶湿延迟，还难以用模型对其精确模拟，而是通过增加参数进行估计。本节主要对第一种误差改正方法进行讨论。

10.2.1 天线相位偏心的改正

天线相位中心的改正包括两部分，一部分是天线相位中心偏差（相对于天线参考点）的改正，另一部分是天线相位中心变化（相对于平均天线相位中心）引起的改正。来自各个卫星的 GPS 信号从不同的方向到达接收机天线，天线相位中心的位置依赖于这个方向，这种对方向的依赖被称为天线相位中心变化。严格地讲，天线相位中心变化对于 L_1 和 L_2 载波相位不是相同的，用来保护 GPS 接收机天线免受多路径和环境影响的天线屏蔽器对天线相位中心的变化也有影响。

1. 接收机天线相位中心的偏差和变化

接收机天线相位中心的偏差包括两部分：一部分是接收机天线理论设计相位中心与测站标志中心间的偏差，另一部分是接收机天线理论设计相位中心与相位观测时参考（实际）相位中心间的偏差。第一部分可以通过简单的几何改正方法进行改正；而第二部分偏差的量级较小，其产生的原因是，在 GPS 测量中，相位观测值都是以接收机天线接收相位的实际相位中心为参考的。理论上讲，接收机天线设计相位中心与相位观测值参考（实际）相位中心应保持一致。而实际上，接收机天线观测相位时的参考（实际）相位中心会随着卫星信号输入的强度、方向及高度角的变化而变化，即相位观测时，天线实际相位中心的瞬时位置与理论设计的天线相位中心不重合，两者的偏差值可达数毫米，甚至数厘米。在精密单点定位中，如果要实现厘米级甚至更高的定位精度，就需要考虑这项偏差的改正。其处理方法是利用事先确定的改正模型来消除其影响。

2. 卫星天线相位中心偏差

卫星天线相位中心偏差是指卫星质量中心和卫星发射信号的天线相位中心之间的偏差（图 10-1）。我们知道，卫星定轨中的轨道力模型是以卫星的质心为参考的，也就是说，IGS 等组织提供的精密星历所计算的卫星位置是卫星质心的位置，而 GPS 信号是从卫星的天线相位中心发射的，GPS 接收机所测量的卫星到测站的观测距离（相位或

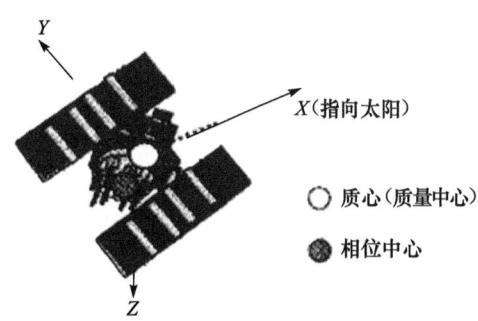

图 10-1　卫星天线相位中心偏差示意图

伪距），也是卫星天线相位中心到地面 GPS 接收机天线之间的距离。因此，在精密单点定位中，必须顾及 GPS 卫星质心和卫星天线相位中心之间的偏差改正。不同系列的 GPS 卫星，卫星天线相位中心偏差的数值不同，表 10-6 给出了不同系列卫星在星固系下，卫星天线相位中心相对于卫星质心的偏差。

表 10-6 星固系下卫星天线相位中心的偏差

卫星系列	X/m	Y/m	Z/m
Block II/IIA	0.279	0.000	1.023
Block IIR/IIF	0.000	0.000	0.000

10.2.2 相位的 wind-up 改正

GPS 卫星传送右旋极化（right circularly polarized，RCP）的无线电波，因此，被观测到的载波相位与卫星和接收机天线的相对指向有关。假如接收机或卫星天线绕它的中心轴（垂直轴）旋转一圈，将使载波相位观测值有最多一周（一个波长）的变化，这个影响被称为"相位的 wind-up"。除非在移动中，否则接收天线是不会旋转的，而是始终保持指向一个固定的参考方向（通常是北方向）。由于卫星的太阳能板要始终一直指向太阳，测站和卫星之间的几何关系会变化，因此卫星的天线会缓慢地旋转。在日蚀期间，为了重新定向卫星的太阳能板，卫星被迫迅速旋转，这种现象叫做"正午"（从太阳到卫星再到地球中心是一条直线）和"子夜旋转"（从太阳到地球再到卫星是一条直线）。在少于半小时的过程中，卫星天线的旋转可以多达一周。在这样的正午或子夜旋转时，相位数据需要施加这方面的改正（Kouba，2001），或者简单地剔除这部分数据。

但在大多数 GPS 差分定位数据处理时，甚至在精密差分定位软件中，这个载波相位的 wind-up 效应引起的改正通常都被忽略了，这是因为对于跨度几百千米的基线，在双差定位时，载波相位的 wind-up 十分微小，完全可以忽略。有人实验过，对于 4000km 长的基线，该误差可以达到 4cm（Wu et al.，1993）。然而，在固定 IGS 卫星钟的非差定位时，这个影响是显著的，因为它可以达到半个波长。大约从 1994 年开始，大多数的 IGS 分析中心使用了这个相位 wind-up 改正项，因此，在 IGS 轨道/钟的联合产品中也使用了这个改正项。如果忽略它，而且固定 IGS 轨道/钟差，将导致位置和钟差在分米精度上误差。对于接收机天线的旋转（如在动态定位/导航期间），相位的 wind-up 被完全吸收到测站的钟差参数中了。

相位的 wind-up 改正（在距离上）可以如下计算：

$$\Delta \psi = \text{sign}(\xi) \arccos(D' \cdot D / |D'||D|) \tag{10-1}$$

式中，$\xi = \hat{k} \cdot (D' \times D)$，$\hat{k}$ 为卫星到接收机的单位向量；D' 和 D 为卫星和接收机的有效偶极向量，可以由当前星体坐标单位向量 $(\hat{x}', \hat{y}', \hat{z}')$ 和本地接收机单位向量（即北，东，上）——记作$(\hat{x}', \hat{y}', \hat{z}')$来计算：

$$D' = \hat{x}' - \hat{k}(k \cdot \hat{x}') - \hat{k} \times \hat{y}' \quad (10\text{-}2)$$

$$D = \hat{x} - \hat{k}(\hat{k} \cdot \hat{x}) - \hat{k} \times \hat{y} \quad (10\text{-}3)$$

10.2.3 测站位移影响与改正

从全球观点来看，测站一个周期的运动可达几个分米，是真实的或显然的，在 ITRF 的"规范化"位置中没有包含这个运动，只是使用模型去掉了这个位置中的"高频"部分。因为在地球广阔的表面上，大多数的周期性测站运动几乎是相同的，因此，在短基线（<100km）相对定位时，这个运动几乎忽略不计了。然而，如果你想要在 PPP 中使用非差方法或在超过 500km 的相对定位中获得一个精确的与当前的 ITRF 公约一致的测站坐标结果，上面的测站运动必须要使用在 IERS 公约中推荐的模型进行改正。这个可以通过给"规范"的 ITRF 坐标增加下面列出的测站位移改正项来完成。那些幅值小于 1cm 的测站位移影响，如由大气和地面、水和（或）冰的负荷引起的位移被忽略（Kouba，2009）。

1. 地球固体潮

事实上，"固体"地球很软，产生海潮的引力同样也能够使其产生响应（Kouba，2009）。由潮汐引起的周期性的垂直和水平位移用 n 阶 m 次的球谐函数表示，其特征用 Love 数 h_{nm} 和 Shida 数 l_{nm} 表征。这些数的有效值对纬度和潮汐频率有弱依赖性（Wahr，1981），因此，在精度 5mm 的水平，笛卡尔坐标上的位移向量 $\Delta_r^T = [\Delta x, \Delta y, \Delta z]$ 用下面的公式计算：

$$\Delta r = \sum_{j=2}^{3} \frac{GM_j}{GM} \frac{r^r}{R_j^3} \left\{ \left[3l_2(\hat{R}_j \cdot \hat{r})\right]\hat{R}_j + \left[3\left(\frac{h_2}{2} - l_2\right)(\hat{R}_j \cdot \hat{r})^2 - \frac{h_2}{2}\right]\hat{r} \right\} \\ + [-0.025m \cdot \sin\varphi \cdot \cos\varphi \cdot \sin(\theta_g + \lambda)] \cdot \hat{r} \quad (10\text{-}4)$$

式中，GM、GM_j 为地球、月亮（$j=2$）和太阳（$j=3$）的引力参数；r、R_j 为测站、月亮和太阳的地心状态向量，对应的单位向量分别是 $\hat{r}$ 和 $\hat{R}_j$；l_2 和 h_2 为标称二阶 Love 和 Shida 无量纲数（大约为 0.609 和 0.085）；φ 和 λ 是点的纬度和经度（向东为正）；θ_g 为格林尼治平衡星时。

由式（10-4）的计算，潮汐改正可达 30m，在水平方向可达 5cm。它包含一个依赖于纬度的永久位移和一个周期部分，其幅值主要是半日周期和日周期变化。对于 24h 以上的静态定位，周期性的部分大大地被平均掉了。然而，在中纬度地区可以达到 12cm（在径向方向上）的永久性部分，还是在这个平均位置中被保留了下来。

2. 极移引起的旋转变形（极潮）

类似太阳和月亮的引力会引起测站位置周期性地位移。地球离心力位上的微小变化，地球相对于地壳的自转轴的变化，即极移也会引起测站位置周期性的变化。使用二阶 Love 数和 Shida 数，对纬度（+北）、经度（+东）和高程（+上）进行改正（以 mm 为单位），近似等于（IERS，2003）：

$$\Delta\varphi = -9\cos 2\varphi[(X_p - \bar{X}_p)\cos\lambda - (Y_p - \bar{Y}_p)\sin\lambda] \quad (10\text{-}5)$$

$$\Delta\lambda = 9\cos\varphi[(X_p - \bar{X}_p)\sin\lambda - (Y_p - \bar{Y}_p)\cos\lambda] \quad (10\text{-}6)$$

$$\Delta h = -33\cos 2\varphi[(X_p - \bar{X}_p)\cos\lambda - (Y_p - \bar{Y}_p)\sin\lambda] \quad (10\text{-}7)$$

式中，$(X_p - \bar{X}_p)$ 和 $(Y_p - \bar{Y}_p)$ 为极坐标与平均极坐标 $(\bar{X}_p, \bar{Y}_p)$ 的差值。

不像固体地球潮汐和海洋负荷的影响，极潮不会通过对 24h 取平均值的方法使其近似为零。最大的极潮位移在高程上可以达到 25mm，在平面方向上可达 7mm。

（1）海洋负荷

海洋负荷与固体地球潮汐相似，其由日周期和半日周期决定，但它是由海潮对其下地壳的负荷特别的（Kouba，2009），而由海潮引起的位移比由固体潮引起的位移小一个数量级。海洋负荷具有地域性，根据经验，它不会有一个永久的部分。对于在 5cm 精度水平上的单历元定位或 24h 精密静态定位，这个影响不得不被考虑。对于一个 24h 的静态单点定位的处理，当要求解算对流层或钟差时，也不得不考虑海洋负荷的影响，除非测站距离最近的海岸线很远（>1000km）。否则，海洋负荷的影响将被吸收到对流层和测站钟差中。在每一个基本方向上，根据下面的改正项，可以模拟海洋负荷影响：

$$\Delta c = \sum_j f_j A_{cj} \cos(\omega_j^t + \chi_j + u_j - \Phi_{cj}) \quad (10\text{-}8)$$

式中，f_j 和 u_j 与月球交点的经度有关，但是，对于 1～3mm 的精度，可以设置 $f_j=1$ 和 $u_j=0$，j 是 11 个潮波的表示，记做 M_2，S_2，N_2，K_2，K_2，O_2，P_2，Q_2，M_f，M_m 和 SS_a；ω_j 和 x_j 是在时间 $t=0$h 潮波分量 j 的角速度和天文角。

（2）地球自转参数（ERP）

地球自转参数（即极位置 X_p，Y_p 和 UT1～UTC），连同恒星时、岁差和章动公约一起，方便了地球参考框架和惯性参考框架之间的转换，这些框架在全球的 GPS 分析中要用到。如 IGS 轨道产品，十分精确地隐含着 ERP。因此，固定 IGS 轨道或对 IGS 轨道施加严格约束，并且直接在 ITRF 下工作的用户不需要考虑 ERP 模型。

一天内的 ERP 也主要被海潮日周期和半日周期所控制，能够增加 3cm。每个亚日 ERP 分量改正（δX_p，δY_p，δUT1）由下面的近似公式计算，对 X_p 极分量为

$$\delta X_p = \sum_{j=1}^{8} F_j \sin\xi_j + G_j \cos\xi_j \quad (10\text{-}9)$$

式中，ζ_j 为在当前历元对 8 个日潮波和半个潮波分量 j 的天文角，即（M_2，S_2，N_2，K_2，K_1，O_1，P_1，Q_1），随 $n \cdot \pi/2$（$n=0$，1 或 -1）增大，F_j 和 G_j 是由最新的全球海潮模型推导的 3 个 ERP 分量的潮波系数。

10.3　GNSS 精密单点定位数据处理方法

精密单点定位技术（precise point positioning，PPP）的出现，为大范围高精度的动态定位提供了新的解决思路。利用非差精密单点定位技术取代传统的差分动态定位技术，可彻底摆脱大范围、长距离测量对地面参考站的依赖，显著提高了作业效率，节约了用户成本。近年来，PPP 技术逐渐发展成为卫星导航定位技术领域的热点研究方向之一，正在蓬勃发展，显现出了广阔的应用前景。

精密单点定位是在 20 世纪 70 年代美国子午卫星时代针对 Doppler 精密单点定位提出的概念。GPS 卫星定位系统开发后，由于 C/A 码或 P 码的单点定位精度不高，80 年代中期就有人探索采用原始相位观测数据进行精密单点定位，即所谓的非差相位单点定位。但是，由于在定位估计模型中需要同时估计每一历元的卫星钟差、接收机钟差、对流层秩亏所见卫星的相位模糊度参数和测站的三维坐标，待估参数太多，估计方程是秩亏的，基本无法提出解决方案，问题的高难度使得这一方法在 80 年代后期暂时搁置了起来。90 年代中期，国际 GPS 服务中心开始向全球提供精密星历和精密卫星钟差产品，同时还提供精度等级不同的事后、快速和预报 3 类精密星历和相应的 15min、5min 间隔的精密卫星钟差产品，这就为非差相位精密单点定位提供了新的解决思路。1997 年，美国喷气推进实验室 (JPL) 的研究人员 Zumberge 等提出了利用 GIPSY 软件和 IGS 精密星历，同时利用一个 GPS 跟踪网的数据确定 5s 间隔的卫星钟差，在单站定位方程式中，只估计双站对流层参数、接收机钟差和测站三维坐标的精密单点定位研究思路，并取得了 24h 连续静态定位精度达 1～2cm、事后单历元动态定位精度达 2.3～3.5dm 的试验结果，用实测数据证明了利用非差相位观测值进行精密单点定位是完全可行的（Zumberge et al.，1997）。NRCan 的 Heroux 等也研究了非差精密单点定位方法，他们处理长时间静态观测数据的结果精度也达到厘米级（Kouba and Héroux，2001）。德国地学研究中心 (GFZ) 和加拿大的大地测量局 (GSD) 也开发了相应的精密单点定位软件系统，取得了同样精度的静态和动态定位结果。

随后几年，PPP 的数学模型、误差改正及其相关算法得到了更深入的研究（Kouba and Héroux，2001；Gao and shen.，2001；韩保民和欧吉坤，2003；张小红等，2005）。GPS 数据处理软件 BERNESE，在其 4.2 版本中增加了用非差相位观测值进行 PPP 处理的功能（Hugentobler et al.，2001），BERNESE 5.0 版本对此功能又进行了改进。加拿大 Calgary 大学开发了 P3 软件。武汉大学研制开发出了 TriP 和 PANDA 软件。2007 年前后，国外已有数家公司也推出了具有 PPP 数据处理功能的软件，主要包括：GrafNav7.8 版本在原来差分定位的基础上增加了 PPP 的解算模块；加拿大 APPLANiX 公司推出了 POSPac AIR 软件，也具有 PPP 处理能力；瑞士 Leica 公司也推出了自己的 PPP 数据处理软件 IPAS PPP；挪威 TerraTec 公司推出了基于 PPP 模式的动态定位软件 TerraPOS 等。

PPP 技术在海洋测绘中已得到了一定程度的应用，美国 JPL 的 GIPSY、德国的 EPOS 和瑞士的 Bernese 等高精度 GPS 数据处理软件都包含了 PPP 功能。JPL 每日提供的全球 IGS 站的对流层延迟数据就是采用 PPP 技术计算得到的。香港理工大学的陈武等（Chen et al.，2004）将 PPP 技术应用于 GPS 浮标定位以监测海面变化，罗孝文等（Luo et al.，2015）利用 PPP 技术结合 EGM 2008 开展了潮位数据获取的研究。

本节主要介绍双频精密单点定位的基本理论和方法，单频精密单点定位除了数据预处理方法和电离层延迟改正处理方法与双频精密单点定位有所不同外，其原理基本上与双频精密单点定位的原理类似，读者可参阅相关文献。

10.3.1 PPP 模型

与传统的伪距单点定位相比，PPP 在静态模式下能够达到厘米级的定位精度，在动态模式下也能够达到分米级的定位精度（Bisnath and Gao，2007）。与经典的相对定位作业方式相比，PPP 是单机独立作业，不需要与其他作业小组配合，减少了外业作业中不同作业小组之间搬站时因不同步而消耗的相互等待时间，提高了外业作业的工作效率和设备的利用率。与差分定位作业方式相比，PPP 不需要基准站，不受作业距离的限制，可以在数千平方千米乃至全球范围内进行作业。此外，PPP 具有数据处理简单，无需平差，获得的点位结果间无误差积累，定位精度均匀等优点。目前，该技术已经成为国际国内卫星大地测量领域及相关学科的研究热点。

在 GNSS 高精度数据处理时，电离层延迟误差有不同的处理方法，通常采用组合消除和参数估计两种方法。因此，按照不同的组合（或非组合）方式，可以构建出不同的 PPP 模型。常用的 PPP 模型有无电离层组合模型、UofC 模型、基于原始观测值的非组合模型和相位平滑伪距模型。

10.3.2 双频码和相位模型

传统模型主要由双频载波相位和伪距观测值的无电离层组合共同构成观测模型，该模型可以有效消除一阶电离层带来的影响。在精密单点定位中，传统模型的非差相位观测方程可以用式（10-10）进行表示：

$$\begin{aligned}\Phi_{\mathrm{IF}}&=\frac{f_1^2}{f_1^2-f_2^2}\Phi_1-\frac{f_2^2}{f_1^2-f_2^2}\Phi_2\\&=\rho+d\rho_{\mathrm{trop}}+c\,\mathrm{d}t+\frac{1}{f_1^2-f_2^2}(f_1^2\lambda_1N_1-f_2^2\lambda_2N_2)+\varepsilon(\Phi_{\mathrm{IF}})\end{aligned} \quad (10\text{-}10)$$

可以利用式（10-11）表示传统模型的非差测码伪距观测方程：

$$P_{\mathrm{IF}}=\frac{f_1^2}{f_1^2-f_2^2}P_1-\frac{f_2^2}{f_1^2-f_2^2}P_2=\rho+d_{\mathrm{trop}}+c\,\mathrm{d}t+\varepsilon(P_{\mathrm{IF}}) \quad (10\text{-}11)$$

式中，P 为伪距观测值；Φ 为载波相位伪距；f 为载波频率；trop 为对流层延迟；c 为光速；dt 为接收机的时钟差；ρ 为星地间的距离；$\dfrac{1}{f_1^2-f_2^2}(f_1^2\lambda_1 N_1 - f_2^2\lambda_2 N_2)$ 为无电离层组合观测模型的模糊度；$\varepsilon(\Phi_{\text{IF}})$ 和 $\varepsilon(P_{\text{IF}})$ 分别为两种组合观测值的未被模型化的误差和观测噪声。

10.3.3 UofC 模型

UofC 模型在无电离层相位组合的基础上，还采用了 L_1 和 L_2 两个频率上的测码伪距，以及相位观测值的平均形式的组合，其观测模型可以用下面的公式表达：

$$P_{\text{IF},L_1} = \frac{1}{2}(P_1 + \Phi_1) = \rho + c\,\text{d}t + d_{\text{trop}} + \frac{1}{2}\lambda_1 N_1 + \varepsilon(P_{\text{IF},L_1}) \qquad (10\text{-}12)$$

$$P_{\text{IF},L_2} = \frac{1}{2}(P_2 + \Phi_2) = \rho + c\,\text{d}t + d_{\text{trop}} + \frac{1}{2}\lambda_2 N_2 + \varepsilon(P_{\text{IF},L_2}) \qquad (10\text{-}13)$$

$$\Phi_{\text{IF}} = \frac{f_1^2}{f_1^2 - f_2^2}\Phi_1 - \frac{f_2^2}{f_1^2 - f_2^2}\Phi_2 = \rho + d_{\text{trop}} + c\,\text{d}t + B_{\text{IF}} + \varepsilon(\Phi_{\text{IF}}) \qquad (10\text{-}14)$$

式（10-12）、式（10-13）和式（10-14）中的 $P_{\text{IF},L1}$ 和 $P_{\text{IF},L2}$ 分别为 L_1 和 L_2 两个频率上的码与相位的组合观测值；Φ_{IF} 为传统的无电离层相位组合观测值；$\varepsilon(P_{\text{IF},L1})$、$\varepsilon(P_{\text{IF},L2})$ 和 $\varepsilon(\Phi_{\text{IF}})$ 分别为 3 种组合观测值的量测噪声，以及其他未被模型化因素引起的误差值。

10.3.4 无模糊度模型

无模糊度模型通过历元间差分的载波相位观测值，以及无电离层伪距组合观测值进行求差处理。该模型的主要特征是，消除了模糊度对观测结果的影响，在观测过程中不需要对模糊度进行考虑，其可以用下面的公式表达：

$$P_{\text{IF}} = \frac{f_1^2}{f_1^2 - f_2^2}P_1 - \frac{f_2^2}{f_1^2 - f_2^2}P_2 = \rho + d_{\text{trop}} + c\,\text{d}t + \varepsilon(P_{\text{IF}}) \qquad (10\text{-}15)$$

$$\begin{aligned}\Delta\Phi_{\text{IF}} &= \Phi_{\text{IF}}(i) - \Phi_{\text{IF}}(i-1) \\ &= \rho(i) - \rho(i-1) + c[\text{d}t(i) - \text{d}t(i-1)] + \text{drop}(i) - \text{drop}(i-1) + \varepsilon(\Delta\Phi_{\text{IF}}) \\ &= \Delta\rho + c\Delta\text{d}t + \Delta d_{\text{trop}} + \varepsilon(\Delta\Phi_{\text{IF}})\end{aligned} \qquad (10\text{-}16)$$

式中，$\Delta\Phi_{\text{IF}}$ 为两个历元 i 和 $i\sim 1$ 时刻无电离层相位组合观测值之间的差值；$\Delta\rho$ 为两个历元的几何距离差值；$\varepsilon(\Delta\Phi_{\text{IF}})$ 为历元差观测值的量侧噪声，以及未被模型化的误差。

10.3.5 相位平滑伪距模型

使用平滑伪距：

$$\bar{P} = \rho + c\,\text{d}t + T + \varepsilon \qquad (10\text{-}17)$$

式中，$\bar{P}$ 为用相位对伪距平滑后的值，伪距平滑用下式（Dach et al., 2009）：

$$\tilde{P}_1(t) = L_1(t) + \bar{P}_1 - \bar{L}_1 + 2 \cdot \frac{f_2^2}{f_1^2 - f_2^2} \cdot \{[L_1(t) - \bar{L}_1] - [L_2(t) - \bar{L}_2]\} \quad (10\text{-}18)$$

或

$$\tilde{P}_2(t) = L_2(t) + \bar{P}_2 - \bar{L}_2 + 2 \cdot \frac{f_2^2}{f_1^2 - f_2^2} \cdot \{[L_1(t) - \bar{L}_1] - [L_2(t) - \bar{L}_2]\} \quad (10\text{-}19)$$

式中，$F=1, 2$ 是载波频率；$\tilde{P}_F(t)$ 为在历元 t 处对 F 频率的码观测值的平滑值；$L_F(t)$ 为在历元 t 处对 F 频率的载波相位的观测值；$(\bar{P}_F - \bar{L}_F)$ 为在当前的观测弧段上，F 频率所有可接受的码和相位观测值的平均值之差。

在平滑时考虑到了码的电离层的影响与相位的电离层影响符号相反的特点，因此在平滑伪距中已经消除了电离层的影响。

在上述模型中，对流层项 T 可以表示成 4 个参数的函数：

$$T = m_h(e)D_{hz} + m_N(e)D_{\omega z} + m_g(e)[G_N \cos\alpha + G_E \sin\alpha] \quad (10\text{-}20)$$

式中，4 个参数是天顶静水力延迟（the zenith hydrostatic delay）D_{hz}，天顶湿延迟（the zenith wet delay）$D_{\omega z}$，水平延迟梯度分量 G_N 和 G_E；m_h，m_ω 和 m_g 分别为静力学延迟、湿延迟和梯度的投影函数；e 为被接收到的信号高度角；α 为被接收到信号的方位角。Davis 和 MacMillan 推荐 $m_g(e)=m_h(e)\cot e$ 或 $m_g(e)=m_\omega(e)\cot e$（Davis et al., 1993；MacMillan, 1995），Chen 和 Herring（1997）建议使用 $m_g(e)=1/(\sin e \tan e + 0.0032)$，不同的公式在高度角大于 10° 时相差不超过 10%，但是在高度角为 5° 时可以相差 50%，这主要是由 $\cot e$ 的奇异性导致的。梯度的估计仅在当高度角低于 15° 时才有价值。对于 GPS 分析而言，由于多路径的影响，如此低的高度角的数据应该减少使用。

10.4 动态差分 GNSS 定位数据处理方法

除了 PPP 技术，海洋测绘使用比较广泛的还有全球差分、区域差分和网络 RTK 定位方法，本节对其基本原理进行介绍。

10.4.1 差分 GPS 定位技术方法

差分 GPS 定位技术就是将一台 GPS 接收机固定安置在基站上进行观测，其坐标是已知的，另一台接收机安置在运动的载体上，载体在运动过程中，其上的 GPS 接收机与基准站上的接收机同步观测 GPS 卫星，以实时确定载体在每个观测历元的瞬时位置。在实时定位过程中，由基准站接收机通过数据链发送修正数据，用户站接收机接收该修正数据，并对测量结果进行改正处理，以达到消除或减少相关误差的影响，获得精确的定位结果。

差分定位过程中存在三部分误差：第一部分是每一个用户接收机所共有的，包括卫星钟误差、星历误差、电离层误差、对流层误差等；第二部分为不能由用户测量或由校正模型来计算的传播延迟误差；第三部分为用户接收机所固有的误差，包括内部噪声、通道延迟、多径效应等。利用差分技术，可以完全消除第一部分误差，可以消除大部分第二部分误差，其主要取决于基准接收机和用户接收机的距离，第三部分误差则无法消除。

按照对 GPS 信号的处理方式不同，可分为实时差分和事后差分（后处理差分）。实时差分 GPS 就是在接收机接收 GPS 信号的同时计算出当前接收机所处位置、速度和时间等信息；后处理差分 GPS 则是把卫星信号记录在一定介质 (GPS 接收机主机) 上，回到室内进行数据处理，获取用户接收机在每个瞬间所处的位置、速度、时间等信息。

差分 GPS 技术发展十分迅速，从初期仅能提供坐标改正数或距离改正数，已发展为目前的能将各种误差分离开来，并向用户提供卫星星历改正、卫星钟差改正、各种大气延迟模型等各种改正信息。数据通信也从利用一般的无线电台发展为利用广播电视部门信号中的空闲部分来发送改正信息，从而大幅增加了信号的覆盖面。

按照提供修正数据的基准站的数量不同，差分定位可以分为单基准站差分、多基准站差分。根据基准站所发送的修正数据的类型不同，单基准站差分又可以分为位置差分、伪距差分 (RTD)、载波相位差分 (RTK)。而多基准站差分又包括局部区域差分、广域差分和多基准站 RTK 技术。

1. 位置差分方法

位置差分方法是一种最简单的差分方法，任何一种 GPS 接收机均可改装和组成这种差分系统。安置在已知点（参考站）上的 GPS 接收机，通过对 4 颗或 4 颗以上的卫星进行观测，便可实现定位，求出参考站的坐标 (X^*, Y^*, Z^*)。由于存在卫星星历、时钟误差、大气折射等误差的影响，该坐标与参考站的已知坐标 (X_0, Y_0, Z_0) 一样存在误差。即

$$\begin{cases} \Delta X = X^* - X_0 \\ \Delta Y = Y^* - Y_0 \\ \Delta Z = Z^* - Z_0 \end{cases} \quad (10\text{-}21)$$

式中，X^*、Y^*、Z^* 为实测坐标；X_0、Y_0、Z_0 为参考站已知坐标；ΔX、ΔY、ΔZ 为坐标改正数。

参考站利用数据链将此坐标改正数发送给用户站，用户站用接收到的坐标改正数对其坐标进行改正，即

$$\begin{cases} X_u = X_u^* + \Delta X \\ Y_u = Y_u^* + \Delta Y \\ Z_u = Z_u^* + \Delta Z \end{cases} \quad (10\text{-}22)$$

如果考虑数据传送时间差而引起的用户站位置的瞬间变化,则

$$\begin{cases} X_\mathrm{u} = X_\mathrm{u}^* + \Delta X + \dfrac{d(\Delta X - X_\mathrm{u}^*)}{dt}(t - t_0) \\ Y_\mathrm{u} = Y_\mathrm{u}^* + \Delta Y + \dfrac{d(\Delta Y - Y_\mathrm{u}^*)}{dt}(t - t_0) \\ Z_\mathrm{u} = Z_\mathrm{u}^* + \Delta Z + \dfrac{d(\Delta Z - Z_\mathrm{u}^*)}{dt}(t - t_0) \end{cases} \quad (10\text{-}23)$$

式中,t 为用户站时刻;t_0 为参考站的校正时刻。

经过坐标改正后的用户坐标已消除了参考站和用户站的共同误差(如卫星轨道误差、SA 影响、大气折射影响等),提高了定位精度。以上情况的先决条件是参考站和用户站观测同一组卫星的情况。位置差分法适用于用户与参考站间距离在 100km 以内的情况。这种差分方式的优点是需要传输的差分改正数较少,计算方法较简单,只需要在解算的坐标中加入改正数即可,能适用于一切 GPS 接收机,包括最简单的接收机。其局限性如下:

1)要求参考站与用户站必须保持观测同一组卫星。由于参考站与用户站接收机配备不完全相同,且两个站观测环境也不完全相同,因此,难以保证两个站观测同一组卫星,将导致定位误差不匹配,从而影响定位精度。

2)坐标差分定位效果不如伪距差分好。

2. 伪距差分技术

伪距差分是目前用途最广的一种技术,几乎所有的商用差分 GPS 接收机均采用这种技术。它是在参考站上利用已知坐标求出测站至卫星的距离,并将其与含有误差的测量距离加以比较,然后利用一个 $\alpha\text{-}\beta$ 滤波器将此差值滤波,并求出其偏差,同时将所有卫星的测距误差传输给用户,用户利用此测距误差来改正测量的伪距,最后,用户利用改正后的伪距求出自身的坐标就可以消去公共误差,提高定位精度。

伪距差分的优点如下:

1)由于计算的伪距改正数是直接在 WGS 84 坐标系下进行的,获得的是直接改正数,不用先变换为当地坐标,因此能达到很高的精度。

2)这种改正数能提供伪距改正数和伪距改正数的变化率,使得可以在未得到改正数的时间空隙内继续进行精密定位,这达到了 RTCM SC-104 所制定的标准。

3)参考站能提供所有卫星的改正数,而用户可以允许接收任意 4 颗卫星进行改正,所观测的卫星也不必完全相同,因此用户用具有差分功能的简易接收机即可。

与位置差分相似,伪距差分也是利用两站公共误差的抵消来提高定位精度的,而其误差的公共性与两站距离有关,随着用户到参考站距离的增加,其误差公共性逐渐减弱,因此,用户到参考站的距离对定位精度的影响起决定性作用。为了改善差分 GPS 应用的性能,采用伪距误差空间相关和差分 GPS 多个地面参考站技术,用空间相

关误差变化的方法,以提高差分 GPS 的定位精度和扩大其应用领域。这些空间相关性随时间变化,并与大气、星座、导航偏差有关。在作业中,对当前相矢距离进行估算,算出的这些相关距离即作为用户当前在卡尔曼滤波中的最佳伪距补偿值。通过严格计算参考站之间的 GPS 相关距离误差变化,就可以增加作用距离,并提高其定位精度。

GPS 用户接收机必须同时观测 4 颗卫星才能确定出三维坐标和消除接收机钟差,其定位精度取决于所采用的差分、测量和相关技术后的伪距误差大小,应用了大气相关后,其剩余的伪距误差可用差分技术消除卫星钟误差和剩余大气延迟误差与星历误差。所有这些误差均与时间相关,除卫星钟差以外,都与空间相关。空间相关对于伪距差分而言,其减小了用户与参考站间距离对其定位精度的影响,即提高了定位精度。

3. 载波相位差分（RTK）

常规 RTK 就是利用 GPS 载波相位观测值实现厘米级的实时动态定位。常规 RTK 定位的标准模式是利用两台 GPS 接收机（一台为参考站,一台为流动站）进行同步观测,常规 RTK 作业时,参考站需将所获得的载波相位观测值（最好加上测码伪距观测值）和参考站位置,通过数据通信链实时播发给在其周围工作的流动站用户。于是,相关动态用户就能根据自己获得的相同历元的载波相位观测值（最好加上测码伪距观测值和广播星历）进行实时相对定位,进而根据参考站的站坐标求得自己的瞬时位置。为消除卫星钟和接收机钟的钟差,削弱卫星星历误差、电离层延迟误差和对流层延迟误差等的影响,在 RTK 中通常都采用双差观测值。其观测方程可写为

$$\lambda \cdot \Delta\nabla\varphi = \Delta\nabla\rho + \Delta\nabla d\rho - \lambda \cdot \Delta\nabla N - \Delta\nabla d_{\text{ion}} + \Delta\nabla d_{\text{trop}} + \Delta\nabla d_{\text{mp}}^{\varphi} + \in \Delta\nabla\varphi \quad (10\text{-}24)$$

式中,$\Delta\nabla$ 为双差算子（在卫星和接收机间求双差）;φ 为载波相位观测值;$\rho = \|\vec{X}^s - \vec{X}\|$ 为卫星至接收机的距离,其中,$\vec{X}^s$ 为卫星星历给出的卫星位置矢量,$\vec{X}$ 为测站的位置矢量;$d\rho$ 为卫星星历误差在接收机至卫星方向上的投影;λ 为载波的波长;N 为载波相位测量中的整周模糊度;d_{ion} 为电离层的延迟;d_{trop} 为对流层的延迟;d_{mp}^{φ} 为载波相位测量中的多路径误差;$\in \Delta\nabla\varphi$ 为双差载波相位观测值的测量噪声。整周模糊度 $\Delta\nabla N$ 可以通过初始化来确定,也可采用 OTF 法直接依据一个历元或数个历元的观测值来予以确定。

常规 RTK 建立在流动站与参考站误差具有很强相关性这一假设的基础上。当流动站离参考站较近（如不超过 10~15km）时,上述假设一般均能较好地成立,此时利用一个或数个历元的观测资料就可以得到较好的厘米级精度定位结果。然而,随着流动站与参考站之间距离增加,这种误差相关性将变得越来越差,即式（10-24）中的轨道偏差项 $\Delta\nabla d\rho$、电离层延迟的残差项 $\Delta\nabla d_{\text{ion}}$ 和对流层延迟的残差项 $\Delta\nabla d_{\text{trop}}$ 都将迅速增加,从而导致难以正确确定整周模糊度,无法得到固定解,定位精度迅速下降。当流动站和参考站之间的距离大于 50km 时,常规 RTK 的单历元解一般只能达到分米级的精度。

10.4.2 网络 RTK

常规 RTK 定位技术是一种基于 GPS 高精度载波相位观测值的实时动态差分定位技术，其也可用于快速静态定位。进行常规 RTK 工作时，除需配备基准站接收机和流动站接收机外，还需要数据通信设备，基准站需将自己所获得的载波相位观测值和站坐标通过数据通信链实时发给在其周围工作的动态用户。流动站数据处理模块使用动态差分定位的方式确定出流动站相对应基准站的位置，然后根据基准站的坐标求得自己的瞬时绝对位置（李征航和张小红，2009）。

在某一区域内建立多个(≥3个)GPS 基准站，对该地区构成网状覆盖，并以这些基准站中的一个或多个为基准，为该地区内的 GPS 用户实时高精度定位提供 GPS 误差改正信息，称为 GPS 网络 RTK。网络 RTK 也称为多基准站 RTK，是近年来在常规 RTK、计算机技术、网络通信技术等基础上发展起来的一种实时动态定位新技术。与常规 RTK 技术相比，网络 RTK 技术扩大了覆盖范围，降低了作业成本，提高了定位精度，减少了用户定位的初始化时间。

网络 RTK 系统是网络 RTK 技术的应用实例，它由基准站网、数据处理中心、数据播发中心、数据通信链路和用户部分组成。一个基准站网可以包括若干个基准站，每个基准站上配备有双频全波长 GPS 接收机、数据通信设备和气象仪器等。基准站的精确坐标一般可采用长时间 GPS 静态相对定位等方法确定。基准站 GNSS 接收机按一定采样率进行连续观测、通过数据通信链实时将观测数据传送给数据处理中心，数据处理中心首先对各个站的数据进行预处理和质量分析，然后对整个基准站网数据进行统一解算，实时估计出网内的各种系统误差的改正项（电离层、对流层和轨道误差），建立误差模型。

网络 RTK 系统根据通信方式不同，分为单向数据通信和双向数据通信。在单向数据通信中，数据处理中心直接通过数据发播设备把误差参数广播出去，用户收到这些误差改正参数后，根据自己的位置和相应的误差改正模型计算出误差改正数，然后进行高精度定位。在双向数据通信中，数据处理中心实时侦听流动站的服务请求和接收流动站发送过来的近似坐标，根据流动站的近似坐标和误差模型求出流动站处的误差后，直接将改正数或者虚拟观测值播发给用户。基准站与数据处理中心间的数据通信可采用数字数据网 DDN 或无线通信等方法进行。流动站和数据处理中心间的双向数据通信则可以通过 GSM、GPRS、CDMA 等方式进行。

10.5 GNSS 在海洋学中的拓展应用研究

海洋科学是研究海洋的自然现象、性质及其变化规律，以及与开发利用海洋有关的知识体系。它的研究对象是占地球表面 71% 的海洋，包括海水、溶解和悬浮于海水中的物质、海洋中的生物、海底沉积和海底岩石圈，以及海面上的大气边界层和河口海岸带等。海洋科学的研究领域十分广泛，其主要内容包括对海洋的物理、化学、生物和地质过程的基础研究，海洋资源开发利用，以及海上军事活动等的应用研究。

GNSS 在陆地上应用广泛，海洋上也开展了部分基于 GNSS 的相关研究。近几年，随着 GNSS 的发展和海洋科学研究的进一步深入，如何把 GNSS 和海洋学研究更好地结合起来，促进 GNSS 和海洋科学融合，进一步拓展 GNSS 的应用领域，成为 GNSS 研究者比较关心的问题。针对这些问题，结合作者近几年对 GNSS 海洋学的研究，本节就 GNSS 高精度确定潮位，潮位求解过程中面临的问题，如何利用非差分 GNSS 高精度确定浮标体海流速度、波浪幅值，如何利用船载 GNSS 对海洋大气、海洋地磁扰动进行测量等海洋研究话题进行讨论。

其中，应用 GNNS 进行水下立体定位和无验潮改正是海底地形测量的一种重要方法，其他相关拓展技术一并介绍给读者。

10.5.1 GNSS 海洋学研究及应用

1. GNSS 水下立体定位系统

GNSS 实现了全球开阔陆地、海面和外部空间的定位导航，由于无线电波信号不能在海水中传播，其在广阔的湖泊、海洋水下空间，不能直接使用。但是，由于声波信号在水中具有很好的传播特性，将 GNSS 技术和声呐技术进行集成，实现 GNSS 技术的水下扩展，可望完成广大的海洋水下空间具有和陆地一样的 GNSS 定位导航功能。水下 GNSS 定位系统就是基于差分 GNSS 技术的水面可变长基线定位系统。通过多个 GNSS 智能浮标在水面构成水面长基线网，实时检测水下目标的定位信号和测量其到达浮标的时间，实现系统的定位。该系统直接可以将水面浮标看成是 GNSS 卫星，水声信号看成是 GNSS 无线电信号，水下目标看成是 GNSS 接收机，水下目标可以在水中任意移动，系统实现动态定位。系统各个部分采用无线连接，水中通过水声信号，水面采用无线电信号。所以将该系统称为水下 GNSS 系统。早在 1989 年，有人提出通过无线电链路将水底长基线系统搬到水面，建立水面漂浮长基线系统。只是当时 GPS 系统还在建设阶段，GPS 技术发展还不能解决水面基线的高精度实时定位。Dana（Dana，1994~1999）研究了水面漂浮长基线系统，并于 1991 年提出了通过水面浮标发射定位信号，水下应答器接收信号后给出应答信号，水面浮标测量信号的延迟，通过计算浮标到目标的距离来定位水下目标，同时申请了该项技术的专利。Thomas（Thomas，1994，1995）提出了另外一种水声测量方法，通过水下目标发射定位信号，水面各个浮标接收水下信号，该方法具有很强的灵活性和优点，得到了法国国防部门的支持。ACSA 公司于 1995 年 1 月开发了第一套原型 GPS 智能浮标，并成立了 ORCA 部门专门研制 GPS 智能浮标，以及适用于各种不同条件下海军的作业方案，海试取得成功，并在 1995 年 ION 大会上发表试验结果。

2. GNSS 海洋遥感

GNSS-R 反射计 (global navigation satellite systems reflectometry) 又称为被动反

射计和干涉计 PARIS (passive reflectometry and interferometry)，最早由 Martin-Neira（1993）提出，用于高度计测量。随后 GNSS-R 逐渐受到重视，其应用领域不断拓宽，研究方法逐渐深入。GNSS 最初的应用是卫星导航定位，其反射信号在常规测量中看做有害的多路径信号被剔除，文献（Auber et al., 1994）报道称 GPS 反射信号是可以被接收并检测到的。随后，美国科学家敏锐地意识到，GNSS 反射信号可能成为一种新的微波遥感手段。GNSS-R 在海洋遥感领域（Larson et al., 2008）的应用包括海面风场有效波高、潮位和海水盐度的反演等（Sabia et al., 2007）。同时，该遥感手段也在海面溢油监测（Valencia et al., 2011）、湖泊和水库水位监测等应用领域都存在可行性。

3. GNSS 验潮

近海海底地形测量中，无论是单波束测深还是多波束测深，都需要通过验潮数据进行高程基准的传递。传统的验潮方式有水尺验潮、验潮仪自动观测等多种方式。目前，在测深作业实施中，压力式自动验潮仪验潮的形式比较常见。传统单站式验潮方式往往存在验潮结果作用范围小的局限性，且有着验潮地点要特定选择、仪器需要专人看管和维护等诸多不便；多站式验潮方式也同样存在验潮站址要特殊选择、需要多人看护、验潮数据后处理复杂等诸多不利因素。近十几年来，随着 GNSS 定位技术的不断发展和应用的推广，国内外不少组织一直探索如何利用 GNSS 进行高精度潮位变化测量，随着研究的不断深入，确认了 GNSS 验潮的可行性，并且认为可以取代传统验潮方式（欧阳永忠，2005；赵建虎，2008；赵建虎等，2008）。

GPS 潮位求解是随着 GPS(DGPS，PPP) 技术的不断成熟和发展而逐步发展起来的新技术，它应用了 GPS-RTK 或 PPP（后处理动态）测量技术。

DGPS 潮位测量分为静态法与动态法。静态法是将 GPS 潮位站的 GPS 接收天线安置在靠近岸边或海上固定处的浮筒或测量船上，与岸上 GPS 接收机实施动态载波相位差分测量，求得 GPS 潮位站瞬时海面高度的一种潮位测量方法。动态法是将 GPS 接收天线安置在船上，与岸上 GPS 接收机实施动态载波相位差分测量，求得测量船所处瞬时海面高度的一种潮位测量方法。

PPP 潮位测量是将单台双频 GPS 接收天线安置在船上，通过利用精密星历和精密钟差求解出测量船所处瞬时海面高度的一种潮位测量方法。

4. GNSS 海浪测量

海浪作为海洋中的重要运动现象，对人类在海上活动和近岸活动有着巨大影响，有必要实时监测海浪的变化，并研究其运动规律。近几十年来，人类对海洋的开发活动不断增加，大大促进了海洋观测方法的研究和仪器设备的研制。到目前为止，已经出现了各式各样的测波仪器和方法（侍茂崇等，2000）。GNSS 信号覆盖范围广且可以全天候工作，具备精密定位、测速能力（Hebert et al., 1997；肖云等，2000；

何海波等，2003；肖云和夏哲仁，2003），可以用来实时监测海浪运动。船载或浮标的 GNSS 多普勒测量可以实时测定载体的三维瞬时速度，由此可以反演出测点处的实时浪高、周期和波向等物理海洋参数。现有的测波方法目测法和光学式手段不能满足恶劣天气及夜间观测的要求，重力、声学和水压式测波设备价格一般较贵，也不能得到位置、浪高、周期、波向等所有物理海洋参数。GNSS 具有全天候、高精度、简单、廉价等诸多优势，若能利用 GNSS 精确测速反演海浪的基本信息，则可以克服上述缺陷。

5. GNSS 水汽测量

水汽是水分和热量传递的基质，是极不稳定的一个气象参数，直接影响大气的垂直稳定性，水汽分布在天气变化中起着十分关键的作用。水汽是一个多变参数，它的相位变化与降雨直接相关，在大气能量传输和天气系统演变中起着非常重要的作用，大气中的水汽含量是预报中尺度或局地尺度降雨强度的一个必要参数。大气中水汽随时空的变化对气象预报，特别是对水平尺度 100 km 左右、生命史只有几小时的中小尺度灾害性天气（暴雨、冰雹、雷雨、大风、龙卷风等）的监视和预报有特别重要的指示意义。由于水汽的时空多变性，其也是较难描述的气象参数之一。另外，水汽也是温室效应产生的主要气体之一。

目前，水汽探测手段存在许多限制，如常规气球探测时间、空间分辨率低、成本不断增加；水汽微波辐射计费用昂贵；星载辐射计、卫星红外辐射计由于云的存在，其使用受到限制；激光雷达费用昂贵，不能全天候观测，难以实现观测业务化等。水汽观测精度的限制，以及时间和空间分辨率不足，一直是提高天气预报精度的一大障碍。

在过去十几年中，人们利用大气对 GPS 信号延迟的噪声发展了 GPS 气象学。GPS 探测与其他手段相比，具有时效性强、时间分辨率高、易于维护和更新、费用较低、可全天候观测、不受气溶胶和云的影响等优点，目前其已成为 GPS 研究的前沿课题之一。随着 GPS 的迅猛发展和应用领域的不断扩展，人们越来越关注 GPS 水汽数据在大气研究和天气预报中的应用 (Bevis et al., 1992；Baker, 1998)。但由于坐标精度的限制，利用 GPS 求解水汽主要应用于陆地。然而陆地上的 GPS 水汽受到各种因素的污染，不能准确反映水汽的实际特性，因此，如何开展海洋中 GPS 水汽的求解越来越引起人们的关注。对于这方面的研究，Dodson 等人（Rocken et al., 1995；Dodson and Baker, 1998）的研究表明，基于移动 GPS 求解水汽的精度和静态求解水汽的精度相当。另外，GPS 单点精密定位技术的发展，特别是动态单点精密定位技术能够提供厘米级的定位，为利用 GPS 单点精密定位技术求解海洋水汽提供了机会（Zumbergre et al., 1997；Kouba and Héroux, 2001；Zhang and Andersen, 2006）。

6. GNSS 与海洋地磁扰动

电离层是日地空间环境的一个重要组成部分，处于离地面 60~2000km 范围。在整个日地空间，电离层是直接影响人类生活最重要的环节之一。地球电离层不仅是地球大气的重要组成部分，而且其结构最为复杂。电离层的各种物理和化学变化与太阳辐射、微粒辐射、磁层扰动、地磁场变化及高层大气的运动密切相关（袁运斌和欧吉坤，1999）。电离层 GPS 探测技术的兴起给电离层研究带来了飞跃式发展。迄今为止，利用双频 GPS 接收机研究电离层，已出现其他卫星探测技术所无法比拟的许多优点。研究表明，利用 GPS 不仅能探测电离层扰动、磁暴等异常现象的发生，而且通过设计有效的方法或结合其他（诸如垂直测高仪台网和高频多普勒台网等）传统的地面观测网，能辨识其类型，以及得到其时空尺度和传播特性参量等（袁运斌和欧吉坤，1999）。

地球磁场起源于地球以外的电流体系及其在地球内部的感应电流，是一个复杂的动力学系统（Danilov，2001；胡海滨等，2005）。海洋磁力测量在国内各海洋调查作业单位已普遍得到应用，为了消除各种误差对磁测资料的影响，技术人员设计出了一系列处理方法和改正措施。在地磁总场测量过程中，对测量影响最大的是地磁场短期变化(短期变化中起主导作用的是太阳日变化，以下简称日变)，其变化量有时甚至可以达到 40~60 nT（姚俊杰等，2002），因此，如何基于 GNSS 较好地确定磁扰或磁暴，也是 GNSS 在海洋研究应用中新的拓展方向。

10.5.2　GNSS 海洋学研究及应用的进一步开展

1. GNSS 实时精密单点定位

在现阶段海洋应用研究中，实时导航定位主要借助于全球差分参考站网提供的有偿 GNSS 差分信息来完成，其精度在米级范围内。全球差分信息网费用较贵，且精度不能满足特定的高精度海洋工程，如高精度 GNSS 水下立体定位系统、高精度实时水深数据获取等要求，迫切需要发展一种适合海洋应用的实时精密单点定位技术。

2. GNSS 实时水汽获取

GNSS 探测大气具有时效性强、时间分辨率高、易于维护和更新、费用较低、可全天候观测、不受气溶胶和云的影响的特性，同时，海洋中的 GPS 水汽不受各种因素的污染，能准确反映水汽的实际特性。另外，陆地气候的影响因素主要来自海洋，海洋水汽的实时获取将会对天气预报发生质的飞跃提供更好的条件。因此，如何实时获取 GNSS 水汽将是 GNSS 下一步发展的重要方向。

3. GNSS 磁扰模型的提炼

磁扰的产生主要由太阳活动所致，太阳以粒子流辐射影响地球磁场。而地磁场短期变化也是由太阳活动和地球的地磁活动引起的。由于多频 GNSS 测出的电离层总电子含量能够很好地响应磁扰的产生，因此，如何把基于 GNSS 的电离层监测和地磁日变改正磁扰特性的确定有效结合起来，探寻其中的机制，确定地磁测量中的磁扰量级、起始、结束时间,进而得到一种精度较高的地磁日变磁扰改正模型是 GNSS 在海洋应用中需要解决的另一个问题。

4. GNSS 载波高精度(高频)测速

GNSS 信号覆盖范围广,且可以全天候工作,具备精密的测速能力,可以通过船载或浮标的 GPS 相位测量实现高精度测速,实时测定载体的三维瞬时速度,获得海浪的各种特性。但是,如果要获取采样间隔从 0.25~4 s 的各种波的特性,就需要发展基于相位的高精度、高频海洋 GNSS 实时处理技术,更好地反演出测点处的实时浪高、周期和波向等物理海洋参数。

5. 选权拟合的进一步应用

与陆地相比,海上 GNSS 的观测和应用有其特殊性,具体表现为相邻几个历元或多个历元间,高程变化较小。同时,潮位的变化有较强的规律性,这些为选权拟合的应用和研究提供了基础。

参 考 文 献

韩保民,欧吉坤. 2003. 基于 GPS 非差观测值进行精密单点定位研究. 武汉大学学报(信息科学版),28(4): 409-412.

何海波,杨元喜,孙中苗,等. 2003. GPS 多普勒频移测量速度模型与误差分析. 测绘学院学报,20(2): 79-82.

胡海滨,龚沈光,林春生. 2005. 地磁扰动时磁性目标的探测. 探测与控制学报,27(5): 41-44.

李海东. 2015. 精密单点定位技术在无验潮水深测量中的应用. 中国水运月刊,15(3): 320-322.

李征航,黄劲松,独知行. 2013. GPS 测量. 武汉:武汉大学出版社.

李征航,黄劲松. 2010. GPS 测量与数据处理. 武汉:武汉大学出版社.

李征航,张小红. 2009. 卫星导航定位新技术及高精度数据处理方法. 武汉:武汉大学出版社.

欧阳永忠,陆秀平,孙纪章,等. 2005. GPS 测高技术在无验潮水深测量中的应用. 海洋测绘,25(1): 6-13.

侍茂崇,高郭平,鲍献文. 2000. 海洋调查方法. 青岛:中国海洋大学出版社.

王爱生. 2010. GNSS 测量数据处理. 徐州:中国矿业大学出版社.

吴北平. 2003. GPS 网络 RTK 定位原理与数学模型研究. 武汉:中国地质大学.

肖云,孙中苗,程广义. 2000. 利用 GPS 多普勒观测值精确确定运动载体速度. 武汉测绘科技大学学报,25(2): 113-117.

肖云,夏哲仁. 2003. 利用相位率和多普勒确定载体速度的比较. 武汉大学学报(信息科学版),28(5): 581-584.

姚俊杰,孙毅,赵宏杰. 2002. 地磁日变观测数据理论分析. 海洋测绘,22(6): 8-10.

袁运斌,欧吉坤. 1999. GPS 观测数据中的仪器偏差对确定电离层延迟的影响及处理方法. 测绘学报,

28（2）：110-114.

张东和，萧佐. 2000. 利用 GPS 计算 TEC 的方法及其对电离层扰动的观测. 地球物理学报，43（4）：45-58.

张小红，刘经南，Rene Forsberg. 2005. 亚分米级精度的动态单点定位在航空测量中的应用. 北京：中国全球定位系统技术应用协会第八次年会.

赵建虎，王胜平，张红梅，等. 2008. 基于 GPS PPK/PPP 的长距离潮位测量. 武汉大学学报（信息科学版），33（9）：34-37.

赵建虎. 2008. 现代海洋测绘. 武汉：武汉大学出版社.

Auber J C, Bibaut A, Rigal J M. 1994. Characterization of Multipath on Land and Sea at GPS Frequencies. Proceedings of the 7th International Technical Meeting of the Satellite Division of The Institute of Navigation (ION GPS 1994), Salt Lake City, UT, 1155-1171.

Baker H C. 1998. GPS Water vapour estimation for meteorological applications. Nottinham University of Nottingham.

Bevis M, Businger S, Herring T, et al. 1992. GPS meteorology: remote sensing of atmospheric water vapor using the global positioning system. Journal of Geophysical Research，97 (D14): 15787-15801.

Bisnath S, Gao Y. 2007. Current state of precise point positioning and future prospects and limitations. In: Proceedings of IUGG 24th General Assembly, July 2-13, Perugia, Italy.

Chen G, Herring T A. 1997. Effects of atmospheric azimuthal asymmetry on the analysis of space geodetic data. Journal of Geophysical Research Solid Earth, 102 (B9): 20489-20502.

Chen W, Hu C, Li Z, et al. 2004. Kinematic GPS precise point positioning for sea level monitoring with GPS buoy. Journal of Global Positioning Systems, 3(1-2): 302-307.

Dach R, Brockmann E, Schaer S, et al. 2009. GNSS processing at CODE: status report. J Geod, 83(3-4): 353-365.

Dana P H. 1994~1999. GPS Overview, The Geographer's Craft Project. Department of Geography, University of Texas at Austin. <http://www.utexas.edu/depts/grg/gcraft/notes/gps/gps.html>.

Danilov A D. 2001. F2-region response to geomagnetic disturbances. Atoms., Solar-.Phys., (63): 441-449.

Davis J L, Gunnar E, Arthur E, et al. 1993.Ground-based measurement of gradients in the "wet" radio. Radio Science, 28(6): 1003-1018.

Dodson A H, Baker H C. 1998. The Accuracy of GPS Water Vapour Estimation. Proceedings of the 1998 National Technical Meeting of The Institute of Navigation, Long Beach, CA, January, pp: 649-657.

Gao Y, Shen X. 2001. Improving ambiguity convergence in carrier phase-based precise point positioning. Proceedings of ION GPS-2001,11-14 September, Salt Lake City:1532-1539.

Hebert J, Keith J, Ryan S, et al. 1997. DGPS Kinematic Carrier Phase Signal Simulation Analysis for Precise Aircraft Velocity Determination. Proceedings of the Annual Meeting of The ION, Albuquerque, Kansas.

Hugentobler U, Schaer S, Springer T, et al. 2001. CODE IGS analysis center technical report 2000. IGS Central Bureau (Eds.), IGS-2000 Technical Reports, Jet Propulsion Laboratory Publications 02-012, California Institute of Technology, Pasadena, Calif., November.

Kouba J, Héroux P. 2001. Precise Point Positioning using IGS orbit and clock products . GPS Solutions, 5(2): 12-28.

Kouba J. 2009. Guide to using International GNSS Service (IGS) products. [On-line]20 May 2012. http://igscb.jpl.nasa.gov/.

Larson K M, Small E E, Gutmann E D,et al. 2008. Use of GPS receivers as a soil moisture network for water cycle studies. Geophysical Research Letters, (35): L24405.

Luo X, Gao J, Jin X,et al. 2015. The latest application to determine tide height in a large-scale sea using shipborne GPS based on precise point positioning and EGM2008// Mi W, Lee L H, Hirasawa K, et al. Recent Developments on Port and Ocean Engineering. Journal of Coastal Research, Special Issue, (73): 319-324. Coconut Creek (Florida), ISSN 0749-0208.

MacMillan D S. 1995.Atmospheric gradients from very long baseline interferometry observations. Geophysical Research Letters, 22(9): 1041-1044.

Martin-Neira M. 1993. A Passive Reflectometry and Interferometry System(PARIS)- Application to ocean altimetry. ESA Journal, 17(4): 331-355.

Rocken C, Van Hove T, Johnson J, et al. 1995. GPS/STORM-GPS sensing of atmospheric water vapour for meteorology . Journal of Atmospheric and Oceanographic Technology, (12): 468-478.

Sabia R, Caparrini M, Ruffini G. 2007. Potential synergetic use of GNSS-R signals to improve the sea-state correction in the sea surface salinity estimation:Application to the SMOS mission. IEEE Transactions on Geoscience and Remote Sensing, 45(7): 2088-2097.

Thomas H G. 1994. New advanced underwater navigation techniques based on surface relay buoys, OCEANS 94. Oceans Engineering for Today's Technology and Tomorrow's Preservation. Proceedings: 395-402.

Thomas H G. 1995.Use of GPS for underwater navigation, sea trial results. Proceedings of ION GPS, 1 (1995): 949-955.

Valencia E, Camps A, Park H, et al. 2011.Oil slicks detection using GNSS-R. International Geoscience and Remote Sensing Symposium (IGARSS), (2011): 4383-4386.

Wahr J M. 1981. Body tides on an elliptical, rotating, elastic and oceanless earth. Geophys. J. R. astr. Soc., 64: 677-703.

Wu J, Wu S, Hajj G, et al. 1993. Effects of antenna orientation on GPS carrier phase. Manuscripta Geodaetica, 18(2): 91-98.

Zhang X, Andersen O B. 2006. Surface ice flow velocity and tide retrieval of the Amery ice shelf using precise point positioning. Journal of Geodesy, (80): 171-176.

Zumberge J F, Heflin M B, Jefferson D C, et al. 1997. Precise point positioning for the efficient and robust analysis of GPS data from largenetworks. Journal of Geophysical Research, 102(83): 5005-5017.

第 11 章 潮位数据处理技术与方法

11.1 潮位数据的常规分析

现场观测的潮位数据在使用前，需要对数据质量进行必要的检测和评估，可从时钟漂移、数据完整性、大气压校正、密度校正和零点漂移几个方面展开。

压力潮位计内部时钟在使用前需与标准时间进行同步，观测结束后需要查看仪器内部时钟与标准时间是否一致，当偏差超过一个记录间隔时需要将观测值插值到正确的时间间隔，形成新的时间序列值。

压力潮位计在自容式工作时数据完整性较好；实时传输过程会存在一定的误码率，采用它时需要检查数据的完整性，一般潮位观测数据以等时间间隔记录，检查潮位数据在时间排列上是否有前后顺序颠倒、重复记录和缺失的现象。潮位数据记录中常见的错误多表现为存在明显跃变点或数据不随时间变化，可通过绘制曲线粗查或编制软件检查，对这些存疑数据可用特定符号标注。

由于压力式验潮仪得到的压力是大气压与水体静压之和，在数据粗查的基础上，可对潮位数据按照时间顺序进行整理后进一步进行大气压力校正、水体密度校正。压力式验潮仪自带的软件一般仅支持恒定的大气压力校正，通常在观测期间，大气压力不会保持恒定不变，需要引入真实变化的大气压力校正，大气压数据可从气象部门获取，将单位转化为百帕，可用于以厘米为单位的水位大气压校正使用；以观测时刻的大气压力为零，后续时间的大气压力减去该基准作为大气压力校正值。当气象数据不方便获取时，可采用同型号的压力式验潮仪在空气中记录的数据做为大气压力校正的来源。水下观测用压力潮位计的时序值减去相应时刻大气压力校正值即得到大气校正后的观测值。以苏北某地 2015 年 8~10 月潮位观测为例，陆地空气中 RBR 潮位计得到的水位值与邻近的吕泗海洋站同步的气压值，如图 11-1 所示，两者有着良好的一致性，通过将大气压变化值转换成静水水位高度，如图 11-2 所示，与空气中 RBR 潮位计观测值的相关系数达到 0.966。对比大气压力校正对潮位调和分析的影响，发现是否采用大气压力校正对 8 个主要分潮的调和常数影响不大，主要影响平均海平面和周期为 27.55d 的 MM 分潮。采用大气压力校正后的平均海平面与未进行气压校正的平均海平面相比低 0.1m，MM 分潮振幅校正后增加 0.017m，迟角滞后 15°。

一般海域的海水密度可由现场观测得到的水柱平均密度或从历史调查资料中获取。受河水淡水影响区域需同步 CTD 观测得到的密度进行校正。海水密度校正通常可在潮

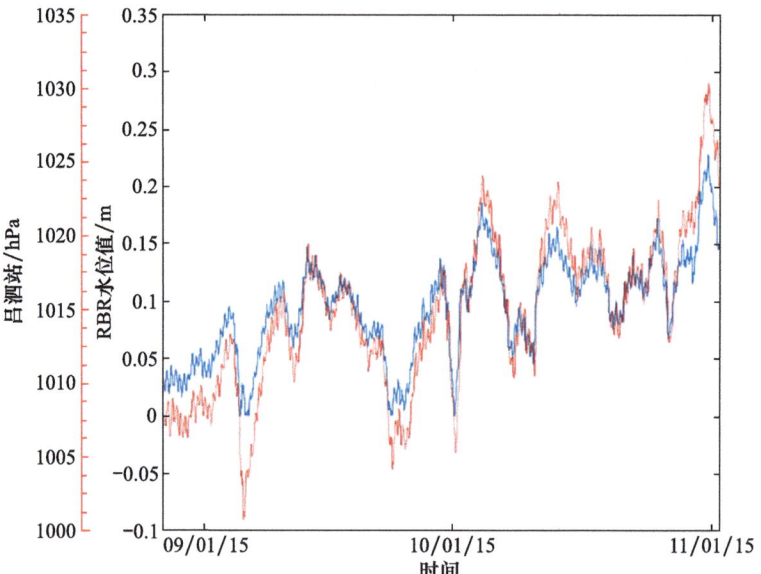

图 11-1　空气中 RBR 观测值与吕泗站的气压值的过程曲线

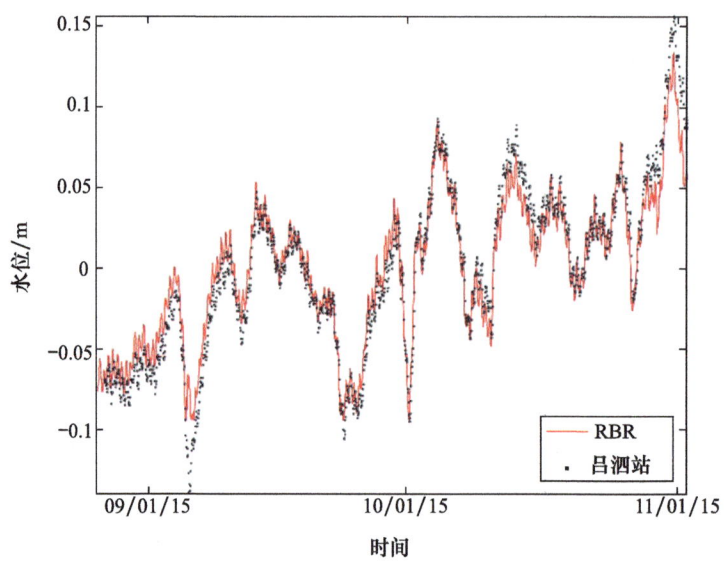

图 11-2　空气中 RBR 观测值与吕泗站的静压转换值的过程曲线

位计软件设置中完成，如图 11-3 所示：RBR 潮位计在：configuration 下拉菜单的 Derived Units setup 子菜单中相应位置输入；重力加速度的校正值输入观测所在的纬度即可，对于不同的软件，原理类似，在此不再赘述。

　　零点漂移是指压力式验潮仪的压力感应片长时间受到水压或外力的作用，会发生一定程度的变形；验潮仪的零点漂移也可能由强流强浪作用下安装不牢固、基座在海底

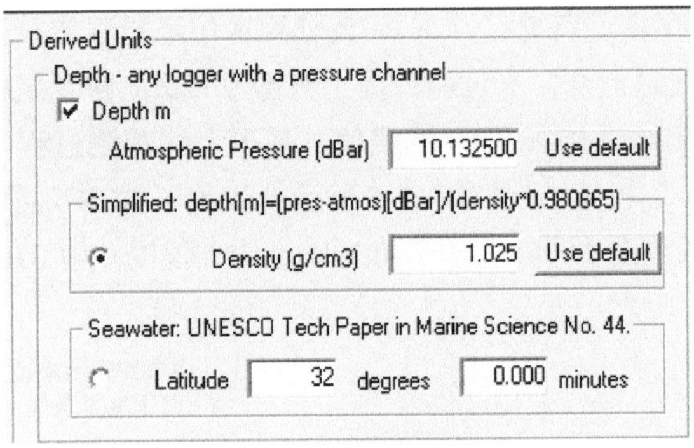

图 11-3　密度校正设置图

沉降等造成观测期间所处高程发生变化。两种类型的零点漂移可以通过仪器记录空气中、水下观测的记录值进行评估。压力感应片的零点漂移可使用仪器起始时刻、安装到基座上下水前、从水下回收后、从基座上移除这几个不同阶段在空气中的观测值进行检测，观测值经过大气校正后 4 个值应该接近，如果偏移量超过精度要求，可分阶段线性插值，不同精度要求可参考《海滨观测规范》（GB/T 14914—2006）。以 2015 年 8~9 月在苏北某海域海床基平台上两种仪器观测得到的潮位为例判别压力感应片的零点漂移，图 11-4 为 ADCP V Sentinel 与 RBR 多参数水质仪观测得到的潮位去除平均海平面后的时间过程，从图中可知，RBR 的潮位前期时低潮位和高潮位均比 ADCP 同步观测潮位低，后期转为低潮位和高潮位均比 ADCP 同步观测潮位高，考虑到 ADCP 出水前后水位值均能很好地回到原点，RBR 壳体为塑料材质采用抱箍固定在平台上，判

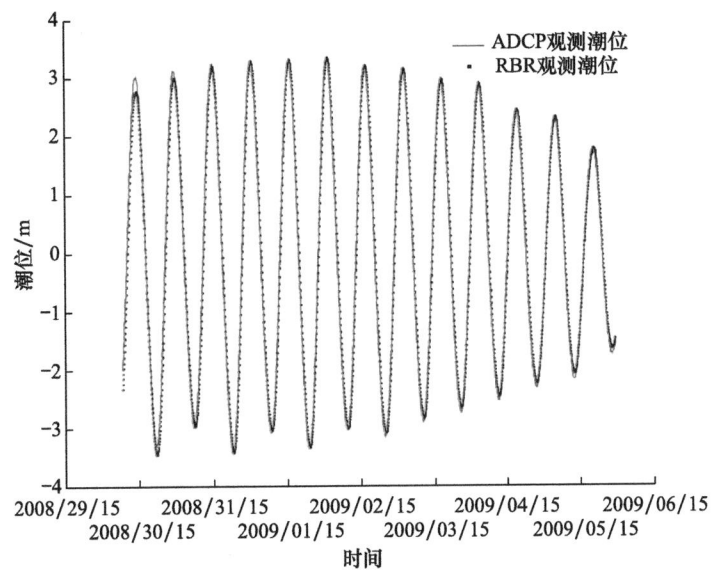

图 11-4　未经零点漂移校正的 RBR 水位值与 ADCP 观测值比较

断 RBR 多参数水质仪存在零点漂移。对 RBR 观测水位经过气压校正，仪器在入水前存在以下变化：午后随气温上升，水位值最高上升至 0.12m，傍晚温度下降后，水位值变为 −0.15m，观测结束出水后仍有 0.3m 的残值。基于上述观测过程，对在水下观测部分的数据进行了线性校正，校正结果如图 11-5 所示，改善了 RBR 观测值与 ADCP 观测值，经统计，两者的相关系数由 0.9980 上升到 0.9986，均方根误差由 0.090m 减少到 0.075m。

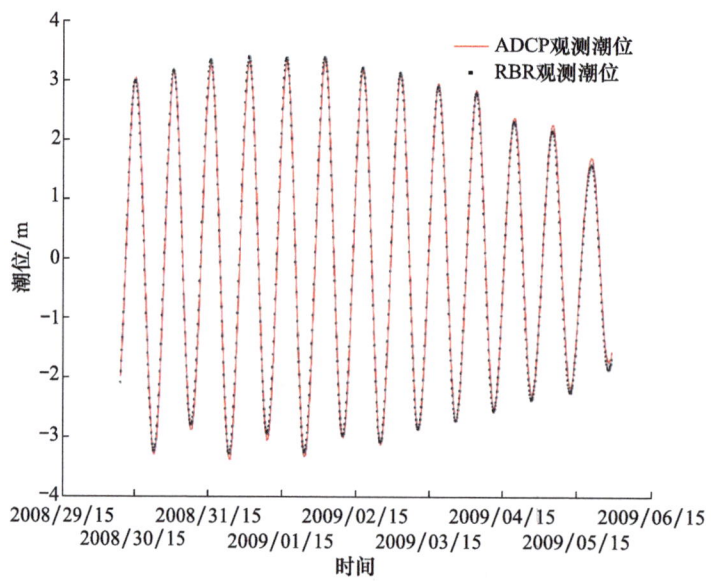

图 11-5 经零点漂移校正后的 RBR 水位值与 ADCP 观测值比较

基座高程变动可以通过日平均海平面法（张铁军和张晓明，2007；刘雷等，2010）或者数字滤波的方法（如 IOC 2002 手册中推荐的 39 小时的 Doodson X0 滤波器）来确定，也可以通过观测潮位的日平均值与临近的长期潮位站的日平均海平面值比较进行鉴别。

11.2　潮位数据调和分析

经过各种校正后的时间序列值可供潮汐分析使用，常用的分析方法有调和分析、响应法等。最常用的是调和分析，也叫谐波分析，是傅里叶分析的一种具体应用。傅里叶分析是指把任意周期函数展开成傅里叶级数的一整套数学方法。其原理为将潮汐看作由一系列谐和振动组成，每一谐和振动称为一个分潮，分潮的周期同天体引潮力各分量的周期一一对应。1883~1886 年，达尔文首先计算出主要分潮的上述各要素，给出了其中一些重要分潮的名称和符号。1921 年，杜德森给出更精确的结果，列出了振幅大于 0.0001m 的分潮共 300 多个。卡特赖特等于 20 世纪 70 年代初期，利用最新天文数据重新计算的结果，列出了 400 多个分潮。就天体引潮力所引起的潮汐（天文潮）而言，其潮高 h 可视为各种分潮的潮高之和：

$$h = a_0 + \sum_{i=1}^{m}(f_i H_i)\cos\left[\sigma_i t + (V_{0i} + u_i) - g_i\right] + \varepsilon \tag{11-1}$$

式中，a_0 为平均海平面；f_i 为分潮 i 的交点因子；H_i 为分潮 i 的振幅；σ_i 为分潮 i 的角速度；V_{0i} 为分潮 i 的天文初相角；u_i 为分潮 i 的交点订正角；g_i 为分潮 i 的区时迟角；ε 为非潮致水位。

实际潮汐中所包含的分潮虽然数目很多，但实际上考虑的分潮通常只有几十到一两百个。如果观测时间不够长，频率很接近的分潮就分离不开，这时必须在这些分潮的调和常数之间引入预先给定的关系，如假设它们的迟角差相等，振幅之比等于相应的天文分潮振幅之比，然后把分潮分离。调和分析或预报所用的观测资料一般是按一定的时间间隔（常用 1h）测定的潮位数据。依照观测序列的长度，大体上可将调和分析分为 3 种类型：①短期，序列长度为一天至数天；②中期，半个月至数月；③长期，1 年以上。

潮汐调和分析可采用商业软件或者开源程序具体实现。常见的商业软件有英国海洋中心开发的潮汐分析软件包（tidal analysis software kit，TASK）。开源程序可以参考 Forman（1978）提供的 Fortran 等代码或者 Pawlowicz 等 (2002) 提供的 Matlab 软件包 T_tide。

T_tide 是 Pawlowicz 基于 Forman（1978）的工作，使用 Maltab 语言按照矩阵形式编写的调和分析工具包，将观测时间通过 Matlab 内置的 datenum 函数转化后即可调用，T_tide 自动根据观测数据长度选定能够分辨的分潮，在计算潮汐调和常数的同时给出调和常数的置信区间。也可以引入差比的方法，将受观测时间限制无法分离的分潮计算出来。T_tide 可将疑存数据和缺测数据以 Nan 代替，调用后即可计算相应时刻的估算值，不需要传统方法迭代求解。

潮汐调和分析可得到观测时刻的各分潮叠加的回报值和调和常数。回报值与原始的观测值对比可用于观测数据质量的评估，如确定平均海平面或观测基座是否发生沉降。调和常数可用于理论深度基准面的计算，短期观测不足以分辨的分潮和长周期分潮（$S_a SS_a$）可借助临近长期潮位站的观测数据获取分潮的差比数和长周期分潮，进而计算理论深度基准面。

11.3　潮位数据预报

潮位预报中预报天文潮的方法是根据引潮力变化规律，结合潮汐调和常数推求，并通过对海平面的订正，得出逐时、逐日的潮位变化过程，以及高潮时刻和低潮时刻。

11.3.1　天文潮预报

多个不同潮周期的潮汐分潮叠加构成了天文潮汐现象，因此，任意时刻的潮高表达式如公式（11-1）所示，结合已知观测点的调和常数，通过平衡潮相关公式就能计算出该观测点高潮的潮时、潮高，以及低潮的潮时、潮高，同时还可计算出每小时的潮位数据。

11.3.2 气象潮预报

潮位预报的精度不仅受天文潮的影响，还受气象潮的影响，为了更高精度的预报潮位，还需结合气象和气候资料，对天文潮推算结果加以订正，称为气象潮预报。一般基于调和常数预报的潮位数据，再根据气象预报资料进行修正，来预报一定时期内对潮汐可能带来的影响。

11.3.3 潮汐表计算

潮汐表上刊载潮位数据就是潮位预报计算结果。潮汐表主要含有主港逐日预报表、附近港口差比数、潮信表和任意时刻的潮高计算等相关内容，其中，主港逐日预报表还含有高潮和低潮的时间和潮高，有的港还有每小时的潮高等信息。

通常在以半日潮为主的港区，《潮汐表》会提供各港区的平均高潮间隙时间、平均大潮升、平均小潮升等潮汐特征值；在以全日潮为主的港区，会提供回归潮，以及分点潮的潮汐特征值，上述特征值可用于计算各大港区的潮时和潮高，并了解附近港区的潮汐特征等情况。

利用主港的潮汐预报来预测附港潮汐的方法称为差比法，是潮汐预报的一种重要的手段。将主港和附港的潮汐资料进行统计可得到港区差比数，港区差比数包括潮时差、潮差比和潮高比。例如，为求得某附港的高潮和低潮发生的时间，只需要将主港的高潮或低潮发生的时间加上附近港区的潮时差即可；另外，为求得附近港区的高潮和低潮的潮高，只需要利用潮差比或潮高比进行计算即可。

查询《潮汐表》，会发现任意潮时或潮高的计算通常附有便于计算的图件和表格，应用于已知高潮和低潮的潮时、潮高，就可以计算任一时刻的潮高，以及高潮和低潮出现的时刻。

《潮汐表》还会在一些港区附上主要分潮的调和常数，或概略介绍附近海区的潮流。

11.3.4 潮时计算

月球绕地球一圈约为 29.5d，当月亮、太阳、地球呈一直线时，涨潮值或落潮值为最大，这个时刻通常出现在每月新月和望月（初一、十五）的时候；当月亮、太阳、地球空间位置呈直角三角形时，涨潮值、落潮值为最小，而这个时刻通常在每月上弦（初七、初八）和下弦（廿二、廿三）的时候。我们在实际潮汐观测中，发现涨潮或落潮的最大值并不正好是上述时间，这是由于受到了潮龄的影响。由于地球形状很复杂，影响潮龄的因素各不相同，导致各地发生最大潮和最小潮的时间与理论上并不一致，一般会拖后几天。例如，杭州湾附近每月的初三和十八潮的涨、落潮最大，而初十和廿五前后的涨、落潮最小。

中国近海的渔民根据长期的海上劳动经验，提出了一个估算正规半日潮海区高潮时和低潮时的方法，简称八分算潮法，估算公式如下。

高潮时 =0.8h×[农历日期 -1（或 16）]+ 高潮间隙，

低潮时 = 高潮时 -6h12min，

注：当农历日期取自上半月时则农历日期减 1，当农历日期取自下半月时则农历日期减 16，各地高潮间隙查《潮汐表》可得。

由于《潮汐表》可以预报沿海某些港区在未来一定时期的潮汐情况，所以其在航运、军事、生产有着较多的应用。例如，航运方面，在有些水道和港湾，船只只能在高潮前后才能进出；在军事方面，为了选择有利的登陆地点和时间也需要考虑潮汐的变化；在生产方面，渔业捕捞、水产养殖业、港口工程建设、测量、环境保护和潮汐发电等，为了有序地安排工作，都需要掌握潮汐变化规律。准确地应用《潮汐表》对这些行业正常运营起到了重要的作用。

11.4 潮位数值模型计算

以往采用传统的人工分带进行水深测量中的潮位改正，计算方法繁琐，工作量大，费时费力，处理精度也较低，当有限的潮位观测站不足以反映潮位传播路径时，引入的误差也比较大。通过数学模型计算潮位可以起到引入多个虚拟潮位站的作用，方便潮位分带，而且数据计算的网格分辨率比较高，通常可以直接将网格计算结果插值到测量点上的潮位订正值。尤其是水深测量范围较广，潮汐性质复杂，单个或多个岸边短期潮位站不足以覆盖整个测量范围时，数学模型计算能提供大范围的潮汐数据用于水深测量的水位改正。

潮位数值模型通常可采用沿垂向积分的二维浅水潮波方程组进行计算，基本控制方程如下。

连续方程：

$$\frac{\partial \xi}{\partial t} + \frac{\partial (h+\xi)u}{\partial x} + \frac{\partial (h+\xi)v}{\partial y} = 0 \tag{11-2}$$

动量方程：

$$\frac{\partial u}{\partial t} + u\frac{\partial u}{\partial x} + v\frac{\partial u}{\partial y} - f \cdot v + g\frac{\partial \zeta}{\partial x} - \frac{\tau_x^s - \tau_x^b}{\rho_w(h+\zeta)} = \varepsilon_x \left(\frac{\partial^2 u}{\partial x^2} + \frac{\partial^2 u}{\partial y^2} \right) \tag{11-3}$$

$$\frac{\partial v}{\partial t} + u\frac{\partial v}{\partial x} + v\frac{\partial v}{\partial y} + f \cdot u + g\frac{\partial \zeta}{\partial y} - \frac{\tau_y^s - \tau_y^b}{\rho_w(h+\zeta)} = \varepsilon_y \left(\frac{\partial^2 v}{\partial x^2} + \frac{\partial^2 v}{\partial y^2} \right) \tag{11-4}$$

式中，x 和 y 为与平均海平面重合的直角坐标；u 和 v 分别为直角坐标下 x 和 y 方向的水深平均的流速分量；ζ 为以平均海平面为基面的潮位；f 为科氏力；g 为重力加速度；τ_x^s 和 τ_y^s 分别为 x 和 y 方向的表面风应力，$(\tau_x^s, \tau_y^s) = c_d \rho_a (W_x, W_y)|\overline{W}|$，$C_d$ 为风应力摩阻系数，ρ_a 为空气密度，W_x 和 W_y 分别为风速 W 在 x 和 y 方向上的分量；τ_x^b 和 τ_y^b 分别为 x 和 y 方向上的底摩擦阻力，$(\tau_x^b, \tau_y^b) = \rho_w g(u, v)\sqrt{u^2+v^2}/c^2$，$C$ 为谢才系数；ε_x 和 ε_y

为水平涡动黏性系数；ρ_w 为水体的密度。

潮位数值模型在适当的初始场和边界条件即可求解，具体可通过商业软件或者开源程序包计算。常见的商业软件有 DHI 公司的 MIKE-2/3 系列，常见的开源程序有 POM 模式、FVCOM 模式和 Telemac-3d 等。商业软件具有界面友好、强大的计算结果图形化处理功能，用户经过基本培训即可掌握。用户使用开源程序包通常要具备一定的计算机操作系统的知识及掌握 Fortran 或者 C 编程语言，数值计算结果的展示和后处理常要借助于其他的图形化工具。

DHI 公司推出了基于非结构网格的 MIKE-2/3 FM，它是一个包含水动力、波浪、泥沙、生态水质综合性软件包。MIKE21&MIKE3 FM 模型通过一个 windows 视窗图形界面（GUI）为用户提供了数据文件编译器/图像处理工具、网格生成器、数值模型功能块组合计算和数据预览等一系列前后处理工具。

普林斯顿海洋模式（princeton ocean model，POM）是由美国普林斯顿大学 Blumberg 和 Mellor 共同建立的三维斜压的海洋数值模式。POM 模式水平方向采用了结构网格，垂向采用了 Sigma 坐标，有利于贴合水下地形的变化，采用内外模分离技术分别处理外重力波和温盐斜压效应，减少了计算量，也是较早实现开源的海洋数值模式，其指导思想影响了许多后续的海洋模式的开发，是当今国内外应用较为广泛的海洋模式。

非结构网络有限体积海洋模式（an unstructured grid finite-volume coastal ocean model，FVCOM）是美国马萨诸塞大学海洋技术研究院陈长胜教授与伍兹霍尔海洋研究所联合开发的一个有限体积法的三维水动力模型。在水平方向上采用非结构化的三角形网格可以拟合复杂的海岸线，包含干湿网格处理技术，可用于处理潮滩涨落潮过程中的淹没干出过程。采用并行计算技术提高计算效率（谢东风等，2011）。

Telemac-3d 是法国国家水力实验室联合欧洲多家科研机构共同开发的一个有限元水动力数学模型，其已广泛应用于河流、湖、河口海岸等自然水体（何嘉伟等，2017）。

11.5 潮汐基准面的关系

基准面的确定是潮位数据预报的基础，在潮位数据分析和预报工作开展之前，必须先统一所有潮位数据的基准面。

高程基准面是陆地上地面点高程控制的起算面，是确定地形、水位和一切地物高程的依据。我国通常的参考基准面有"1956 黄海高程系""1985 国家高程基准""浙江吴淞基面"和多年平均海面及理论深度基面，确定他们之间的换算关系是十分重要的。

11.5.1 1956 黄海高程系

1987 年之前，在国务院 1959 年批准试行的《中华人民共和国大地测量法式（草案）》中所规定的国家高程标准，是以青岛验潮站 1950～1956 年 7 年观测的平均海平面作为基准，统一起算全国的水准成果，并命名为"黄海平均海水面"，这就是通称的"1956 黄海高程系"，国家水准原点相对于这一高程基准面的量值被确定为 72.289m。

11.5.2　1985 国家高程基准

1987 年 5 月 26 日，国家测验局在历时 10 年研究的基础上，经国务院批准，向全国通告启用"1985 国家高程基准"，国家水准原点的高程值定为 72.26m（详见国测发[1987]198 号文）。"1985 国家高程基准"比原 1956 年黄海平均海平面更加稳定、精确、科学、实用。

11.5.3　浙江吴淞基面

"吴淞基面"是我国最早确定的一个地区高程基面。20 世纪 20 年代初已引测至长江流域，为上海、江苏、浙江等地区通用，但 50 年代初，由于上海市地面沉降和不同地区处理方法不同，致使所认定并使用的"吴淞基面"的实际高程不一致而互有参差。

上海地区使用的"吴淞基面"为上海市城建局公布的在"1956 黄海高程系"下 1.63m，浙江地区使用的"吴淞基面"为浙江省水利厅公布的在"1956 黄海高程系"下 1.881m，还有"长办"公布的"资用吴淞基面"等。

根据浙江省测绘局"浙测发[1988]55 号"文件："1975 年以来，我省境内共施测了国家一等水准路线九条，其中有 233 点系利用旧点，现对这 233 点两种高程系（即 1956 年黄海高程系及 1985 国家高程基准）的成果进行对照分析，求出其平均差值为 63mm，最大差值为 89mm。这些点分布比较均匀，因此其差值可以代表我省两种高程系差值的总体情况。温州地区的平均差值为 62mm，与全省平均基本一致，所以温州市附近的"1956 黄海高程系"与"1985 国家高程基准"的差值取 62mm（基面关系如图 11-6 所示）。

11.5.4　多年平均海平面

按照国际惯例，近两年的平均海平面可作为当地长期平均海平面的稳定值予以采用。以温州大门岛为例，要确定工程区海域的多年平均海平面，首先确定大门岛的多年平均海平面。根据收集的历史资料可以得到大门站近两年的平均海平面在"1985 国家高程基准"以上 0.27m（图 11-6），其可作为当地长期平均海平面的稳定值予以采用。

11.5.5　理论深度基准面

理论深度基准面又称为海图深度基准面，它是通过理论可能最低潮面的计算来确定的，是一个具有一定安全保证率、人为规定的深度起算面，通常它的保证率为 98%。浙江沿海长期验潮站的潮高起算面基本与海图深度基准面一致。

可以采用国家标准《海道测量规范》（GB 12327—1998）所规定的十三分潮方法，

即用一年实测潮位资料进行调和分析，求得其主要 13 个分潮的调和常数，计算出理论最低潮面。

11.5.6 实例分析

基于温州大门岛的长期观测资料，计算得到该海域的理论深度基准面为 −3.33m（相对于 1985 国家高程基准），并提供了与其他基面之间的换算关系，其结果如图 11-6 所示。

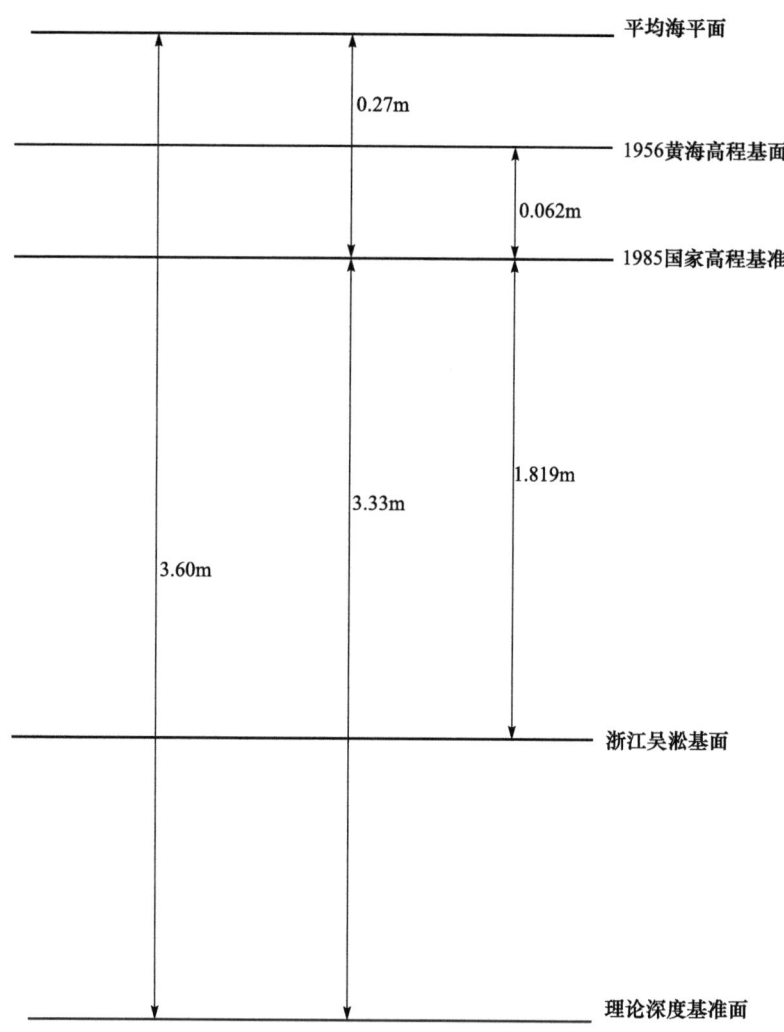

图 11-6　温州（大门岛）基准面之间的关系图

11.6　水深测量的潮位改正

数值模式计算的结果经过实测水位过程的验证和校准，可用于水深测量的潮位改正。通常数据计算结果与实测水位过程之间存在一定的差异，引起两者差异的原因有数值模式本身计算精度的原因，以及观测水位除了包含潮汐作用，还是多种海洋动力作用的综合结果。

数值模式采用的开边界条件、计算区域水深的精度、岸线都存在不同程度的不确定性。数值模式采用的开边界上通常不具备实测的观测水位过程，常采用多个潮汐分潮合成给出开边界的水位过程，体现为开边界的驱动力主要为潮动力。数值模式的开边界的选取应避开复杂的岸线及水深变化剧烈的区域，可选择平顺岸线区域及水深缓和的区域。开边界的潮汐信息可取自更大范围的模型计算的网格化结果，或者卫星高度计提取的潮汐信息。观测区域观测的水深通常比数值模型网格分辨率低，或者测图时间久远，水深变化具有不确定性，潮间带的水深、岸线通常难以获取，对模型的计算精度都会造成影响。

观测水位是多种海洋动力作用的综合结果，除了潮汐作用外，其还常常受到风、气压等动力因素的影响，在海湾、港区其常会受到与其尺寸有关的假潮共振的影响。刘赞沛等（2000）根据实测资料统计了老虎滩澳假潮的周期，一般集中在 8～12min，与港湾基态自然周期接近，气压扰动是激发假潮的重要原因之一。陈伟和苏纪兰（1991）利用谱方法分析了杭州湾海区冬夏季水位低频波动的特征，结果表明，沿岸风的 Ekman 输运效应对湾内水位波动起到了重要的作用，在冬季存在 2.5d、3d 和 4d 的波动周期，在夏季存在 3.5d 和 10d 的周期。陈玲舫等 (2014) 利用小波分析的方法研究了珠江口磨刀门水位亚潮变化的规律，分析表明，5～6d 的亚潮波动来自气象要素与径流，14d 的亚潮波动来自天文潮、气象要素和径流的叠加。

为了弥补普通潮汐模型计算不能反映风等气象因素对水位影响的缺陷，可以扩大计算范围，或者采用数值同化的方法将亚潮波动的影响反演后叠加在开边界上。我国近海气象因素造成的亚潮波动通常是黄东海盆尺度范围的（李晓红和董礼先，2011），需要风场、气压场等驱动条件，工作量较大。同样，在具体实施数值同化的方法时反演技术繁复，计算量大。工程上通常引入 GPS 测量中的 RTK 思想，即将潮汐调和分析的余水位以误差的形式传递给数值计算的网格点上，将数值计算结果与余水位误差叠加后作为水位订正值（唐岩等，2007；许军等，2011）。应用余水位法需要满足两个前提条件，即潮汐数值计算的精度足够高，余水位在工作区的代表性。提高数值模式的计算精度主要是开边界的潮汐调和常数的调整和海底摩擦系数的调整。余水位可由工作区短期潮位站或临近长期潮位站的观测数据通过潮汐调和分析的回报值与观测值之差确定。余水位可以用谱分析的方法确定主要周期，对于海湾或港池，主要频率通常集中在高频部分，可直接使用余水位时间序列；对于开阔外海，主要频率通常集中在低频部分，可将余水位进行 Godin 低通滤波后使用（陈春等，2014）。

11.7　近海潮位改正实例

潮汐随时间而发生周期性变化，潮汐海面相对于特定基准面（基准面因测量标准而不同，海图测绘采用理论深度基准面或最低潮位面、工程测量多采用1985国家高程基准、专项调查多采用当地平均海面）的铅直高度为潮水位，在水深测量中必须予以改正。相对于波浪而言，潮汐具有周期长、频率低的特点。在传播过程中，伴随着短周期、高频的波浪运动，测量船随着高频的波浪运动上下沉浮，并伴随前倾（纵摇）和侧倾（横摇）。测船换能器处瞬时高程时序呈现的是一个复杂的综合性信号，包含换能器随潮位变换的中长周期项信号和随波浪起伏变化的短周期项信号（赵建虎等，2006）。目前，多波束是水下地形测量的新技术手段，在后期数据处理中，进行潮位改正是获取真实水下地形的一个必经步骤（李家彪，1999）。传统的潮位数据获取是通过在潮位站设置固定的验潮仪而得到，具有不可移动、潮位控制范围有限的特点，难以克服时间延迟，以及波浪和风等因素带来的测量误差（赵建虎和刘经南，2008）。在水面上，波浪引起测量载体的空间位置改变，会给验潮带来很大的误差（阳凡林和赵建虎，2003；李晓玲和胡丛纬，2007；赵力等，2007）。在陆架区、狭长航道和锚地测量中，由于测量区域距岸边潮位站的距离较远，潮位一般通过潮位模型推算获得，或者在测区附近抛设验潮仪，再采取分带内插的方式获得（马小计等，2003；孙洪志和董江，2008），但忽略了局部环境影响造成的测量误差。测量船的运动姿态是局部风浪的一个实时反应，不仅可以用于测深数据的姿态改正，还可以用于分析RTK测量数据的准确性和误差。

多波束海底地形测量具有高精度、高效率和全覆盖等特点（李家彪，1999）。RTK是一种精确的三维定位技术，具有实时、高精度和可移动等特点，是近海实时潮位数据获取的理想方法，是目前近海海底地形测量有望实现无验潮观测的一种重要技术手段（杨龙等，2007；赵建虎和刘经南，2008）。在使用RTK进行潮位测量过程中，由波浪造成的船体姿态瞬时改变是一个不容忽视的影响测量精度的因素。赵建虎等（2000）利用GPS测量船姿消除风浪带来的影响，认为GPS测量船姿具有精度高、操作方便等优点，将其用于GPS水上验潮的改正（赵建虎等，2001）。阳凡林和赵建虎（2003）用小波分离去噪技术消除波浪给RTK验潮带来的影响，利用GPS技术测量船舶的运动姿态，实验结果表明，消除波浪影响后，RTK潮位精度可达厘米级，这种方法对于风浪变化较规律的海域是非常有效的。张静等（2006）在GPS测姿中用最小二乘二元多项式对姿态进行处理，实验结果精度提高一个数量级。利用GPS测量潮位是当前的一个研究热点，怎样消除船姿给其带来的影响是研究的难点。目前，运动传感器是多波束测深中测量瞬时船体姿态的必备设备，但目前尚少见将运动传感器测量的实时姿态用于RTK测量潮位的改正。2010年5~6月，国家海洋局第二海洋研究所在琼州海峡进行了单波束和多波束水深测量，测量期间，分别进行了RTK潮位测量和验潮潮位测量。本节分别将RTK潮位与验潮潮位用于琼州海峡水下地形测量的潮位改正，对比分析两种方法的处理效果。

11.7.1 GPS RTK 验潮方法

如图11-7所示，H是当时换能器到海底的测量水深，不考虑潮位改正以外的影响因素，h是当地的潮位，即潮汐海面与大地水准面间的距离，瞬时潮汐海面处于大地水准面之上时为正、处于大地水准面之下时为负，H_1 为 GPS 到水准面的高（已将 WGS84 椭球面换算到大地水准面），GPS 天线到换能器和潮汐海面的垂直距离分别为 H_2 和 L，H_x 为大地水准面到海底的水深，也是需要得到的深度值，Δh 为换能器吃水。公式如下：

$$L = H_2 - \Delta h \tag{11-5}$$

$$h = H_1 - L \tag{11-6}$$

$$H_x = H + \Delta h - h \tag{11-7}$$

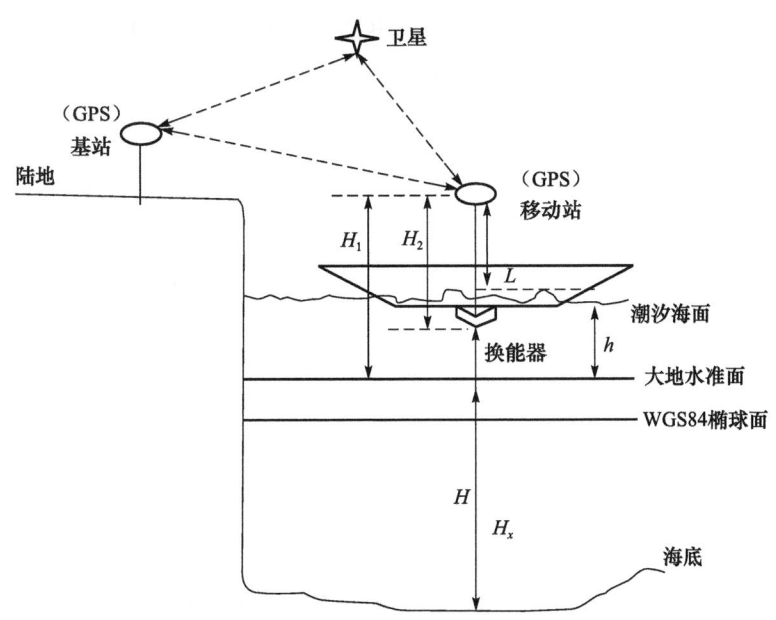

图 11-7　RTK 测量潮位校正原理图

从图 11-7 中潮位 h 与其他测量数据的关系可知，h 的获取工具最好能够与测量船同行，这样可以保证潮位测量与其他数据测量的同步性，抑制由海况因素造成的影响。RTK 潮位测量可以满足上述的要求，GPS 到水准面的高可以经换算得到，换能器到 GPS 的距离已知，可求出潮位 h。

11.7.2　数据采集

琼州海峡地形测量所使用的 GPS 仪器型号为 Topcon Hiper Gb，多波束仪器为 Sea Beam 1180，单波束仪器为 HY1600，运动传感器分别为 Octan Ⅲ 和 TSS-MRU05，多波束和单波束测量软件分别为 HydroStar Online 和 Hypack。测量仪器设备均在测量前进行了检定或自检。位于测区的潮位站有海安潮位站、秀英潮位站和南港潮位站，同时在测区还设置了两个临时潮位站。

用 RTK 进行实时导航定位和实时潮位观测，岸台设置在控制点，流动台设置在调查船。每天测量前，RTK 观测仪器均和控制点进行了坐标和高程比对，待达到要求后开始水深测量。在数据后处理中,将 WGS84 椭球面换算为高程基准(1985 国家高程基准),用两个水准面的已知 9 个高精度的三维直角坐标点先计算七参数,再用七参数拟合高程基准面的其他未知点(消除高程异常),并与已知点比对换算符合精度要求,试验中除潮位数据改正不同外,其他改正步骤均相同。

图 11-8 是同时段内 RTK 测量潮位和验潮潮位随时间变化的曲线图,两者趋势一致,验潮数据波动比较稳定,数值逐步增加,RTK 数据波动较大,局部出现较大震荡。图 11-9 是 RTK 潮位与验潮潮位随时间的偏差量,多数时间段内,两者偏差量在 50cm 以内,但在局部时间段,其最大偏差值达 50cm。该实测 RTK 潮位无法满足水深测量潮位改正要求,需进行后处理。

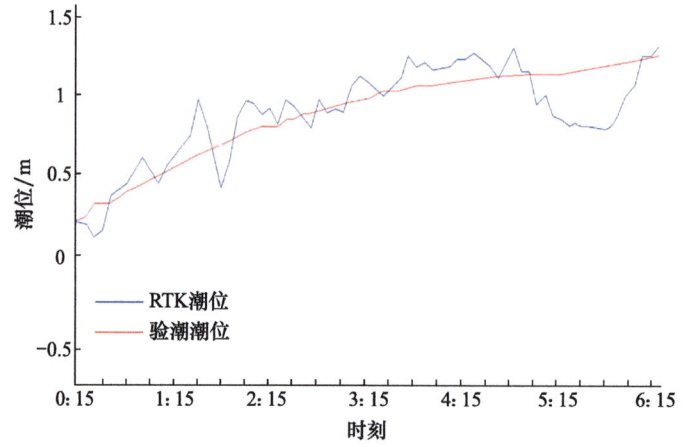

图 11-8 RTK 潮位和验潮潮位随时间分布对比

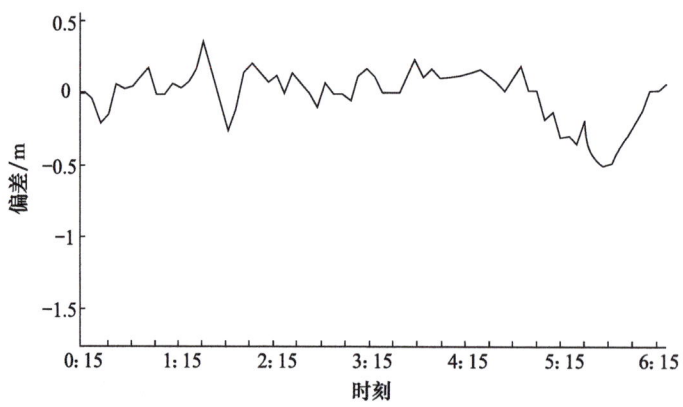

图 11-9 验潮潮位与 RTK 潮位随时间的偏差量

11.7.3 误差来源分析

造成验潮潮位和 RTK 测量潮位存在偏差的原因是多方面的,潮波传播的时延及风浪造成测量船的姿态改变是两个不容忽视的因素。固定验潮站一般放置在消波井内，临时验潮站一般设置在能屏蔽风浪的港湾或码头，因此，验潮观测曲线基本未包含风浪造成水体运动的影响。

1. 测区风及潮流环境

南海季风爆发时间一般为 5 月，西南季风爆发前几周，南海海表温度（SST）剧烈升高，西南季风爆发后，南海北部升温（丁一汇等，2004；增强和张耀存，2008）。琼州海峡自东向西存在不同的潮汐类型，由不规则半日潮逐渐变为规则全日潮，海峡南岸的潮差从东往西逐渐增大，潮流形式有涨潮东流、涨潮西流、落潮东流和落潮西流 4 种流动形式，并且不同的潮汛表现出不同的潮汐性质，大潮表现为全日潮，中潮一般为混合潮，而小潮则为半日潮。控制琼州海峡水体输运的主要因子不是风，风只是对表层输运有影响，更重要的因子是广东省粤西沿岸 4 个季节的西向流（陈达森等，2006）。目前的普遍观点（俎婷婷等，2005；赵昌等，2010）认为，冬季由于受到东北季风的影响，琼州海峡水体输运方向由南海北部进入北部湾，也就是从东向西，夏季受到西南季风的影响则完全相反，即从北部湾进入南海北部，方向自东向西。湾内部余流流向与等深线分布相当近似，琼州海峡进入的余流沿 40m 等深线向西运动，最后顺等深线的走向流向湾外（俎婷婷等，2005；赵昌等，2010）。海峡的潮流呈显著的往复式运动，其涨潮流为偏西向，而落潮流为偏东向；涨潮历时一般为 13～14h，落潮历时为 10～11h（赵焕庭等，2007）。受西南季风的影响，同时受海峡复杂的、不规则潮汐运动的影响，琼洲海峡海底地形测量工作异常困难，给传统的验潮测量模式带来挑战，也导致 RTK 测量出现较大误差。

2. RTK 实测潮位误差分析

因为测量船和固定验潮站并非同一位置，所以测量船的瞬时潮位和验潮站观测的同时段潮位存在潮时差，RTK 潮位与验潮潮位也存在时延。在图 11-8 中，可以看到 RTK 某时刻的潮位对应着下一个某时刻相同验潮潮位。例如，0：45 时刻的 RTK 潮位近似对应 1：00 时刻的验潮潮位，1：30 时刻的 RTK 潮位近似对应 2：30 时刻的验潮潮位。但是发现 0：30 和 1：45 时刻的 RTK 潮位并没有对应下一时刻的验潮潮位，而且即使可以找到对应的验潮潮位，延迟时间也不同。由此可见，受琼洲海峡复杂潮波性质影响，传统的验潮观测和 RTK 实测潮位间存在较大偏差。

风浪更是影响 RTK 测量的一个重要因素。图 11-10 是同船运动传感器观测的船体姿态曲线，能反映船体实时运动姿态，其中，横摇和纵摇反映船体摇晃姿态，起伏反映涌浪造成的船体瞬时起伏。由图 11-10 可以看出，在测量时间段内，测区风浪恶劣，船体运动剧烈，船体横摇角度为 $-6°\sim 3°$，纵摇角度为 $-10°\sim 2°$，船体上下起伏值接近 $-3\sim 3m$。横摇曲线总体呈现弱周期性变化，在 1：15、3：00 和 4：07 三个时间段达到局部极值。纵摇曲线周期性不强，在 1：15～3：30 纵摇角度急剧变化。起伏曲线体现了与横摇和纵摇不同的特点，在横摇和纵摇急剧变化的 1：15～3：30 时间段内，起伏

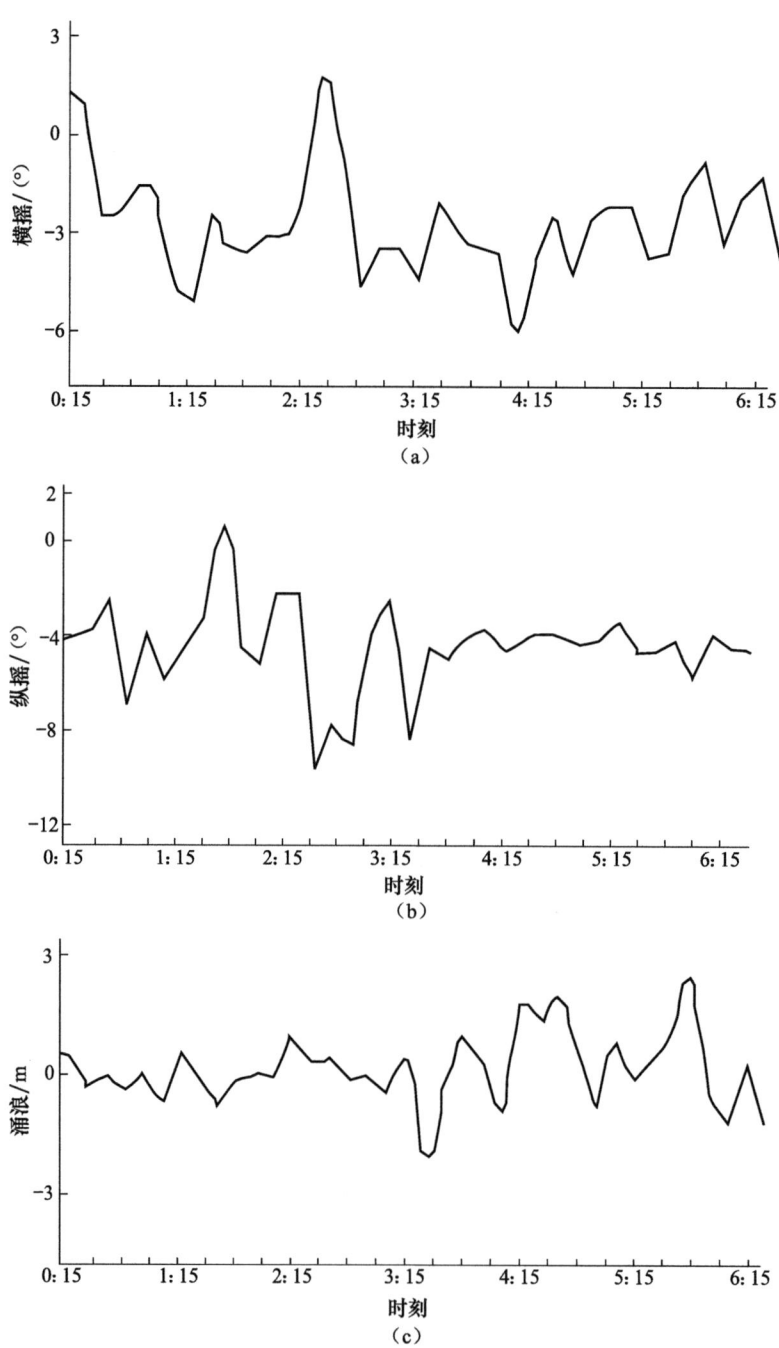

图 11-10　运动传感器姿态测量时序曲线

（a）、（b）和（c）分别为横摇、纵摇和船体起伏曲线

值基本是稳定的。3：30 后，纵摇曲线趋于稳定，但起伏曲线反而呈现急剧震荡趋势。在 5：30～5：45 时间段内，起伏最大值接近 3m，横摇达到 3°，纵摇达到 4°，与此对应的 RTK 潮位观测值也出现较大的偏差量（图 11-8 和图 11-9）。由此可见，测量时间段内，

琼州海峡海况恶劣，风浪较大，且具有不规律运动的特点，对 RTK 潮位测量已造成不容忽视的影响，RTK 仪器随船体一起的运动姿态必须得到改正。

11.7.4 RTK 潮位的姿态校正

如图 11-11 所示，GPS 天线到潮汐海面的垂距已知为 h_1；换能器处的瞬时海面距大地水准面为 h_2（潮位）；GPS 大地高为 H；换能器吃水为 h；水深为 h_3；大地水准面到海底的距离为 h_x，也是最后求得的水深值。海面有风浪时，船体出现倾斜，出现横摇和纵摇，通过姿态传感器测量横摇 α、纵摇 β、涌浪 h_4，船体的倾角为 θ，因为大地水准面的尺寸远远大于一艘测量船的尺寸，可将大地水准面近似为水平面，水准面在实际水位面下时 h_2 为正，在水面之上时为负，则有

$$h_x = h_4 + h_3 + h + h_1\cos\theta - H \quad (11\text{-}8)$$

$$\cos\theta = \sqrt{\frac{1}{\tan^2\alpha + \tan^2\beta + 1}} \quad (11\text{-}9)$$

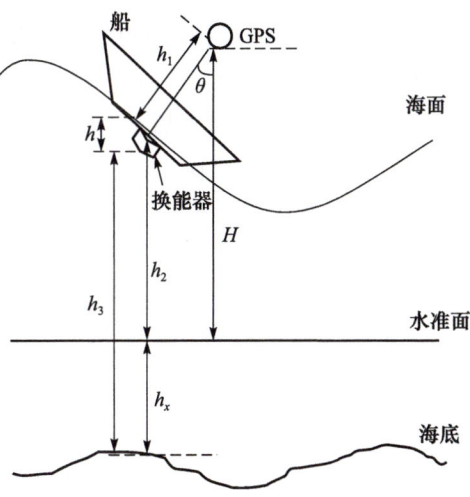

图 11-11　风浪条件下 GPS 高程测量示意图

图 11-12 是经姿态改正后的 RTK 潮位与验潮潮位对比，改正后的 RTK 潮位明显改善，已能满足近海水深测量潮位改正要求（测区水深 120m 以内）。实测 RTK 潮位如果不考虑测量船的纵摇、横摇带来的影响，即没有考虑倾角 θ 的影响，因为 $h_1\cos\theta \leqslant h_1$，所以海面有风浪时，经过 RTK 实测潮位改正后的水深总是偏小的，尤其是风浪较大，船摇晃的角度较大时，用 RTK 实测潮位校正的水深值偏差越大。即使是在无风的情况

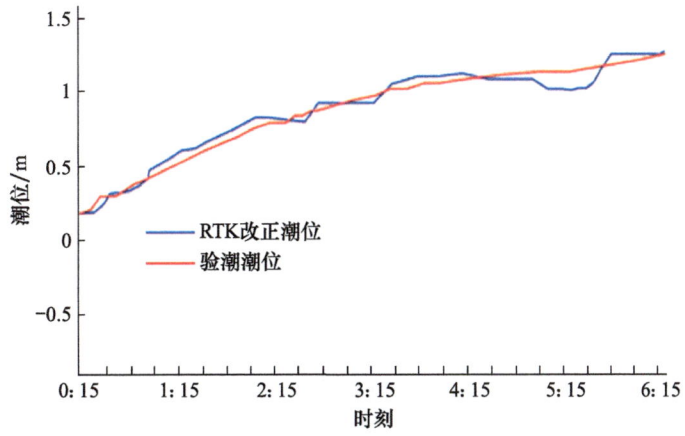

图 11-12　RTK 潮位经姿态改正后与验潮潮位的对比

下，受海流影响，也会使测量船出现摇晃，尤其是在海峡逐渐变窄时，流速更大，摇晃的角度也越大，使用 RTK 潮位校正得到的水深误差值也越大。因测量船和固定潮位站并非在同一位置，改正后的 RTK 潮位能反映这种位置偏差导致的潮位时延信息，在潮汐性质复杂的海区使用经姿态改正的 RTK 潮位更能反映潮汐的时空分布特性。

11.7.5 实例应用效果对比

采用琼洲海峡地形测量的实测水深数据（图 11-13）进行潮位改正对比分析。图 11-13（a）～图 11-13（d）分别为验潮潮位改正前实测地形、验潮潮位改正后地形、实测 RTK 潮位改正后地形及基于姿态校正后 RTK 潮位改正的海底地形。实测 RTK 潮位改正地形［图 11-13（b）］和验潮潮位改正地形［图 11-13（c）］有一定平移和偏差，偏差值已经超出测量要求。经查阅测量工作日志分析，造成该种误差的主因可能是波浪对 RTK 实时观测的干扰。鉴于该种实际情况，在后处理中，使用同船运动传感器测量数据对 RTK 观测潮位进行了实时姿态改正，经姿态改正后的 RTK 潮位改正地形［图 11-13（d）］与验潮改正地形基本一致，但经 RTK 改正潮位订正后的等深线更加平滑，局部折曲状突变明显减少，说明使用改正后的 RTK 潮位进行水深订正更符合潮汐变化的客观实际，同时表明在复杂海区中，风浪是 RTK 潮位测量中不容忽视的影响因素。

图 11-13　潮位改正前后地形对比

（a）～（d）分别为潮位改正前实测地形、验潮潮位改正后地形、实测 RTK 潮位改正后地形及基于姿态校正后 RTK 潮位改正的海底地形

参 考 文 献

陈春，黄辰虎，王智明，等.2014.海道测量中几种水位改正方法的比较与分析.海洋测绘，34(1)：16-20.
陈达森，陈波，严金辉，等.2006.琼州海峡余流场季节性变化特征.海洋湖沼通报，（2）：12-17.
陈玲舫，陈子燊，黄强.2014.珠江河口磨刀门水道的亚潮震荡特征及其对水文气象要素的相应.海洋通报，33（2）：126-131.
陈伟，苏纪兰.1991.杭州湾水位低频波动机制分析.海洋学报，13（1）：1-12.
丁一汇，李崇银，何金海，等.2004.南海季风试验与东亚夏季风.气象学报，62（5）：561-586.
方国洪，郑文振，陈宗镛，等.1986.潮汐和潮流的分析和预报.北京：海洋出版社.
管长龙，梁楚进.1996.论运动坐标系中的海浪谱.青岛海洋大学学报，26（7）：261-265.
韩保民，欧吉坤.2003.基于GPS非差观测值进行精密单点定位研究.武汉大学学报（信息科学版），28（4）：409-412.
何嘉伟，贾良文，韦献革，等.2017.伶仃洋洪季悬沙平面分布特征及成因探讨.海洋学报，39（9）：26-39.
李家彪.1999.多波束勘测原理技术与方法.北京：海洋出版社.
李凯锋.2009.基于GPS精密单点定位技术的水深测量.海洋测绘，29（6）：1-4.
李晓红，董礼先.2011.冬季寒潮期间黄、渤海水位低频波动研究.海洋与湖沼，42（4）：467-473.
李晓玲，胡丛玮.2007.基于谱分析的GPS浮标测量参数提取方法.海洋测绘，27（4）：34-36.
李征航.GPS测量与数据处理.武汉：武汉大学出版社.
刘经南，叶世榕.2002.GPS非差相位精密单点定位技术探讨.武汉大学学报(信息科学版)，27（3）：234-240.
刘雷，缪锦根，李宝森.2010.压力式验潮仪零点漂移检测及修正方法研究.海洋测绘，30(4)：73-75.
刘赞沛，陈则实，邹娥梅，等.2000.大连老虎滩澳假潮现象及其成因分析.海洋学报，22(2)：125-131.
马小计，何义斌，赵建虎.2003.无验潮模式下的GPS水下地形测量技术.测绘科学，28（2）：29-30.
桑金.1999.基于GPS技术的水深归算法.测绘通报，25(8)：23-25.
孙洪志，董江.2008.利用GPS差分和非差分技术进行潮位测量的方法研究.北京：中国航海学会航标专业委员会测绘学组2008年学术研讨会论文集：17-21.
唐岩，暴景阳，许军.2007.余水位的内插及其对潮高模型的精化.测绘科学，32(6)：94-95.
文圣常，余宙文.1984.海浪理论与计算原理.北京：科学出版社.
谢东风，潘存鸿，吴修广.2011基于FVCOM模式钱塘江河口涌潮三维数值模拟研究.海洋工程，29（1）：47-52.
许军，暴景阳，刘雁春，等.2011.基于区域潮汐场模型的水位控制可行性研究.海洋测绘，31(4)：8-12.
阳凡林，赵建虎.2003.GPS验潮中波浪的误差分析和消除.海洋测绘，23（3）：1-4.
杨龙，刘焱雄，周兴华，等.2007.GPS测速精度分析与应用.海洋测绘，27（2）：26-29.

叶世榕. 2002. GPS 非差相位精密单点定位理论与实现. 武汉大学博士学位论文论文.

俞聿修. 2003. 随机海浪及其工程应用. 大连：大连理工大学出版社.

增强，张耀存. 2008. 西南季风爆发前后南海 SST 变化特征及影响因子分析. 热带气象学报, 24（1）: 44-50.

张静，陈宜金，韩晓冬，等. 2006. GPS 姿态测量中的最小二乘二元多项式拟合法. 工程勘察,（7）: 48-50.

张铁军，张晓明. 2007. 压力式观测数据的处理方法研究. 海洋测绘,（5）: 78-80.

赵昌，吕新刚，乔方利. 2010. 北部湾潮波数值研究. 海洋学报, 32（4）: 1-11.

赵焕庭，王丽荣，袁家义. 2007. 琼州海峡成因与时代. 海洋地质与第四纪地质, 27（2）: 33-40.

赵建虎，刘经南，周丰年. 2000. GPS 测定船体姿态方法研究. 武汉测绘科技大学学报, 25（4）: 353-357.

赵建虎，刘经南. 2008. 多波束测深及图像数据处理. 武汉：武汉大学出版社.

赵建虎，张红梅，John E. Hughes Clarke. 2006. 测船处瞬时潮位的 GPS 精密确定. 武汉大学学报（信息科学版）, 31（12）: 1067-1070.

赵建虎，周丰年，张红梅. 2001. 船载 GPS 水位测量方法研究. 测绘通报（增刊）: 1-3.

赵力，付晓，刘世萱，等. 2007. 卡尔曼滤波在 GPS 潮位数据处理中的应用. 海洋技术, 26（4）: 35-36.

俎婷婷，郭心顺，鲍献文，等. 2005. 琼州海峡对北部湾潮汐和潮余流的影响. 哈尔滨：第七届全国水动力学学术会议暨第十九届全国水动力学研讨会论文集（下册）, 1082-1088.

Alkan R M. 2010. Hydrographic surveying without a tide gauge. International Hydrographic Review, 2(1): 69-79.

Blumburg A F, Mellor G L. 1987. A Description of a three-dimensional coastal ocean circulation model. // Heaps N.Three dimensional coastal models, Washington DC: American Geophysical Union.

Chen C S, Liu H D, Beardsley R C. 2003. An unstructured grid, finite- volume, three-dimensional, primitive equations ocean model: application to coastal ocean and estuaries . Journal of Atmospheric and Oceanic Technology, (20): 159-186.

Foreman M G G. 1978. Manual for tidal currents analysis and prediction. Pacific Marine Science Report 78-6, Institute of Ocean Sciences, Patricia Bay, Sidney, BC.

Kopmann R, Markofsky M. 2000. Three-dimensional water quality modeling with TELEMAC-3D. Hydrological Processes, 14: 2279-2292.

Pawlowicz R, Beardsley B. Lentz S. 2002. Classical tidal harmonic analysis including error estimates in MATLAB using T_TIDE.Computers &Geosciences, 28: 929-937.

后记与展望
——中国海洋科学调查与研究正由近海走向全球

海洋科技是建设海洋强国之利器,海洋科学研究是海洋科技的重要组成部分,海底地形地貌一直是海洋科研的重要内容。为满足海洋强国战略、海上丝绸之路等国家战略的需求,需要加强海洋环境的全球保障能力,海洋调查与研究是获取海洋环境参量的必要手段,同时全球化布局的海洋调查研究也能为我国走向全球、海洋权益维护提供重要保障。我们应该紧扣并落实国家的海上丝绸之路战略,通过参与国际性事务与计划、与相关国家密切开展合作,主动设计一些大型国际计划,并有步骤、分阶段地开展全球性的海洋调查与研究工作。为保障和提升我们的海洋调查与研究能力,需要在科研人员素质提升、自主装备研制、科研成果产出等方面做好必要的准备。这也是有利于我国参与有关国际规则制定,提升我国大国地位、建设海洋强国的必由之路。党的"十八大"报告提出了建设海洋强国的目标,习近平总书记于2013年提出了建设"21世纪海上丝绸之路"国家宏伟战略,要求我国的海洋保障能力必须布局全球,要求我国的海洋调查与研究工作必须由近海全面走向全球。

1. 中国海洋调查与研究的现状

以20世纪90年代中期为界,以多波束测深等高新技术的广泛应用为典型标志,可将中国管辖海域的海洋调查与研究划分为两个大的阶段。1958~1960年,中国开展了"全国海洋综合调查";1980~1981年,中国开展了"中美长江口海洋沉积合作调查";1980~1986年,开展了"全国海岸带和海涂资源综合调查":1997~2001年,中国启动了国家海洋勘测专项任务;2000~2006年,中国启动了西北太平洋调查与研究专项任务;2003~2008年,中国启动了外大陆架调查研究任务;2004~2010年,中国启动了中国近海海洋环境调查与评价专项(908专项)任务。

国际海底调查与极地科考成绩斐然。1991年,中国在国际海底区域分配到15万km^2的开辟区;2011年,中国在西南印度洋获得面积为1万km^2的多金属硫化物合同区;2014年,中国在西北太平洋获得面积为3000km^2的富钴结壳合同区,从而使中国一举成为世界上第一个在国际海底区域拥有"三种资源、三块矿区"的国家。迄今,中国已组织30次南极科考活动,7次组队赴北极科考,先后建立了南极的长城站、中山站、昆仑站、泰山站和北极的黄河站。

2. 中国海洋科研为何要走向全球

(1)建设海洋强国的需要

当前,开发海洋蓝色国土,拓展生存和发展空间,已上升为世界沿海各国的国家战略。党的"十六大"报告提出"实施海洋开发"战略;"十七大"报告进一步深化,提出"发展海洋产业";在此基础上,2012年召开的"十八大"提出了"提高海洋资源开发能力,发展海洋经济,保护海洋生态环境,坚决维护国家海洋权益,建设海洋强国"的宏伟战略目标。《2015年中国海洋经济统计公报》(以下简称"公报")显示,2015年全国海洋生产总值为64 669亿元,比2014年增长了7.0%,海洋生产总值占国内生产总值的9.6%,其中海洋产业增加值为38 991亿元,海洋相关产业增加值为25 678亿元。据《公报》测算,2015年全国涉海就业人员3589万人,这是一支庞大的从业队伍,也是建设海洋强国的重要力量。为实现国家建设海洋强国的宏伟目标,中国需着眼全球,海上丝绸之路的建设需要海洋环境的保障,需要和相关海洋国家密切合作。

(2)维护海洋权益的需要

《联合国海洋法公约》将总面积为3.61亿km^2的海洋划分为国家管辖海域、公海和国际海底三类区域,国家管辖海域以外的国际海底区域面积达2.517亿km^2,占地球表面积的49%。国际海底赋存大量多金属结核、富钴结壳和多金属硫化物,截至2016年,国际海底管理局已核准27项勘探矿区申请,已签订25项勘探合同,还有两份合同待签。近年来,各沿海国在加强200nmi专属经济区和大陆架划界与管理的同时,将目光投向了200nmi专属经济区以外的外大陆架,提出外大陆架划界主张,掀起了新一轮"蓝色圈地"运动。日本、俄罗斯、英国、法国等国已经向联合国大陆架界限委员会提交了200nmi以外的外大陆架划界申请案。2013年12月14日,我国政府向联合国提交了《中国东海部分海域200海里以外大陆架划界案》。为满足日益增长的国际找矿、海洋划界需求,中国作为一个经济总量排名世界第二的大国,仅仅局限在中国近海是无法满足国家需求的,必须放眼全球布局进行海洋调查与研究工作。

(3)保障全球行动能力的需要

早在1890年,美国军事理论家马汉出版了《海权论》,其被誉为近代制海权理论的奠基之作。该书出版立即引起了广泛关注,美国、日本、德国与前苏联等国都先后将其作为制定国家发展战略的方向指导。1901年,罗斯福当选美国总统,受马汉海权思想影响,他大力发展海权,扩建舰队、夺取太平洋各战略岛屿、开凿并控制巴拿马运河,一跃成为全球霸主。数千年来,中国是个农业大国,尽管在明朝时期也有郑和七下西洋的壮举,但多数时间还是闭关锁国,限制了中国向海洋发展。中国要崛起,中华民族要实现伟大复兴,就必须打破海上的枷锁,真正走向全球的广阔世界。

3. 应该为海洋科研全球化战略做哪些准备

(1)进一步提升全局战略认识和设计水平

20世纪90年代以来,国家海洋局牵头在中国海执行了多个专项任务,获取了中国管辖海域多参量的海洋环境数据,这些调查研究成果已服务于外交、军事、科研、工程和国家数字海洋建设等多个方面,为国家重大专项任务的执行作出了重要贡献,但这些专项任务的调查区域主要在中国管辖海域,任务设计体现了应急性、区域性、短周期特征，尚缺乏全球性的让其他国家科学家普遍感兴趣且有机会参与的科学计划，需要从顶层设计一些大的、全球性的科学计划，让全国甚至全球的海洋科学家参与其中。

（2）参与进而引领国际规则制定

国际规则的制定将影响国家的行为和利益。以《联合国海洋法公约》为例，其于1982年12月10日在牙买加的蒙特哥湾召开的第三次联合国海洋法会议最后会议上通过，1994年生效，已获150多个国家批准，是当前多数沿海国家需遵循的基本海洋法律。《联合国海洋法公约》第76条规定"沿海国的大陆架包括其领海以外依其陆地领土的全部自然延伸，扩展到大陆边外缘的海底区域的海床和底土，如果从测算领海宽度的基线量起到大陆边的外缘的距离不到二百海里，则扩展到二百海里的距离"，这是当前世界各国进行200nmi以外大陆架划界的依据。这个规则对于大西洋沿岸国家有利，可以极大地扩展其海洋管辖范围，但对于太平洋沿岸的大陆国家都不利，因为太平洋周边分布着系列岛弧国家，导致大陆国家与岛弧国家间的海上距离不足400nmi，从而引发了系列海洋划界纠纷。

（3）进一步提升科学家自身的科研认识水平

论文和专利是衡量一个国家科研水平的重要指标，也是当前国内外评价科学家能力的重要指标。2003～2013年，中国科技论文产出占全球的比例增长了两倍，从6%提高到18.2%，已接近美国，中国工程学领域的论文产出甚至高于美国。但中国科技论文的国际影响力仅为0.8%，美国科技论文的国际影响力指标达1.9%，中国与其尚有较大差距。自2011年起，中国专利部门受理的专利申请量已超过了日本和美国，一跃成为世界第一大专利申请国，但中国虽然已成为"专利大国"，但离"专利强国"的差距仍甚大，需要从追求数量向提高质量转变。没有科学认识作为支撑，很难提出一些前瞻性的科学思想，也很难提出一些得到国际同行认可的科学计划，中国的海洋科研要走向全球需进一步加强科学家的研究与认识水平。

（4）进一步提升海洋仪器设备自主水平

中国海洋仪器设备研制始于20世纪50年代，经历了4个发展阶段：① 60年代中期开始的全国海洋仪器会战：研究了极相关和数字多波束形成技术、以时间压缩相关器为基础的脉冲压缩技术，研制了46项海洋仪器设备样机。② 70年代初期开展的第二次海洋仪器会战：开发了温盐深综合测量仪、走航声学测流仪和雷达测波仪等设备。③ 80年代中期开始了海洋环境自动监测网的建设：80～90年代，微型计算机技术已普遍应用于这些海洋设备中。④ 90年代至今：通过国家863计划，研制了一批用于海洋调查研究的关键仪器设备，如在深海技术方面，研发了"三龙"（"蛟龙号"、"海龙号"和"潜龙一号"）和四大探矿装备。海洋设备的国产化研制改善了中国海洋环境的监测能力，提高了我国综合开发、利用海洋资源的能力，以及海洋灾害防治能力。但中国的海洋装备研制还跟不上当前科学调查的需要，仍有大量海洋探测设备需要进口，需要进一步提升海洋高新技术装备的自主研发。

名词及索引

中文名词	英文	缩写词	页码
"海王星"海底观测网	North-East Pacific Time-series Undersea Network Experiments	NEPTUNE	30, 31
水柱影像	Water Column Image	WCI	227
广域增强系统	Wide Area Augmentation System	WAAS	115
虚拟参考站技术	Virtual Reference Station	VRS	116
超短基线	Ultra-Short Baseline	USBL	118
联合国海洋法公约	United Nations Convention on the Law of the Sea	UNCLOS	ii
英国海道测量局	UK Hydrographic Office	UKHO	187
发射控制单元	Transmit Control Unit	TCU	52
声速剖面	Sound Velocity Profile	SVP	214, 215
侧扫声呐	Side Scan Sonar	SSS	85
标准单点定位	Standard Point Positioning	SPP	117
浅地层剖面	Sub-Bottom Profiler	SBP	97
短基线	Short Baseline	SBL	118
星基增强系统	Satellite-Based Augmentation System	SBAS	115
合成孔径声呐	Synthetic Aperture Sonar	SAS	3, 10
载波相位差分	Real Time Kinematic	RTK	135
实时伪距差分定位	Real-time kinematic pesudo range difference	RTD	278
遥控潜器	Remotely Operated Vehicle	ROV	20
接收机独立交换格式	Receiver independent exchange format	RINEX	263
接收控制单元	Receive Control Unit	RCU	52
无线电指向标-差分全球定位系统	Radio Beacon-Differential Global Positioning System	RBN-DGPS	12
精密单点定位	Precise Point Positioning	PPP	12, 13
后处理动态	Post Processed Kinematic	PPK	114
定位 导航 授时	Positioning, Navigation, and Time	PNT	109
持久性近岸水下监测网络	Persistent Littoral Undersea Surveillance Network	PLUSNet	25
国家海洋电子协会标准	National Marine Electronics Association	NMEA	88
最小范围曲线	Minimum Slant Range	MSR	233
平均海平面	Mean Sea Level	MSL	81, 82
最大响应轴	Maximum Response Axis	MRA	38
声速最大偏移法	Maximum Offset of sound Velocity	MOV	205

续表

中文名词	英文	缩写词	页码
中地球轨道	Middle Earth Orbit	MEO	110, 111
多波束测深系统	Multi-Beam Echo-Sounding System	MBES	71
主辅站技术	Master-Auxiliary Concept	MAC	116
激光雷达	Light Detection And Ranging	LiDAR	17, 18
长基线	Long Baseline	LBL	118
最低天文潮面	Lowest Astronomical Tide	LAT	149, 150
卡尔曼滤波	Kalman Filter	KF	188
国际地球参考框架	International Terrestrial Reference Frame	ITRF	113
惯性导航系统	Inertial Navigation System	INS	72
惯性测量单元	Inertial Measurement Unit	IMU	74
国际海事组织	International Maritime Organization	IMO	111
国际海道测量组织	International Hydrographic Organization	IHO	149
倾斜地球同步轨道	Inclined Geosynchronous Satellite Orbit	IGSO	111
载人潜器	Human Operated Vehicle	HOV	20, 21
全球导航卫星系统	Global Navigation Satellite System	GNSS	3
格洛纳斯卫星导航系统	Global Navigation Satellite System	GLONASS	109, 112
地球静止轨道	Geostationary Earth Orbit	GEO	111, 115
大地坐标系	Geodetic Coordinate System	GCS	76, 77
伽利略卫星导航系统	Galileo Satellite Navigation System	Galileo	112
傅立叶变换	Fourier Transformation	FT	134
大陆坡脚点	Foot of the continental Slope	FOS	ii
区域改正参数技术	Flachen Korrektur Parameter	FKP	116
国际测量师联合会	International Federation of Surveyors	FIG	154
等效声速	Equivalent Sound Velocity Profile	ESVP	184, 214
欧洲静止卫星导航覆盖系统	European Geostationary Navigation Overlay Service	EGNOS	108, 115
数字信号处理	Digital Signal Processing	DSP	95
密集型海底地震海啸监测网络系统	Dense Oceanfloor Network System for Earthquakes and Tsunamis	DONET	25
差分全球定位系统	Difference Global Positioning System	DGPS	12
差分 GNSS	Differential GNSS	DGNSS	75
协议地极方向	Conventional Terrestrial Pole	CTP	153
智利海道测量办公室	Chilean Hydrographic Office	CHO	187
综合误差内插技术	Combined Bias Interpolation	CBI	116
北斗导航系统	BeiDou Navigation Satellite System	BDS	111

续表

中文名词	英文	缩写词	页码
水下自治机器人	Autonomous Underwater Vehicle	AUV	20，21
增强参考站网络	Augmentation Reference Station	ARS	116
自主海洋采样网络	Autonomous Ocean Sampling Network	AOSN	28，29
声学多普勒流速剖面仪	Acoustic Doppler Corrent Profiler	ADCP	13
卫星增强系统	Satellite-Based Augmentation System	SBAS	115
多频声学信号	Multi-Ping		95，96
韩国海事安全研究中心	Korea Maritime Safety Research Center		188
水深假设	Water Depth Hypothesis		188
水深假设强度	Water Depth Hypothesis Strength		196，197
海道测量垂直参考面	Vertical Reference Surface for Hydrography		154
贝叶斯系数	Bayes Factor		188
潮位测量	Tide Measurement		124
数据后处理	Data Postprocessing		44，205
数据编辑	Data Editing		181
数据精度	Data Accuracy		201，210
单一频率连续波	Single Frequency Continuous Wave		95
水位计	Water Level Gauge		124，127
海洋探测技术	Ocean Survey Technology		ii
1956 黄海高程系	Huanghai Vertical Datum 1956		296
1985 年国家高程基准	National Vertical Datum 1985		131，297
波束角	Beam Pointing Angle		173，186
波束脚印	Beam Footprint		216
波束能量图	Beam Pattern		37
不确定度	Uncertainty		187
参考椭球面	Reference Ellipsoid Surface		153
潮位改正	Tide Correction		298
潮汐表	Tidal Table		124
潮汐基准面	Tidal Datum		296
潮汐调和常数	Tidal Harmonic Constants		293
潮汐调和分析	Harmonic Analysis of Tide		144，159
大地水准面	Geoid		152
大气压校正	Atmospheric Correction		289
单波束测深仪	Single Beam Echo Sounder	SBES	3

续表

中文名词	英文	缩写词	页码
道格拉斯-普克算法	Douglas-Peucker Algorithm		205
多金属结核	Polymetallic Nodule		ii
多路径效应	Multipath Effect		12
反向散射强度	Backscatter Intensity		226，227
风暴潮	Storm Tide		124
浮子式验潮仪	Float Tide Gauge		124，125
富钴结壳	Cobalt-Rich Crusts		ii
固体潮	Earth Tide		134，136
光纤罗经运动传感器	Fiber optic Compass Motion Sensor		52
海底地形地貌	Submarine Topography		i ii
海底观测网	Submarine Observation Network		20，24
海底科学	Submarine Geo-Science		i ii
海面地形模型	Sea Surface Topography Model		81，83
海图基准面	Chart Datum		130
海洋噪声	Ocean Noise		179，181
横摇偏差	Roll Offest		182，183
机载 LiDAR 测深系统	Airborne Lidar Bathymetry System		71
机载激光测深系统	Airborne Laser Bathymetry System		72
假地形	Pseudo Topography		178，179
接驳盒	Junction Box		24，34
绝对基面	Absolute Datum		129
雷达验潮仪	Radar Tide Gauge		127
理论深度基准面	Theoretical Sea Level Datum		147
零点漂移	Zero Drift		289，290
密度校正	Density Correction		289，291
曲面滤波	Surface Filter		188
全覆盖测量	Full Coverage Survey		36
三维激光扫描测量技术	3D Laser Scanning Measurement Technology		71
深度基准面	Depth Datum		75
声呐参数	Sonar Parameter		174，179
声线跟踪	Ray Tracing		216
声学验潮仪	Acoustic Tide Gauge		127
时钟漂移	Clock Drift		289
艏摇	Yaw		21，54

续表

中文名词	英文	缩写词	页码
水下滑翔机	Glider		20，23
水准联测	Leveling Surveying		131
随机误差	Random Error		186
天文潮预报	Astronomical Tides Forecast		293
伪侧扫成像	Pseudo-Side Scan Imagery		224
无验潮测量	Surveying without Tide Observation		124
吴淞基面	Wusong Elevation		297
系统误差	Systematic Errors		80
相干声呐	Interferometric Sonar		6
消歧	Disambiguation		188
选权拟合	Fitting Method by Selection of the Parameter Weights		286
压力式验潮仪	Pressure Tide Gauge		126
验潮零点	Zero Point of the Tidal		130
验潮站	Tide Station		124，126
异常值	Outliers		186
余水位法	Residual Water Level Method		299